# 燃 烧 现 象
## ——火焰形成、传播和熄灭机制

## Combustion Phenomena: Selected Mechanisms of Flame Formation, Propagation, and Extinction

〔波〕J. 贾罗辛斯基　〔法〕B. 维西尔　主编

席文雄　宋俊玲　饶　伟　译

科　学　出　版　社

北　京

图字：01-2021-6733 号

## 内 容 简 介

本书综合运用视觉展示、数学阐释和理论分析方法，全面讨论了燃烧不同阶段包括火焰形成、传播和熄灭的基本过程及其作用机制。通过使用大量的实验照片和精美的插图，对燃烧中的重要物理问题如燃烧化学、可燃性极限、火花点火、对冲双火焰结构、涡核中的火焰、边缘火焰、不稳定性和郁金香火焰等，进行了详细阐述和有效展示；对燃烧的几个基本问题，如窄通道中的火焰熄灭、湍流对预混火焰的全局淬熄、对冲预混火焰的熄火极限、旋转容器中火焰与流体的相互作用、湍流火焰，进行了深入讨论，并提供了相关研究的最新进展；对实际燃烧中的一些令人感兴趣的现象，如火花和压燃式发动机中的扩散火焰和燃烧、爆燃到爆轰的转变以及爆轰波的结构等，进行了专题探讨。

本书可作为高等学校燃烧工程、推进工程、化学工程、消防和安全工程等专业的研究生教材，也可作为相关专业方向研究人员和工程技术人员的学习参考书。

**图书在版编目(CIP)数据**

燃烧现象：火焰形成、传播和熄灭机制/(波)乔伊·贾罗辛斯基, (法)伯纳德·维西尔主编; 席文雄等译. —北京: 科学出版社, 2021.11
书名原文：Combustion Phenomena：Selected Mechanisms of Flame Formation, Propagation, and Extinction
ISBN 978-7-03-068522-3

Ⅰ. ①燃… Ⅱ. ①乔… ②伯… ③席… Ⅲ. ①燃烧学 Ⅳ. ①O643.2

中国版本图书馆 CIP 数据核字 (2021) 第 058725 号

责任编辑：赵敬伟　郭学雯 / 责任校对：彭珍珍
责任印制：吴兆东 / 封面设计：无极书装

**科学出版社** 出版
北京东黄城根北街 16 号
邮政编码：100717
http://www.sciencep.com
北京建宏印刷有限公司印刷
科学出版社发行　各地新华书店经销
*
2021 年 11 月第 一 版　开本：720×1000 1/16
2025 年 3 月第四次印刷　印张：21
字数：416 000
定价：198.00 元
(如有印装质量问题，我社负责调换)

# 作者介绍

乔伊·贾罗辛斯基（Jozef Jarosinski）曾在波兰航空研究所担任部门主管，负责波兰工业生产的喷气发动机燃烧室和活塞发动机燃烧系统的开发。他于 1969 年和 1988 年分别获得华沙理工大学的机械工程专业哲学博士学位和力学学科自然科学博士学位。1992 年，他加入波兰罗兹工业大学机械工程系，现任教授。他的研究活动与燃烧的基本原理有关。他获得了富布赖特奖学金，并在伊利诺伊大学香槟分校的罗杰·斯特雷洛实验室度过了一个学年（1977~1978）。1986 年至 1987 年，他曾在加拿大蒙特利尔的麦吉尔大学燃烧实验室工作了一年半。他是国际燃烧学会的成员和波兰燃烧学会董事会成员。目前，他正在航空研究所和罗兹工业大学继续他的研究活动。

伯纳德·维西尔（Bernard Veyssiere）是法国国家科学研究中心（CNRS）的研究主任。他在法国普瓦捷大学高等机械与航空技术学院（ENSMA）的燃烧与动力实验室工作。1974 年，他毕业于 ENSMA，成为一名机械工程师，并于 1978 年和 1985 年分别获得普瓦捷大学的哲学博士学位和物理学学科自然科学博士学位。他专门研究两相混合物中的爆轰和燃烧现象。具体来说，他研究了悬浮固体微粒（尤其是铝颗粒）在气态反应混合物中的传播机制和爆轰结构。同时，他重点研究了粉尘火焰的传播机理，并对预混均匀气体火焰的加速和向爆轰转变进行了研究。

# 前　言

本书对燃烧学现象方面的知识进行了补充和丰富，有助于对火焰形成、传播和熄灭这些基本过程的理解。这本书的特点在于，展示了不同的初始和边界条件下所呈现的特定火焰行为类型，并对控制燃烧的最重要过程进行了详细阐述。这本书根据所述问题的不同，分为 8 个主题章节。

第 1 章简要介绍燃烧面临的主要挑战，回顾了燃烧科学发展中的关键事件。

第 2 章专门讨论燃烧诊断。大多数新的诊断技术已经由同一作者在杂志 *Applied Combustion Diagnostics* (2002) 和一些调查报告 (例如，*Proceedings of the Combustion Institute* (2005)；*Progress in Energy and Combustion* (2006)) 中进行了介绍。在本书中，K. Kohse-Höinghaus 介绍了如何在燃烧化学中进行测量的相关工作，该领域有许多新近发展。

第 3 章讨论可燃性极限、可燃混合物的点燃和极限火焰的熄灭。点燃和熄灭这两种现象都依赖于时间。

在 3.1 节中，J. Jarosinski 提出了标准可燃性管中极限火焰的可燃性极限和熄灭机理问题。这种特殊类型管中的熄灭问题非常特殊，与其他火焰不同，引起了人们很长时间的兴趣。

在 3.2 节中，M. Kono 和 M. Tsue 研究了从电火花产生火核到火焰形成的机理。他们讨论了在实验室进行的数值模拟结果，并与实验观测结果进行了对比，证实数值模拟是阐明火花点火机理的重要工具。

第 4 章介绍非常特殊的火焰类型。

在 4.1 节中，C-J. Sung 讨论了对冲预混火焰的传播。只考虑对称预混双火焰在对冲射流中的传播。这种对冲预混火焰技术可用于确定层流火焰速度，作为研究预混火焰各种现象的参考量。讨论了基于该技术确定层流火焰速度和推导总活化能的方法。

在 4.2 节中，Ishizuka 介绍了他最近对沿涡核传播火焰的实验和理论结果。根据实验结果，讨论了现有模型对火焰速度、涡参数和混合特性的有效性。

在 4.3 节中，S. H. Chung 指出了边缘火焰的一些特征。有边缘的火焰以多种形式出现。对这一课题的深入了解对于湍流燃烧建模至关重要。

第 5 章讨论了火焰的不稳定现象。

在 5.1 节中，G. Searby 介绍了燃烧不稳定性的基本原理，他研究的现象分为两类：火焰前缘不稳定性和热声不稳定性。每一类都可以进一步细分，并对其进行讨论。

在 5.2 节中，S. Candel、D. Durox 和 T. Schuller 考虑了微扰火焰动力学的某些方面。通过系统的实验，阐述了燃烧不稳定性与噪声产生的关系。数据表明，声发射是由火焰动力学决定的。在此基础上，燃烧噪声可以与燃烧不稳定性联系起来。

在 5.3 节中，D. Dunn Rankin 讨论了密闭通道中爆燃的形状以及爆燃呈现郁金香形状的条件。从 19 世纪开始，人们就研究了预混火焰在密闭容器中的传播。郁金香火焰是火焰–流动相互作用的一个有趣例子，源于朗道–达里厄 (Landau–Darrieus) 不稳定。

第 6 章介绍不同的火焰淬熄方法。

在 6.1 节中，A. Gutkowski 和 J. Jarosinski 介绍了窄通道火焰传播的实验和数值研究结果以及热损失导致的淬熄机理。这项工作再次涉及淬熄距离的经典研究。通过实验确定了极限火焰的主要特性。

在 6.2 节中，S. S. Shy 专门讨论了湍流火焰淬熄问题，从燃烧基本原理和实际原因来看，这一问题很重要。讨论了湍流应变、当量比和热损失对预混湍流火焰整体淬熄的影响。

在 6.3 节中，C-J. Sung 考察了对冲预混火焰的熄灭。他重点研究了拉伸所致的淬熄，并强调了对冲预混火焰熄灭极限的四个方面：非均匀扩散效应、边界条件差异所起的部分作用、脉动不稳定性的影响以及与可燃性基本极限的关系。

在 6.4 节中，J. Chomiak 和 J. Jarosinski 讨论了旋转圆柱形容器中火焰传播和淬熄的机理。他们从所谓的 Ekman 层的形成来解释所观察到的淬熄现象，Ekman 层是导致火焰从壁面上脱落和宽度减小的原因。用离心加速度驱动的自由对流效应解释了火焰速度随旋转角速度增大而减小的原因。

第 7 章关注湍流火焰。

在 7.1 节中，R. Borghi、A. Mura 和 A. A. Burluka 介绍了湍流预混火焰的最新研究，强调了物理方面的问题。对需要额外工作的领域进行了全面的定义和讨论。

在 7.2 节中，J. H. Frank 和 R. S. Barlow 描述了非预混火焰的基本特征，重点介绍了与预测建模相关的基本现象。他们展示了如何通过实验和数值模拟的紧密结合来加速推动复杂燃烧系统预测模型的发展。

7.3 节讨论了湍流燃烧的精细分辨率建模。L. Selle 和 T. Poinsot 在湍流燃烧数值方法的综述中，着重介绍了高性能数值计算的重要进展，并讨论了近期的发展前景。他们认为，大规模并行的大涡模拟求解器很快就有望在成本上具有竞争力，用于工业系统的开发。了解和控制燃烧不稳定性可能是未来有效精细分辨率建模的任务之一。

第 8 章给出了燃烧和火焰传播的其他有趣的例子。

在 8.1 节中，F. Takahashi 介绍了蜡烛和层流射流扩散火焰，强调了蜡烛燃烧的物理和化学机理，以及在正常重力和微重力条件下类似的层流同轴扩散火焰。这个表面上简单的系统实际上是非常复杂的，因而它的研究对于理解扩散火焰的基本原理具有重要意义。

在 8.2 节中，J. D. Smith 和 V. Sick 介绍了火花点火发动机的燃烧过程。他们考虑了这类发动机中的三种燃烧方式：均质充量火花点火 (预混湍流燃烧)、分层充量火花点火 (部分预混湍流燃烧) 和火花辅助压缩点火或火花辅助均质充量火花压缩点火 (CI)，后者是一个较新的概念，引入的目的是实现超低排放燃烧。讨论了各种方法的优缺点。

在 8.3 节中，Z. Filipi 和 V. Sick 回顾了压燃式发动机的最新进展。除了经典的压燃式发动机，他们还研究了另外两个概念：高速轻型发动机和预混压燃式发动机中的低温燃烧。他们认为，未来压燃式发动机将通过结合这两个概念来运行。

在 8.4 节中，A. Teodorczyk 提出了爆燃转爆轰 (DDT) 的复杂问题。他根据经典方案回顾了光滑管中 DDT 过程相关的现象，然后描述了阻塞通道中的 DDT 问题。

在 8.5 节中，B. Veysier 阐述了爆轰的知识现状。结合近年来非侵入式光学诊断和高性能计算的数值模拟结果，给出了复杂多维结构爆轰波的特殊特征。研究了横波在爆轰波传播中的作用，爆轰波胞格结构特征尺寸与起爆和传爆临界条件之间的相关性，以及波锋后非单调放热过程的影响。讨论了旋转爆轰研究的最新进展。

撰写这本书的想法源于 2006 年两位作者在普瓦捷大学举办的研讨课程。该想法逐渐成形并最终题名为《燃烧现象——火焰形成、传播和熄灭机制》。本书使用照片文件来对控制燃烧发展的物理机理进行有效展示。我们组建了一个作者团队，很快就有了 26 位潜在的撰稿人。海德堡的国际燃烧研讨会与普瓦捷的爆炸和反应系统动力学国际研讨会给了我们一个很好的机会与一些作者讨论这本书的某些问题。我们非常感谢许多燃烧专家的帮助，他们使这本书成为可能。尽管他们中的大多数人都非常忙，但他们同意参加这个项目，并设法遵守严格的出版时间表。

J. Jarosinski 希望感谢他在波兰罗兹工业大学科学界的同事们的合作。特别感谢 A. Gorczakowski 博士和 Y. Shoshin 博士。航空研究所的 W. Wisniowski 博士也给予了支持和鼓励。

B. Veyssiere 感谢法国科学家的贡献，并感谢法国燃烧协会的鼓励。我们希望阅读这本书对我们科学界的成员来说将是一种智力上的刺激和享受。

Jozef Jarosinski

Bernard Veyssiere

# 撰　稿　人

**Robert S. Barlow**
Combustion Research Facility
Sandia National Laboratories
Livermore, California

**Jonathan H. Frank**
Combustion Research Facility
Sandia National Laboratories
Livermore, California

**Roland Borghi**
Laboratoire de Mécanique et d'Acoustique
Centre National de la Recherche
Scientifi que, UPR 288
Ecole Centrale de Marseille
Marseille, France

**Artur Gutkowski**
Department of Heat Technology
Technical University of Łódz'
Łódz' , Poland

**Alexey A. Burluka**
School of Mechanical Engineering
Leeds University
Leeds, United Kingdom

**Satoru Ishizuka**
Graduate School of Engineering
Hiroshima University
Higashi-Hiroshima, Japan

**Sébastien Candel**
Ecole Centrale Paris
EM2C Laboratory
Châtenay-Malabry, France

**Jozef Jarosinski**
Department of Heat Technology
Technical University of Łódz'
Łódz' , Poland

**Jerzy Chomiak**
Department of Applied Mechanics
Chalmers University of Technology
Göteborg, Sweden

**Katharina Kohse-Höinghaus**
Department of Chemistry
Bielefeld University
Bielefeld, Germany

**Suk Ho Chung**
School of Mechanical and
Aerospace Engineering
Seoul National University
Seoul, Korea

**Michikata Kono**
Department of Aeronautics
and Astronautics
University of Tokyo
Tokyo, Japan

**Derek Dunn-Rankin**
Department of Mechanical and
Aerospace Engineering
University of California
Irvine, California

**Arnaud Mura**
Laboratoire de Combustion
et de Détonique
Centre National de la Recherche
Scientifi que, UPR 9028
ENSMA et Université de Poitiers
Futuroscope, Poitiers, France

**Daniel Durox**
Ecole Centrale Paris
EM2C Laboratory
Châtenay-Malabry, France

**Thierry Poinsot**
Groupe Ecoulements et Combustion
Institut de Mechanique des Fluides de
Toulouse
Toulouse, France

**Zoran Filipi**
Department of Mechanical Engineering
University of Michigan
Ann Arbor, Michigan

**Thierry Schuller**
Ecole Centrale Paris
EM2C Laboratory
Châtenay-Malabry, France

**Geoff Searby**
IRPHE Laboratory
Centre National de la Recherche Scientifi
que
Marseille, France

**Fumiaki Takahashi**
National Center for Space
Exploration Research on
Fluids and Combustion
NASA Glenn Research Center
Cleveland, Ohio

**Laurent Selle**
Groupe Ecoulements et Combustion
Institut de Mechanique des Fluides de
Toulouse
Toulouse, France

**Andrzej Teodorczyk**
Faculty of Power and Aeronautical
Engineering
Warsaw University of Technology
Warsaw, Poland

**Shenqyang S. Shy**
Department of Mechanical Engineering
National Central University
Jhong-Li, Taiwan, China

**Mitsuhiro Tsue**
Department of Aeronautics
and Astronautics
University of Tokyo
Tokyo, Japan

**Volker Sick**
Department of Mechanical Engineering
University of Michigan
Ann Arbor, Michigan

**Bernard Veyssiere**
Laboratoire de Combustion
et de Détonique
Centre National de la Recherche
Scientifi que, UPR 9028
ENSMA et Université de Poitiers
Futuroscope, Poitiers, France

**James D. Smith**
Department of Mechanical Engineering
University of Michigan
Ann Arbor, Michigan

**Chih-Jen Sung**
Department of Mechanical and
Aerospace Engineering
Case Western Reserve University
Cleveland, Ohio

# 目　　录

# 第 1 章　引言：燃烧面临的挑战

Jozef Jarosinski, Bernard Veyssiere

　　燃烧是一门应用科学，在交通运输、发电、工业过程和化学工程中具有重要意义。在实践中，燃烧应该同时保证安全、高效和清洁。

　　燃烧学历史悠久。从远古到中世纪，火与土、水、空气一起被认为是宇宙中四大基本元素。然而，由于化学革命的发起者之一、质量守恒定律的发现者安托万·拉瓦锡 (Antoine Lavoisier，1743—1794) 的工作 (1785 年)，火的重要性降低了。1775 至 1777 年，拉瓦锡第一个提出燃烧的关键是氧气的假设。他意识到空气中新分离的成分 (英格兰的约瑟夫·普利斯特里和瑞典的卡尔·舍勒，1772—1774 年) 是一种元素；然后他给它命名并制定了一个新的燃烧定义，即与氧发生化学反应的过程。在精确的定量实验中，他为新理论奠定了基础，这一理论在相对较短的时间内得到了广泛的认可。

　　最初，关于燃烧的科学出版物数量很少。当时的燃烧实验是在化学实验室进行的。因此从一开始到现在，化学对理解分子水平的燃烧就有很大贡献。

　　对燃烧的初期发展有显著贡献的事件按年代顺序列出如下。1815 年，汉弗莱·戴维 (Humphry Davy) 爵士发明了矿工安全灯。1826 年，迈克尔·法拉第 (Michael Faraday) 做了一系列讲座，并写下了蜡烛的化学史。1855 年，罗伯特·本森 (Robert Bunsen) 开发了他的预混气体燃烧器，测量了火焰温度和火焰速度。1883 年，弗朗索瓦·欧内斯特·马拉德 (Francois Ernest Mallard) 和埃米尔·勒·夏特利埃 (Emire Le Chatelier) 研究了火焰传播，提出了第一个火焰结构理论。与此同时，1879—1881 年，马塞林·贝塞洛特 (Marcellin Berthelot) 和保罗·维耶 (Paul Vieille) 发现了爆轰的第一个证据；这一点在 1881 年立即被马拉德和勒·查塔列 (Le Châtelier) 所证实。1899—1905 年，大卫·查普曼 (David Chapman) 和埃米尔·焦古埃 (Emile Jouguet) 发展了爆燃和爆轰理论，并计算了爆轰速度。1900 年，保罗·维耶 (Paul Vieille) 给出了爆轰现象的物理解释，即激波之后伴随着带有热释放的反应区。1928 年，尼古拉·谢苗诺夫 (Nikolay Semenov) 发表了他的连锁反应和热点火理论，并因其 1956 年的工作获得了诺贝尔奖 (与西里尔·诺曼·辛舍伍德一起)。连锁反应理论激励了化学气体动力学和反应机理的发展。关于爆炸和由连锁反应引起的爆炸极限的基础工作出现了。这反过来导致了气相反应动力学的巨大进步，即认识到自由基的作用、基本反应的性质，以及化学反应机理的阐明。最近，其使得动力学建模成为可能。1940 年，雅科夫·泽利多维奇 (Yakov Zel'dovich) 分析了二维火焰的热扩散不稳定性，并于 1944 年出版了他的著作《气体燃烧与爆轰理论》。1940 年，格哈德·达科勒 (Gerhard Damkoler) 研究了湍流对火焰传播的影响，1943 年，基里尔·什切尔金 (Kirill Shchelkin) 在简单几何考虑的基础上对其工作进行了扩展。在美国航空科学研究所 (1933 年) 和喷气推进实验室 (1944 年) 创始人西奥多·冯·卡门 (Theodore von Karman) 及燃烧学会 (1954 年) 共同创始人的影响下，燃烧科学得到极大发展。1950 年左右，他们组织了一个国际小组来汇编和传播关于燃烧科学的多学科知识。从那时起，术语 "航空热化学" 就成为燃烧的同义词。

然而，燃烧科学发展的新纪元始于伯纳德·刘易斯 (Bernard Lewis) 于 1954 年发起成立的燃烧学会。1957 年，随着《燃烧与火焰》杂志的发行，该学会的影响力进一步增强。该学会的成立为研究活动带来了两个重要因素：组织燃烧界和促进国际合作。

燃烧学会的任务是促进燃烧科学领域的研究。这是通过在系统组织的燃烧问题国际研讨会上传播研究成果和通过出版物来实现的。该学会在促进构成燃烧领域广泛的专业科学学科方面发挥了重要作用。自成立以来，该学会还帮助促进了国际研究活动。

自 1967 年以来，除了燃烧专题讨论会外，还组织了爆炸动力学与反应系统国际研讨会 (International Colloquia on the Dynamics of Explosions and Reactive Systems，ICDERS)。ICDERS 是由一群富有远见的燃烧科学家 (Numa Manson、Antoni K.Oppenheim 和 Rem Soloukhin) 发起的。他们认为这些研讨会的主题对燃烧技术的未来和全球范围内的 (污染物) 排放控制具有重要意义。

燃烧在很大程度上是 (但不仅仅是) 一门应用驱动的科学学科，创造了一些技术驱动因素。在其早期发展阶段，安全问题以及有关可燃性极限和爆炸的知识是最重要的。在 20 世纪 50 年代，燃烧研究受到航空推进和火箭推进的推动 (例如，对火焰中离子的研究与弱等离子体对微波辐射的吸收有关)。20 世纪 60 年代末，人们对燃烧产生的污染物 (如 $CO/NO_x$ 和碳烟) 的兴趣有所上升。20 世纪 70 年代初，越来越多的研究项目被用于城市和野外的火灾。20 世纪 70 年代的能源危机刺激了对节能和燃烧效率的研究。在 20 世纪 80 年代和 90 年代，人们对超声速燃烧越来越感兴趣，并对燃烧在气候变化中的作用进行了研究。所有这些技术驱动因素仍然存在于燃烧研究中。新的驱动因素，如微动力发电、催化燃烧、温和燃烧、自蔓延高温合成 (self-propagating high temperature synthesis，SHS) 燃烧或纳米颗粒合成等也正在出现。

科学工具和新分析方法的重要发展促进了燃烧科学的进步，包括：

(1) 引入严格的化学反应守恒方程。

(2) 计算机技术的发展使得在受扩散影响且涉及复杂化学的燃烧环境中解决复杂的流体运动成为可能 (大量的基元反应，它们各自并不 "复杂"，而是相当简单，即它们中的大多数只涉及两种反应物，有时是三种反应物，形成或破坏一个化学键)。在燃料氧化和污染物形成过程中生成了大量的瞬态中间组分。

(3) 激光诊断在诊断基本反应过程和火焰结构中的应用。

(4) 用于燃烧现象数学分析的活化能渐近理论的发展。

在 2000 年第 28 届国际燃烧研讨会上，欧文·格拉斯曼 (Irvine Glassman) 在他的报告中谈到了燃烧科学领域的研究对现代社会的重要性。他在致辞中呼吁燃烧界为解决实际问题做出贡献，并在解决经济、社会和环境问题方面发挥更大的创造性。只有对燃烧过程中发生的基本过程有深刻的理解，并且将其视为需要多学科研究的现象，这一呼吁才能实现。本书通过提供有关燃烧的一些基本问题的最新信息来应对这一挑战。

# 第 2 章  燃烧诊断：解析燃烧化学的测量技术

Katharina Kohse-Höinghaus

## 2.1  引　言

火焰现象非常迷人，并直接表现出一些固有的感官特征：散发出热和光，并可能伴随着嘶嘶声、噼啪声和气味。然而对于燃烧科学家或工程师来说，燃烧特性描述则涉及定量参数的测量，包括温度、压力、热释放或气体和颗粒排放量。由于燃烧装置的优化涉及整个过程的计算机模拟，从燃料输入到废气排放过程的相关子模型都需要燃烧测量进行验证。实际燃烧装置诸如用于废弃物处理的窑炉、电厂燃烧室、火箭发动机、燃气轮机、内燃机、家用燃烧器，在规模上各不相同，因此也需要大量相关火焰参数的测量技术。

为了提高对实际装置中燃烧化学和物理过程的认识，需要对这些领域开展详细研究，包括：通常在两相流条件下发生的燃料和氧化剂之间的混合；可能依赖于火花、放电、等离子体或自燃的点火；燃烧过程发生在部分预混或湍流三维流动中时的火焰–流场相互作用；污染物形成 (特别是 $NO_x$、多环芳烃 (PAHs)、颗粒物和诸如醛类等其他空气中限制排放的有害物质)。新的发动机概念 (如均质充量压燃 (HCCI) 发动机或受控自点火 (CAI) 发动机)，新的燃料或燃料组合 (如生物质燃料或费托合成燃料和燃料添加剂)，以及边界不断扩展至以前很少探索的高压、极低温度下的燃烧条件，或者贫燃极限下的化学当量比，这些都对当前用于燃烧建模的数据库提出了扩展的需求。

毫无疑问，对燃烧进行全方位探索，需要直接对各个过程进行分析，而不仅仅是全局特征 (如排放水平)。燃烧的直接测量方法有多种，其中大多数都是基于激光光谱学原理。激光技术让人感兴趣的特征，包括时间和空间分辨率、成像能力、相干信号的产生、多组分多参量测量等，其中非侵入是一个主要特点。关于燃烧的激光测量已有详细的文献可供查阅 [1-9]，其中对相关技术的原理、优点，典型仪器和应用实例进行了反复总结。

在这里，仅对在燃烧测量应用领域中所涉及的较为成熟的激光诊断技术简要罗列其名，而不作进一步描述。有关方法的详细信息，可在上述文献或其引用的参考文献中找到。已发展的燃烧诊断技术包括：用于主要组分浓度和温度测量的拉曼和瑞利测量技术；用于温度测量的相干反斯托克斯拉曼光谱 (CARS) 技术；用于表征混合过程或温度和中间组分浓度测量的激光诱导荧光 (LIF) 技术；针对微小组分敏感检测的腔衰荡光谱法 (CRDS)；用于流场表征的激光多普勒测速 (LDV) 和粒子成像测速 (PIV)；测量早期粒子和烟尘的激光诱导白炽光 (LII) 技术和散射技术。这些技术及其组合已被证明在实验室火焰和大型燃烧机械的分析中发挥了重要作用，为所在环境下的燃烧性能研究提供了"客观视角"。

现有著作和评论对这些信息的归纳提供了一个良好的起点 [1-9]，因此没有必要再尝试对一些重要进展重新进行总结。因已超出本书的主旨，故不打算对燃烧中激光和探针测量的新近进展进行介绍。相反，本章将选取那些能够进一步揭示燃烧化学细节的方法进行介绍。进行如此侧重有三个方面的原因：首先，作为清洁燃烧的最有趣的问题之一，烟灰及其前趋体形成过程中所涉及的化学反应，目前仅得到了部分解答。其次，人们已认识到需要对新型燃料和燃料混合物的特定分解和氧化化学进行研究。最后，激光和探针测量的新组合，特别是使用不同的质谱方法，为详细研究化学提供了前所未有的潜力，特别是其在异构化合物方面的作用。下文将着重介绍我们团队和密切合作伙伴的一些最近进展。

## 2.2 燃烧中间组分研究技术

在涉及燃料裂解和氧化的复杂反应网络中，中间产物表明了可能在某些特定燃烧条件下存在某种不同的重要反应路径。碳氢化合物/空气或氧合物/空气燃烧的最终产物 (通常是水和二氧化碳) 对于燃烧效率的作用愈加重要。由于气候原因，人们认为二氧化碳是一种污染产物，而不是一种产品。其他一些不需要的排放物和副产品，对于整体的热力学水平不是必需的，但对于有关关键组分信息却是必要的，因为这可能会对不同反应通道的重要程度造成影响。这些组分中的大多数都是自由基，它们通常只以百万分之一 (ppm) 甚至十亿分之一 (ppb) 量级范围内的很小量浓度存在。

用于研究燃烧动力学细节的火焰最好是稳定的 (诸如点火等过程除外)，并应简化流场和几何结构。为这些研究已专门建立了几种燃烧器配置，包括一维平面预混火焰、对冲或同轴扩散火焰 [10-12]。当前，低压下的预混平面火焰是一个很好的研究实例，其火焰前缘宽度被扩展开，可方便详细研究。相关参数 (包括温度和组分组成) 可表示为燃烧器表面上方高度 $h$ 的函数，高度为 $h=0$ 的位置为新鲜燃料/氧化剂混合物，火焰前锋位于几毫米距离处，燃烧气体的高度为 15~20mm 或更高。

### 2.2.1    光谱技术

几年前，就已有文献对几种用于检测中间组分的光谱技术进行了回顾 [13]。仅在 H-C-N-O 系统中，就有许多与燃烧有关的中间组分，包含原子 (包括 H，O，C，N)、双原子自由基 (包括 OH，CH，$C_2$，CO，NH，CN，NO)、三原子中间产物 (包括 HCO，$^1CH_2$，$NH_2$) 以及大分子 (包括 $CH_3$，$CH_2O$，$C_2H_2$) 等。在大量研究中，这些中间组分都已通过激光吸收光谱或荧光光谱方法检测到。在已成熟的技术中，LIF 和 CRDS 之前已经详细描述过 [1,3,13-16]。发展这些技术，需要在仪器方面适当配置商用可调激光，特别是在紫外和可见光区域激发电子跃迁。对于 LIF，更标准化的配置是采用具有纳秒时间分辨率的脉冲激光器，通常以准分子或 Nd: YAG 激光器作为泵浦源，并采用可调谐染料激光器以获得所需激发频率的光。对于燃烧动力学背景下的定量测量，通常是点式测量，通过合适的波长选择元件聚焦于火焰中某个明确的荧光位置，用光电倍增管进行检测。通过对激励激光进行适当的整形和使用电荷耦合器件 (CCD) 摄像机进行检测，可以沿直线或二维区域成像。这种技术更进一步发展，可以使用多光子激发或多组分探测，同步获得一些诸如局部温度和某组分浓度的燃烧参数。

LIF 技术非常通用。然而测定中间组分的绝对浓度需要单独校准或事先已知荧光光子数量，即辐射事件 (可检测荧光) 与激发量子态 (包括预离解、碰撞猝灭、能量转移) 所有衰变过程之和的比率。这个分数可能非常小 (例如，用于在环境压力下检测火焰中的 OH 自由基，约为百分之零点几)，并且取决于局部火焰成分、压力和温度以及电子激发态和转振水平。利用皮秒激光器的短脉冲技术可以直接测定量子产额 [14]，并可以研究相关的能量转移过程 [17-20]。

LIF 已被用于许多研究中来测量一些重要自由基的浓度，最常见的是 OH、CH 和 NO。OH 是燃料降解和氧化路径的重要贡献者，并且是火焰中热区域的指示剂。CH 通常被用于示踪火焰前锋位置。$NO_x$ 作为一种空气中限制排放的有毒组分，对 NO 的形成进行直接测量非常重要。在燃烧系统中，包括硫、磷、碱等其他元素也可通过 LIF 进行检测，而且通常，即使无法进行量化，也可能得到一个有用的结果。

在基于激光吸收的高灵敏度燃烧诊断技术中，CRDS 已在短短几年内不断发展并广泛应用 [15,16]，腔内激光吸收光谱 (ICLAS) 技术也越来越多地被一些团队所采用 [21,22]。与 LIF 一样，CRDS 也可以使用类似的实验基础设施，这两种技术原则上可以在同一个设备中兼容。可调谐激光通常用于 CRDS 中对紫外–可见光谱范围内的重要火焰自由基团进行检测 [13]，其中包括许多也可通过 LIF 测量的组分。此外，更多的组分可通过 CRDS 获得，因为预解离状态，CRDS 不会发出荧光 [13,15,16]。腔增强吸收技术也应用于近红外火焰中 [22-25]。这些技术提供的多种吸收路径是其在 ppb 范围内具有极高灵敏度的原因。如果已知各自转变的吸收系数，则可获得绝对浓度。CRDS 可与其他基于激光的燃烧诊断技术一起用于特殊目的的测量，例如，结合 CRDS 和 LII[26] 检测多环芳烃和碳烟。一个经典的组合是 LIF 和 CRDS[15,27]，这时可利用 CRDS 测量结果得到 LIF 测量的绝对值。关于在富燃火焰中的应用，我们最近利用 CRDS 在上述条件下对其进行了系统研究 [28]。大量涉及多环芳烃和煤烟途径的组分，以及现实碳氢化合物和含氧燃料火焰中的研究，要求尽可能定量地检测 $C_xH_y$ 或 $C_xH_yO_z$ 型的许多中间组分。对于这种一般方法，在线质谱 (MS) 比光学技术更可取，当测量温度和一些较小中间组分的浓度时，可将其与 MS 结合使用。

### 2.2.2 质谱技术

近年来，人们对质谱技术在火焰化学研究中的一些应用进行了综述 [12]，并广泛参考了早期的研究。本书将着重介绍减压预混火焰的几种典型实验技术的特点。由于需要从火焰中提取样本进行分析，因此所有在线燃烧质谱测量实验都是侵入式的。在减压条件下，取样探头可以检测出火焰前锋的组分分布 (厚度为几毫米，而空间分辨率小于 0.5mm)。为了能够检测自由基，分子束 (MB) 取样法通常与 2~3 个差动泵浦级一起使用。根据质量/电荷 ($m/z$) 比对组分进行电离和分离，通常使用飞秒时间 (TOF) 设置。电离可以通过不同的方式进行，这里考虑了电子电离 (EI)、共振增强多光子电离 (REMPI) 和使用同步加速器可调谐真空紫外 (VUV) 辐射的光电离 (PI)。在所有情况下，单个组分的量化都需要明确的检测 (分离重叠的特征，例如，从同位素贡献或从具有相同名义质量的不同化合物中分离)，使碎片最小化，以及校准 (例如，使用已知浓度的样品)。如果电离能的差别足够大，大于仪器的能量分辨率，可被仪器识别，则可以分离结构异构体。标准样品校准可用于具有足够蒸气压的稳定组分。当电离截面 (对于光子或电子) 已知或能可靠估计时，对自由基组分的校准是可行的。

在本章给出的例子中使用了三种不同的测量仪器。EI-MBMS 装置和 REMPI-MBMS 装置是我们自己的实验室中所用的，而使用 VUV-PI-MBMS 的实验是在合作中进行的，主要在美国伯克利的先进光源 (ALS) 实验室以及中国合肥的合肥光源 (HLS) 进行。

对于 EI-MBMS 测量，我们使用了一种类似于以前许多研究中使用的仪器 [12,29]，并在之前 [30,31] 进行了描述。采用直径约 150μm 的石英喷嘴进行取样，气体样品经过了两个泵送阶段，首先是从燃烧器外壳 (50mbar) 膨胀至小于 $10^{-4}$mbar，由此产生的光束中心通过直径为 2mm 的锥形漏勺 (skimmer) 再膨胀至小于 $10^{-6}$mbar，然后进入电离室。通过这个过程，样品被冷却到约 400K[29]。REMPI-MBMS 仪器的配置与其非常相似 [32]。两种装置的质量分辨率足够高 ($m/$

$\Delta m \sim 3000$），足以分离许多燃烧组分（包括 $m/z = 44$ 附近的 $C_3H_8$、$CO_2$ 和 $C_2H_4O$）。它明显高于 ALS($m/\Delta m \sim 400$) 和 HLS($m/\Delta m \sim 1400$) 处的分光计，在这两个实验室中，组分不仅通过质量分离，而且通过其不同的电离能分离 [33-35]。

这三种不同的电离方法都有各自的优点。在 EI-MBMS 电离法中，我们使用 $10.5 \sim 17eV$ 范围内的名义能量来最小化碎片。电离电子束的能量扩散至足够宽，能够以固定的名义能量探测质谱中的所有物质。氩用作惰性参考标准。因此，可以从单一光谱对组分池进行覆盖，通过改变运行之间的条件来避免含糊不清，通过归一化氩气剖面来避免长期漂移带来的误差。由于是共振激发/电离过程，REMPI-MBMS 更具选择性，该技术非常适合于检测小芳香族组分 [32]。VUV-PI-MBMS 采用可调谐同步辐射仪器，所具有的一个新特性是具有约 $40MeV$ 的高能量分辨率，实现了首次对异构组分进行区分 [36]。然而，为了达到这个目的，在不同的固定电离能下需要若干质谱。这两种光电离技术对碎片的敏感度都要低得多，这对检测含氧或其他具有相对弱键的组分尤其有利。考虑到这些仪器的不同特征，组合应用所有技术对于结果的比较具有特别重要的意义。差异分析使我们进一步发展了测量和分析程序，并对系统误差提供了更为现实的评估，这对于与模型进行比较非常有帮助 [37]。在任何情况下，校准都是非常重要的，特别是对于自由基。最近对校准程序进行了一些详细的比较 [38]。光学和质谱技术可结合用于可同步检测的组分，以尽量减少校准误差。

为了探测低压火焰中特定燃料的化学性质，通常可获得定量物质摩尔分数 $x_i$ 与燃烧器上方高度 $h$ 的关系曲线。许多中间产物形成于火焰面，从被测轮廓的形状或从其摩尔分数推断特定自由基或分子的重要性是不可能的。类似地，使用这些数据来提取特定的反应速率系数可能会产生误导，因为单个反应或反应序列的影响无法分离。与反应模型的比较是有用的，关于这一目的的化学动力学状态以及典型相关误差的信息是现成的 [39-41]。在研究新的条件，包括以前未处理的燃料和燃料混合物、压力、温度和化学计量范围时，在使用新的方法或现有技术的变体时，或在给定情况下首次检测组分时，也应谨慎。推断最初针对不同条件设计的模型的验证或证伪，或更改模型中的参数以适应单一测量可能存在的问题。然而，研究不同燃料火焰中的许多组分，最好使用不同的技术，可以学到很多东西。接下来，我们将介绍合作工作中的一些最新实例，重点介绍碳氢化合物和含氧火焰以及两种燃料的混合物中富燃燃烧的研究。

## 2.3　示 例 结 果

为了分析火焰的化学结构，激光方法通常可提供一些易于检测的自由基的温度测量和浓度分布测量。以下两个例子比较了所选的 LIF 和 CRDS 结果。图 2.3.1

显示了在 50mbar 下富燃 (C/O=0.6) 丙烯–氧气–氩气火焰的温度分布[42]。对于 LIF 测量,添加了约 1% 的 NO。OH-LIF 温度测量也是可能的,但是对于富燃火焰中相对较低的 OH 浓度,特别是在低温下,这种方法不能捕获火焰前沿的温升 [43]。相比,CRDS 技术的灵敏度更高,并且 OH 摩尔分数足以跟踪整个温度曲线。两种测量方法所得结果非常一致。对于这里研究的所有火焰,温度分布都是用 LIF 或 CRDS 测量的。

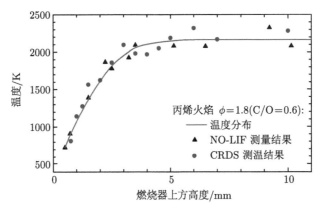

图 2.3.1 富燃丙烯低压平面预混火焰的温度曲线,采用 NO-LIF 技术和利用自然存在的 OH 自由基的 CRDS 技术测量所得 (改编自 Kohse-Höinghaus, K. et al., Z. Phys. Chem., 219, 583, 2005 中的图 3)

这两种技术都适用于确定中间组分浓度分布,如图 2.3.2 所示的 $C_2$ 自由基分布。富燃预混低压丙烯火焰的独立测量轮廓形状非常一致。在上述条件下,CRDS

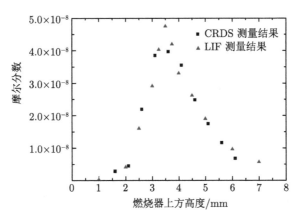

图 2.3.2 在 50mbar 预混富燃丙烯平面火焰中采用 LIF 和 CRDS 测量获得的 $C_2$ 自由基摩尔分数分布的对比图

测量的灵敏度很高，可高精度地测定 ⩾2ppb 的摩尔分数。使用 CRDS 结果将 LIF 测量值置于绝对刻度。应该注意的是，LIF 测量显示出稍好的空间分辨率，从接近最大值的区域可以明显看出，CRDS 测量并没有捕捉到这一点。这两种技术都能很好地分辨火焰前缘，火焰前缘的中心距约 3.5mm。与图 2.3.1 相对比，可以看出，这大致相当于温度曲线高位的起点，而最大温度在接近 5mm 位置处获得。

在分子束质谱 (MBMS) 测量中，对几种不同的电离策略也进行了类似的比较。在这里，首次使用三种独立的仪器在名义上相同的条件下测量同一组分的分布曲线。图 2.3.3 显示了分别采用 EI-MBMS、REMPI-MBMS 和 VUV-PI-MBMS 测量得到的富燃丙烯-氧气-氩气火焰中的苯摩尔分数曲线。其中前两个设备位于比勒菲尔德，另一个位于伯克利的 ALS。三种测量方法的定量一致性很好，摩尔分数峰值的差异在 25%～30%。严格的误差分析证实，这一量级的误差并不意外，不同的燃烧器、流量计、压力计、燃烧器外壳、一侧的校准混合物，以及不同的取样喷嘴、质谱仪、电离技术、检测器和分析程序都会导致这些不确定性。用相同的 EI-MBMS 仪器在数年内重复测量 "标准" 火焰条件，也导致稳定组分测量误差约为 20%，因此可以使用已知浓度的样品进行校准。对三条曲线的仔细检查显示，在 5.5～6.5mm 处，峰值位置的偏差约为 1mm。这种程度的偏移也并不少见，它是不同燃烧器和取样器几何形状的函数。

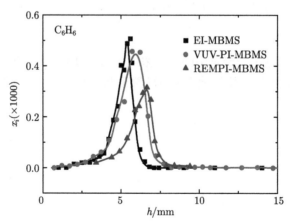

图 2.3.3  用三种不同的质谱技术单独测量的富燃丙烯火焰中的苯分布 (C/O = 0.77)，其中
$x_i$：摩尔分数，$h$：燃烧器上方的高度

多环芳烃和碳烟的形成涉及一个分子前驱体阶段，在这一阶段，烃自由基尤其是 2～5 个碳原子起到了将苯作为第一个芳香环的作用，这被认为是进一步生长的中心环节 [12,44-46]。人们已经讨论了几种对苯形成很重要的途径，普遍认为它们的特殊重要性可能取决于燃料的化学性质。分析燃料结构对中间组分池的影

响,对于在相同条件下研究相同 C/O 和 C/H 比的火焰具有特别的指导意义。在之前的工作中,曾比较了 $C_5H_8$ 异构体 1,3-戊二烯和环戊烯与丙烯 ($C_3H_6$) 和乙炔 ($C_2H_2$) 的 1:1 混合物的富燃燃烧 [47]。图 2.3.4 显示了一些 $C_4H_x$ 中间产物的摩尔分数曲线,这些中间产物是 1,3-戊二烯火焰 (左图) 和 "异构" 丙烯/乙炔混合物火焰 (右图) 中苯形成过程中的代表性成分 [48,49]。最大温度 (分别为 2100K 和 2250K)、火焰速度和火焰前沿位置略有不同 [47],但不足以解释组分摩尔分数的显著差异。尤其是 $C_4H_5$ 在 1,3-戊二烯火焰中的浓度更高,它是燃料的直接分解产物。进一步分析表明,在所有三种火焰中,涉及 $C_3$ 自由基的反应对苯的形成至关重要,1,3-戊二烯火焰中优先观察到涉及 $C_4$ 和 $C_2$ 组分的路径贡献,而 $C_5$ 组分在环戊烯火焰中具有一定的意义。

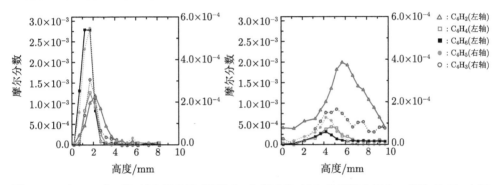

图 2.3.4 在 1,3-戊二烯 (左) 和乙炔/丙烯 (1:1) 混合物 (右) 的富燃火焰中,几种 $C_4H_x$ 中间产物的摩尔分数分布,相同的 C/O 为 0.77,C/H 为 0.625,用 EI-MBMS 进行测量

如上述示例所示,EI-MBMS 对富燃火焰的分析通常提供了 35~45 种 $m/z \leqslant$ 100 的组分的曲线,可用于提高对反应途径的认识并扩展现有火焰模型。然而,随着异构体选择性 VUV-PI-MBMS 的出现,这类考虑中通常包括的组分数量似乎太少了。在 ALS 实验室 [37],对参考文献 [47], [50] 中描述的环戊烯火焰使用火焰仪器进行了再次分析,图 2.3.5 从光电离效率 (PIE) 曲线揭示了 $m/z = 90(C_7H_6)$ 和 $m/z = 92(C_7H_8)$ 处确定的不同化学结构。这些组分中的大多数以前都没有在火焰中被发现,它们的浓度也不知道,它们在向更大的环状结构反应中的作用也不清楚。

图 2.3.3 将苯作为稳定中间组分与大约 500ppm 的中等摩尔分数进行比较,这为 MBMS 测量中涉及的潜在误差提供了第一印象,也为更难校准的自由基提供了预期的准确度。图 2.3.6 显示了掺有乙醇 (从 0% 到 100%) 的一系列富燃丙烯火焰 (C/O=0.5) 中 $C_3H_3$ 自由基的摩尔分数分布,通过在比勒费尔德的 VUV-PI-MBMS 和伯克利的 EI-MBMS 进行测量。2 倍以内的定量一致性被认为是相当令人满意的。插图中所示的乙醇添加趋势与 PI-MBMS 实验显示的优越信噪

比具有良好的定量一致性。通过添加含氧燃料来降低丙炔自由基浓度是可以预料的 [31]，这与含氧燃料可减少多环芳烃或颗粒物排放的假设一致。两种燃料组分之间的组分池相互作用值得进一步分析。图 2.3.7 中给出的同一系列火焰中，$C_3H_4$ 的摩尔分数分布与丙炔的趋势类似。VUV-PI-MBMS 仪器可以区分丙炔和丙二烯这两种异构体，而 EI-MBMS 可以检测这两种异构体的总和。两种测量结果在数量上非常一致。

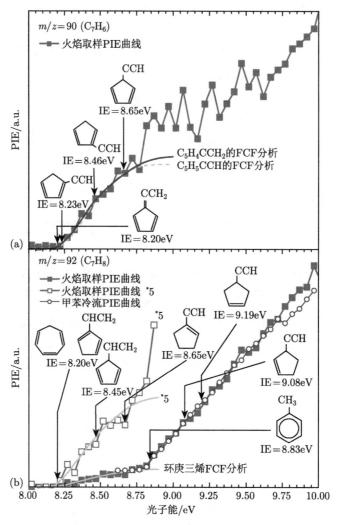

图 2.3.5　(a) $m/z = 90(C_7H_6)$ 和 (b) $m/z = 92(C_7H_8)$ 的火焰取样 PIE 曲线与基于 Franck-Condon 因子分析和甲苯冷流 PIE 光谱模拟的 PIE 光谱的比较。给出了一些同分异构体的计算电离能 (摘自 Hansen, N. et al., J. Phys. Chem. A, 2007。经许可)

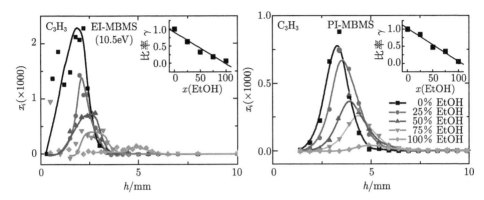

图 2.3.6　掺杂乙醇的富燃丙烯火焰 (C/O=0.5) 中 $C_3H_3$ 自由基的摩尔分数分布，用 EI-MBMS(左) 和 VUV-PI-MBMS(右) 测量。插图显示乙醇添加对峰值摩尔分数的影响，归一化为未掺杂乙醇时火焰中的值；$x_i$：摩尔分数，$h$：高度

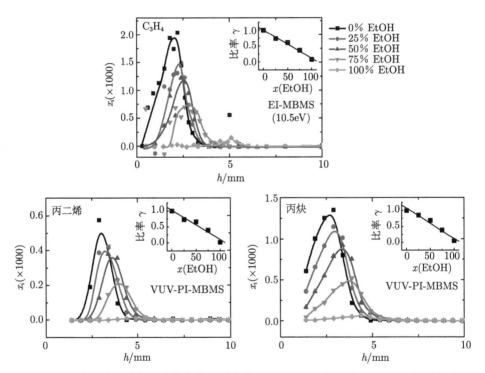

图 2.3.7　在一系列掺有乙醇的富燃丙烯火焰 (C/O=0.5) 中，用 EI-MBMS(顶部) 和 VUV-PI-MBMS(底部) 测量了 $C_3H_4$ 的摩尔分数分布。VUV-PI-MBMS 可以区分丙炔和丙二烯，而 EI-MBMS 可以检测这两种异构体的总和。注意用这两种方法得到的 $C_3H_4$ 总摩尔分数的定量一致性。插图显示乙醇添加对摩尔分数峰值的影响，归一化为未掺杂乙醇时火焰中的值；$x_i$：摩尔分数，$h$：高度

随着对氧化物、潜在生物衍生物、燃料和燃料添加剂 (如醇类、醚类或酯) 的讨论，对其燃烧化学性质的详细信息的需求日益迫切。燃料分子中附加的官能团会导致更多可能的结构异构体。燃料分子的化学结构对主要分解和氧化途径的影响是一个有趣的方面，值得进一步研究，最近的工作在燃烧一对烷基酯——乙酸甲酯和甲酸乙酯 [38] 以及丁醇的四种异构体 [51,52] 时解决了这个问题。图 2.3.8 和图 2.3.9 提供了这项工作的示例性结果。在图 2.3.8 中，在相同条件下燃烧的乙酸甲

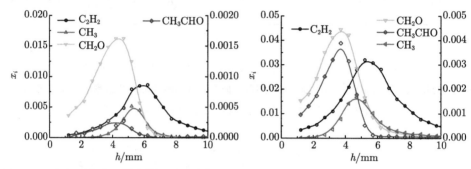

图 2.3.8　在相同条件下燃烧的两种异构体乙酸甲酯 (左) 和甲酸乙酯 (右) 的富燃火焰 (C/O = 0.5) 中的中间组分浓度；$x_i$：摩尔分数，$h$：高度；在每个图的左侧命名的组分对应于左 $Y$ 轴，在右侧命名的对应右 $Y$ 轴

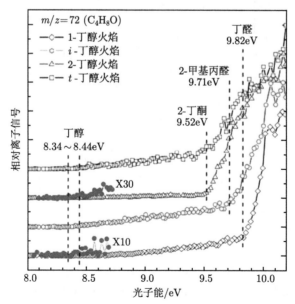

图 2.3.9　在四种丁醇火焰中测量的 $m/z = 72(C_4H_8O)$ 的 PIE 曲线。给出了由观察到的电离阈值确定的组分的可接受电离能 (摘自 Yang, B. et al., Combust. Flame, 148, 198, 2007。经许可)

酯和甲酸乙酯火焰中显示了几种中间组分,包括甲基、乙炔、甲醛和乙醛。虽然温度和主要组分浓度在实验不确定度范围内是相同的 [38],但这些中间摩尔分数明显但并非出乎意料地不同,因为乙炔更容易在乙酯中形成,而甲基酯火焰中的甲基浓度更高。此外,甲醛是从乙酸甲酯火焰中的甲氧基提取氢后的产物,而乙醛则是从甲酸乙酯火焰中的乙氧基提取二次氢后的产物。

在四种丁醇预混平面火焰中也可以看到明显的燃料特有的化学反应。图 2.3.9 显示了 $m/z = 72(C_4H_8O)$ 的 PIE 曲线。组分池有很大的不同,丁醛存在于 1-丁醇火焰中,2-甲基丙醛存在于 $i$-丁醇火焰中,2-丁酮存在于 2-丁醇火焰和 $t$-丁醇火焰中。这与燃料中羟基位置形成的羰基功能一致,但丁醇除外,丁醇中涉及 C—C 键的裂变 [52]。

## 2.4 总结和结论

本章介绍了激光光谱法和几种现场质谱技术在精细燃烧化学研究中的一些新进展和最新实例。利用这些技术研究了不同的碳氢化合物和含氧燃料以及燃料混合物,特别着重于检测被认为与小多环芳烃和烟尘的形成有关的组分。在含氧火焰和混合火焰中,羰基化合物的形成也一直受到关注,因为该家族的一些成员被规定为有害的空气污染物。在完全独立的装置中,对名义上相同的火焰和不同技术的研究揭示了这些方法可靠性的重要细节,并导致了分析和校准策略的长足发展。燃烧诊断的一个里程碑是异构体选择技术的出现,对异构体组分的丰富组合的研究显示了燃烧化学的新细节,值得进一步研究。此外,在类似条件下对异构燃料的研究也证明了燃料结构对中间组分池的重要性,这可能导致与不期望排放有关的不同产品组成。利用这些强大的技术,可以研究化学特性,这可能对实际燃烧装置的设计产生影响。

**致谢**

许多同事和合作者参与了这项工作,作者对这些团队和人员表示感谢!康奈尔大学的 Terrill Cool,马萨诸塞大学 Amherst 分校的 Phillip Westmoreland,美国桑迪亚国家实验室的 Nils Hansen、Craig Taatjes 和 Andrew McIlroy,以及中国合肥国家同步辐射实验室的齐飞,感谢他们为这一富有成效的合作所做的努力。

Bielefeld 小组向 Andreas Brockhinke、Tina Kasper、Michael Letzgus、Markus Koler、Patrick Ooald 和 Ulf Struckmeier 表示特别感谢。杜伊斯堡–埃森大学的 Burak Atakan、斯图加特 DLR 的 Marina Braun Unkhoff、德国缅因州普朗克化学研究所的 Michael Kamphus 和美国耶鲁大学的 Charles Mc Enally 曾与作者就本章的主题进行了讨论,我们对此表示感谢。

# 参 考 文 献

[1] Eckbreth, A.C., Laser Diagnostics for Combustion Temperatureand Species, 2nd ed., Gordon and Breach, United Kingdom, 1996.

[2] Kohse-Höinghaus, K. and Jeffries, J.B. (Eds.), Applied Combustion Diagnostics, Taylor & Francis, New York,2002.

[3] Kohse-Höinghaus, K. et al., Combustion at the focus: Laserdiagnostics and control, Proc. Combust. Inst., 30, 89, 2005.

[4] Schulz, C. and Sick, V., Tracer-LIF diagnostics: Quantitative measurement of fuel concentration, temperatureand fuel/air ratio in practical combustion systems, Prog. Energy Combust. Sci., 31, 75, 2005.

[5] Wolfrum, J., Lasers in combustion: From basic theory topractical devices, Proc. Combust. Inst., 27, 1, 1998.

[6] Daily, J.W., Laser induced fluorescence spectroscopy inflames, Prog. Energy Combust. Sci., 23, 133, 1997.

[7] Rothe, E.W. and Andresen, P., Application of tunable excimer lasers to combustion diagnostics: A review, Appl. Opt., 36, 3971, 1997.

[8] Masri, A.R., Dibble, R.W., and Barlow, R.S., The structure of turbulent nonpremixed flames revealed by Raman-Rayleigh-LIF measurements, Prog. Energy Combust. Sci.,22, 307, 1996.

[9] Chigier, N. (Ed.), Combustion Measurements, Hemisphere, New York, 1991.

[10] Glassman, I., Combustion, 2nd ed., Academic Press, San Diego, 1987.

[11] Law, C.K., Combustion Physics, Cambridge UniversityPress, New York, 2006.

[12] McEnally, C.S. et al., Studies of aromatic hydrocarbon formation mechanisms in flames: Progress towards closing the fuel gap, Prog. Energy Combust. Sci., 32, 247, 2006.

[13] Smyth, K.C. and Crosley, D.R., Detection of minor specieswith laser techniques, in Applied Combustion Diagnostics, Kohse-Höinghaus, K. and Jeffries, J.B. (Eds.), Taylor &Francis, New York, 2002, Chapter 2.

[14] Brockhinke, A. and Linne, M.A., Short-pulse techniques: Picosecond fluorescence, energy transfer and "quenchfree" measurements, in Applied Combustion Diagnostics, Kohse-Höinghaus, K. and Jeffries, J.B. (Eds.), Taylor &Francis, New York, 2002, Chapter 5.

[15] McIlroy, A. and Jeffries, J.B., Cavity ringdown spectroscopy for concentration measurements, in Applied Combustion Diagnostics, Kohse-Höinghaus, K. andJeffries, J.B. (Eds.), Taylor & Francis, New York, 2002, Chapter 4.

[16] Scherer, J.J. et al., Cavity ringdown laser absorption spectroscopy: History, development and applications topulsed molecular beams, Chem. Rev., 97, 25, 1997.

[17] Brockhinke, A. and Kohse-Höinghaus, K., Energy transferin combustion diagnostics: Experiment and modeling,Faraday Discuss., 119, 275, 2001.

[18] Brockhinke, A. et al., Energy transfer in the OH A2Σ +state: The role of polarization and of multi-quantumenergy transfer, Phys. Chem. Chem. Phys., 7, 874, 2005.

[19] Bülter, A. et al., Study of energy transfer processes in CHas prerequisite for quantitative minor species concentration measurements, Appl. Phys. B, 79, 113, 2004.

[20] Brockhinke, A. et al., Energy transfer in the d3Πg-a3Πu(0–0) Swan bands of C2: Implications for quantitative measurements, J. Phys. Chem. A, 110, 3028, 2006.

[21] Rahinov, I., Goldman, A., and Cheskis, S., Absorption spectroscopy diagnostics of amidogen in ammonia doped methane/air flames, Combust. Flame, 145, 105,2006.

[22] Goldman, A. et al., Fiber laser intracavity absorption spectroscopy of ammonia and hydrogen cyanide in lowpressure hydrocarbon flames, Chem. Phys. Lett., 423,147, 2006.

[23] Xie, J. et al., Near-infrared cavity ringdown spectroscopy of water vapor in an atmospheric flame, Chem. Phys. Lett.,284, 387, 1998.

[24] Scherer, J.J. et al., Determination of methyl radical concentrations in a methane/air flame by infrared cavityringdown laser absorption spectroscopy, J. Chem. Phys.,107, 6196, 1997.

[25] Peeters, R., Berden, G., and Meijer, G., Near-infrared cavity enhanced absorption spectroscopy of hot water and OH in an oven and in flames, Appl. Phys. B, 73, 65, 2001.

[26] Schoemaecker Moreau, C. et al., Two-color laser-induced incandescence and cavity ringdown spectroscopy for sensitive and quantitative imaging of soot and PAHs inflames, Appl. Phys. B, 78, 485, 2004.

[27] Dreyer, C.B., Spuler, S.M., and Linne, M., Calibration oflaser induced fluorescence of the OH radical by cavity ring down spectroscopy in premixed atmospheric pressure flames, Combust. Sci. Tech., 171, 163, 2001.

[28] Schocker, A., Kohse-Höinghaus, K., and Brockhinke, A., Quantitative determination of combustion intermediates with cavity ring-down spectroscopy: Systematic study in propene flames near the soot-formation limit, Appl. Opt.,44, 6660, 2005.

[29] Kamphus, M. et al., REMPI temperature measurement in molecular beam sampled low-pressure flames, Proc. Combust. Inst., 29, 2627, 2002.

[30] Lamprecht, A., Atakan, B., and Kohse-Höinghaus, K., Fuel-rich propene and acetylene flames: A comparison of their flame chemistries, Combust. Flame, 122, 483, 2000.

[31] Kohse-Höinghaus, K. et al., The influence of ethanol addition on premixed fuel-rich propene-oxygen-argon flames, Proc. Combust. Inst., 31, 1119, 2007.

[32] Kasper, T.S. et al., Ethanol flame structure investigated by molecular beam mass spectrometry, Combust. Flame,150, 220, 2007.

[33] Cool, T.A. et al., Selective detection of isomers with photo ionization mass spectrometry for studies of hydrocarbon flame chemistry, J. Chem. Phys., 119, 8356, 2003.

[34] Cool, T.A. et al., Photoionization mass spectrometer for studies of flame chemistry with a synchrotron light source, Rev. Sci. Instrum., 76, 094102, 2005.

[35] Cool, T.A. et al., Photoionization mass spectrometry and modeling studies of the chemistry of fuel-rich dimethyl lether flames, Proc. Combust. Inst., 31, 285, 2007.

[36] Taatjes, C.A. et al., Enols are common intermediates in hydrocarbon oxidation, Science,

308, 1887, 2005.

[37] Hansen, N. et al., Initial steps of aromatic ring formation in a laminar premixed fuel-rich cyclopentene flame, J. Phys. Chem. A, 111, 4081, 2007.

[38] Oßwald, P. et al., Isomer-specifi c fuel destruction pathwaysin rich flames of methyl acetate and ethyl for mate and consequences for the combustion chemistry of esters,J. Phys. Chem. A, 111, 4093, 2007.

[39] Warnatz, J., Maas, U., and Dibble, R.W., Combustion,Springer-Verlag, Berlin, 1996.

[40] Miller, J.A., Pilling, M.J., and Troe, J., Unravelling combustion mechanisms through a quantitative understanding of elementary reactions, Proc. Combust. Inst., 30, 43, 2005.

[41] Smith, G.P., Diagnostics for detailed kinetic modeling, in Applied Combustion Diagnostics, Kohse-Höinghaus, K. and Jeffries, J.B. (Eds.), Taylor & Francis, New York, 2002, Chapter 19.

[42] Kohse-Höinghaus, K. et al., Combination of laser- and mass-spectroscopic techniques for the investigation of fuel-rich flames, Z. Phys. Chem., 219, 583, 2005.

[43] Hartlieb, A.T., Atakan, B., and Kohse-Höinghaus, K.,Temperature measurement in fuel-rich non-sooting low-pressure hydrocarbon flames, Appl. Phys. B, 70, 435,2000.

[44] Bockhorn, H. (Ed.), Soot Formation in Combustion,Springer-Verlag, Berlin, 1994.

[45] Frenklach, M., Reaction mechanism of soot formation flames, Phys. Chem. Chem. Phys., 4, 2028, 2002.

[46] Richter, H. and Howard, J.B., Formation of polycyclic aromatic hydrocarbons and their growth to soot—a review of chemical reaction pathways, Prog. Energy Combust. Sci., 26, 565, 2000.

[47] Atakan, B., Lamprecht, A., and Kohse-Höinghaus, K., An experimental study of fuel-rich 1,3-pentadiene and acetylene/propene flames, Combust. Flame, 133, 431,2003.

[48] Frenklach, M. and Warnatz, J., Detailed modeling of PAH profiles in a sooting low-pressure acetylene flame, Combust. Sci. Tech., 51, 265, 1987.

[49] Wang, H. and Frenklach, M., A detailed kinetic modeling study of aromatics formation in laminar premixed acetylene and ethylene flames, Combust. Flame, 110, 173, 1997.

[50] Lamprecht, A., Atakan, B., and Kohse-Höinghaus, K., Fuel-rich flame chemistry in low-pressure cyclopentene flames, Proc. Combust. Inst., 28, 1817, 2000.

[51] McEnally, C.S. and Pfefferle, L.D., Fuel decomposition and hydrocarbon growth processes for oxygenated hydrocarbons: Butyl alcohols, Proc. Combust. Inst., 30, 1363, 2005.

[52] Yang, B. et al., Identification of combustion intermediates in isomeric fuel-rich premixed butanol-oxygen flames at low pressure, Combust. Flame, 148, 198, 2007.

# 第 3 章  可燃性极限：可燃混合气的着火和熄火极限

## 3.1  可燃性极限：火焰熄火研究历史与机理

Jozef Jarosinski

### 3.1.1  引言

可燃性极限的概念最早是由 Humboldt 和 Gay Lussac[1] 在 200 多年前提出的。之后，火焰理论通过 Mallard 和 Le Chatelier[2]，Jouguet[3]，Daniell[4]，Lewis 和 Elbe[5]，Zel'dovich[6] 等逐渐得到发展。Zel'dovich 为增进对火焰传播极限的认识做出了杰出贡献。在 Zel'dovich 的书 [6] 中，他将可燃性极限归结为浓度极限，这是由于火焰及其邻近热燃烧气体的热辐射损失导致火焰冷却。他认为，层流燃烧速度不能为零，浓度极限是个有限值。他还确定了该有限的层流燃烧速度与极限点温度低至绝热温度之下的温度下降之间的关系。后来，Spalding[7] 也得出了类似结论。

为了与理论发展同步，出于现实原因，许多实验室测量了各种不同混合气的可燃性极限，这对于降低矿山和工业事故数量非常有必要。大多数测量是在各种形状的容器中进行的。因此，毫无意外，获得的可燃性极限与所采用的设备相关。针对这一问题，Coward 和 Jones[8] 进行了很好的经验性知识总结，并提出了一种新的标准装置来确定可燃性极限。这是一根垂直的管子，直径 51mm，长 1.8m，上端封闭，下端敞开在大气环境中。如果混合气在管底部被点燃，可形成火焰，并一直传播到顶部，则认为该混合气是可燃的。相反，如果火焰在向上传播的过程中熄灭，则称该混合气是不可燃的。

Levy[9] 在 1965 年使用标准管研究了贫燃甲烷/空气和丙烷/空气极限混合气向上和向下的火焰传播。他所做的几个新观察，在当时非常重要。

(1) 在重力的影响下，向上和向下传播的火焰形状差异非常大。

(2) 气泡状火焰向上传播存在一个极限，其速度由浮力决定，如同水柱中的气泡 (在这两种情况下，都可以应用 Davies 和 Taylor 公式[10])。

(3) 对于贫燃甲烷/空气混合气，向上和向下传播的可燃性极限 (事实上为火焰熄灭极限) 显示不相同。

尽管实验和理论研究的数量不断增加 [11-17]，但很难对观察结果 (3) 进行解释。只有在了解火焰拉伸和优先扩散的基础上，并考虑到这些参数对燃烧速度的影响，才能取得进展。虽然火焰拉伸和优先扩散的概念早已被引入，但在当时，它们在层流火焰上的实际应用仍处于初始阶段。在理解这些现象对层流火焰行为及其参数的影响方面，Law[18] 取得了相当大的进展。Law、Sung、Egolfopoulos 和 Dixon-Lewis 的后续研究，无论是实验还是数值研究，都获得了关于火焰参数的更新、更可靠的数据，推动了可燃性极限基础理论的发展 [19-22]。

经验可燃性极限仅是基本极限的近似值。基本极限可以被视为各种混合物的特性。基本极限代表浓度或压力极限，超过该极限，具有体积热损失的一维平面火焰的稳定传播将变得不可能。即使在实验室条件下，这种理想化的火焰实际上也不能维持。真实火焰受到传导和对流热损失、火焰拉伸、重力相关效应等因素的影响，并且在基本极限之内，火焰通常就已熄灭了。

下面将介绍本研究小组最近在标准可燃性管内极限火焰传播研究方面所做的贡献。

### 3.1.2　极限火焰向上传播

这种火焰实验通常在标准可燃性管中进行，对其中典型过程的描述可在别处找到 [8,9,15,23,24]。对于极限成分的混合物，在管的底部开口处点燃可燃混合物，可引发气泡状火焰从管底部到顶部的传播 (图 3.1.1)。如前所述，火焰的移动速度由

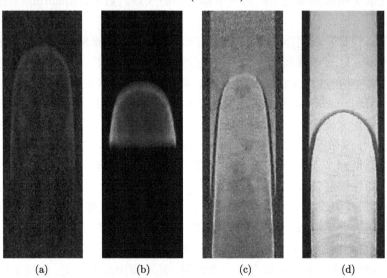

(a)　　　　　　　(b)　　　　　　　(c)　　　　　　　(d)

图 3.1.1　向上传播的贫燃极限火焰。(a) 标准圆柱形管中的甲烷/空气直接火焰图像，(b) 标准圆柱形管中的丙烷/空气直接火焰图像，(c) 方形 50mm×50mm 管中甲烷/空气纹影图像和 (d) 方形 50mm×50mm 管中丙烷/空气纹影图像

浮力决定 [9]。速度与混合物性质无关，可以根据 Davies 和 Taylor 公式计算 [10]，

$$w = 0.328\sqrt{gD}$$

其中，$w$ 是气泡状火焰的速度 (浮力速度)，$g$ 是由于重力引起的加速度，$D$ 是管直径。

从图 3.1.1 中可以看出，丙烷贫燃极限火焰的总表面积远小于甲烷贫燃极限火焰的总表面积。这是因为丙烷极限混合物的层流燃烧速度远高于甲烷的。

### 3.1.3 流动结构

图 3.1.2 和图 3.1.3 比较了贫燃甲烷和贫燃丙烷火焰的流动结构。该结构取决于稀缺性反应物的 Lewis 数。拉伸贫燃极限甲烷火焰 ($Le<1$) 向上传播受到优先扩散的影响，具有较高的燃烧强度，并因此扩展了火焰熄灭极限。另外，对于拉伸的贫燃极限丙烷火焰 ($Le>1$)，同样的效果会降低燃烧强度，从而直接导致火焰熄灭。在火焰前导点，两种极限火焰的层流燃烧速度远低于浮力速度 $w$。

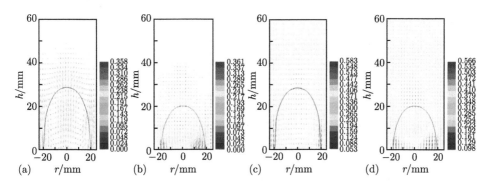

图 3.1.2 由 PIV 确定的流速场。甲烷/空气和丙烷/空气混合气的贫燃极限火焰在标准圆柱形管中向上传播。(a) 甲烷/空气–实验室坐标，(b) 丙烷/空气–实验室坐标，(c) 甲烷/空气–火焰坐标和 (d) 丙烷/空气–火焰坐标

通过对两种火焰的比较，可以看出，贫燃极限甲烷火焰的流动结构与极限丙烷火焰的流动结构有着根本的不同。在火焰坐标系中，速度场显示，在恰好位于火焰前缘之后的甲烷泡状火焰中心存在滞止区。在该区域中，燃烧产物随着火焰向上移动，不会被反应区中产生的新燃烧产物所取代。对于甲烷，在贫燃极限下，在燃烧产物的滞止核心内可以看到粒子成像测速 (PIV) 时所撒播颗粒的积聚 (图 3.1.4)。对于极限丙烷火焰，也观察到具有滞止核心的类似流动结构，但是在富燃极限丙烷/空气的混合气中，该结构在 $Le<1$ 时会传播 (图 3.1.5)。

气泡状贫燃极限丙烷火焰 ($Le>1$) 的结构是不同的。在火焰前锋来流处，流线的发散性小得多，并且很快再次收敛。

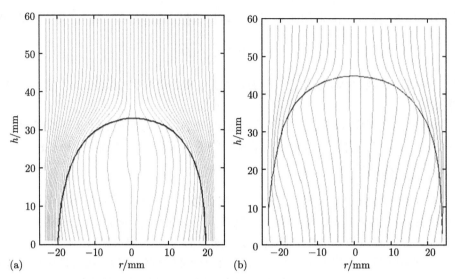

图 3.1.3　贫燃极限火焰向上传播流线图 (火焰坐标)。(a) 甲烷/空气混合气，(b) 丙烷/<br>空气混合气

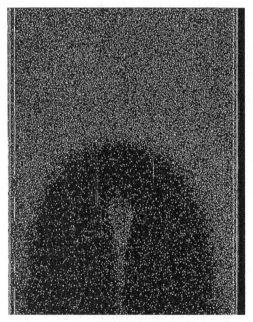

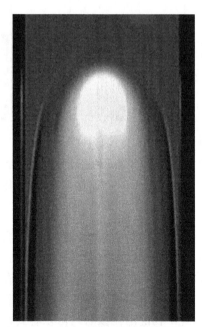

图 3.1.4　向上传播的贫燃极限甲烷火焰的<br>PIV 图像

图 3.1.5　叠加了直接摄影的富燃极限<br>丙烷火焰向上传播的纹影图

　　研究向上传播火焰的全局气体动力学结构也很有趣。图 3.1.6 给出了火焰坐标系中贫燃极限甲烷火焰的全局速度场示例。所研究的所有近极限火焰的速度分

布具有共同的特定特征。泡状火焰的中心部分被滞止区占据。在靠近管壁的火焰裙部，气体受到一个垂直加速度，燃烧产物的速度矢量收敛。速度的垂直分量在约 10cm 长的距离内保持均匀。低于该高度，靠近管子中心线，它们逐渐开始衰减，最终形成二次滞止区。同时，在管壁附近，气体继续向下流动，速度无明显变化。

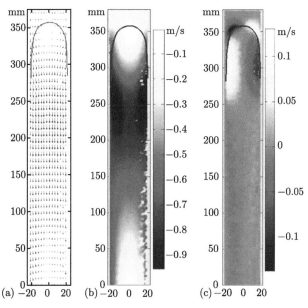

图 3.1.6　火焰锋后的全局速度分布。5.15％甲烷/空气混合物火焰向上传播。(a) 矢量图，(b) 和 (c) 分别是轴向和径向速度分量的标量图。斑点是由水蒸气在玻璃壁上凝结引起的

### 3.1.4　热结构

可以按照参考文献 [25] 中所示的方法，根据 PIV 速度测量结果评估火焰温度场 [23]。贫燃甲烷火焰热结构的计算结果如图 3.1.7 所示。贫燃甲烷和丙烷火焰结构之间存在根本差异。从图 3.1.7 可以看出，最引人注目的现象是滞止区的低温 (管轴附近的计算温度似乎低得离谱，这可能是滞止核心内的气体速度非常低所致)。

该热火焰结构显示了滞止区域内从火焰前端到相邻燃烧气体的局部热流，这可导致火焰的最终熄灭。单独观察证实，火焰和滞止区之间存在着温降 (图 3.1.8)。其中一组结果是通过使用 $10\mu m$ 接触式铂丝传感器获得的，另一组结果是通过在火焰和燃烧气体的作用下拉伸穿过管子的细碳化硅丝获得的。从这些独立测量中可以明显看出，滞止区的温度低于其周围火焰的温度。对于静止火焰，唯一能解释这个事实的是辐射热损失。

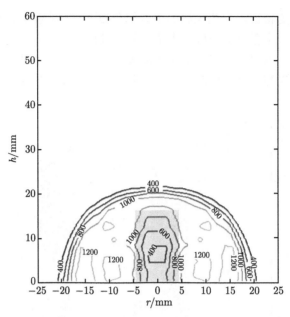

图 3.1.7　贫燃极限甲烷火焰的热结构。根据测量的气体速度分布计算等温线

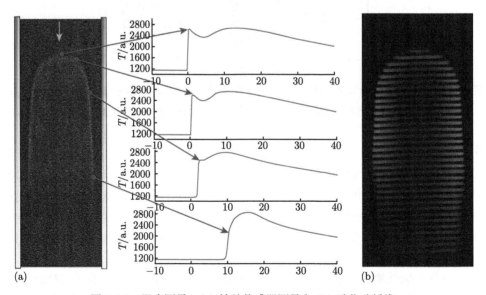

图 3.1.8　温度测量。(a) 铂丝传感器测量和 (b) 碳化硅纤维

### 3.1.5　火焰拉伸

使用修改自参考文献 [16] 的半理论方法，并基于 PIV 实验数据计算火焰拉伸率分布。所研究的贫燃极限甲烷火焰前锋非常厚 (其总厚度 ≈ 6mm)，并且前

导边缘的选择也存在问题，该前导边缘是计算所需的。最后，如通常所做的那样，计算在火焰预热区边缘 ($T$=400K 等温线) 的拉伸率。对于贫燃极限甲烷火焰，火焰表面的局部拉伸率如图 3.1.9 所示 (甲烷和丙烷的结果分别如图 3.1.9(a) 和 (b) 所示)。可以看出，拉伸率在火焰前锋焰舌处达到最大值，在火焰下部逐渐回落。火焰曲率也在火焰焰舌处达到最大值，其对总火焰拉伸率的贡献可以估计为

$$k_c = \frac{2u_L}{R}$$

其中，$R$ 是火焰球冠的半径。计算得出的值约为 $3.5s^{-1}$，仅为火焰前锋尖端点总拉伸率的 10% 左右。因此，拉伸主要是流线扩张所致。

如图 3.1.9(b) 所示，贫燃极限丙烷火焰的拉伸率分布曲线形状与甲烷火焰的非常相似。然而，对于这种火焰，曲率的贡献估值比甲烷火焰更大，大约达到最大拉伸率的 40%。

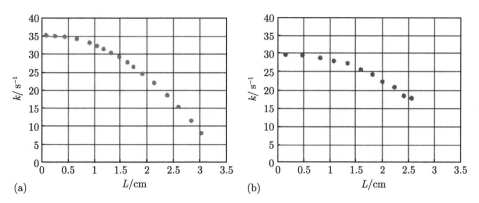

图 3.1.9　从火焰前锋顶部前导点开始，拉伸率随距离的变化。(a) 贫燃极限甲烷火焰和 (b) 贫燃极限丙烷火焰在标准圆柱形管中向上传播

### 3.1.6　向上传播火焰的熄灭机理

向上传播的火焰被正向拉伸。贫燃极限丙烷 ($Le$>1) 和甲烷 ($Le$<1) 火焰的熄灭始于各自的前导点。正如图中所展示的，这是拉伸率最大的地方。然而，根据已有理论 [26]，当混合气的有效 Lewis 数大于或小于 1 时，拉伸火焰的响应是相反的。这意味着在整个火焰表面上，丙烷极限火焰前导点处的燃烧强度将降至最低值，甲烷极限火焰前导点的燃烧强度将升至最高值。对于贫燃极限丙烷火焰的情况，局部反应温度将降至某个临界值，即使对火焰结构的轻微干扰也可能导致火焰熄灭。因此，在这种特殊情况下，火焰熄灭直接由火焰拉伸作用引起。

与贫燃丙烷火焰相反，贫燃极限甲烷火焰的燃烧强度在前导点处增加。优先扩散为火焰的前导点处提供额外的稀缺甲烷。较贫燃混合物的燃烧导致可燃性极

限一定程度上的扩展。这同时也伴随着层流燃烧速度的降低、火焰表面积的增加 (比较图 3.1.1 中极限甲烷和丙烷的火焰表面)，以及气泡状滞止区的形成。测量结果表明，由于辐射热损失，该区域的温度比火焰前锋的温度低 (图 3.1.8)。这些结论得到了数值模拟的证实。计算了贫燃极限甲烷/空气混合气中火焰在有辐射传热和无辐射传热条件下的传播，得到的温度曲线如图 3.1.10 所示，反应速率曲线如图 3.1.11 所示。这里给出的所有实验和数值结果表明，对于 $Le<1$ 的情形，火焰熄灭是由辐射热损失引起的。

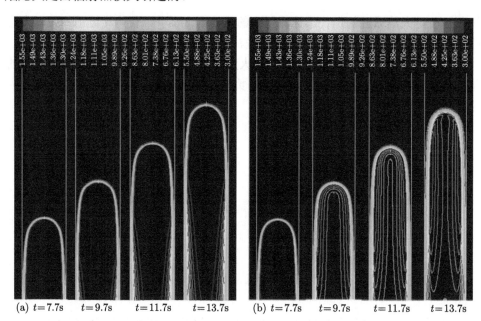

图 3.1.10　在直径 50mm 管中 $\phi=0.50$ 的甲烷/空气混合气火焰温度曲线。(a) 忽略辐射传热和 (b) 考虑辐射传热

在贫燃极限甲烷/空气混合气火焰传播的情况下，火焰前导点的局部层流燃烧速度急剧下降，但不能低于某个临界值 [6,19,27]。由于火焰围绕着温度降低的滞止区 (见图 3.1.2(b)，图 3.1.4 和图 3.1.8) 而形成，因此火焰会逐渐熄灭。从火焰到该区域的热损失降低了反应温度和层流燃烧速度。另外，最大热释放速率的位置非常接近滞止区，这可能是不完全反应导致火焰熄灭的原因。与现在的数值模拟 ($\phi=0.50$) 和参考文献 [21] 中指出的基本可燃性极限 ($\phi=0.493$) 相比，经验可燃性极限 ($\phi=0.51$) 略窄。

在实验中，极限火焰通常沿管道的整个长度传播，仅在某些特定情况下，在管道稍下方观察到熄火。已经通过实验证实，火焰熄灭发生时所处的管内位置受点火时的热条件影响。这一点已经通过使用各种点火能量得到了证明。滞止区的初始

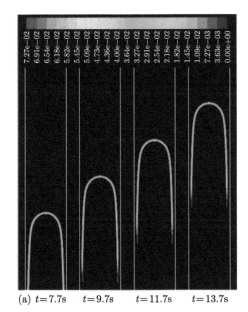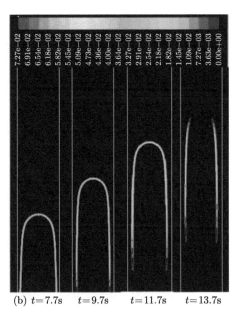

(a) $t=7.7\text{s}$    $t=9.7\text{s}$    $t=11.7\text{s}$    $t=13.7\text{s}$        (b) $t=7.7\text{s}$    $t=9.7\text{s}$    $t=11.7\text{s}$    $t=13.7\text{s}$

图 3.1.11　在直径 50mm 管中 $\phi=0.50$ 甲烷/空气混合物的反应速率曲线。(a) 忽略辐射传热 和 (b) 考虑辐射传热

温度非常重要。在向上传播期间，初始温度通过辐射热损失逐渐降低。如果滞止区中的初始温度足够低，则在火焰传播期间，当其降低到临界值时就会导致火焰熄灭。

对可燃性极限下在混合气中传播的火焰的更早期的纹影观察表明，火焰熄灭后，热燃烧气体的上升气泡仍然能行进一段距离，其形状没有明显变化，其速度与火焰相同[9,15]。PIV 测量可用于阐明这种现象发生的原因。图 3.1.12 说明了火焰熄灭的典型历程。在一些照片中，管子被激光片透过，照亮了示踪颗粒雾团。在这些图像中可以看到，在新鲜混合气中密集的颗粒云团，将在高温区域变薄。这证实了早期的纹影观察。在图 3.1.12 中，火焰熄灭从火焰焰舌开始，在帧图之间的某处 (图中的 c 和 d 所示)，熄灭波以与气泡速度相当的速度沿火焰边缘向下移动，逐渐收缩的火焰表面逐渐导致在热气泡顶部产生极少的热燃烧气体。流动结构的演变如图 3.1.13 所示。可以看出，在该气泡区域存在热亏损，热量最初由位于火焰裙边区域 (回流) 的反应区内的反应气体提供。火焰完全熄灭后，热量来自位于下方某个位置的中心核心的热燃烧气体。随着火焰表面收缩，热气体加速。火焰完全熄灭后，其速度超过 1m/s。

### 3.1.7　向下传播火焰的熄灭机理

研究向下传播时，标准管在底部封闭，在开口的顶端点火。在远离可燃性极限的混合气中，向下传播的火焰是凸起的。由参数 $\varepsilon=w/S_L-1$(其中 $\varepsilon$ 是火焰在前

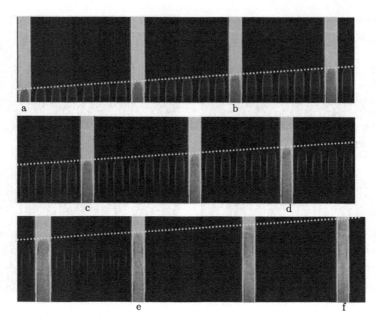

图 3.1.12　贫燃极限甲烷/空气混合气中火焰向上传播和熄灭历程。方形 5cm×5cm 垂直管。绿色框表示 PIV 流动图像。红色代表传播火焰的直接图像。熄灭在第 c 帧之后开始。帧速率为 50 帧/秒

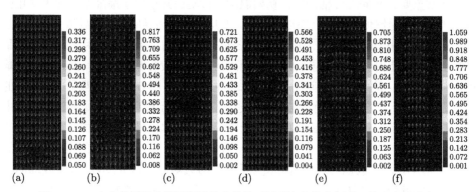

图 3.1.13　向上传播的贫燃极限甲烷火焰熄灭过程中火焰坐标系下的速度场演变。帧图像选自图 3.1.12

导点的速度，$S_L$ 是层流燃烧速度) 表示的凸起度是热膨胀比 $1/\alpha = T_b/T_a$ 的函数，并取决于当量比 $\phi$[28]。当量比向可燃性极限的逐渐变化中，伴随着火焰凸起度的降低。当向下传播的火焰为极限混合物火焰时，火焰变得近似平坦 ($\varepsilon \approx 0$)。其传播速度接近层流燃烧速度。混合气组成在同一方向上的进一步变化将使层流燃烧速度降低至绝热值以下。随后壁面附近的火焰熄灭。

在靠近壁面的情况下，凸火焰的传播比平面火焰的传播更有利。凸火焰具有以下优点：① 由于表面倾斜，其与壁面的有效接触面积减小，② 其燃烧速度高于极限火焰的燃烧速度，③ 靠近壁面的火焰边缘不断有化学活性物质 (自由基) 供应。极限平面火焰没有这样的优点。这种火焰的接触面积 (燃烧产物区域及其邻近区域) 很大，燃烧速度最小，火焰拉伸机理无法帮助其边缘提供活性物质。在这些条件下，火焰将被壁面有效地局部冷却。壁面附近的温度降低可有效地使化学反应在与火焰厚度相似数量级的距离处熄灭。由此导致局部火焰熄灭。因此，垂直于壁面传播的平面火焰的熄灭是由壁面的热损失引起的。一段时间过后，火焰失去与壁面的接触，并在管子内部自由漂浮。这种带有热气体的残余火焰最终被浮力驱动熄灭，迫使较冷的产物气体靠近火焰前方的壁面。

实验证实了这种机理。据观察，在熄灭事件发生之前，极限火焰向下传播的速度下降，火焰部分失去与壁面的接触 (图 3.1.14)。在方形管中，局部熄灭始于拐角处，此处壁面的热损失预计最大 (图 3.1.15)。这种局部熄火现象逐渐蔓延，直至管中心的火焰开始漂浮。被壁面冷却而散失热量的小股舌状燃烧产物，向下移动到新鲜混合气中 (图 3.1.14)。火焰在管的中心热区所占的面积越来越小，其传播通过浮力来平衡。通常，向下传播的残余火焰将在最终熄灭之前上升。

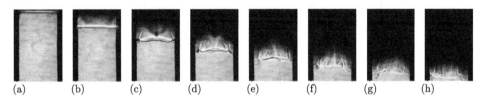

图 3.1.14　从管的开口端向下传播的含 2.20%C$_3$H$_8$ 混合气的平面极限火焰的淬熄过程。采用叠加了直接摄影的纹影系统观察图像。方管尺寸为 125mm×125mm×500mm。帧之间的时间间隔为 0.3s

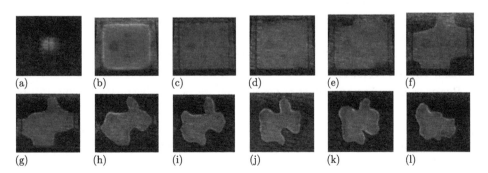

图 3.1.15　从管的开口端向下传播的含 2.25%C$_3$H$_8$ 混合气的平面极限火焰的淬熄过程。从底部封闭端的镜子中观察得到。方管尺寸为 125mm×125mm×500mm。帧之间的时间间隔为 0.2s

## 致谢

这项工作由 Marie Curie ToK 项目 (编号：MTKD-CT-2004-509847) 和国家科学研究委员会项目 (编号：4T12D 035 27) 赞助。作者感谢 Yuriy Shoshin，Grzegorz Gorecki 和 Luigi Tecce 对实验和数值模拟的贡献。

## 参 考 文 献

[1] Humboldt A. and Gay Lussac J.F., Experiénce sur les moyens oediométriques et sur la proportion des principes constituants de l'atmosphére, J. de Physique, 60: 129–168, 1805.

[2] Mallard E. and Le Chatelier H.L., On the propagation velocity of burning in gaseous explosive mixture, Compt. Rend., 93: 145–148, 1881.

[3] Jouguet E., Sur la propagation des deflagration dans les mélanges, Compt. Rend., 156: 872–875, 1913.

[4] Daniell P., The theory of flame motion, Proc. R. Soc. A, 126, 393–405, 1930.

[5] Lewis B. and Elbe G., On the theory of flame propagation, J. Chem. Phys., 2: 537–546, 1934.

[6] Zel'dovich Ya.B., Theory of combustion and gas detonation, Moscow Akad. Nauk SSSR, 1944.

[7] Spalding D.B., A theory of inflammability limit and flame quenching, Proc. R. Soc. London A, 240, 83–100, 1957.

[8] Coward H.F. and Jones G.W., Limits of flammability of gases and vapors, Bureau of Mines Report, #503, 1952.

[9] Levy A., An optical study of flammability limits, Proc. R. Soc. London A, 283: 134–145, 1965.

[10] Davies R.M. and Taylor F.R.S., The mechanism of large bubbles rising through extended liquids and through liquids in tubes, Proc. R. Soc. A, 200: 375–390, 1950.

[11] Lovachev L.A., The theory of limits on flame propagation in gases, Combust. Flame, 17: 275–278, 1971.

[12] Gerstein M. and Stine W.B., Analytical criteria for flammability limits, Proc. Combust. Inst., 14: 1109–1118, 1973.

[13] Buckmaster J., The quenching of deflagration waves, Combust. Flame, 26: 151–162, 1976.

[14] Bregeon B., Gordon A.S., and Williams F.H., Near-limit downward propagation of hydrogen and methane flames in oxygen-nitrogen mixtures, Combust. Flame, 33: 33–45, 1978.

[15] Jarosinski J., Strehlow R.A., and Azarbarzin A., The mechanisms of lean limit extinguishment of an upward and downward propagating flame in a standard flammability tube, Proc. Combust. Inst., 19: 1549–1557, 1982.

[16] von Lavante E. and Strehlow R.A., The mechanism of lean limit flame extinction, Combust. Flame, 49: 123–140, 1983.

[17] Strehlow R.A., Noe K.A., and Wherley B.L., The effect of gravity on premixed flame propagation and extinction in a vertical standard flammability tube, Proc. Combust. Inst., 21: 1899–1908, 1986.

[18] Law C.K., Dynamics of stretched flames, Proc. Combust. Inst., 22: 1381–1402, 1989.

[19] Law C.K. and Egolfopoulos F.N., A kinetic criterion of flammability limits: The C-H-O-inert system, Proc. Combust. Inst., 23: 413–421, 1990.

[20] Law C.K. and Egolfopoulos F.N., A unified chain- thermal theory of fundamental flammability limits, Proc. Combust. Inst., 24: 137–144, 1992.

[21] Sung C.J. and Law C.K., Extinction mechanisms of nearlimit premixed flames and extended limits of flammability, Proc. Combust. Inst., 26: 865–873, 1996.

[22] Dixon-Lewis G., Structure of laminar flames, Proc. Combust. Inst., 23: 305–324, 1990.

[23] Gorecki G., Analysis of laminar flames propagating in a vertical tube based on PIV measurements, PhD dissertation, Technical University of ŁÓdz', ŁÓdz', Poland, 2007.

[24] Shoshin Y. and Jarosinski J., On extinction mechanism of lean limit methane-air flame in a standard flammability tube, paper accepted for publication in the 32nd Proceedings of the Combustion Institute, 2009.

[25] Rimai L., Marko K.A., and Klick D., Optical study of a 2-dimensional laminar flame: Relation between temperature and flow-velocity fields, Proc. Combust. Inst., 19: 259–265, 1982.

[26] Law C.K. and Sung C.J., Structure, aerodynamics, and geometry of premixed flamelets, Prog. Energy Combust. Sci., 26: 459–505, 2000.

[27] Dixon-Lewis G., Aspects of laminar premixed flame extinction limits, Proc. Combust. Inst., 25: 1325–1332, 1994.

[28] Zel'dovich Ya.B., Istratov A.G., Kidin N.I., and Librovich V.B., Hydrodynamics and stability of curved flame front propagating in channels, Institute for Problems in Mechanics, The USSR Academy of Sciences, preprint nr 143, Moscow 1980.

# 3.2 电火花点火及其火焰形成机理

Michikata Kono, Mitsuhiro Tsue

## 简史

火花点火是从一点开始的吗?

答案是"不"。在可燃混合气中,电火花产生火焰核。最初,它的形状是椭圆形的 (像美式橄榄球),然后变成圆环状 (像美国甜甜圈),最后它变成近乎球形,并在未燃烧的混合气中以球形传播。这一过程由于火花电极的存在而形成,火花电极是火花放电所必需的。火花电极不仅导致火焰核的热损失，而且使得火核形状发生变化。这两者都会影响最小点火能量。

### 3.2.1　引言

在可燃混合气中，一个电火花产生一个火焰核。如果火花能量足够，则火焰核生长并作为自持火焰向外传播，这被称为点火成功或简单点火。如果火花能量不足，火焰核会在一段时间后消失，称为失火或熄火。刚好能点着火的火花能量最小值定义为最小点火能量。自 20 世纪初以来，对火花点火已进行了许多研究。最重要的是，Lewis 和 von Elbe 的实验工作 [1] 引入了最小能量和淬熄距离之间关系的重要概念。尽管他们使用的电火花 (电容火花) 持续时间非常短，但他们发现，当火花间隙距离小于淬熄距离时，最小点火能量会受到火焰核向火花电极之间热传导损失的影响。利用短时火花或长时火花，研究了电极的几何形状、火花能量和功率对火焰核结构的影响，放电模式 (如击穿、电弧或辉光放电等) 对火焰形成过程的影响，以及火花持续时间对最小点火能量的影响，等等。长时火花广泛用于汽车汽油火花点火发动机。这种火花被称为复合火花，由电容和电感 (或后续) 部件组成。在这种情况下，火花持续时间必须被视为另一个重要参数。

图 3.2.1 显示了采用高速摄像机拍摄的火焰核纹影照片。这些照片可以与图 3.2.4 中计算的温度分布进行比较。可以看出，它们非常相似。从这一结果来看，作者坚信数值模拟是掌握火花点火机理的重要工具。当然，实验工作对于验证数值模拟结果也很重要。在这项工作中，作者主要介绍了在其实验室中获得的数值模拟结果。

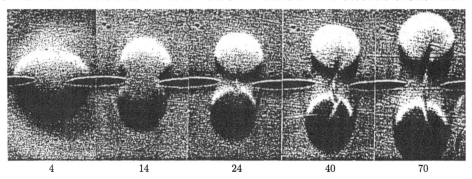

|  4 |  14 |  24 |  40 |  70 |

图 3.2.1　高速摄像机拍摄的火焰核纹影照片。从火花放电瞬间开始计时，时间以微秒为单位。火花电极直径为 0.2mm，火花隙宽为 1mm

### 3.2.2　数值模型描述

#### 3.2.2.1　数值模拟方法

建立了一个采用二维圆柱坐标系，并假定 $r$ 轴和 $z$ 轴为轴对称的模型。图 3.2.2 显示了坐标系、计算区域和电极位置。计算区域的尺寸为 4mm×4mm。火花电极的直径为 0.5mm, 火花隙为 1.0mm。质量守恒、动量守恒、能量守恒和组分守恒方程可参见参考文献 [2], 通过部分 RICE 程序 [3] 求解。简言之, 在给定的时间步长上, 通过一阶隐式格式迭代求解质量和动量守恒方程, 随后通过显式格式求解能量和组分守恒方程, 然后对密度值和内能值进行迭代更新。最终压力由状态方程确定。基于数值稳定性考虑, 时间步长在 100~300ns 变化, 网格尺度为 50μm。经证实, 数值稳定性良好。应该注意的是, 显式格式计算的时间步长缩短到之前的千分之一。众所周知, RICE 程序不适合模拟快速变化行为, 例如, 冲击波的瞬时压力上升。因此, 发展了另一种计算方法: 使用二阶 Harten-Yee 迎风总变差减小 (TVD) 格式[4] 作为空间差分方法, 四阶 Runge-Kutta 法作为对流项的时间差分格式, 求解控制方程。对于黏性项, 采用二阶中心差分格式和二阶两步预测–校正方法。

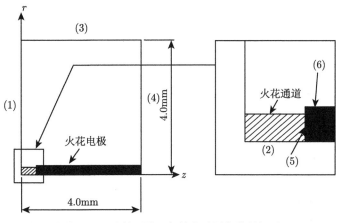

图 3.2.2  计算区域, 初始和边界条件的标示

边界条件如下: 在图 3.2.2 中, (1) 和 (2) 中的 $z$ 轴分量和 $r$ 轴分量速度分别为零。其他变量的梯度均为零。对于 (3) 和 (4), 所有变量的梯度都为零。对于 (5) 和 (6), 火花电极表面处为无滑移条件, 从火焰核到火花电极无热传递。

为简化模型, 假设自然对流、辐射和离子风效应可忽略。忽略放电过程中火花通道的辐射损失可能是合理的, 因为在先前的研究中发现辐射热损失是微不足道的 [5,6]。从火焰核转移到温度为 300K 火花电极的传热量, 可通过电极表面和相邻单元之间的傅里叶定律估算。

利用 JANAF[7], 假设每个组分的比热是温度的函数。使用基于气体动力学理论的近似方程式计算混合气体的输运系数, 如黏度、热导率和扩散系数 [8]。至于初始条件, 认为混合物是静止的, 其温度和压力分别为 300K 和 0.1MPa。

### 3.2.2.2  化学反应机理

模拟中使用的混合气是化学恰当当量比的甲烷和空气。表 3.2.1 显示了甲烷/空气混合物的化学反应机理, 其中共计有 27 种组分, 包括 5 种离子分子, 如 $CH^+$、

CHO$^+$、H$_3$O$^+$、CH$_3^+$、C$_2$H$_3$O$^+$，自由电子和 81 种包含离子–分子反应的基元反应 [9-11]。参考文献 [10],[11] 中报道了与离子分子进行基元反应的反应速率常数。

**表 3.2.1　用于数值模拟的基元反应**

| | | |
|---|---|---|
| (1) H+O$_2$ ══ OH+O | (28) CHO+O$_2$ ══ CO+HO$_2$ | (55) CH$_2$+O$_2$ ══ CH$_2$O+O |
| (2) O+H$_2$ ══ OH+H | (29) CHO+OH ══ CO+H$_2$O | (56) CH$_2$+O$_2$ ══ CO$_2$+H$_2$ |
| (3) H$_2$+OH ══ H+ H$_2$O | (30) CHO+M ══ CO+H+M | (57) CH$_2$+H ══ CH+ H$_2$ |
| (4) OH+OH ══ H$_2$O+O | (31) CO+OH ══ CO$_2$+H | (58) CH+O ══ CO+H |
| (5) H+H+H$_2$ ══ H$_2$+ H$_2$ | (32) CO+O+M ══ CO$_2$+M | (59) CH+O$_2$ ══ CO+OH |
| (6) H+H+N$_2$ ══ H$_2$+ N$_2$ | (33) CH$_3$+CH$_3$ ══ C$_2$H$_6$ | (60) C$_2$H+O ══ CO+CH |
| (7) H+H+O$_2$ ══ H$_2$+ O$_2$ | (34) C$_2$H$_6$+O ══ C$_2$H$_5$+OH | (61) CH$^*$+ M ══ CH+ M |
| (8) H+H+H$_2$O ══ H$_2$+ H$_2$O | (35) C$_2$H$_6$+H ══ C$_2$H$_5$+H$_2$ | (62) CH$^*$+ O$_2$ ══ CH+O$_2$ |
| (9) O+O+M$_1$ ══ O$_2$+ M$_1$ | (36) C$_2$H$_6$+OH ══ C$_2$H$_5$+H$_2$O | (63) CH$^*$ ══ CH |
| (10) OH+H+M$_2$ ══ H$_2$O+M$_2$ | (37) C$_2$H$_5$+H ══ C$_2$H$_6$ | (64) C$_2$H+O$_2$ ══ CH$^*$+ CO$_2$ |
| (11) H+O$_2$+M$_3$ ══ HO$_2$+M$_3$ | (38) C$_2$H$_5$+H ══ CH$_3$+CH$_3$ | (65) C$_2$H+O ══ CH$^*$+ CO |
| (12) H+HO$_2$ ══ OH+OH | (39) C$_2$H$_5$ ══ C$_2$H$_4$+H | (66) C$_2$H$_2$+H ══ C$_2$H+H$_2$ |
| (13) H+HO$_2$ ══ O$_2$+ H$_2$ | (40) C$_2$H$_5$+O$_2$ ══ C$_2$H$_4$+HO$_2$ | (67) C$_2$H$_2$+OH ══ C$_2$H+H$_2$O |
| (14) H+HO$_2$ ══ H$_2$O+ O | (41) C$_2$H$_4$+O ══ CH$_2$+CH$_2$O | (68) C$_2$H+O$_2$ ══ CO+ CHO |
| (15) O+HO$_2$ ══ OH+ O$_2$ | (42) C$_2$H$_4$+OH ══ CH$_2$O+CH$_3$ | (69) CH+O ══ CHO$^+$+e$^-$ |
| (16) OH+HO$_2$ ══ H$_2$O+O$_2$ | (43) C$_2$H$_4$+H ══ C$_2$H$_3$+H$_2$ | (70) CH$^*$+ O ══ CHO$^+$+e$^-$ |
| (17) CH$_4$+H ══ CH$_3$+ H$_2$ | (44) C$_2$H$_4$+O$_2$ ══ C$_2$H$_3$+HO$_2$ | (71) CHO$^+$+H$_2$O ══ H$_3$O$^+$+CO |
| (18) CH$_4$+OH ══ CH$_3$+H$_2$O | (45) C$_2$H$_4$+H ══ C$_2$H$_3$+H$_2$ | (72) H$_3$O$^+$+C$_2$H$_2$ ══ C$_2$H$_3$O$^+$+ H$_2$ |
| (19) CH$_4$+O ══ CH$_3$+ OH | (46) C$_2$H$_4$+OH ══ C$_2$H$_3$+H$_2$O | (73) CHO$^+$+CH$_2$ ══ CH$_3^+$+ CO |
| (20) CH$_3$+O ══ CH$_2$O+H | (47) C$_2$H$_3$+M ══ C$_2$H$_2$+H+M | (74) H$_3$O$^+$+CH$_2$ ══ CH$_3^+$+ H$_2$O |
| (21) CH$_3$+O$_2$ ══ CH$_2$O+OH | (48) C$_2$H$_3$+O$_2$ ══ C$_2$H$_2$+HO$_2$ | (75) CH$_3^+$+ C$_2$H$_2$ ══ C$_3$H$_3^+$+ H$_2$ |
| (22) CH$_3$+OH ══ CH$_2$O+H$_2$ | (49) C$_2$H$_3$+H ══ C$_2$H$_2$+H$_2$ | (76) CH$_3^+$+ H$_2$O ══ C$_2$H$_3$O+CH$_2$ |
| (23) CH$_2$O+H ══ CHO+ H$_2$ | (50) C$_2$H$_3$+O ══ C$_2$H$_2$+H$_2$O | (77) CH$_3^+$+ CO$_2$ ══ C$_2$H$_3$O$^+$+O |
| (24) CH$_2$O+O ══ CHO+OH | (51) C$_2$H$_2$+OH ══ CH$_3$+CO | (78) H$_3$O$^+$+e$^-$ ══ H$_2$O+H |
| (25) CH$_2$O+OH ══ CHO+ H$_2$O | (52) CH$_3$+H ══ CH$_2$+ H$_2$ | (79) CH+e$^-$ ══ 反应产物 |
| (26) CHO+O ══ CO+OH | (53) CH$_3$+OH ══ CH$_2$+H$_2$O | (80) CH+e$^-$ ══ CH+H |
| (27) CHO+H ══ CO+H$_2$ | (54) CH$_2$+O$_2$ ══ CHO+OH | (81) CHO+e$^-$ ══ 反应产物 |

第三体与反应速率因子

(9) M$_1$ ══N$_2$

(10) M$_2$ ══H$_2$O+0.25H$_2$+0.25O$_2$+0.2N$_2$

(11) M$_3$ ══H$_2$+0.44N$_2$+0.35O$_2$+6.5H$_2$O

(30), (32) M══ 对于此两式中所有组分均为 1

### 3.2.2.3　火花点火

火花放电通过火花通道中的能量添加来模拟，如图 3.2.2 所示。火花通道中的火花能量以一定的速率给出，如图 3.2.3 所示，该图模拟了复合火花的能量沉积规律 [12]。复合火花由电容火花和电感火花组成,主要用于汽车火花点火发动机的点火系统。当电极之间的外加电压增加并达到所需电压时,发生击穿并开始火花放电。初

始阶段的放电是由点火电路中电容存储的电能释放引起的，放电持续时间在 1μs
内，这就是所谓的电容火花。然后，在几乎恒定的火花电压下放电持续几毫秒。
这种放电源自存储在点火线圈电感中的电能，即所谓的电感火花。如图 3.2.3 所
示，所模拟的电容火花具有高火花能量，持续时间为 1μs。具有相对低火花能量
的电感火花在放电开始后将持续 1~100μs。电容火花能量比被定义为电容分量能
量 $E_c$ 与总火花能量 ($E_c + E_i$) 的比率。通过独立地改变电容火花能量和电感火
花能量来执行计算。电容火花和电感火花的持续时间分别保持为 1μs 和 99μs。两
部分的能量密度即单位时间内的能量，随时间保持恒定。通过改变能量密度来改
变每个能量分量。

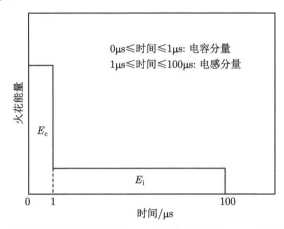

图 3.2.3 复合火花的能量分布 ($E_c$：电容火花能量，$E_i$：电感火花能量)

### 3.2.3 计算结果

#### 3.2.3.1 火花点火过程

图 3.2.4 显示了总火花能量为 0.7mJ、电容火花能量比为 100％时的温度分
布时间序列计算结果。炽热火核最初是椭球体，最高温度区域位于火花隙的中心。
之后，热核发展成环状，最高温度区域移至圆环环内。然后，圆环的环面不断生长
并且环中心向外延伸。Ishii[2] 和 Kono 等 [13] 的纹影显示了火焰核的类似发展过
程。火焰核的形成过程可以通过电极附近的气体运动来解释 [2,14]。图 3.2.5 显示
了计算的速度分布时间序列。在火花放电初期，由于电容火花放电的强能量释放
引起火花隙内的压力突升而产生球形冲击波，同时诱发外向流动。在图 3.2.5(a)
中表示出了具有相对较厚前缘的压缩波，其对应于在实验中观察到的冲击波。当
冲击波向外移动时，火花间隙中的压力变小并产生内向流动 [2,14,15]。内向流动沿
着火花电极表面彼此碰撞，并径向向外转动，由此在火花隙外部形成了一对反向
旋转的涡旋结构。在火花隙内产生的火焰核向外移动并通过涡流转变为环状面。

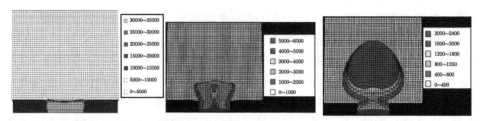

图 3.2.4　计算得到的温度分布时间序列。火花能量为 0.70mJ，火花隙宽为 1.0mm，火花电极直径为 0.50mm，电容火花能量比为 100%。左：时间 $=1\mu s$，中间：时间 $=10\mu s$，右：时间 $=100\mu s$

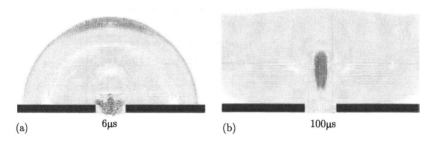

图 3.2.5　总火花能量 0.7mJ 时计算得到的速度分布。电容火花能量比为 100%。(a) 时间 $=6\mu s$，(b) 时间 $=100\mu s$

图 3.2.6 显示了不同电容火花能量比下，O 自由基总质量 (定义为整个计算区域中存在的 O 自由基量) 的计算时间历程。在点火能量高于 0.5mJ 时点火成功，在点火能量较低时失败 (称为失火)。总质量在火花放电开始后迅速增加，然后逐渐减少。100μs 之后，在点火成功的情况下总质量随时间再次增加，而在失火的情况下总质量单调减小。这意味着，当火花放电期间形成的 O 自由基的质

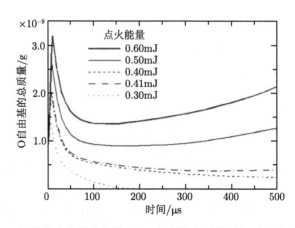

图 3.2.6　各种总火花能量条件下 O 自由基总质量时间历程的计算结果

量足够大时, 在火花放电结束之后, O 自由基通过化学反应增加, 从而形成自蔓延火焰。O 自由基的这种趋势与 H 和 OH 自由基的变化趋势相同, 这表明在火花放电期间自由基组分的形成很大程度上影响着火花点火过程。计算中还发现, 自由基组分总质量的时间历程可以作为简化的点火判据。

#### 3.2.3.2 离子分子行为

图 3.2.7 显示了总火花能量分别为 0.5mJ 和 0.7mJ, 电容火花能量比为 100% 的主要离子分子总质量的时间历程 [16]。如图 3.2.7(a) 所示, 在火花放电初期, $CHO^+$ 和 $H_3O^+$ 的质量下降。$C_2H_3O^+$ 的质量随着 $CHO^+$ 和 $H_3O^+$ 开始减少而增加, 比 $CHO^+$ 和 $H_3O^+$ 的质量大得多。火花放电后这些离子分子质量的详细行为如图 3.2.7(b) 所示。首先, $CHO^+$ 开始形成, 然后在 $CHO^+$ 质量达到最大值之后 $H_3O^+$ 开始增加。随着 $H_3O^+$ 的增加, $CHO^+$ 减少, 这可以通过与离子分子相关的化学反应来解释。$CHO^+$ 由 CH 和 CH* 通过 $CH + O \rightleftharpoons CHO^+ + e^-$ (反应 69) 和 CH*

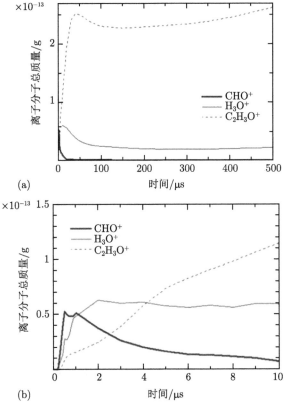

图 3.2.7 不同总火花能量条件下离子分子总质量的时间历程计算结果。

点火能量分别为 (a) 0.5mJ 和 (b) 0.7mJ, 电容火花能量比为 100%

+ O ═ CHO$^+$ +e$^-$(反应 70) 生成，然后 CHO$^+$ 被 H$_2$O 快速消耗，通过 CHO$^+$
+H$_2$O ═ H$_3$O$^+$ + CO(反应 71) 生成 CHO$^+$。这是因为反应 71 的反应速率远
远大于任何其他离子分子反应。由反应 71 产生的 H$_3$O$^+$ 通过 H$_3$O$^+$ + CH$_2$ ═
CH$_3^+$ + H$_2$O(反应 74) 和 H$_3$O$^+$ + e$^-$ ═ H$_2$O + H(反应 78) 消耗。随着反应的进
行，H$_3$O$^+$ 逐渐被 C$_2$H$_3$O$^+$ 转化，这就是 H$_3$O$^+$ 随时间逐渐减少，C$_2$H$_3$O$^+$ 逐渐
增加的原因。

### 3.2.3.3　火花能量比对点火过程的影响

图 3.2.8 显示了电容火花能量比与最小点火能量之间关系的计算结果。计算中
将最小点火能量定义为火焰核到达计算区域外边界所需的最低火花能量。随着电容
火花能量比的变化，最小点火能量先减小并达到最低值，然后再增加。在这种情况下，
最小点火能量具有最小值时电容火花能量的比率约为 50%。没有离子–分子反应情
形的计算结果也在图 3.2.8 中给出，与带有离子–分子反应的情形定性相似。带有离
子–分子反应的最小点火能量略大于没有离子–分子反应的点火能量。计算结果表明，
带有离子–分子反应时，火焰核中的温度和放热量略大于无离子–分子反应时的温度
和放热量 [16]。这可能是由于电离的能量消耗，因为大多数离子–分子反应是吸热的。
研究发现，有和没有离子–分子反应的最小点火能量之间的差异相对较小，这表明离
子–分子反应对最小点火能量的影响不显著。

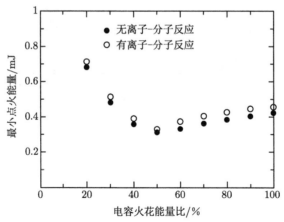

图 3.2.8　电容火花能量比与计算得到的最小点火能量之间的关系。火花隙宽
1.0mm，火花电极直径 0.50mm

图 3.2.9 显示了实验获得的电容火花能量比与最小点火能量之间的关系。由于
实验次数的限制，通常通过确定 50% 点火时的火花能量来评估最小点火能量，该最
小点火能量通常是根据不同电容火花能量比下发生点火的最小火花能量曲线获得的。
图 3.2.8 和图 3.2.9 中的计算和实验结果的定性趋势一致，即两种情况下均存在最小

点火能量为最小值的最佳电容火花能量比。最佳比率的差异主要是实验条件与计算条件之间的差异造成的。最佳比率被认为在很大程度上取决于试验参数，如混合物当量比、电极几何形状和火花能量。如后文所述，最佳比率的存在与自由基的形成和气体运动密切相关，这些实验参数在很大程度上影响自由基的形成。实验与计算的一致性表明，本书所采用的计算方法可以定性地预测火花能量组成对最小点火能量的影响。由于试验条件不同，本图无法比较试验与计算的最小点火能量绝对值。

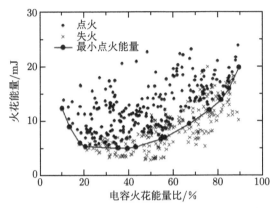

图 3.2.9　实验获得的电容火花能量比与最小点火能量之间的关系。混合气的
当量比为 0.62，火花间隙宽度为 0.5mm，火花电极直径为 1.0mm

　　图 3.2.10 显示了火花放电开始后 100μs 时 O 自由基的浓度分布计算结果。低电容火花能量比 (高电感能量分量) 下的 O 自由基浓度总体上大于高电容火花能量比下的 O 自由基浓度。这表明由于高温区域在火花隙处长时间保持，电感火花增强了自由基的形成。图 3.2.11 显示了在恒定总火花能量下不同电容火花能量比下 O 自由基总质量的时间历程计算结果。随着电容火花能量比的减小，火花放电结束时 O 自由基的总质量 ($t = 100$μs) 增加，这与图 3.2.10 所示的结果相对应。当电容火花能量比为 0% 时，放电结束后，总质量随着时间单调减小。另外，当电容火花能量比相对较高时，随着时间的推移，火花能量先减小后增加。这种趋势可以通过火花电极附近的流场来解释。

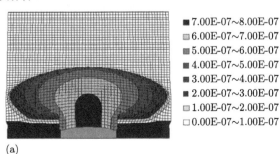

(a)

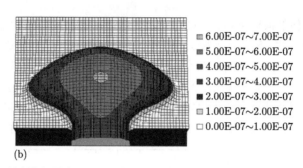

(b)

图 3.2.10　总火花能量为 0.7mJ 时 O 自由基的浓度分布计算结果。(a) 电容火花
能量比为 20%，(b) 电容火花能量比为 80%

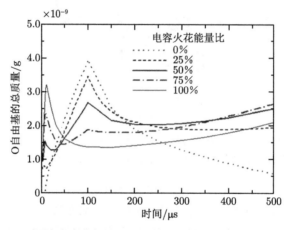

图 3.2.11　不同电容火花能量比下 O 自由基总质量的时间历程计算结果

　　图 3.2.12 和图 3.2.13 分别显示了不同电容火花能量比下的计算速度和热释放
分布。随着电容火花能量比的增加，冲击波的强度增大。结果，促进了沿着火花电
极表面内向流动的产生，并且计算区域中心的外向流动变得更快，如图 3.2.12 所示。
图 3.2.13 显示，电极尖端附近放热分布的收缩对于高电容火花能量比是重要的，这对
应于促进沿电极的内向流动。80% 电容火花能量比下的电极尖端附近放热高于 20%
电容火花能量比时的放热。另外，确认了随着电容火花能量比增加，通过积分整个
计算区域中的放热得到的总放热量变大。这些结果表明，沿电极的快速内向流动导
致火焰核心区未燃烧混合物的供给增强，反应发生活跃。这是因为电容火花在放电
结束后增强了 O 自由基的形成，如图 3.2.11 所示。
　　电容火花能量的增加导致火花放电期间自由基形成的减少。另外，电容火花
能量的增加导致火花放电后的活性反应，这是由于沿电极的内向流动增强了未燃
烧混合物的供给。最小点火能量具有最低值时的最佳电容火花能量比由这两个因
素确定。

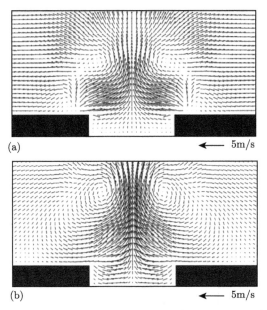

图 3.2.12 总火花能量为 0.7mJ，在 100μs 时的计算速度分布。(a) 电容火花能量比为 20%，
(b) 电容火花能量比为 80%

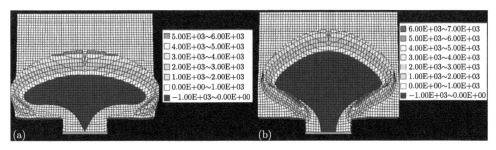

图 3.2.13 总火花能量为 0.7mJ，在 500μs 时的热释放分布计算结果。(a) 电容火花能量比为
20%，(b) 电容火花能量比为 80%

本数值模拟不足以定量预测最小点火能量，这可能是由于该计算程序不能很好地模拟放电后的冲击波行为。由于冲击波会消除大量的火花能量[17]，所以精确估算冲击波的强度对于估算最小点火能量非常重要。在该计算中，冲击波所带走的能量估计大约为总火花能量的 10%。另外，在火花放电过程中电极之间形成的等离子体通道被模拟成热气柱。这个模型可能有些过于简单，需要进一步研究。

### 3.2.3.4 当量比对最小点火能量的影响

据 Lewis 等[1] 报道，最小点火能量具有最小值时的当量比取决于碳氢燃料和空气混合物的燃料性质，并且随着燃料分子量的增加向富燃侧移动。这种当量比依赖性已经通过优先扩散效应来解释。

图 3.2.14 显示了氢气–空气和甲烷–空气混合气的最小点火能量与当量比之间关系的计算结果。对于低分子量燃料，最小点火能量在当量比低于 1 时具有最小值。模拟还预测，在全局当量比小于 1 的情况下，火花间隙内的局部当量比几乎为 1，这证实了优先扩散对火花点火过程的影响 [18]。研究还表明，对于以上两种混合气，当当量比偏移最小点火能量所对应的值时，最小点火能量将快速增加。这一趋势对于甲烷–空气混合气更为重要。这表明，提高混合气的可燃性比提高点火系统的点火能力更能保证点火的成功。针对较大分子量燃料的预测，应该需要确认优先扩散对最小点火能量的影响。了解实际发动机燃烧室内流动条件下点火过程的优先扩散效应是否占主导地位也是一个有趣的问题。

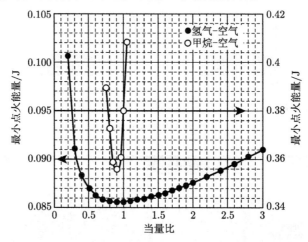

图 3.2.14 氢气–空气和甲烷–空气混合物的最小点火能量与当量比之间的关系

### 3.2.4 结论

本书针对可燃混合物的火花点火问题，主要介绍了作者在实验室所获得的数值模拟结果。由此可见，作者认为数值模拟对于研究静止混合气中的火花点火机理具有重要的意义。

### 参 考 文 献

[1] Lewis, B. and von Elbe, B., Combustion, Flames and Explosion of Gases, 3rd ed., Academic Press, New York, p. 333, 1987.

[2] Ishii, K., Tsukamoto, T., Ujiie, Y., and Kono, M., Analysis of ignition mechanism of combustible mixtures by composite spark, Combust. Flame, 91, 153, 1992.

[3] Rivard, W. C., Farmar, O. A., and Butler, T. D., RICE: A computer program for multicomponent chemically reactive flows at all speeds, National Technical Information Service, LA-5812, 1975.

[4] Yee, H., Upwind and symmetric shock capturing schemes, NASA TM 89464, NASA, 1987.

[5] Maly, R. and Vogel, M., Initiation and propagation of flame fronts in lean CH$_4$-air mixtures by the three modes of the ignition spark, Proc. Combust. Inst., 17, 821, 1979.

[6] Sher, E., Ben-Ya'ish, J., and Kravchik, T., On the birth of spark channels, Combust. Flame, 89, 6, 1992.

[7] Chase, Jr., M. W., Davies, C. A., Downey, Jr., J. R., Frulip, D. J., McDonald, R. A., and Syverud, A. N., JANAF thermochemical tables Third Edition, J. Phys. Chem. Ref. Data, 1985.

[8] Reid, R. C., Prasnitz, J. M., and Poling, B. E., The Properties of Gases and Liquids, McGraw-Hill International Editions, 1988.

[9] Takagi, T. and Xu, Z., Numerical analysis of hydrogenmethane diffusion flames (effects of preferential diffusion), Trans. Jpn. Soc. Mech. Eng.(B), 59, 607, 1993 (in Japanese).

[10] Pedersen, T. and Brown, R. C., Simulation of electric field effects in premixed methane flame, Combust. Flame, 94, 433, 1994.

[11] Eraslan, A. N., Chemiionization and ion-molecule reactions in fuel-rich acetylene flame, Combust. Flame, 74, 19, 1988.

[12] Yuasa, T., Kadota, S., Tsue, M., Kono, M., Nomuta, H., and Ujiie, Y., Effects of energy deposition schedule on minimum ignition energy in spark ignition of methaneair mixtures, Proc. Combust. Inst., 29, 743, 2002.

[13] Kono, M., Kumagai, S., and Sakai, T., Ignition of gases by two successive sparks with reference to frequency effect of capacitance sparks, Combust. Flame, 27, 85 1976.

[14] Kono, M., Niu, K., Tsukamoto, T., and Ujiie, Y., Mechanism of flame kernel formation produced by short duration sparks, Proc. Combust. Inst., 22, 1643, 1988.

[15] Kravchik, T. and Sher, E., Numerical modeling of spark ignition and flame initiation in a quiescent methane-air mixture, Combust. Flame, 99, 635, 1994.

[16] Kadota, S., et al., Numerical analysis of spark ignition process in a quiescent methane-air mixture with ionmolecule reactions, The 2nd Asia-Pacifi c Conference on Combustion, p. 617, 1999.

[17] Ballal, D. R. and Lefebvre, A. H., A general model of spark ignition for gaseous and liquid fuel-air mixtures, Combust. Flame, 24, 99, 1975.

[18] Nakaya, S., et al., A numerical study on early stage of flame kernel development in spark ignition process for methane/air combustible mixtures, Trans. Jpn. Soc. Mech. Eng.(B), 73–732, 1745, 2007 (in Japanese).

# 第 4 章　边界条件对火焰传播的影响

## 4.1　对冲预混火焰的传播

### Chih-Jen Sung

#### 4.1.1　引言

滞止点流由于其流场定义明确,且通常可以由单个参数即拉伸率表示,已经广泛用于拉伸火焰的分析。在预混燃烧实验中广泛应用的典型滞止型流动结构包括表面流动冲击或壁面碰撞射流 (例如,参考文献 [1],[2]),均流多孔燃烧器或 Tsuji 燃烧器 (例如,参考文献 [3],[4]),反向喷射或对冲流 (例如,参考文献 [5],[6]),管流 (例如,参考文献 [7]~[9]) 等。在单射流-壁面几何结构中,来自喷嘴的预混反应物射流冲击到平坦的滞止板上。如果预混火焰前锋距离滞止板足够远,那么火焰到板下游的热损失对火焰传播的影响很小。在 Tsuji 燃烧器中,将圆柱形或球形多孔体水平放置在风洞中。预混反应物混合气从多孔体的上游均匀地注入。前滞区的拉伸率与 $U/R$ 成比例,其中 $U$ 是管道中的强制对流速度,$R$ 是圆柱体或球体的半径。与两个同轴对冲射流之间产生的滞止场不同,在管状燃烧器中,入口流是径向的,而排气流是轴向的。管流中形成的管状预混火焰受到火焰拉伸和火焰曲率的综合影响。因而,在对冲喷射结构中建立的平面火焰,可以用于研究空气动力学应变对火焰响应的影响,没有因火焰曲率影响带来的复杂性。尽管在实验室实践中,由于不可避免的边缘效应,上述滞止点流结构在本质上是多维的,但在有效的情况下,大部分火焰面存在滞止-流动相似性,这将有利于耦合了详细化学计算的相关数学分析的进行。其中火焰标量,例如温度和组分浓度,可以假设仅取决于一个独立变量。

本节将兴趣点放在反向喷射射流的层流火焰传播上。对冲射流非常适合于空气动力学对火焰的影响研究,因为该流场中的火焰是平面的,拉伸率能很好地由火焰前方的速度梯度决定。然而,实验观察 [10,11] 和理论研究 [12,13] 证明了在对冲射流流场中也可能存在几种非平面火焰结构,包括蜂窝火焰、星形火焰、槽形火焰、明沟形火焰、边缘稳定的本生火焰、边缘稳定的均匀火焰以及边缘稳定的多面体火焰。虽然这些非平面对冲火焰现象有趣且具有挑战性,但这些主题超出了本章的范围。

可以使用同一装置来研究预混火焰和扩散火焰。例如,通过使相同可燃混合气从两个相对的圆形喷嘴喷出，可以建立两个对称的预混火焰。平面中心的对称性条件确保了每个火焰下游绝热的合理性。下游热损失/增益对预混火焰的影响，可以通过将可燃射流与惰性射流或给定温度的热产物的碰撞来研究，这可以控制热损失/增益的程度。扩散火焰可以通过使燃料射流与氧化剂射流相撞击建立。此外，还可以通过富燃混合气与贫燃混合气的撞击来建立由贫燃和富燃预混火焰组成的三岔火焰，其中夹杂着的扩散火焰由来自富燃混合气的过量燃料与来自贫燃混合气的过量氧化剂反应构成。这可用于火焰相互作用效应的研究 (参见参考文献 [14])。在本章中，我们只关注对称的预混双火焰。

图 4.1.1 所示为作者实验室中使用的对冲流燃烧器系统的示意图。通过撞击两个相同气动形状的高收缩率喷嘴产生的两个对冲均匀射流来建立滞止流场。每股气流都被一层氮气流罩包围，以将双火焰与环境隔离。对于反向喷射火焰，施加的拉伸率取决于撞击射流速度和两个相对射流之间的距离。通常，分隔距离 ($L$) 保持在与喷嘴直径 ($D$) 相同量级附近，以确保获得高质量、准一维、平坦的火焰面。如果 $L$ 远小于 $D$，则用于避免火焰向喷嘴传导热损失的拉伸率范围是有限的。另外，当 $L$ 远大于 $D$ 时，双火焰更容易受到卷吸的影响。在一定的分隔距离下，可以通过改变喷嘴出口速度 (即混合物流率) 来实现拉伸率的变化。

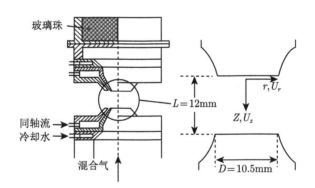

图 4.1.1　对冲燃烧器系统示意图

图 4.1.2 是对冲流燃烧器组件的照片。实验粒子在这种冷的、非反应的对冲滞止流中的路径可以通过激光片照射进行可视化。流动可通过硅氧烷流体 (聚二甲基硅氧烷) 的亚微米液滴来示踪，其黏度为 $50 \text{mm}^2/\text{s}$，密度为 $970 \text{kg/m}^3$，由雾化器产生。营造的滞止点流动特征非常明显。在该燃烧器系统中所建立的预混对冲双火焰的直接火焰照片如图 4.1.3 所示。可以观察到，尽管存在边缘效应，但大部分火焰面非常平坦，从而证实了所得反应流的相似性。滞止面的相应位置和沿中心线的典型轴向速度剖面也如图 4.1.3 所示。可以注意到，当离开喷嘴时，轴向速度首先沿轴线减小，并且当其接近火焰发光区域的上游边界时达到最小值。当

流动进入火焰区时，轴向速度由于热膨胀而增加，达到最大值，并且随着其接近滞止表面而最终减小。

图 4.1.2　对冲流燃烧器系统照片和使用激光片光对非反应流场的可视化

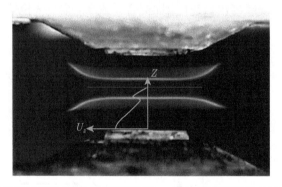

图 4.1.3　预混对冲异辛烷/空气双火焰的特写照片。绘制了轴向速度 ($U_z$) 在轴向 ($z$) 上的代表性剖面图，红线表示滞止面的位置

　　与扩散火焰不同，预混火焰是一种波动现象，因此它可以响应拉伸率的变化实现自身自由调节，从而实现局部火焰传播速度和所经历的上游流速之间的动态平衡 (参见参考文献 [15], [16])。如前所述，对于当前的滞止流动，火焰区域上游的轴向速度从喷嘴出口开始减小。如果应用动态平衡关系，使得局部轴向速度与上游火焰速度平衡，则火焰将随着流动应变或流率的增加 (减小) 而向滞止面 (喷嘴出口) 靠近，如图 4.1.4 所示。因此，双火焰面之间的间隔距离随着拉伸/流率的减小而增大。从图 4.1.4 还可以看出，随着流率和拉伸率减小，当火焰接近喷嘴时，其表面会在火焰中心附近形成一些弯曲。这是因为在低流率的情况下，出

口流动趋于在中心线周围减速，并在较大半径处加速[17]。因此，低拉伸、绝热、平面、对冲、预混双火焰的建立是具有挑战性的，因为从火焰到喷嘴的传导热损失增加，压力对惯性力的影响更强，以及受到了其他形式流动/火焰的干扰(例如，浮力引起的流动)。

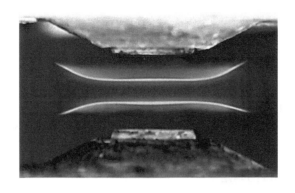

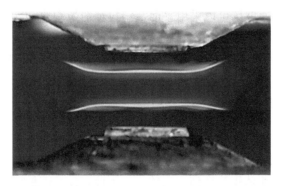

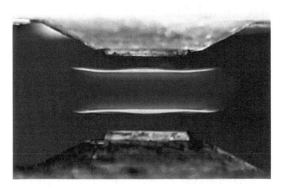

图 4.1.4 在保持流动混合气组成不变的情况下，通过减小混合气流率 (从顶部照片到底部照片) 以降低拉伸率的三个对冲双火焰的直接火焰图像

由于对冲火焰的平面性质和与流动相关的相对较高的雷诺数，火焰/流动结构可以被认为是 "空气动力学清洁的"，这种情况下，可在分析或计算研究中实现准一维和边界层简化。通过将实验数据与数值计算结果进行比较，并结合详细的化学和输运过程，有助于加深对层流拉伸火焰热化学结构的认识。此外，燃料/氧化剂混合气的全局燃烧特性，例如，层流火焰速度和自点火延迟时间，已被广泛用于详细反应机理的开发、验证和优化。特别地，层流火焰速度是燃烧中的一个基本且实用参数，其取决于给定混合气的反应活性、放热性和输运性质。

接下来，我们将依次介绍使用对冲双火焰配置确定层流火焰速度的实验方法，以及各种碳氢燃料的火焰速度测量结果。然而，对于后者，我们发现 Law 已对氢、甲烷、$C_2$-烃、丙烷和甲醇混合气的实验火焰速度数据进行了汇编 [18]。本次汇编的对象侧重于用预热法测量的液态碳氢燃料的火焰速度。此外，还将讨论总活化能的提取。此外，诸如 Kee 等的早期研究 [19]，可以参考用于理解对冲火焰的数学公式和计算模型。

### 4.1.2　层流火焰速度的确定

对冲流配置的速度场可以采用平面数字粒子图像测速 (DPIV) 系统获得。如前所述，使用亚微米尺寸的硅氧烷颗粒示踪混合气流。使用 Nd：YAG 脉冲激光器的 0.2mm 厚的双脉冲平面片光垂直照射流场中均匀撒播的颗粒。在当前实验中所使用的 DPIV 细节也可以在先前的研究中找到 [20-23]。应用 DPIV 测量火焰速度有两个优点。首先，与基于点测量的激光技术 (如激光多普勒测速 (LDV)) 相比，全二维流场的照射测量可以大大缩短测量的运行时间。其次，可以减少定位误差。在使用对冲配置进行火焰速度测量时，准确确定参考速度和拉伸率至关重要。DPIV 的定位误差远小于 LDV 的定位误差，因为其采用了精细阵列的 CCD 相机，不需要将探针体积转换到不同的点。因此，DPIV 是特定点速度及其相关的径向和轴向速度梯度精确测量的可行方法。

图 4.1.5 为一个对冲预混火焰的 PIV 图像示例和由此得到的二维速度图。由于硅流体的沸点约为 570K，因此撒播液滴将不能在后火焰区域存活。然而，该沸点仍然很高，足以捕获预热区中的最小速度点。与使用固体示踪颗粒不同，使用硅胶液滴的好处是燃烧器不会被 "污染" 或堵塞。通过 DPIV 获得的矢量图，可进一步分析确定参考拉伸影响的火焰速度和相关的拉伸率。通过绘制沿中心线的轴向速度，如图 4.1.5 所示，将火焰位置上游的最小轴向速度作为参考拉伸影响的速度 $S_{u,ref}$。图 4.1.5 还显示该参考位置处的径向速度曲线是线性的。因此，径向速度梯度 $(a)$ 可用于明确地表征火焰拉伸率。拉伸率 $(K)$ 通常使用轴向速度梯度来定义，并且等于径向速度梯度的两倍，即 $K = 2a$。基于 $S_{u,ref}$ 与 $K$ 的变化，未拉伸的层流速度 $(S_u^o)$ 可以通过线性或非线性外推的方法确定。

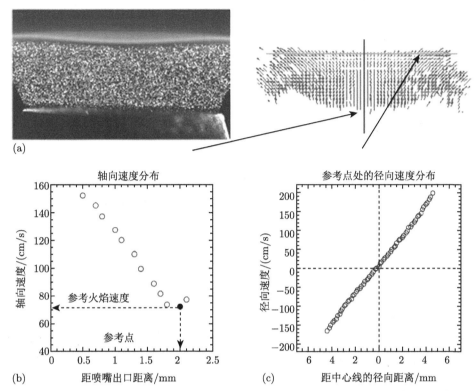

图 4.1.5　PIV 图像示例和相应的二维速度图。相应地绘制了轴向速度沿着喷嘴出口距离的变化曲线。速度最小点定义为参考火焰速度。在该参考点处，同时展示了径向速度分布的线性特征

图 4.1.6 所示为不同正庚烷/空气和异辛烷/空气火焰的 $S_{\mathrm{u,ref}}$ 随着 Karlovitz 数 $(Ka)$ 的变化函数，未燃混合气温度 $(T_{\mathrm{u}})$ 为 360K，Karlovitz 数定义为 $Ka = K\alpha_{\mathrm{m}}/S_{\mathrm{u}}^{\mathrm{o}}$，其中 $\alpha_{\mathrm{m}}$ 是未燃混合气的热扩散率。对于每种情况，将线性外推技术与非线性外推技术进行了比较。非线性外推技术源于 Tien 和 Matalon[24] 基于势流场的理论分析。图 4.1.6 中的实线和虚线分别代表线性和非线性外推。从图 4.1.6 可以看出，对于大多数实验条件，$Ka$ 的取值小于 0.1。Vagelopoulos 等 [25] 和 Chao 等 [26] 证明，当 Karlovitz 数保持在 $O(0.1)$ 的数量级时，线性外推的准确性得到改善，线性外推的过量预测可以降低到实验不确定度范围内。图 4.1.6 还显示线性外推的层流火焰速度不大于 3cm/s，高于使用 Tien 和 Matalon 的非线性外推法获得的值 [24]。因此，在随后的章节中，所有层流火焰速度都采用线性外推值。

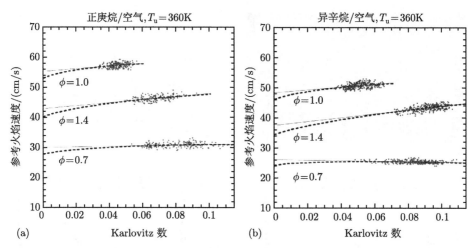

图 4.1.6　不同 (a) 正庚烷/空气和 (b) 异辛烷/空气火焰的参考拉伸影响火焰速度与 Karlovitz 数的函数关系，显示了如何将参考拉伸影响火焰速度外推到零拉伸以获得层流火焰速度。未燃混合物温度为 360K。实线表示线性外推，虚线表示非线性外推

　　还可以注意到，$S_{u,ref}$-$Ka$ 曲线的斜率反映了拉伸率和非均匀扩散对火焰速度的综合影响。图 4.1.6 清楚表明，对于贫燃和富燃混合气，火焰对拉伸率变化的响应不同。特别地，随着 $Ka$ 增加，化学恰当当量比和富燃混合气的 $S_{u,ref}$ 增加，但对于当量比 $\phi = 0.7$ 的混合气却是减少。这是因为贫燃正庚烷/空气和贫燃异辛烷/空气火焰的有效 Lewis 数大于 1，而富燃庚烷/空气和富燃异辛烷/空气火焰的有效 Lewis 数是小于 1 的。

### 4.1.3　预热下层流火焰速度

　　液态碳氢燃料构成了目前可用于地面和空中运输系统的大部分能源。实际燃料由多种碳氢化合物组成，包括直链烷烃和支链烷烃。纯烃的替代混合物通常用于模拟实际燃料的预期物理和化学特性。异辛烷和正庚烷是辛烷值的主要参考燃料，是汽油替代品中广泛使用的成分。异辛烷也被用作 JP-8 替代混合物模拟的一种重要组分 (按体积计 5%~10%)。此外，正癸烷和正十二烷是柴油和喷气燃料中主要的直链烷烃组分，在不同的研究中经常被用作替代组分。这些替代混合物在实验和计算上都被用来简化复杂的天然混合物，同时保留燃料的基本特性。

　　鉴于人们对高碳分子燃料的燃烧研究越来越感兴趣，采用对冲双火焰配置进行了各种实验 [21-23]，来确定正庚烷/空气、异辛烷/空气、正癸烷/空气、正十二烷/空气混合物在大气压下的层流火焰速度，并涉及很宽的当量比和预热温度范围。空气预热是在实际燃烧装置中经常采用的废热回收利用方法之一。燃料预热也用于重油，以实现更好的雾化。因此，在大多数实际燃烧装置中，反应物在进

入燃烧室之前处于预热状态。然而，在航空推进装置中也在考虑将液态碳氢燃料用作热沉。液态烃在热管理中的应用，在一定条件下会导致裂解气体产物的产生。此外，燃料温度的升高有利于提高燃料反应速率。在认识到预热的重要性的基础上，研究了没有燃料裂解时的混合物预热对层流火焰速度的影响。此外，由于在高超声速推进系统燃烧室试验中，乙烯被用来模拟裂解碳氢燃料，因此无论是从基础性还是实用性方面考虑，包括乙烯在内的燃料混合物的预热都被认为是燃料化学研究中的一个重要参数。

图 4.1.7 总结了早期研究中获得的，各种预热温度下，乙烯/空气、正庚烷/空气、异辛烷/空气和正癸烷/空气混合物的层流火焰速度测量值与当量比的函数关系 [21-23,27]。图 4.1.7 中的误差条表示使用线性外推法所获得的层流火焰速度的 95% 置信区间估计值 [21]。可以进一步注意到，正庚烷/空气混合物的火焰速度可以比异辛烷/空气混合物的火焰速度高 5~10cm/s。根据之前的研究 [21,28]，观察到层流火焰速度的差异是由化学动力学的差异引起的，因为在所研究的当量比范围内，燃料/空气混合物的火焰温度和输运性能的差异是微不足道的。特别是，正庚烷的氧化产生了大量乙烯，而在异辛烷氧化过程中形成的主要中间产物是丙烯、异丁烯和甲基 [21,28]。由此导致的结果是，正庚烷/空气混合物的火焰速度更高。

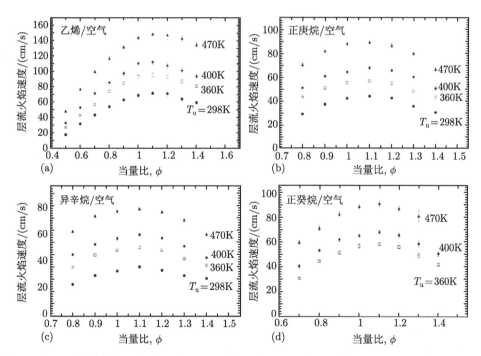

图 4.1.7  不同的未燃烧混合物温度下，测量得到的层流速度随当量比的变化。(a) 乙烯/空气，(b) 正庚烷/空气，(c) 异辛烷/空气和 (d) 正癸烷/空气

以 $S_{\mathrm{u}}^{\mathrm{o}}(T_{\mathrm{u}},\phi)/S_{\mathrm{u}}^{\mathrm{o}}(T_{0},\phi)=(T_{\mathrm{u}}/T_{0})^{n}$ 的形式可表示层流火焰速度 $S_{\mathrm{u}}^{\mathrm{o}}$ 对混合物预热温度 $T_{\mathrm{u}}$ 的依赖性。其中，$T_{0}$ 是针对给定燃料/空气成分研究的最低未燃烧混合物温度。目前的实验数据与 $n$ 的取值在 1.66~1.85 范围内有很好的相关性。指数 $n$ 可通过最小化研究条件下混合物的误差平方 $\Sigma_{0}\Sigma_{T_{\mathrm{u}}}[S_{\mathrm{u}}^{\mathrm{o}}(T_{0},\phi)-S_{\mathrm{u}}^{\mathrm{o}}(T_{\mathrm{u}},\phi)/(T_{\mathrm{u}}/T_{0})^{n}]^{2}$ 来获得。图 4.1.8 进一步表明，相关层流火焰速度 $S_{\mathrm{u}}^{\mathrm{o}}(T_{\mathrm{u}},\phi)/(T_{\mathrm{u}}/T_{0})^{n}$ 作为当量比的函数，将实验数据减少为单个数据集。

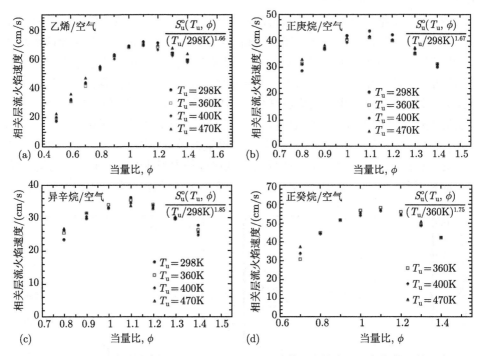

图 4.1.8　相关层流火焰速度 $S_{\mathrm{u}}^{\mathrm{o}}(T_{\mathrm{u}},\phi)/(T_{\mathrm{u}}/T_{0})^{n}$ 随着混合物当量比变化的函数。(a) 乙烯/空气 ($n=1.66$)，(b) 正庚烷/空气 ($n=1.67$)，(c) 异辛烷/空气 ($n=1.85$) 和 (d) 正癸烷/空气 ($n=1.75$)。$T_{0}$ 是针对给定燃料/空气混合物成分研究的最低未燃烧混合物温度

进一步注意到，质量燃烧通量 $m^{\mathrm{o}}=\rho_{\mathrm{u}}S_{\mathrm{u}}^{\mathrm{o}}$ 是层流火焰传播中的一个基本参数，其中 $\rho_{\mathrm{u}}$ 是未燃烧混合气密度。图 4.1.9 显示了混合气预热对各种当量比的质量燃烧通量的影响。此外，还可以观察到正十二烷/空气混合物的一些实验数据。对于所研究的所有燃料/空气混合物，随着预热温度的升高，观察到质量燃烧通量的显著增加。从图 4.1.9 中还可以看出，在所研究的未燃烧混合物温度范围内，质量燃烧通量随 $T_{\mathrm{u}}$ 线性增加。因此，$S_{\mathrm{u}}^{\mathrm{o}}$ 随着 $T_{\mathrm{u}}$ 增加而增加并非仅仅是由于 $\rho_{\mathrm{u}}$ 的减少。

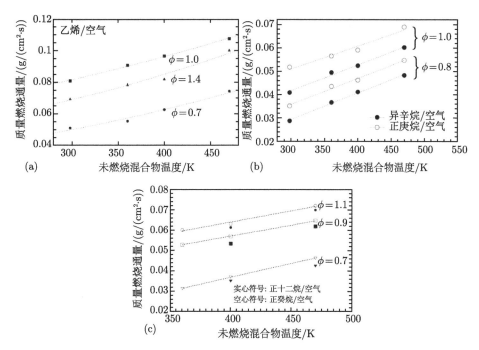

图 4.1.9 测量的质量燃烧通量对未燃烧混合物温度的依赖性。(a) 乙烯/空气，(b) 正庚烷/空气和异辛烷/空气，(c) 正癸烷/空气和正十二烷/空气混合物。虚线表示线性拟合

### 4.1.4 总活化能的确定

对于正庚烷/空气和异辛烷/空气混合物，在 360K 的未燃烧混合物温度下，实验研究了氮气浓度变化对层流火焰速度的影响。对于三个当量比：$\phi=0.8,1.0,1.2$，由氮气和氧气组成的氧化剂中氮气摩尔百分比从 78.5％变化到 80.5％。正如所预期的，层流火焰速度随着氮稀释水平的增加而降低。

实验中使用的氮气浓度范围与正常空气 (79％N$_2$) 不同。相应地，按照 Egolfopoulos 和 Law [29] 的方法，在给定的当量比下，可以采用不同氮稀释水平的火焰速度数据来推导相应燃料/空气混合物的总活化能 ($E_a$)。总活化能可以通过以下式子确定：

$$E_a = -2R_u \left[ \frac{\partial \ln m^\circ}{\partial (1/T_{ad})} \right]_p \tag{4.1.1}$$

其中，$T_{ad}$ 是绝热火焰温度，$R_u$ 是通用气体常数。

由于大规模计算流体动力学 (CFD) 模拟通常将化学动力学简化为单步总包反应，因此在 CFD 详细化学计算不可行的情况下，提取这样的整体火焰参数作为总活化能是特别有用的。根据实验结果，推导出的三种当量比的总活化能如

图 4.1.10(a) 所示。可以观察到 $E_a$ 随着 $\phi$ 的变化是非单调的，并在化学恰当当量比附近达到峰值。

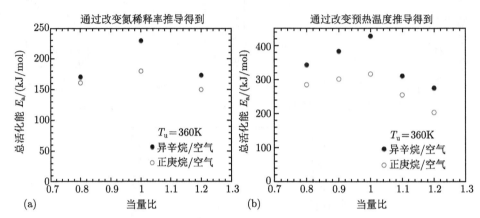

图 4.1.10　实验推导出的通过改变 (a)N₂ 浓度和 (b) 预热温度获得的异辛烷/空气 (实心符号) 和正庚烷/空气 (空心符号) 混合物的总活化能随当量比的变化

　　认识到方程式 (4.1.1) 中的这种变化，可以通过改变氮稀释水平或预热温度来调整 $T_{ad}$。并且，有趣的是可使用两种不同的方法来比较 $E_a$ 的导出值。必须注意的是，前一种方法是通过保持 $T_u$ 恒定来干扰反应物浓度，而后一种方法是在不改变反应物浓度的情况下干扰预混火焰系统。此外，图 4.1.9 中显示的 $m°$ 与 $T_u$ 的线性变化表明，通过改变混合物预热的提取方法是有效的。基于实验确定的异辛烷/空气和正庚烷/空气混合物以及方程 (4.1.1) 推导出的 $m°$，图 4.1.10(b) 显示了 $T_u$ 改变时的 $E_a$ 值。

　　图 4.1.10(a) 和 (b) 的比较表明，尽管推导值存在定量差异，但两种提取方法在所研究的当量比范围内的趋势类似。观察到总活化能在接近化学恰当当量比条件时达到峰值，并且在贫燃侧和富燃侧都降低。此外，对于所考虑的所有当量比，与异辛烷/空气混合物相比，观察到正庚烷/空气混合物的总活化能值较低。在带有详细反应机理的数值计算中也观察到这种趋势的相似性和使用两种不同提取方法在绝对值上的差异。这种定量差异可能是氮气浓度变化以及随之的燃料和氧气浓度变化而引起的化学相互作用所致。相比较而言，通过改变 $T_u$ 而不改变反应物组成 (图 4.1.10(b) 中所示值) 的提取方法可能是对总活化能的更好估计。

　　针对不同当量比的乙烯/空气和正癸烷/空气混合物，绘制所测量的燃烧质量通量的自然对数与 $1/T_{ad}$ 之间的函数关系曲线。根据 $\ln m°$ 与 $1/T_{ad}$ 的线性变化，证实了通过混合物预热变化提取方法的有效性。图 4.1.11 所示为实验推导的总活化能与当量比的函数关系。同时实验结果显示，总活化能对当量比呈现出非单调的依赖性, 其峰值出现在化学恰当当量比附近。

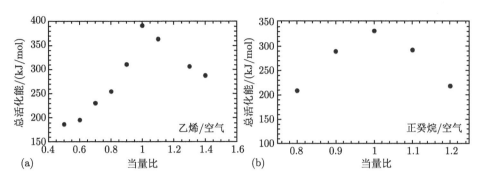

图 4.1.11　通过改变预热温度, 实验推导出的燃烧总活化能随当量比的变化函数。(a) 乙烯/空气, (b) 正癸烷/空气

### 4.1.5　结论

层流火焰速度是表征燃料/氧化剂混合物总体燃烧速率的基本性质之一。因此, 在研究预混火焰的诸如可燃性极限、火焰稳定性、吹除、吹熄、熄灭和湍流燃烧等现象时, 它经常被作为参考量。此外, 它还包含了在扩散输运存在下的高温反应机理的信息。因此, 在总体水平上, 层流火焰速度数据已被广泛用于验证所提出的化学反应机理。

对于化学反应流动, 层流对冲火焰可能是最简单、最具特征的火焰形态之一, 它受到流动不均匀性的根本影响。特别是, 对冲双火焰配置由两个氮气屏蔽的收敛喷嘴燃烧器组成。在这种喷嘴产生的对冲流中, 在不同的流量应变下, 可以形成两个近似平面的绝热火焰。本章介绍了这类火焰及其特征传播速度。此外, 还讨论了利用对冲双火焰技术确定层流火焰速度和计算总活化能的方法。

更多的研究工作旨在了解液态碳氢燃料的燃烧动力学, 以实现对这一消耗性资源的清洁和高效利用。因此, 为各种组分建立一个基准实验数据库非常重要, 该数据库不仅本身具有价值, 而且还可用于测试和验证所开发的化学动力学机理数据库。本章使用对冲双火焰实验系统, 在宽范围的当量比和预热温度下, 对大气压条件下的乙烯/空气、正庚烷/空气、异辛烷/空气、正癸烷/空气、正十二烷/空气混合物的层流火焰速度进行了总结。此外, 本章还记录了实验确定的不同当量比下的总反应活化能。

**致谢**

本节是在美国国家航空航天局的赞助 (批准号:NNX07AB36Z) 下, 在 Krishna Kundu 博士的技术监督下编写的。非常感谢 Kamal Kumar 博士对稿件准备的帮助。

# 参 考 文 献

[1] Egolfopoulos, F.N., Zhang, H., and Zhang, Z., Wall effects on the propagation and extinction of steady, strained, laminar premixed flames, Combust. Flame, 109, 237, 1997.

[2] Zhao, Z., Li, J., Kazakov, A., and Dryer, F.L., Burning velocities and a high temperature skeletal kinetic model for n-decane, Combust. Sci. Technol., 177(1), 89, 2005.

[3] Tsuji, H. and Yamaoka, I., Structure and extinction of near-limit flames in a stagnation flow, Proc. Combust. Inst., 19, 1533, 1982.

[4] Yamaoka, I. and Tsuji, H., Determination of burning velocity using counterflow flames, Proc. Combust. Inst., 20, 1883, 1984.

[5] Wu, C.K. and Law, C.K., On the determination of laminar flame speeds from stretched flames, Proc. Combust. Inst., 20, 1941, 1984.

[6] Law, C.K., Zhu, D.L., and Yu, G., Propagation and extinction of stretched premixed fames, Proc. Combust. Inst., 21, 1419, 1988.

[7] Ishizuka, S., On the behavior of premixed flames in a rotating flow field: Establishment of tubular flames, Proc. Combust. Inst., 20, 287, 1984.

[8] Kobayashi, H. and Kitano, M., Extinction characteristics of a stretched cylindrical premixed flame, Combust. Flame, 76, 285, 1989.

[9] Mosbacher, D.M., Wehrmeyer, J.A., Pitz, R.W., Sung, C.J., and Byrd, J.L., Experimental and numerical investigation of premixed tubular flames, Proc. Combust. Inst., 29, 1479, 2002.

[10] Ishizuka, S., Miyasaka, K., and Law, C.K., Effects of heat loss, preferential diffusion, and flame stretch on flame front instability and extinction of propane/air mixtures, Combust. Flame, 45, 293, 1982.

[11] Ishizuka, S. and Law, C.K., An experimental study on extinction and stability of stretched premixed flames, Proc. Combust. Inst., 19, 327, 1982.

[12] Sheu, W.J. and Sivashinsky, G.I., Nonplanar flame configurations in stagnation point flow, Combust. Flame, 84, 221, 1991.

[13] Sung, C.J., Trujillo, J.Y.D., and Law, C.K., On non-Huygens flame configuration in stagnation fl ow, Combust. Flame, 103, 247, 1995.

[14] Sohrab, S.H., Ye, Z.Y., and Law, C.K., An experimental investigation on flame interaction and the existence of negative flame speeds, Proc. Combust. Inst., 20, 1957, 1984.

[15] Law, C.K., Dynamics of stretched flames, Proc. Combust. Inst., 22, 1381, 1988.

[16] Law, C.K. and Sung, C.J., Structure, aerodynamics, and geometry of premixed flamelets, Prog. Energy Combust. Sci., 26, 459, 2000.

[17] Vagelopoulos, C.M. and Egolfopoulos, F.N., Direct experimental determination of laminar flame speeds, Proc. Combust. Inst., 27, 513, 1998.

[18] Law, C.K., A compilation of experimental data on laminar burning velocities, Reduced Kinetic Mechanisms for Application in Combustion, Eds. N. Peters and B. Rogg,

Springer-Verlag, Heidelberg, Germany, pp. 15–26, 1993.

[19] Kee, R.J., Coltrin, M.E., and Glarborg, P., Chemically Reacting Flow: Theory and Practice, John Wiley & Sons, Hoboken, New Jersey Inc., 2003.

[20] Hirasawa, T., Sung, C.J., Yang, Z., Joshi, A., Wang, H., and Law, C.K., Determination of laminar flame speeds of fuel blends using digital particle image velocimetry: Ethylene, n-butane, and toluene flames, Proc. Combust. Inst., 29, 1427, 2002.

[21] Huang, Y., Sung, C.J., and Eng, J.A., Laminar flame speeds of primary reference fuels and reformer gas mixtures, Combust. Flame, 139, 239, 2004.

[22] Kumar, K., Freeh, J.E., Sung, C.J., and Huang, Y., Laminar flame speeds of preheated iso-octane/$O_2$/$N_2$ and n-heptane/$O_2$/$N_2$ mixtures, J. Propulsion Power, 23(2), 428, 2007.

[23] Kumar, K. and Sung, C.J., Laminar flame speeds and extinction limits of preheated n-decane/O2/N2 and n-dodecane/O2/N2 mixtures, Combust. Flame, 151, 209, 2007.

[24] Tien, J.H. and Matalon, M., On the burning velocity of stretched flames, Combust. Flame, 84, 238, 1991.

[25] Vagelopoulos, C.M., Egolfopoulos, F.N., and Law, C.K., Further considerations on the determination of laminar flame speeds with the counterflow twin flame technique, Proc. Combust. Inst., 25, 1341, 1994.

[26] Chao, B.H., Egolfopoulos, F.N., and Law, C.K., Structure and propagation of premixed flame in nozzle-generated counterflow, Combust. Flame, 109, 620, 1997.

[27] Kumar, K., Mittal, G., Sung, C.J., and Law, C.K., An experimental investigation on ethylene/O2/diluent mixtures: Laminar flame speeds with preheat and ignition delays at high pressures, Combust. Flame, 153, 343, 2008.

[28] Davis, S.G. and Law, C.K., Laminar flame speeds and oxidation kinetics of iso-octane-air and n-heptane-air flames, Proc. Combust. Inst., 27, 521, 1998.

[29] Egolfopoulos, F.N. and Law, C.K., Chain mechanisms in the overall reaction orders in laminar flame propagation, Combust. Flame, 80, 7, 1990.

# 4.2 涡旋中的火焰传播：沿涡核的传播速度

Satoru Ishizuka

## 4.2.1 引言

关于火焰沿涡核传播的第一篇文献可以在 1953 年的 *Fuel* 杂志上找到。Moore 和 Martin[1] 在给编辑的信中，报道了这样一种火焰传播情形，当可燃混合物从一根管子的封闭端以涡流喷出，并在另一个开口端点燃时，一股火舌投射进入管口并最终蔓延至封闭端。在这篇文献中，展示了一个长火焰的图片，它形成于圆管开口并传播至封闭端。他们强调，如果混合物以直接的方式而不是切向地引入，即使流率超过吹熄的临界值，也会发生火焰回火。但是他们没有报道火焰速度。

1971 年，McCormack[2] 利用涡环首次测定了旋涡中的火焰速度。气动活塞和气缸的组合用于产生涡环。测得富燃丙烷/空气混合物涡环的火焰速度为 300cm/s。此后，McCormack 与俄亥俄州立大学合作，确定了火焰速度是涡强度的函数[3]。结果如图 4.2.1 所示。火焰速度几乎随着涡强度呈线性增加，可达到约 1400cm/s。然而，如此高火焰速度的机理尚不清楚。在 McCormack 的第一篇论文[2] 中，旋转流中密度梯度固有的流体动力不稳定性被认为是潜在机理。然而，在他的第二篇论文[3] 中，湍流被认为是潜在的机理。

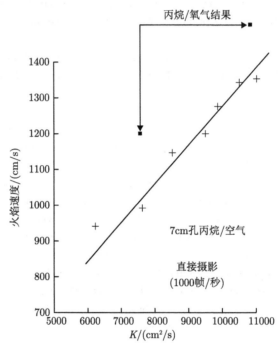

图 4.2.1　火焰速度随涡强度的变化 (摘自 McCormack, P.D., Scheller, K., Mueller, G.,
Tisher, R., Combust. Flame, 19, 297, 1972)

Chomiak[4] 在 1977 年首次提出了一种令人信服的火焰快速传播机理。他认为火焰的快速传播可以通过与涡破碎相同的机理来实现。图 4.2.2 示意性地显示了其涡破碎机理[4,5]。当可燃混合气旋转时，旋转轴上的压力低于环境压力。在 Rankine 组合涡中，压力下降量等于 $\rho_u V_{\theta\,\mathrm{max}}^2$，其中 $\rho_u$ 表示未燃烧的气体密度，$V_{\theta\,\mathrm{max}}$ 表示涡的最大切向速度。然而，当燃烧发生时，由于密度的降低，燃烧气体中旋转轴上的压力增加，并且变得接近环境压力。因此，在旋转轴上的火焰上出现了压力跃变 $\Delta P$。这种压力跃变可能导致热燃烧气体的快速移动。通过考虑穿过火焰的动量通量守恒，导出了燃烧气体速度的以下表达式：

$$V_f = V_{\theta\,max}\sqrt{\frac{\rho_u}{\rho_b}} \tag{4.2.1}$$

其中, $\rho_b$ 表示燃烧气体密度[4]。

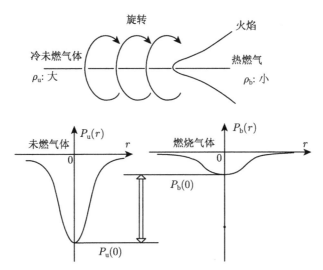

图 4.2.2 Chomiak 提出的涡破碎机理 (摘自 Chomiak, J., Proc.Combust.Inst., 16,1665,1977; Ishizuka, S., Prog.Energy Combust.Sci., 28,477,2002)

后来, 在 1987 年, Daneshyar 和 Hill[6] 指出, 如果假设角动量守恒保持在火焰前沿, 那么压力跃变 $\Delta P$ 可以给出为

$$\Delta P = \rho_u V_{\theta\,max}^2\left[1 - \left(\frac{\rho_b}{\rho_u}\right)^2\right] \approx \rho_u V_{\theta\,max}^2 \tag{4.2.2}$$

也就是说, 一旦燃烧开始, 由于角动量守恒, 在旋转轴上会引起压力跃变。通过进一步将压力变化 $\Delta P$ 转换为燃烧气体的动能 $\rho_b u_a^2/2$, 可以得到热气体轴向速度的表达式:

$$u_a \approx V_{\theta\,max}\sqrt{\frac{2\rho_u}{\rho_b}} \tag{4.2.3}$$

方程式 (4.2.1) 和方程式 (4.2.3) 预测的火焰速度与 McCormack 等[3] 确定的火焰速度定性一致, 因为火焰速度随着涡强度的增加而增加, 如果使用纯氧作为氧化剂, 火焰速度会进一步升高, 因为用纯氧燃烧会大大降低燃烧气体的密度。

基于火焰沿涡轴的快速传播, Chomiak[4]、Tabaczynski 等[7]、Klimov[8]、Thomas[9]、Daneshyar 和 Hill[6] 等建立了湍流燃烧模型。在 Tabaczynski 等[7]

的模型中，假设火焰沿着 Kolmogorov 尺度的涡瞬时传播，然后以层流燃烧速度燃烧。在 Klimov[8] 的水动力学模型中，假设涡尺度远大于 Kolmogorov 尺度。然而，方程 (4.2.1) 或方程 (4.2.3) 的有效性直到最近才得到检验。

图 4.2.3 显示了火焰速度与管内旋流的最大切向速度之间的关系 [10]。在该实验中，可燃混合物被切向地注入圆管的封闭端并从开口端排出。切向速度从封闭端向开口端递减。一旦在开口端点燃，火焰就会投射进入管内，正如 Moore 和 Martin[1] 所观察到的那样。在圆管的典型位置处，局部火焰速度是局部最大切向速度的函数。从图 4.2.3 可以看出，火焰速度随着最大切向速度的增加而增加，但它们远低于方程 (4.2.1) 和方程 (4.2.3) 的预测值。根据预测，火焰速度应该是最大切向速度的几倍，而测得的火焰速度几乎等于或小于最大切向速度。

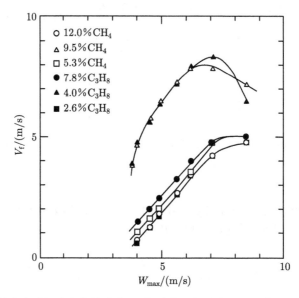

图 4.2.3    管内轴向衰减涡流中火焰速度 $V_f$ 与最大切向速度 $W_{max}$ 之间的关系。管直径为 31mm，平均轴向速度为 3m/s(摘自 Ishizuka, S.，Combust.Flame，82,176,1990)

通过使用旋转管 [11] 和涡环燃烧 [12]，已经获得了对火焰速度的进一步测量。图 4.2.4 显示了涡环中的火焰速度[12]。对于接近化学恰当当量比的甲烷/空气混合物，$V_f$-$V_{\theta\,max}$ 平面中的斜率值几乎等于 1。因此，这个值远低于 $\sqrt{\rho_u/\rho_b}$ 和 $\sqrt{2\rho_u/\rho_b}$ 的预测值。

有人提出了一种背压驱动火焰传播理论，用于解释所测量的火焰速度[12]。该理论给出了旋转轴上的动量通量守恒形式：

$$P_u(0) + \rho_u V_u^2 = P_b(0) + \rho_b V_b^2 \tag{4.2.4}$$

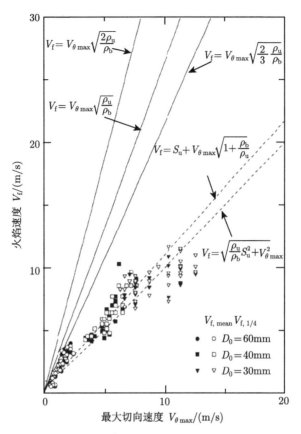

图 4.2.4 涡环燃烧中火焰速度 $V_f$ 与最大切向速度 $V_{\theta\,\mathrm{max}}$ 之间的关系 (摘于 Ishizuka，S.，Murakami，T.，Hamasaki，T.，Koumura，K and Hasegawa，R.，Combust.Flame，113,542,1998)

其中，$P(r)$ 是压力，是径向距离 $r$ 的函数，$r=0$ 对应于旋转轴上；$V$ 是轴向速度；下标 u 和 b 分别表示未燃烧和已燃烧的气体。

预测的火焰速度给出为

$$V_{\mathrm{f}} = \sqrt{\frac{\rho_{\mathrm{u}}}{\rho_{\mathrm{b}}}S_{\mathrm{u}}^2 + V_{\theta\,\mathrm{max}}^2} \quad , \quad S_{\mathrm{u}} + V_{\theta\,\mathrm{max}}\sqrt{1+\frac{\rho_{\mathrm{b}}}{\rho_{\mathrm{u}}}} \qquad (4.2.5)$$

分别对应于燃烧气体在轴向和径向上膨胀的情况，其中 $S_{\mathrm{u}}$ 是燃烧速度。

由于 $V_{\theta\,\mathrm{max}}$ 前面的比例因子等于 1 或 $\sqrt{1+\rho_{\mathrm{b}}/\rho_{\mathrm{u}}}$，这些方程式在 $V_{\mathrm{f}}$-$V_{\theta\,\mathrm{max}}$ 平面中给出的斜率几乎等于 1。然而，Lipatnikov 已经指出，动量守恒方程 (4.2.4) 与 Galilean 变换 (参考文献 [13] 中的个人交流) 并不一致，参见参考文献 [5] 中的 Lipatnikov 注释。因此，提出了一种改进的稳态背压驱动火焰传播理论，同时

再次给出了 $V_f$-$V_{\theta\max}$ 平面上接近 1 的斜率 [13]。

到目前为止,许多研究人员已经提出了许多理论和模型,如 Atobiloye 和 Britter [14], Ashurst[15], Asato 等 [16], Umemura[17,18], Hasegawa 和其同事也进行了数值模拟 [19,20]。近年来,从实用的角度,火焰快速传播的现象引起了人们的浓厚兴趣,旨在实现一种新的、以更高压缩比运行并远离爆燃极限 [21] 的发动机。

### 4.2.2　火焰外观

在讨论沿涡核的火焰速度之前,首先必须熟悉各种涡流中的火焰。迄今为止,已有四种类型的涡流被用来研究火焰行为。它们是:① 管内的旋流 [1,10], ② 涡环[2,3,12,13,16], ③ 旋转管中的强制涡流 [11], ④ 线状涡 [22]。

图 4.2.5 显示了在圆管涡流中传播的火焰的外观。在这种情形下,丙烷/空气混合物从圆管封闭端切向注入。当混合物在另一个开口端被点燃时,火焰投射入管内并到达封闭端。一个有趣的现象是火焰头部出现了强扰动的褶皱特征。这是由旋转轴周围非常强烈的湍流引起的。另一个有趣的特征是,当接近头部时,火焰的亮度更加强烈。因为混合物富燃 (丙烷体积含量为 7.7%),所以这种亮度增强是由所谓的 Lewis 数效应引起的 [10]。然而,与富燃混合物相比,贫燃火焰头部的亮度被削弱并且分散 (参见参考文献 [10] 的图 4)。在该涡流中,随着与喷射器的距离增加,由于黏度的影响,旋转运动强度在轴向上逐渐减弱。

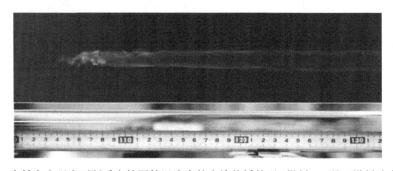

图 4.2.5　在轴向上强度不断减小的圆管涡流中的火焰传播外观 (燃料:丙烷,燃料浓度:7.7%,管内径: 31mm,管长: 1000mm,喷注口: 4 个 2mm×20mm 的狭缝,平均轴向速度:3m/s)

当圆管旋转时,可以获得非常简单的强制涡流,其中旋转速度沿着旋转轴是恒定的。然而,因空间被壁面所限制,火焰行为变得非常复杂。

图 4.2.6 显示了安装在车床上并以 1210r/min 旋转的管中火焰传播的序列照片。圆管一端封闭,混合物在另一端开口处点燃。尽管火焰首先投射到管中,但火焰速度被减缓并且在旋转管的轴线周围形成典型的郁金香形火焰。一段时间

后，发生了重燃，最后燃烧区再次投射到管内。由于空间被固体包围 (参见参考文献 [5] 的图 12)，类似的郁金香火焰现象也发生在管内涡流中。

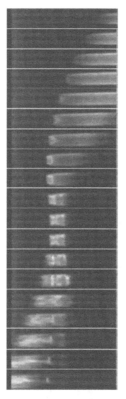

图 4.2.6　旋转管中火焰传播的高速照片 (管内径: 32mm，长: 2000mm，混合物：丙烷/空气，当量比：0.8，转速：1210r/min，壁面最大切向速度：2m/s)(2003 年 10 月，与 Saitama Institute of Technology 的 Yukio Sakai 教授合作得到)

然而，在开放空间中这种干扰可以最小化。图 4.2.7 显示了涡环燃烧的纹影序列图像，其中显示出了两种情况，即弱涡环和强涡环。通过纹影摄像，可以看到周围空气与涡环未燃烧可燃混合物之间的边界，以及燃烧气体和未燃烧混合物之间的边界。混合物被底部的电火花点燃，两个火焰前锋开始互相沿着涡轴反向传播。随着涡强度增加，即随着涡环的最大切向速度的变大，火焰的直径变小并沿涡环的核心传播得更快。

通过其他方法可以更好地观察火焰和涡核，如图 4.2.8 所示。涡环的上部被激光片光照射，而混合物在底部点燃，传播的火焰被带有图像增强器的高速摄像机拍摄。为了拍摄这些照片，煤油蒸气被掺入甲烷/空气混合物中，通过蒸气冷凝得到细小颗粒。由于旋转的离心力，在核心区域中液滴的数量密度减小，因此核心被拍成图 4.2.8 中的暗区。在该图中涡环的直径 (涡心之间的距离) 约为 70mm。在当量比 $\phi$ 为 0.6 的贫燃混合物情况下，观察到火焰直径较小并且火焰在黑暗的核心区域内传播。然而，在化学恰当当量比的混合物中，火焰的直径变大，燃烧达到涡环的自由涡区域。有趣的是，对于贫燃混合物和化学恰当当量比混合物，涡环直径几乎相同。这意味着燃烧气体主要沿径向膨胀，即沿垂直于涡核轴线的方向膨胀。轴向的气体膨胀受到限制，导致涡环直径不变。这一观测结果为建立沿涡核传播的火焰速度模型提供了有益的见解。

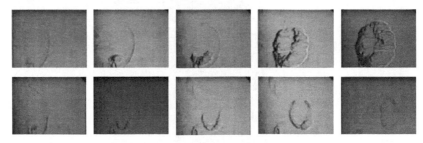

图 4.2.7　在敞口空气中，化学恰当当量比丙烷/空气混合物的涡环燃烧纹影序列图像 (上排：孔口直径 $D_0 = 60$mm，驱动压力 $P = 0.6$MPa$(V_{\theta\,\max} = 11.4$m/s$)$，下排：孔口直径 $D_0 = 40$mm，驱动压力 $P = 1.0$MPa$(V_{\theta\,\max} = 21.6$m/s$)$，涡环发生器直径：160mm)

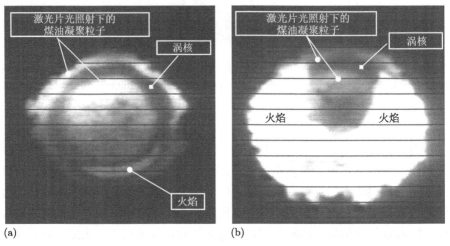

图 4.2.8　丙烷/空气混合物在当量比为 (a)0.6 和 (b)1.0 时的涡环燃烧照片。可燃混合物掺杂有煤油蒸气，并且通过冷凝在环中形成细小颗粒。用激光片光照射颗粒，暗区对应于涡核区域。在涡环的底部点燃混合物，并用带有图像增强器的高速摄像机记录传播的火焰。使用直径为 160mm 的圆柱体和直径为 60mm 的孔来产生涡环。涡环的平均直径约为 70mm

在非常特殊的情况下可以观察到涡核的存在。图 4.2.9 显示了纯燃料涡环燃烧的纹影序列图像。在这种情况下，丙烷燃料通过一个孔口喷射到敞口空气中，并且涡环被底部的电火花点燃。尽管燃料和周围空气之间的边界受到干扰，但是黄色的发光火焰还是首先出现在底部，并沿涡核扩展成为圆形弦。

图 4.2.9　在敞口环境中的丙烷涡环燃烧纹影序列图像。在混合物被点燃后，两个火焰前锋在涡环的相对侧几乎相互碰撞之后，在核心区域中出现黄色发光区，并沿着核心轴扩展 (圆柱直径：160mm，孔直径：60mm，驱动压力：1.0 MPa，活塞行程：5mm。涡环在距离涡环发生器孔口 500mm 处点燃)

尽管在开放空间中的涡环燃烧不受二次效应的影响，例如，在受限空间中遇到的压力波或诱导流，但是燃烧会受到涡固有的其他二次效应的影响。例如，当涡运动变强时，涡环出现不稳定性 [23,24]。图 4.2.10 显示了在这种不稳定的涡环中火焰传播的时间序列。火焰速度沿着核心是不恒定的。这种锯齿形火焰运动也可以在管内的旋流中看到，这是由涡轴的进动引起的 (参见参考文献 [5] 中的图 18)。

图 4.2.10　涡环燃烧的时间序列增强图像 (圆柱直径：160mm，孔径：70mm，驱动压力：0.6 MPa，化学恰当当量比的丙烷/空气混合物，最大切向速度：7m/s，涡环雷诺数 $Re \equiv UD/\nu$：$10^4$，$U$：涡环的平移速度，$D$：涡环直径，$\nu$：运动黏度

最后，本节简要介绍近年来对涡环燃烧流场的 PIV 测量。图 4.2.11 显示了冷涡环和燃烧涡环的速度矢量分布。在冷涡环中，如右图所示，激光片光恰好位于包含涡核的旋转轴平面上。因此，沿涡轴几乎没有观察到速度分量。然而，在燃烧涡环中，沿涡轴诱导出速度。在这个测量中，PIV 激光片的位置由一个 CCD 摄像机同时拍摄，如右图所示。可以观察到激光片光精确地保持在平面上，该平面包括芯轴以及沿着涡核传播的火焰头部。应注意的是，轴流是沿涡轴诱导出的。

通过近距离布置进行了额外的测量。图 4.2.12 显示了贫燃火焰附近的速度矢量剖面。火焰是用另一台增强型 CCD(ICCD) 高速摄像机从 PIV 摄像机的相同角度拍摄的，其位置用虚线表示，叠加在矢量剖面上，如图 4.2.12 所示。前面位

于暗区的火焰位置略微偏离了暗区。然而，可以清楚地观察到沿涡核诱导的速度。诱导速度的大小约为 11m/s，略高于实验中最大切向速度 9m/s。但进一步的测量正在进行中。

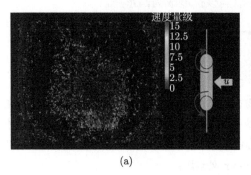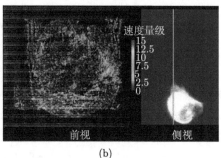

图 4.2.11　(a) 冷涡环和 (b) 燃烧涡环的速度矢量分布 ($D_0$=60mm，$P$=0.6MPa，化学恰当当量比的混合物)。插图显示了 PIV 激光片与 (a) 涡环和 (b) 火焰的相对位置

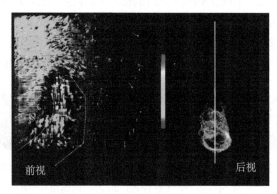

图 4.2.12　涡环燃烧的矢量剖面，显示了沿涡核的诱导速度 (贫燃丙烷/空气混合物，当量比 $\phi$=0.8，$D_0$=60mm，$P$=0.6MPa，虚线表示 ICCD 相机拍摄的火焰前锋。右插图显示了 PIV 激光片光相对于火焰的位置)

### 4.2.3　火焰速度

虽然小尺度涡，如 Kolmogorov 尺度涡或 Taylor 微尺度涡，在湍流燃烧模拟中非常重要 [4,6-9]，但大尺度涡 (毫米级) 已在各种实验中被用来确定沿涡轴的火焰速度。

利用涡环燃烧，火焰沿涡轴方向的速度已被一些研究人员确定。McCormack 等使用直径为 220mm 的涡环发生器，获得了火焰速度与涡强度之间的函数关系 [3]。Asato 等 [16] 也使用相同直径的涡环发生器来确定火焰速度。为了获得

$V_{\theta\max}$ 的值，他们使用 Lamb 关系 [25] 并假设切向速度分布具有 Rankine 形式（即自由/强迫涡），

$$V_{\theta\max} = \frac{\Gamma}{\pi d} = 2U \frac{D/d}{\ln(8D/d) - 0.25} \tag{4.2.6}$$

其中，$U$ 是涡环的平移速度，$\Gamma$ 是环量，$D$ 是环直径，$d$ 是涡核直径。

然而，当使用 $U$ 的测量值和假定涡核/直径比 10% 进行计算时，该方法将 $V_{\theta\max}$ 的值高估了 2 或 3 倍。这是因为大多数涡环是具有厚核的湍流涡环 [12,23,26]。因此，最大切向速度的测量对于获得火焰速度和最大切向速度之间的严格定量关系是必不可少的。到目前为止，热线风速仪 [12]、激光多普勒测速仪 [13] 以及最近的 PIV [22] 已被用于速度测量。此外，涡环燃烧已在敞口环境 [2,3,12,16,27,28]、惰性气体环境 [13]，甚至在与涡环可燃混合物相同的混合大气中进行 [29]。然而，在敞口环境中的富燃涡环燃烧中会发生扩散燃烧，在敞口和惰性气体环境中会发生空气和惰性气体的稀释。因此，在相同的混合气氛围中涡环燃烧可以得到纯净结果。

图 4.2.13 显示了在相同混合气氛围中涡环燃烧获得的火焰速度的变化与最大切向速度之间的关系 [29]。圆筒直径为 100mm，研究了各种贫燃、化学恰当当量比和富燃甲烷/空气和丙烷/空气混合物的情形。获得了传播火焰的直径，并且还绘制了火焰直径与涡核直径的比率随最大切向速度变化的曲线图。

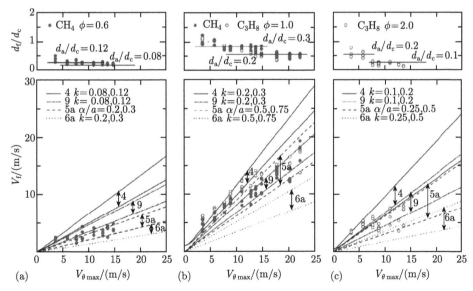

图 4.2.13 测量的火焰速度与理论预测值。(a) 贫燃甲烷/空气混合物（$\phi=0.6$，$S_u=0.097$m/s，$\rho_u/\rho_b=5.6$），(b) 化学恰当当量比的甲烷和丙烷混合物（$\phi=1$，$S_u=0.4$m/s，$\rho_u/\rho_b=7.85$（平均值）），(c) 富燃丙烷空气混合物（$\phi=2.0$，$S_u=0.18$m/s，$\rho_u/\rho_b=7.7$）(摘自 Ishizuka, S., Ikeda, M., Kameda, K., Proc. Combust. Inst.,29, 1705, 2002)

在所有的混合物中，随着最大切向速度的增加，火焰速度几乎呈线性增加。对于化学恰当当量比混合物，$V_f$-$V_{\theta\max}$ 平面中的斜率值几乎为 1。然而，对于贫燃和富燃混合物，斜率变小。火焰与涡核直径之比随着 $V_{\theta\max}$ 的增加而减小。该比值在化学恰当当量比的混合物中约为 1，而在贫燃和富燃混合物中小于 1。

目前，有几种理论已经考虑了火焰直径的有限性。他们的一些预测见图 4.2.13 的比较。

图 4.2.13 中的曲线 4 是 Umemura 和 Tomita [18] 对稳态模型的预测。

$$4: \quad V_f = \sqrt{\left\{ 2 + \frac{\rho_b}{\rho_u} + \frac{2\rho_u}{\rho_b}\ln\left[1 - \frac{\rho_b}{\rho_u}\left(1 - \frac{1}{k^2}\right)\right]\right\} k^2 V_{\theta\max}^2 + \frac{\rho_u}{\rho_b}S_u^2} \quad (k \leqslant 1)$$

$$\tag{4.2.7}$$

其中，$k$ 是未燃烧直径与涡核直径的比率，定义为 $k \equiv d_u/d_c$，$d_u$ 是未燃混合物的直径，未燃混合物通过火焰的传播燃烧，$d_c$ 是涡核直径。

图 4.2.13 中的曲线 5a 是 Asato 等的预测 [16]，他们对火焰直径进行了有限近似，从而得到

$$5a: \quad V_f = \frac{\alpha}{2a}V_{\theta\max}\sqrt{\left(\frac{\rho_u}{\rho_b} - 1\right)\left(1 - \frac{1}{4}\frac{\alpha^2}{4a^2}\right)} \quad (\alpha \leqslant a) \tag{4.2.8}$$

其中，$\alpha$ 是火焰尖端，$a$ 是涡核半径。

将背压驱动火焰传播理论推广到可变燃烧区域的一般情况 [27]。曲线 6a 是对轴向膨胀情况的预测之一，

$$6a: \quad V_f = \sqrt{\rho_u(YS_u)^2/\rho_b + V_{\theta\max}^2 f(k)} \quad (轴向膨胀) \tag{4.2.9}$$

其中，$Y$ 是平面区域与未燃烧混合物横截面积的比值，对于函数 $f(k)$，当 $k \leqslant 1$ 时，为 $k^2/2$，当 $k \geqslant 1$ 时，为 $1 - 1/(2k^2)$。

曲线 9 由稳态背压驱动火焰传播理论[29] 给出，该理论假设中心流线上游位置和下游位置之间的动量通量平衡以及每条流线上的角动量守恒，

$$9: \quad V_f = kV_{\theta\max}\sqrt{1 + \frac{\rho_b}{2\rho_u} + \frac{\rho_u}{\rho_b}\ln\left[1 - \frac{\rho_b}{\rho_u}\left(1 - \frac{1}{k^2}\right)\right]} \tag{4.2.10}$$

该火焰速度对应于方程式 (4.2.7) 的第一项。Umemura 和 Tomita[18] 在火焰前后的中心流线上使用了伯努利方程，并在火焰前沿使用了动量通量守恒。然而，稳态背压驱动理论 [29] 仅使用火焰前沿的动量通量平衡。这导致了方程式 (4.2.10) 与方程式 (4.2.7) 第一项之间存在 $\sqrt{2}$ 的数值差异。

当燃烧气体仅沿径向膨胀时，参数 $k$ 可由以下关系式估算：

$$k \equiv \frac{d_u}{d_c} = \frac{d_f}{d_c}\sqrt{\rho_b/\rho_u} \tag{4.2.11}$$

使用该关系式，可以计算 $k$ 的值。代表值 $k = 0.08$ 和 $0.12$ 显示在图 4.2.13(a) 的上部，而 $k = 0.2$ 和 $0.3$ 以及 $k = 0.1$ 和 $0.2$ 分别显示在图 4.2.13(b) 和 (c) 中。这些值用于预测曲线 4 和曲线 9。

在 Asato 等的模型中 (曲线 5a)，以及在轴向膨胀 (曲线 6a) 的情况下，$\alpha/a$ 和 $k$ 的值都被设定为等于 $d_f/d_c$。在图 4.2.13(a) 中所使用的数值 $k = 0.2$ 和 $0.3$，在图 4.2.13(b) 中 $k = 0.5$ 和 $0.75$，在图 4.2.13(c) 中 $k = 0.25$ 和 $0.5$。为预测曲线 6a(方程 (4.2.9))，假定 $\gamma$ 的值为 1。

可以看出，预测曲线 6a 低估了任何结果。这是因为轴向膨胀是现实不存在的，如图 4.2.8 所示。另外，除了 $V_{\theta\max}$ 的值小于 10m/s 之外，预测曲线 5a 几乎涵盖了所有结果。这可能是因为 Asato 等在模型中使用的平均压力是在超过涡核半径两倍的范围内取平均的结果 [16]，这与当前涡环 (其核心直径约为环直径的 25%) 在定量上一致。

预测曲线 4 高估了贫燃甲烷火焰速度 (图 4.2.13(a))，然而，只要 $V_{\theta\max} <$ 10m/s，它就可以很好地预测化学恰当当量比 (图 4.2.13(b)) 和富燃丙烷混合物 (图 4.2.13(c)) 的火焰速度。另外，预测曲线 9 略微高估了贫燃甲烷火焰速度，但是只要 $V_{\theta\max}$ 的值大于 10 m/s，就可以很好地预测化学恰当当量比和富燃丙烷混合物的结果。总地来说，在预测火焰速度的测量结果时，预测曲线 4 在较小的 $V_{\theta\max}$ 范围内效果较好，而预测曲线 9 在较大的 $V_{\theta\max}$ 范围内效果较好。这可能是因为，当 $V_{\theta\max} > 10$ m/s 时，雷诺数 (定义为 $Re \equiv UD/\nu$，$U$ 和 $D$ 分别是涡环的平移速度和直径，$\nu$ 是运动黏度) 已发展到 $10^4$ 的量级，形成了所谓的湍流涡环[26,29]。

因此，应该注意的是，火焰在可燃涡环中的传播是不稳定的，严格意义上说是 "准稳定" 的。这也许可以解释为什么基于动量通量守恒的预测曲线 9 比在旋转轴上采用伯努利方程的预测曲线 4 更能描述 $V_{\theta\max}$ 为较大值时的火焰速度。

值得注意的是，在预测曲线 4 和曲线 9 中假设角动量守恒。然而，由于燃烧气体中的温度升高，黏度增加，火焰后的涡流运动迅速减弱。火焰后的压力升高，几乎等于环境压力。这也许可以解释为什么 Asato 等的热滞止气体模型 (曲线 5a) 可以很好地预测结果。

从上面的讨论中可以肯定的是，当火焰速度最高或几乎等于涡的最大切向速度时，所提出的理论可以很好地描述火焰速度的测量结果。然而，值得注意的是，在敞口环境中非常富氢的涡环燃烧情况下，火焰速度大大提高，达到原始涡破裂理论预测的值，即 $V_{\theta\max}\sqrt{\rho_u/\rho_b}$[4,13]。目前，火焰速度的这种提高归因于湍流模式中过量氢气和环境空气之间的二次燃烧而产生的压力增加。因此，应该对纯燃料在氧化剂氛围中的涡环燃烧进行进一步研究，尽管目前只有少数文献涉及了其火焰速度[30,31]。

### 4.2.4 Lewis 数效应

最后，我们来讨论 Lewis 数的影响。图 4.2.14 显示了贫燃和富燃丙烷/空气混合物涡环燃烧的增强图像。由于火焰在头部区域弯曲并拉伸，因此质量和热量通过流管传递。

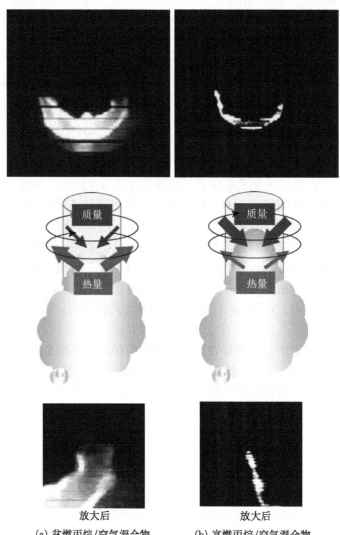

(a) 贫燃丙烷/空气混合物      (b) 富燃丙烷/空气混合物

图 4.2.14 涡环燃烧的增强图像，显示了稀缺组分的 Lewis 数效应 (燃料：丙烷，涡环发生器：直径 160mm，条件：同种可燃混合气氛围)，(a) 当量比：0.8，$D_0 = 60$ mm，$P = 0.8$ MPa ($V_{\theta\,\text{max}} \cong 5.8$m/s，点火后为 4.9 ms)，(b) 当量比：2.0，$D_0 = 50$ mm，$P = 0.8$ MPa($V_{\theta\,\text{max}} \cong$ 8.8m/s，点火后为 9.1 ms)

在贫燃混合物中，丙烷是稀缺组分，因此是控制组分。由于丙烷的质量扩散系数小于混合物的热扩散系数，因此燃烧在头部区域减弱。即使涡流不是很强，火焰也很容易熄灭。在这种混合物中，熄灭时的火焰直径很大。另外，在富燃混合物中，氧气是稀缺组分，其质量扩散系数大于混合物的热扩散系数。因此，燃烧在头部区域加剧，火焰的传播可使最大切向速度达较大值。这些 Lewis 数效应也可在管内旋流中的火焰 [10] 以及旋转管中的火焰中观察到 [11]。根据对球形膨胀火焰的理论研究 [32]，在控制方程中具有热量或质量扩散系数的非定常项，在稳态情况下作为外部热源或质量源/汇。因此，Lewis 数效应出现在火焰传播的早期阶段。由于火焰沿涡轴传播具有涡运动固有的不稳定性，因此在讨论火焰行为时不能忽略 Lewis 数效应。因此，应该注意的是，虽然沿涡轴方向的火焰速度主要受空气动力学因素 $V_{\theta\,\mathrm{max}}$ 的控制，但是熄火时的火焰直径和最大切向速度等极限火焰行为也受到混合物的物理和化学性质的影响。

## 参 考 文 献

[1] Moore, N. P. W. and Martin, D. G., Flame propagation in vortex flow, Fuel, 32, 393–394, 1953.

[2] McCormack, P. D., Combustible vortex rings, Proceedings of the Royal Irish Academy, 71, Section A(6) 73–83, 1971.

[3] McCormack, P. D., Scheller, K., Mueller, G., and Tisher, R., Flame propagation in a vortex core, Combustion and Flame, 19(2), 297–303, 1972.

[4] Chomiak, J., Dissipation fluctuations and the structure and propagation of turbulent flames in premixed gases at high Reynolds numbers, Proceedings of the Combustion Institute, 16, 1665–1673, 1977.

[5] Ishizuka, S., Flame propagation along a vortex axis, Progress in Energy and Combustion Science, 28, 477–542, 2002.

[6] Daneshyar, H. D. and Hill, P. G., The structure of small scale turbulence and its effect on combustion in spark ignition engines, Progress in Energy and Combustion Science, 13, 47–73, 1987.

[7] Tabaczynski, R. J., Trinker, F. H., and Shannon, B. A. S., Further refinement and validation of a turbulent flame propagation model for spark-ignition engines, Combustion and Flame, 39, 111–121, 1980.

[8] Klimov, A. M., Premixed turbulent flames–interplay of hydrodynamic and chemical phenomena, Progress in Astronautics and Aeronautics, Volume 88, Bowen, J. R., Manson, N., Oppenheim, A. K., and Soloukhin, R. I., eds., American Institute of Aeronautics and Astronautics, New York, pp.133–146, 1983.

[9] Thomas, A., The development of wrinkled turbulent premixed flames, Combustion and Flame, 65, 291–312, 1986.

[10] Ishizuka, S., On the flame propagation in a rotating flow field, Combustion and Flame, 82, 176–190, 1990.

[11] Sakai, Y. and Ishizuka, S., The phenomena of flame propagation in a rotating tube, Proceedings of the Combustion Institute, 26, 847–853, 1996.

[12] Ishizuka, S., Murakami, T., Hamasaki, T., Koumura, K., and Hasegawa, R., Flame speeds in combustible vortex rings, Combustion and Flame, 113, 542–553, 1998.

[13] Ishizuka, S., Koumura, K., and Hasegawa, R., Enhancement of flame speed in vortex rings of rich hydrogen/air mixtures in the air, Proceedings of the Combustion Institute, 28, 1949–1956, 2000.

[14] Atobiloye, R. Z. and Britter, R. E., On flame propagation along vortex tubes, Combustion and Flame, 98, 220–230, 1994.

[15] Ashurst, Wm. T., Flame propagation along a vortex: The baroclinic push, Combustion Science and Technology, 112, 175–185, 1996.

[16] Asato, K., Wada, H., Himura, T., and Takeuchi, Y., Characteristics of fame propagation in a vortex core: Validity of a model for flame propagation, Combustion and Flame, 110, 418–428, 1997.

[17] Umemura, A. and Takamori, S., Wave nature in vortex bursting initiation, Proceedings of the Combustion Institute, 28, 1941–1948, 2000.

[18] Umemura, A. and Tomita, K., Rapid flame propagation in a vortex tube in perspective of vortex breakdown phenomena, Combustion and Flame, 125, 820–838,2001.

[19] Hasegawa, T., Nishikado, K., and Chomiak, J., Flame propagation along a fine vortex tube, Combustion Science and Technology, 108, 67–80, 1995.

[20] Hasegawa, T. and Nishikado, K., Effect of density ratio on flame propagation along a vortex tube, Proceedings of the Combustion Institute, 26, 291–297, 1996.

[21] Gorczakowski, A., Zawadzki, A., and Jarosinski, J., Combustion mechanism of flame propagation and extinction in a rotating cylindrical vessel, Combustion and Flame, 120, 359–371, 2000.

[22] Hasegawa, T., Michikami, S., Nomura, T., Gotoh, D., and Sato, T., Flame development along a straight vortex, Combustion and Flame, 129, 294–304, 2002.

[23] Sullivan, J. P., Windnall, S. E., and Ezekiel, S., Study of vortex rings using a laser Doppler velocimeter, AIAA Journal, 11, 1384–1389, 1973.

[24] Windnall, S. E., Bliss, D. B., and Tsai, C. Y., The instability of short waves on a vortex ring, Journal of Fluid Mechanics, 66, 35–47, 1974.

[25] Lamb, H., Hydrodynamics, 6th ed., Dover, London, p. 241, 1945.

[26] Maxworthy, T., Turbulent vortex rings, Journal of Fluids Mechanics, 64, 227–239, 1974.

[27] Ishizuka, S., Hamasaki, T., Koumura, K., and Hasegawa, R., Measurements of flame speeds in combustible vortex rings: Validity of the back-pressure drive flame propagation mechanism, Proceedings of the Combustion Institute, 27, 727–734, 1998.

[28] Morimoto, Y., Ikeda, M., Maekawa, T., Ishizuka, S., and Taki, S., Observations of the propagating flames in vortex rings, Transactions of JSME, 67(653), 219–225, 2001 (in Japanese).

[29] Ishizuka, S., Ikeda, M., and Kameda, K., Vortex combustion in an atmosphere of the

same mixture as the combustible, Proceedings of the Combustion Institute, 29, 1705–1712, 2002.

[30] Choi, H. J., Ko, Y. S., and Chung, S. H., Flame propagation along a nonpremixed vortex ring combustion, Combustion Science and Technology, 139, 277–292, 1998.

[31] Maekawa, T., Ikeda, M., Morimoto, Y., Ishizuka, S., and Taki, S., Flame speeds in vortex rings of combustible gases (4th Report), Proceedings of the 37th Japanese Symposium on Combustion, pp. 37–38, 1999 (in Japanese).

[32] Frankel, M. L. and Sivashinsky, G. I., On effects due to thermal expansion and Lewis number in spherical flame propagation, Combustion Science and Technology, 31, 131–138, 1983.

# 4.3 边缘火焰

## Suk Ho Chung

### 4.3.1 引言

火焰边缘可以定义为沿火焰表面切向的燃烧状态和非燃烧状态之间的边界,这种边界可以存在于预混火焰和非混火焰中 [1,2]。一个典型例子是预混或非预混燃烧喷嘴根部的附着火焰。

预混火焰中的边缘火焰可以通过多种因素形成,包括以火焰拉伸为特征的流动不均匀性 [3],以燃料和氧化剂的 Lewis 数为特征的优先扩散效应,以及热损失。实验室实验中观察到的一些预混边缘火焰示例如图 4.3.1 所示。预混本生火焰 (图 4.3.1(a)) 的尖端缺口可由优先扩散和火焰拉伸 (或弯曲) 的综合效应产生 [4]。热和自由基损失导致喷嘴出口壁面附近淬熄,其火焰根部也是边缘火焰的一个例子。在靠近可燃极限的管道中 (图 4.3.1(b)),由于浮力和拉伸,当在管道底部点燃时,在管道中传播的预混火焰中也观察到了边缘火焰 [5]。倾斜安装的平面预混对冲火焰 (图 4.3.1(c)) 当应变场发生变化时也表现出边缘火焰特征 [6]。在突扩管中旋转预混火焰 (图 4.3.1(d)) 也是边缘火焰的一个例子 [7]。

在燃料/氧化剂混合层 (包括二维混合层、射流和边界层) 中,经常会遇到非预混边缘火焰,如图 4.3.2 所示。在二维混合层 (图 4.3.2(a))[8] 中传播的火焰呈现出三个分支结构 (或有时称为三岔结构),贫燃预混火焰 (LPF) 分支、富燃预混火焰 (RPF) 分支以及尾缘的扩散火焰分支 (DF)。对于静止混合层 [9] 中的安全问题或层流射流中的火焰稳定 (图 4.3.2(b))[10,11] 而言,这类火焰非常重要。非预混边缘火焰也可能与火焰传播锋面 (图 4.3.2(c))[12,13]、喷嘴附着火焰 [14] 和复合推进剂燃烧 [15] 有关。非预混边缘火焰可能存在于不均匀的充量预混条件下,例如,柴油发动机中的自点火火焰锋 (图 4.3.2(d))[16] 或直喷汽油发动机中的火焰锋。在有固体燃料旋转的冯·卡门旋流中,旋转的螺旋火焰中也观察到了非预混边缘火

焰 (图 4.3.2(e))[17]。

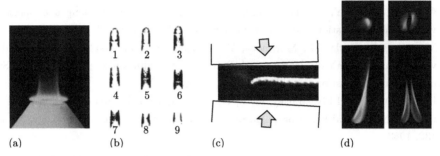

图 4.3.1　观察到的预混边缘火焰。(a) 本生火焰尖端缺口，(b) 在管中传播的预混火焰 (摘自 Jarosinski, J., Strehlow, R.A., Azarbarzin, A., Proc. Combust. Inst., 19, 1549, 1982, 经许可)，(c) 斜对冲火焰 (摘自 Liu, J.-B. and Ronney, P.D., Combust. Sci. Tech., 144, 21, 1999, 经许可) 和 (d) 突扩管中的旋转预混火焰 [7]

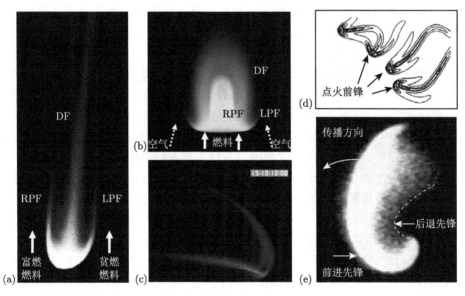

图 4.3.2　非预混边缘火焰。(a) 二维混合层 (摘自 Kĩoni, P.N., Rogg, B., Bray, K.N.C., Liñán, A., Combust. Flame, 95, 276, 1993，经许可)，(b) 层流射流 (摘自 Chung, S.H., Lee, B.J., Combust. Flame, 86, 62, 1991)，(c) 火焰传播 (摘自 Miller, F.J., Easton, J.W., Marchese, A.J., Ross, H.D., Proc. Combust. Inst., 29, 2561, 2002, 经许可)，(d) 自点火火焰锋 (摘自 Vervisch, L., Poinsot, T., Annu. Rev. Fluid Mech., 30, 655, 1998, 经许可)，以及 (e) 冯·卡门旋流的螺旋火焰 (摘自 Nayagam, V. and Williams,F.A., Combust. Sci. Tech., 176, 2125, 2004, 获得许可)(LPF：贫燃预混火焰，RPF：富燃预混火焰，DF：扩散火焰)

非预混系统中的边缘火焰可以根据边缘前面的混合长度尺度呈现出不同的结构。混合长度尺度可以用燃料浓度梯度或混合分数梯度的倒数表示。以反应速率表示的非预混边缘火焰的数值结果如图 4.3.3 所示，适用于对冲火焰中的对称结构 (图 4.3.3(a)~(c))[18] 和射流中的不对称结构 (图 4.3.3(d) 和 (e))[19]。当燃料浓度梯度很小时，非预混边缘火焰呈现出具有富燃和贫燃预混火焰分支和尾缘扩散火焰分支的三岔结构 (图 4.3.3(a) 和 (d))。随着燃料浓度梯度的增大，预混火焰分支曲率半径变小，强度减弱。随后，根据对称性的不同，一个或两个分支开始与扩散火焰融合，形成棉花芽形状 (图 4.3.3(b)) 或双分支结构 (图 4.3.3(e))。边缘火焰形状的不对称性可归因于几个因素，包括燃料浓度、局部速度梯度、涡流结构 [20] 和 Lewis 数 [21] 对层流燃烧速度 $S_L$ 的影响。当浓度梯度进一步增大时，边缘火焰具有单支结构 (图 4.3.3(e))。

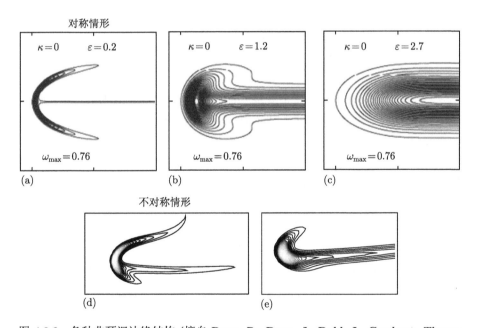

图 4.3.3　各种非预混边缘结构 (摘自 Daou, R., Daou, J., Dold, J., Combust. Theory Model., 8, 683, 2004, 经许可)。对称情形：(a) 三岔结构、(b) 棉芽状及 (c) 单支结构；不对称情形 [19]：(d) 三岔结构和 (e) 双分支结构

当预混或非预混火焰有边缘时，边缘附近表现出预混或部分预混的性质，使得边缘具有传播特性。对于边缘火焰，要考虑的一个关键问题是其相对于未燃烧气体的固有传播速度。

边缘火焰的典型传播特性可根据点火-熄灭 S 曲线进行解释，如图 4.3.4 所

示 [22]，其中画出了火焰温度对 Damköhler 数 ($Da$) 的响应。注意，$Da$ 可以表示为标量耗散率的倒数 $\chi^{-1}$，可理解为与应变率倒数成正比或与燃料浓度梯度成正比。上、中分支之间的转折点可以解释为在 $Da = Da_\mathrm{E}$ 时的准稳态熄火条件，其中下标 E 表示熄灭。中、下分支之间的转折点是准稳态点燃状态。

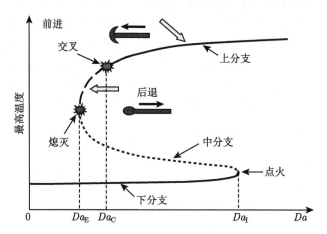

图 4.3.4　火焰温度对 Damköhler 数的 S 形响应，表现出边缘传播特性 (摘自 Kim, J., Kim, J.S., Combust. Theory Model., 10, 21, 2006)

当火焰在 $Da > Da_\mathrm{E}$ 的情况下存在时，与反应表面的其余部分相比，边缘可能会对非反应表面产生过多的热损失。因此，对于接近 $Da_\mathrm{E}$ 的 $Da$，边缘可能具有负传播速度 (失效波或后退边缘)，这意味着边缘从非反应面后退到反应面。对于比 $Da_\mathrm{E}$ 大得多的 $Da$，边缘可以克服额外的热损失，使其具有正的传播速度 (点火波或前进边缘)。这意味着存在一个临界 Damköhler 数 $Da_\mathrm{C}$。在旋转预混火焰 (图 4.3.1(d)) 和旋转螺旋扩散火焰 (图 4.3.2(e)) 中显示了前进和后退边缘速度的存在。

在下文中，我们将讨论边缘火焰的传播特性，以及边缘火焰对射流和湍流火焰中抬举火焰稳定的意义。

### 4.3.2　非预混边缘火焰

如图 4.3.5 所示 [23]，非预混系统中边缘火焰的传播速度 $S_e$ 主要受燃料浓度梯度 $\mathrm{d}Y_\mathrm{F}/\mathrm{d}y|_\mathrm{st}$ 的影响，其中 $Y_\mathrm{F}$ 是燃料质量分数，$y$ 是边缘前方的横向坐标，下标 "st" 表示化学恰当当量比。燃料浓度梯度影响预混火焰分支的局部层流燃烧速度和可燃区域的有效厚度。因此，燃料浓度梯度决定了预混分支的曲率，从而决定了边缘火焰的形状 [24]。

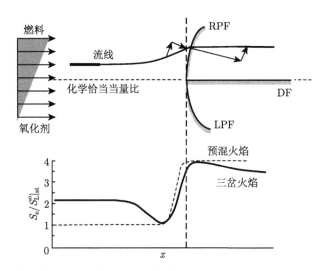

图 4.3.5　表现出流动重定向效应的三岔边缘结构 (摘自 Ruetsch, G.R., Vervisch, L., Liñán,
A., Phys. Fluids, 7, 1447, 1995)

当预混火焰分支向上游凸起时，流线会在分支前方分散。这可以从 Landau
流体动力不稳定机理来解释，即朝向未燃烧气体的凸起预混火焰表面会引起流线
发散，以满足切向速度分量的连续性，以及气体膨胀引起法向速度分量跳变。因
此，边缘前方的局部流速降低。其结果是，由于流动重定向效应，三岔火焰的传
播速度比化学恰当当量比条件下的层流燃烧速度 $S_L^o|_{st}$ 快 [23]。结果表明，由于反
应强度的降低，传播速度 $S_e$ 与燃料浓度梯度呈反比下降 [25,26]。

通过将这一行为与高燃料浓度梯度下的预期负速度结合起来，非预混边缘传
播速度的总体行为可以用示意图表示，如图 4.3.6 所示。首先，当 $d\gamma_F/dy|_{st}$ 变
得非常小 (A 区) 时，由于 $d\gamma_F/dy|_{st} = 0$ 的传播速度应为 $S_L^o|_{st}$，所以相应于在
化学恰当当量比的均质预混火焰中传播，三岔火焰的边缘传播速度可以大于化学
恰当当量比下的层流燃烧速度 $S_L^o|_{st}$，这导致传播速度存在一个过渡区。对冲火
焰 [27] 和二维多缝燃烧器实验 [28] 证实了过渡区的存在。三岔火焰结构可能存在
于 $d\gamma_F/dy|_{st}$(状态 B) 的有限范围内，$S_e$ 与 $d\gamma_F/dy|_{st}$ 成合理的反比 [25,26]。

随着浓度梯度的进一步增大 (C 区)，预混分支的曲率半径 $R_{cur}$ 减小。例如，
当其与预热区厚度 $\delta_T$(通常为 $O$(1mm)) 相当时，一个或两个预混火焰分支可通
过具有双分支或棉花芽形的结构合并到尾缘扩散火焰中。

随着浓度梯度的进一步增大，两个预混分支可以通过一个单支结构合并为尾
缘扩散火焰。在近熄火条件下，D 区域的边缘速度可以为负 (后退边缘)，并且预
期会迅速下降。根据 B 和 D 这两个区域的传播特性，可以预期传播速度与 C 区
存在线性依赖关系。

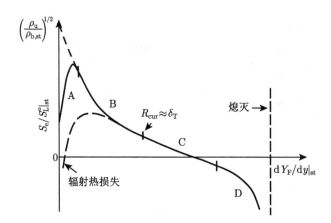

图 4.3.6　具有浓度梯度的边缘传播速度的行为 (A：过渡，B：三岔，C：双支，D：单支和近熄火区域)(摘自 Chung, S.H., Proc. Combust.Inst，31,877,2007)

　　如果施加在边缘火焰上的应变率很小，特别是对于弱强度火焰，辐射热损失会显著影响边缘行为。因此，传播速度可以在低应变火焰中显著降低[29]，如虚线所示。

### 4.3.2.1　边缘传播速度

　　采用活化能渐近法，假设浓度梯度很小，忽略气体膨胀，Dold 首次对二维混合层中三岔火焰的传播速度进行了分析[25]。结果表明，由于反应强度的降低，$S_e$ 随着浓度梯度的增大而降低。应该注意，在浓度梯度过高的情况下，三岔边缘可能会过渡到单支边缘[30]。由于忽略气体膨胀的限制，最大边缘速度以 $S_L^o|_{st}$ 为界。

　　如前所述，由于气体膨胀引起的流线发散，$S_e$ 可大于 $S_L^o|_{st}$，这已被实验证实[11,31,32]。Ruetsch 等采用① 总质量和动量守恒，② 未燃烧和燃烧区域的伯努利方程，以及③ 预混火焰分支上的 Rankine-Hugoniot 关系，分析了这种流动重定向效应[23]，推导出小浓度梯度下的最大极限速度，证明其对未燃混合气与燃烧混合气密度比的依赖关系如下：

$$\frac{S_{e,max}}{S_L^o|_{st}} \cong \left(\frac{\rho_u}{\rho_{b,st}}\right)^{1/2} \tag{4.3.1}$$

随后，通过将密度变化视为一个小扰动并假设为抛物线分支形状，推导出了 $S_e$ 的解析闭合形式解[26]。具有详细反应机理的数值研究[33,34]表明，$S_e$ 的提升主要归因于流动重定向效应，优先扩散和/或应变的贡献小于 15‰。

　　Ko 和 Chung[24]通过测量相对于实验室坐标的位移速度 $S_d$，并从相似解中确定局部轴向流动速度 $u_e$，实验研究了在甲烷燃料层流射流中传播的三岔火焰边

缘速度。传播速度 $S_e$ 由 $S_d + u_e$ 确定。结果表明，边缘速度 $S_e$ 随 $\mathrm{d}Y_F/\mathrm{d}y|_{st}$ 的增大而减小，近似成反比，与理论预测一致 [25,26]。此外，推导了 $\mathrm{d}Y_F/\mathrm{d}y|_{st}$ 与 $1/R_{cur}$ 之间的线性关系，并在实验中得到了证实。Lee 等 [35] 测量了在微重力条件下丙烷射流的传播速度，发现了类似的行为。在这两个实验中，$\mathrm{d}Y_F/\mathrm{d}y|_{st} \to 0$ 的外推极限传播速度约为 $1\,\mathrm{m/s}$，这与方程 (4.3.1) 中的预测极限速度很好地一致，从而证实了流动重定向效应。

然而，当对 $\mathrm{d}Y_F/\mathrm{d}y|_{st}$ 向大值进行外推时，实验结果表明，$S_e$ 始终可以大于 $S_L^o|_{st}$，这与之前在图 4.3.6 中解释的存在 $S_e < S_L^o|_{st}$ 的说法相矛盾。为了解决这一问题，在同轴射流中研究了边缘上游速度梯度对 $S_e$ 的影响 [36]。速度梯度可以使预混分支在分岔点附近倾斜。当边缘在射流中向横向方向倾斜角度 $\theta$ 时 (图 4.3.7)，根据 $S_d + u_e$ 确定的传播速度必须校正为 $(S_d + u_e)\cos\theta$，并应同时考虑边缘的传播方向。此外，考虑到上游流管在轴向上的有效热传导，需要对流动重定向效应进行修正。结果如图 4.3.7 所示，其中 $(\mathrm{d}Y_F/\mathrm{d}R|_{st})\cos\theta$ 是关于有效热传导的修正值。实验结果可拟合为

$$\frac{S_e}{S_L^o|_{st}} = \frac{0.02018}{0.0077155 + \mathrm{d}Y_F/\mathrm{d}R|_{st}/\cos\theta} + 0.155196 \tag{4.3.2}$$

其中 $R = r/r_0$，$r$ 为径向坐标，$r_0$ 是喷嘴半径，为 $0.172\mathrm{mm}$。结果证实了小 $\mathrm{d}Y_F/\mathrm{d}r|_{st}$ 情况下的极限速度与方程 (4.3.1) 中的速度相当。此外，已经证明，对于大的 $\mathrm{d}Y_F/\mathrm{d}r|_{st}$，$S_e$ 可以小于 $S_L^o|_{st}$(约为 $0.4\,\mathrm{m/s}$)。图 4.3.7 中的插图显示，对于大浓度梯度，$S_e$ 随 $\mathrm{d}Y_F/\mathrm{d}r|_{st}$ 呈线性下降趋势，与 $R_{cur} < \delta_T$ 的情况相对应，其中火焰边缘呈现双支结构。

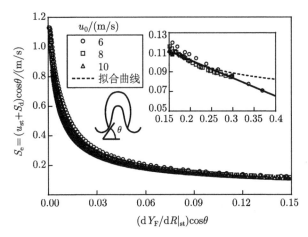

图 4.3.7  丙烷非预混边缘的传播速度随浓度梯度的变化 (摘自 Kim，M.K.，Won，S.H and Chung，S.H.，Proc. Combust.Inst，31,901,2007)

　　文献 [37]，[38] 在对冲射流燃烧器中进行了负边缘速度的实验和数值研究。最近，Cha 和 Ronney[29] 通过在氮气稀释的情况下改变应变率和火焰强度，观察到了二维对冲狭缝射流燃烧器中的边缘传播。测得的无量纲边缘速度随归一化火焰厚度 $\varepsilon$ 的变化如图 4.3.8 所示，归一化火焰厚度与应变率平方根除以 $S_L^o|_{st}$ 成正比。结果显示，在高应变状态下，边缘速度为负。稀释过度 (火焰微弱) 时，仅存在负速度。在小应变状态下，由于辐射损失的相对重要性，边缘速度随应变率的降低显著降低。

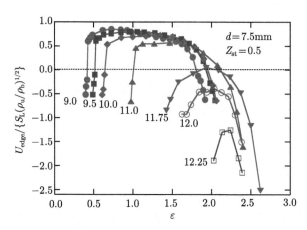

图 4.3.8　采用 $N_2$ 稀释的 $CH_4/O_2/N_2$ 混合物中，应变率对边缘传播速度的影响 (摘自 Cha,
M.S. and Ronney，P.D.，Combust. Flame，146,312,2006。经许可)

　　甲烷边缘火焰的最大极限速度约为 1m/s，无法解释观测到的传播速度 1.8m/s[9]。这一矛盾可以通过燃烧气体的三岔火焰传播来解决，方法与燃烧气体的层流燃烧速度 $S_{L,b}^o$ 相同。Ko 等 [27] 通过改变喷嘴出口的当量比，在二维对冲射流中进行了实验。通过在封闭端使用激光实现点火 (图 4.3.9 插图)。在这种情况下，燃烧气体会加速边缘火焰的移动。图 4.3.9 所示的位移速度 $S_d$ 表明，对于小 $dY_F/dy|_{st}$，观察到的 $S_d$ 超过 3 m/s，远高于 $S_{e,max}$(约为 1 m/s)。当 $dY_F/dy|_{st}$ 变得足够小时，也显示出从三岔火焰到预混火焰的过渡状态。

　　由方程 (4.3.1) 的类比可知，三岔火焰对燃烧气体的最大传播速度的现象学估计可为 $S_{e,b,max}/S_{L,b}^o|_{st} = (\rho_u/\rho_{b,st})^{1/2}$。考虑到 $S_L^o|_{st}/S_{L,b}^o|_{st} = (\rho_u/\rho_{b,st})$，可以得到 $S_{e,b,max}/S_L^o|_{st} = (\rho_u/\rho_{b,st})^{3/2}$，相当于甲烷的 $S_{e,b,max} = 8.09m/s$。实验数据的最佳拟合与此值有很好的相关性，如图 4.3.9 中实线所示。

　　文献 [1]，[39]~[43] 也研究了影响非预混边缘速度的各种因素，如火焰拉伸、优先扩散和热损失等，以及边缘火焰的胞元和振荡不稳定性。

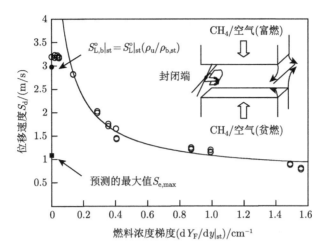

图 4.3.9 二维对冲火焰中三岔火焰的位移速度与燃料浓度梯度的关系 (摘自 Ko, Y.S., Chung, T.M., and Chung, S.H., J. Mech. Sci. Technol., 16, 170, 2002)

#### 4.3.2.2 边缘火焰在抬举火焰稳定机理中的作用

在自由射流中观察到层流抬举火焰 [10,44]，随后广泛研究了三岔火焰的特征及其在火焰稳定机理中的作用[11,45−51]。图 4.3.10 所示为层流射流中典型的抬举火焰[47]，瑞利散射图显示了在冷态区域的燃料浓度和燃烧区域的合理温度 (图 4.3.10(a))。由 CH* 化学发光图像显示预混火焰分支，OH LIF 图像显示扩散火焰分支 (图 4.3.10(b))，两者叠加可见明显的三岔结构。喷嘴和抬举火焰边缘之间的区域几乎不受抬举火焰存在的影响，因为预混火焰分支的预热区厚度 $\delta_T = O(1\mathrm{mm})$，而抬举高度通常是 $O(1{\sim}10\mathrm{cm})$ 量级。因此，层流抬举火焰的行为可以根据冷射流的轴向速度和燃料浓度的相似性解来描述。

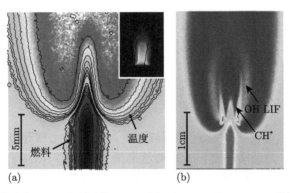

图 4.3.10 抬举火焰结构: (a) 瑞利图像，(b) 叠加了 CH * 和 OH LIF 的图像 (摘自 Lee, J., Won, S.H., Jin, S.H., and Chung, S.H., Combust. Flame, 135, 449, 2003)

对于喷嘴直径 $d = 0.195\text{mm}$ 的丙烷射流[10]，抬举高度随射流速度变化的典型行为如图 4.3.11 所示。当射流速度较小时，火焰附着在喷嘴上，附着火焰长度 $H_d$ 随 $u_0$ 线性变化，喷嘴附近存在淬熄区，淬熄距离为 $H_q$。当 $u_0 = 10.3\text{m/s}$ 时，火焰发生抬举，抬举高度 $H_L$ 随 $u_0$ 高度非线性地增加。

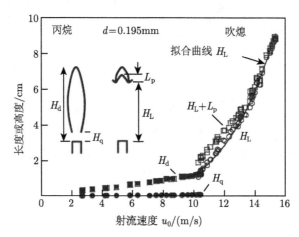

图 4.3.11　自由射流中抬举高度随射流速度的变化[10]（$H_d$：附着火焰长度，$H_q$：淬熄距离，$H_L$：抬举高度，$L_p$：预混火焰长度）

在抬举火焰根部存在三岔结构，这意味着抬举火焰的稳定由三岔边缘火焰的特征所控制。三种不同类型的火焰共存，边缘位于化学恰当当量比等值线上[52]。预混火焰分支应具有这样的传播特性，即为使边缘处于静止，其速度应与局部流速平衡。在一级近似中，假定传播速度为常数[10]。

将冷射流理论应用于喷嘴和抬举火焰边缘之间的区域。对于轴对称射流，具有以下相似解[10,11]：

$$u = \frac{3}{8\pi\nu x}\frac{J}{\rho}\frac{1}{(1+\eta^2/8)^2}$$

$$Y_F = \frac{(2Sc+1)}{8\pi\nu x}\frac{I_F}{\rho}\frac{1}{(1+\eta^2/8)^{2Sc}}$$

(4.3.3)

其中，$\eta$ 是定义为 $\sqrt{u_{CL}x/\nu}(r/x)$ 的相似变量，$u_{CL}$ 是中心线速度 $(3/8\pi)(J/\rho\nu)/x$，$x$ 是轴向坐标，$\nu$ 是运动黏度，$J$ 是动量通量 $(\pi\rho u_0^2 d^2)/(3+j)$，$I_F$ 是燃料质量流率 $(\pi\rho u_0 d^2 Y_{F0})/4$，$Sc$ 是燃料的 Schmidt 数 $(\nu/D_F)$，$D_F$ 是燃料的质量扩散系数，下标 0 表示喷嘴出口。这里，$j$ 为 0 时代表泊肃叶流动，$j$ 为 1 代表喷嘴出口处的均匀流动条件。

静止的抬举火焰将稳定在 $(x^*, r^*)$，此时 $Y_F = Y_{F,st}$，$u = S_e$。抬举高度 $H_L = x^*$，射流速度的限制可以从方程式 (4.3.3) 得出

$$\frac{H_L}{d^2}\frac{\nu}{S_e} = \left(\frac{3}{32}\right)\left(\frac{3}{2Sc+1}\frac{Y_{F,st}}{Y_{F,0}}\right)^{1/(Sc-1)}\left(\frac{u_0}{S_e}\right)^{(2Sc-1)/(Sc-1)} \tag{4.3.4}$$

$$\eta^{*2}/8 = \left(\frac{3}{2Sc+1}\frac{Y_{F,st}}{Y_{F,0}}\frac{u_0}{S_e}\right)^{-1/2(Sc-1)} - 1 \tag{4.3.5}$$

注意，方程式 (4.3.5) 的右侧应为正，这就是对射流速度 $u_0$ 的限制。

对于 $S_e$ 和 $Y_{F,st}$ 为常数的情形，抬举高度关系变为

$$\left(H_L/d^2\right)Y_{F,0}^{1/(Sc-1)} = \text{const} \times u_0^{(2Sc-1)/(Sc-1)} \tag{4.3.6}$$

表明 $H_L$ 与 $d^2$ 成正比，Schmidt 数对于射流速度的依赖性起着至关重要的作用。例如，当 $Sc > 1$ 或 $Sc < 0.5$ 时，$H_L$ 随 $u_0$ 增加，而当 $0.5 < Sc < 1$ 时，$H_L$ 减小。研究表明，$Sc < 1$ 的抬举火焰在自由射流中是不稳定的 [11]。

对于纯丙烷 (正丁烷)，$H_I \propto u_0^n$(图 4.3.11) 中速度指数 $n$ 的最佳拟合值为 $n = 4.733(3.638)$，对应于 $n = (2Sc-1)/(Sc-1)$ 中的 $Sc < 1.37(1.61)$，这与 $Sc < 1.37(1.524)$ 的建议值一致。对于不同喷嘴直径和部分空气稀释的燃料，实验抬举高度数据如图 4.3.12 所示 [53]，可以观察到空气对燃料的稀释并不改变 $\gamma_{F,st}$ 和 $S_L^o|_{st}$。结果证实了三岔火焰在层流射流火焰稳定中的作用。如前所述，方程 (4.3.5) 限制了 $Sc > 1$ 情形的最大速度 $u_0$，这对应于吹熄条件。

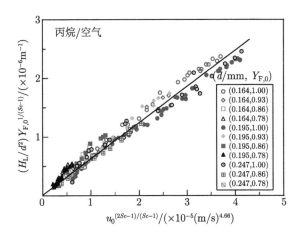

图 4.3.12 空气与燃料部分预混合下的抬举高度与射流速度的关系 (摘自 Lee, B.J., Cha, M.S., and Chung, S.H., Combust. Sci. Technol., 127, 55, 1997)

#### 4.3.2.3　非预混边缘火焰与湍流火焰的相关性

可通过两个方面来描述非预混边缘火焰与湍流非预混火焰的相关性。一个是湍流非预混抬举火焰机制，另一个是火焰穿孔动力学。对于非预混射流中的湍流抬举火焰，抬举高度与射流速度存在线性依赖。已经有几种相互竞争的理论来解释这种行为 [54]，包括湍流预混火焰模型和大尺度混合模型。基于对具有三岔结构的层流抬举火焰 [10,44] 的观察，提出了部分预混火焰面模型 [55]。

通过观察抬举火焰从层流到湍流的连续过渡，已经证明了层流抬举火焰和湍流抬举火焰之间的联系 [56]，如图 4.3.13 所示。在层流状态下附着在喷嘴上的火焰被抬举，经历了射流破碎特性的转变，并随着喷嘴气流的湍动化而变成了湍流抬举火焰。随后，抬举高度线性增加并直至最终发生吹熄 (BO)。这一连续转变表明，在层流抬举火焰中观察到的三岔火焰可能在湍流抬举火焰的稳定中起着重要作用。最近的测量结果证实了在湍流抬举边缘存在三岔结构 [57]，通过 OH 区标示了扩散反应区被富燃和贫燃反应区所包围。

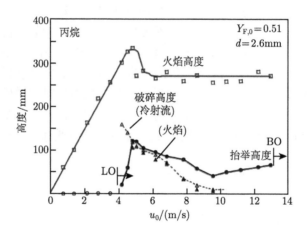

图 4.3.13　射流火焰行为表现为从层流抬举火焰到湍流抬举火焰的连续过渡 (摘自 Lee, B.J., Kim, J.S., and Chung, S.H., Proc. Combust. Inst., 25, 1175, 1994)

实际燃烧室中的湍流火焰经常处于层流火焰面状态，因此可以将它们看作层流火焰面的集合 [58]。一般来说，湍流火焰受到流动拉伸和焓梯度的大动态范围随机波动的影响。因此，湍流火焰中的每个火焰面都可能在反应和非反应状态之间经历一个明显的随机游走过程，从而产生许多局部淬熄的火焰孔。在这种情况下，由于淬火孔有边缘，传播和后退的边缘火焰可能对这些淬火孔的重新点火和扩展起着重要作用。这样一来，湍流火焰的整体特性就取决于边缘火焰动力学。

基于火焰-孔动力学 [59]，模拟了火焰孔的动态演化过程，给出了在二维随机波动的应变率场下确定火焰表面是反应或淬熄的统计概率。通过引入波动的二维

应变率场 [22] 和 level-set 方法 [60]，考虑真实的湍流效应，火焰-孔动力学也被应用于湍流火焰稳定。

### 4.3.3 预混边缘火焰

与非预混边缘火焰相比，预混边缘火焰传播的研究相当有限 [1]。这是因为边缘火焰在火焰表面上同时沿纵向和横向传播。例如，对于尖端缺口或对冲流且应变率变化的边缘 (图 4.3.1(a) 和 (c))，非边缘的预混火焰有垂直于火焰表面的传播特性，边缘则有沿边缘方向的传播特性。根据图 4.3.4 所示的特征 $S$ 曲线，也可以解释预混边缘火焰的总体特征，这意味着前进和后退边缘都是可能的。

此外,文献已对预混边缘的解析解进行了研究,并报道了边缘速度与 Damköhler 数的相关性 [61]，其中边缘速度从正值到负值不等，其方式与非预混边缘火焰相似。

边缘火焰的热扩散不稳定性也被广泛研究 [1]。它们源于热和质量扩散的失衡，其特征表现为燃料或氧化剂的 Lewis 数不等于 1。反应物的质量扩散为火焰提供化学能，热扩散起热损失作用 [4]。因此，当 Lewis 数偏离 1 时，火焰温度可能偏离绝热火焰温度。当 Lewis 数足够小时，在应变诱导的淬火点附近可能存在三种解：一个周期性的火焰串阵列，一个孤立的火焰串和一对相互作用的火焰串。这些结构可以存在于应变值大于一维淬熄值的情形，对应于次极限条件 [1]。与非预混火焰边缘振荡类似，当 $Le \gg 1$，Damköhler 数接近熄火极限时，预混火焰边缘也有可能发生振荡。实验报道了这种类型的振荡，其中预混边缘火焰出现在热解 HMX 推进剂的裂缝处，振荡频率在 $10^2 \sim 10^3 \text{Hz}$[62]。

对预混边缘火焰与湍流预混火焰的相关性的理解，与非预混情况类似。在层流火焰面体系中，湍流预混火焰可视为预混火焰面的集合，其中预混边缘火焰可通过局部高应变率或优先扩散产生淬火孔，这对应于火焰面的破碎状态 [58]。

### 4.3.4 结论

边缘火焰与许多流动情况有关，包括滞止混合层、二维混合层、射流和边界层，这些在火灾安全、火焰传播、射流火焰稳定性和推进剂燃烧中都有涉及。尽管最近已开展了广泛研究，但许多特征尚未被清楚地理解，如双支和单支非预混边缘火焰的特性和预混边缘火焰的传播特性等。特别是对于具有热损失的边缘火焰行为的认识尚不明确，从而限制了对喷嘴附着火焰及其抬举现象以及火焰扩展前锋的传播的理解。

### 致谢

本工作得到 CDRS 研究中心的支持。

# 参 考 文 献

[1]  J. Buckmaster, Edge-flames, Prog. Energy Combust. Sci. 28: 435–475, 2002.

[2]  S. H. Chung, Stabilization, propagation and instability of tribrachial triple flames, Proc. Combust. Inst. 31: 877–892, 2007.

[3]  S. H. Chung and C. K. Law, An integral analysis of the structure and propagation of stretched premixed flames, Combust. Flame 72: 325–336, 1988.

[4]  C. K. Law, Heat and mass transfer in combustion: Fundamental concepts and analytical techniques, Prog. Energy Combust. Sci. 10: 255–318, 1984.

[5]  J. Jarosinski, R. A. Strehlow, and A. Azarbarzin, The mechanisms of lean limit extinguishment of an upward and downward propagating flame in a standard flammability tube, Proc. Combust. Inst. 19: 1549–1557, 1982.

[6]  J. -B. Liu and P. D. Ronney, Premixed edge-flames in spatially-varying straining flows, Combust. Sci. Tech. 144: 21–45, 1999.

[7]  M. J. Kwon, B. J. Lee, and S. H. Chung, An observation of near-planar spinning premixed flames in a sudden expansion tube, Combust. Flame 105: 180–199, 1996.

[8]  P. N. Kĭoni, B. Rogg, K. N. C. Bray, and A. Liñán, Flame spread in laminar mixing layers: The triple flame, Combust. Flame 95: 276–290, 1993.

[9]  H. Phillips, Flame in a buoyant methane layer, Proc. Combust. Inst. 10: 1277–1283, 1965.

[10]  S. H. Chung and B. J. Lee, On the characteristics of laminar lifted flames in a non-premixed jet, Combust. Flame 86: 62–72, 1991.

[11]  B. J. Lee and S. H. Chung, Stabilization of lifted tribrachial flames in a laminar non-premixed jet, Combust. Flame 109: 163–172, 1997.

[12]  F. J. Miller, J. W. Easton, A. J. Marchese, and H. D. Ross, Gravitational effects on flame spread through nonhomogeneous gas layers, Proc. Combust. Inst. 29(2): 2561–2567, 2002.

[13]  I. Wichman, Theory of opposed-flow flame spread, Prog. Energy Combust. Sci. 18: 553–593, 1992.

[14]  F. Takahashi and V. R. Katta, Further studies of the reaction kernel structure and stabilization of jet diffusion flames, Proc. Combust. Inst. 30: 383–390, 2005.

[15]  E. W. Price, Effect of multidimensional flamelets in composite propellant combustion, J. Propulsion Power 11: 717–728, 1995.

[16]  L. Vervisch and T. Poinsot, Direct numerical simulation of non-premixed turbulent flames, Annu. Rev. Fluid Mech.30: 655–691, 1998.

[17]  V. Nayagam and F. A. Williams, Curvature effects on edge-flame propagation in the premixed-flame regime, Combust. Sci. Tech. 176: 2125–2142, 2004.

[18]  R. Daou, J. Daou, and J. Dold, The effect of heat loss on flame edges in a no-premixed counterflow within a thermo-diffusive model, Combust. Theory Model. 8(4): 683–699, 2004.

[19] S. H. Won, J. Kim, K. J. Hong, M. S. Cha, and S. H. Chung, Stabilization mechanism of lifted flame edge in the near field of coflow jets for diluted methane, Proc. Combust. Inst. 30: 339–347, 2005.

[20] D. Veynante, L. Vervisch, T. Poinsot, A. Liñán, and G. R. Ruetsch, Triple flame structure and diffusion flame stabilization, Proceedings of the Summer Program, Center for Turbulent Research: 55–73, 1994.

[21] J. Buckmaster and M. Matalon, Anomalous Lewis number effects in tribrachial flames, Proc. Combust. Inst. 22: 1527–1535, 1988.

[22] J. Kim and J. S. Kim, Modelling of lifted turbulent diffusion flames in a channel mixing layer by the flame hole dynamics, Combust. Theory Model. 10: 21–37, 2006.

[23] G. R. Ruetsch, L. Vervisch, and A. Liñán, Effects of heat release on triple flames, Phys. Fluids 7: 1447–1454, 1995.

[24] Y. S. Ko and S. H. Chung, Propagation of unsteady tribrachial flames in laminar non-premixed jets, Combust. Flame118: 151–163, 1999.

[25] J. W. Dold, Flame propagation in a nonuniform mixture: Analysis of a slowly varying triple flame, Combust. Flame76: 71–88, 1989.

[26] S. Ghosal and L. Vervisch, Theoretical and numerical study of a symmetrical triple flame using the parabolic flame path approximation, J. Fluid Mech. 415: 227–260, 2000.

[27] Y. S. Ko, T. M. Chung, and S. H. Chung, Characteristics of propagating tribrachial flames in counterflow, J. Mech. Sci. Technol. 16(12): 1710–1718, 2002.

[28] N. I. Kim, J. I. Seo, K. C. Oh, and H. D. Shin, Lift-off characteristics of triple flame with concentration gradient, Proc. Combust. Inst. 30: 367–374, 2005.

[29] M. S. Cha and P. D. Ronney, Propagation rates of nonpremixed edge flames, Combust. Flame 146(1–2): 312–328, 2006.

[30] L. J. Hartley and J. W. Dold, Flame propagation in a nonuniform mixture: Analysis of a propagating triple-flame, Combust. Sci. Technol. 80: 23–46, 1991.

[31] T. Plessing, P. Terhoven, N. Peters, and M. S. Mansour, An experimental and numerical study of a laminar triple flame, Combust. Flame 115: 335–353, 1998.

[32] P. N. K1~oni, K. N. C. Bray, D. A. Greenhalgh, and B. Rogg, Experimental and numerical studies of a triple flame, Combust. Flame 116: 192–206, 1999.

[33] T. Echekki and J. H. Chen, Structure and propagation of methanol-air triple flame, Combust. Flame 114: 231–245, 1998.

[34] H. G. Im and J. H. Chen, Structure and propagation of triple fl ames in partially premixed hydrogen-air mixtures, Combust. Flame 119: 436–454, 1999.

[35] J. Lee, S. H. Won, S. H. Jin, S. H. Chung, O. Fujita, and K. Ito, Propagation speed of tribrachial (triple) flame of propane in laminar jets under normal and micro gravity conditions, Combust. Flame 134: 411–420, 2003.

[36] M. K. Kim, S. H. Won, and S. H. Chung, Effect of velocity gradient on propagation speed of tribrachial flames in laminar coflow jets, Proc. Combust. Inst. 31: 901–908,

2007.

[37]　M. L. Shay and P. D. Ronney, Nonpremixed edge flames in spatially varying straining flows, Combust. Flame 112: 171–180, 1998.

[38]　V. S. Santoro, A. Liñán, and A. Gomez, Progagation of edge flames in counterflow mixing layers: Experiments and theory, Proc. Combust. Inst. 28: 2039–2046, 2000.

[39]　J. Daou and A. Liñán, The role of unequal diffusivities in ignition and extinction fronts in strained mixing layers, Combust. Theory Model. 2: 449–477, 1998.

[40]　R. W. Thatcher and J. W. Dold, Edges of flames that do not exit: Flame-edge dynamics in a non-premixed counterflow, Combust. Theory Model. 4: 435–457, 2000.

[41]　R. W. Thatcher, A. A. Omon-Arancibia, and J. W. Dold, Oscillatory flame edge propagation, isolated flame tubes and stability in a non-premixed counterflow, Combust. Theory Model. 6: 487–502, 2002.

[42]　S. R. Lee and J. S. Kim, On the sublimit solution branches of the stripe patterns formed in counterfl ow diffusion flames by diffusional–thermal instability, Combust. Theory Model. 6(2): 263–278, 2002.

[43]　V. N. Kurdyumov and M. Matalon, Radiation losses as a driving mechanism for flame oscillations, Proc. Combust. Inst. 29(1): 45–52, 2002.

[44]　Ö. Savas and S. R. Gollahalli, Flow structure in nearnozzle region of gas jet flames, AIAA J. 24: 1137–1140, 1986.

[45]　J. Lee and S. H. Chung, Characteristics of reattachment and blowout of laminar lifted flames in partially premixed jets, Combust. Flame 127: 2194–2204, 2001.

[46]　S. H. Won, J. Kim, M. K. Shin, S. H. Chung, O. Fujita, T. Mori, J. H. Choi, and K. Ito, Normal and micro gravity experiment of oscillating lifted flames in coflow, Proc. Combust. Inst. 29(1): 37–44, 2002.

[47]　J. Lee, S. H. Won, S. H. Jin, and S. H. Chung, Lifted flames in laminar jets of propane in coflow air, Combust. Flame135: 449–462, 2003.

[48]　Y. -C. Chen and R. W. Bilger, Stabilization mechanism of lifted laminar flames in axisymmetric jet flows, Combust. Flame 122: 377–399, 2000.

[49]　S. Ghosal and L. Vervisch, Stability diagram for lift-off and blowout of a round jet laminar diffusion flame, Combust. Flame 124: 646–655, 2001.

[50]　A. Liñán, E. Frenández-Tarrrazo, M. Vera, and A. L. Sanchez, Lifted laminar jet diffusion flames, Combust. Sci. Technol. 177(5–6): 933–953, 2005.

[51]　T. Echekki, J. -Y. Chen, and U. Hedge, Numerical investigation of buoyancy effects on triple flame stability, Combust. Sci. Technol. 176(3): 381–407, 2004.

[52]　Y. S. Ko, S. H. Chung, G. S. Kim, and S. W. Kim, Stoichiometry at the leading edge of a tribrachial flame in laminar jets from Raman scattering technique, Combust. Flame 123: 430–433, 2000.

[53]　B. J. Lee, M. S. Cha, and S. H. Chung, Characteristics of laminar lifted flames in a partially premixed jet, Combust. Sci. Technol. 127: 55–70, 1997.

[54] W. M. Pitts, Assessment of theories for the behavior and blowout of lifted turbulent jet diffusion flames, Proc. Combust. Inst. 22: 809–816, 1988.

[55] C. M. Müller, H. Breitbach, and N. Peters, Partially premixed turbulent flame propagation in jet flames, Proc. Combust. Inst. 25: 1099–1106, 1994.

[56] B. J. Lee, J. S. Kim, and S. H. Chung, Effect of dilution of the liftoff of nonpremixed jet flames, Proc. Combust. Inst. 25: 1175–1181, 1994.

[57] M. S. Mansour, Stability characteristics of lifted turbulent partially premixed jets, Combust. Flame 133: 411–420, 2003.

[58] N. Peters, Turbulent Combustion, Cambridge: Cambridge University Press, 2000.

[59] L. J. Hartley, Structure of laminar triple-flames: Implications for turbulent non-premixed combustion, PhD thesis, University of Bristol, 1991.

[60] J. Kim, S. H. Chung, K. Y. Ahn, and J. S. Kim, Simulation of a diffusion flame in turbulent mixing layer by the flame hole dynamics model with level-set method, Combust. Theory Model. 10(2): 219–240, 2006.

[61] T. Vedarajan and J. Buckmaster, Edge-flames in homogeneous mixtures, Combust. Flame 114: 267–273, 1998.

[62] H. L. Berghout, S. F. Son, and B. W. Asay, Convective burning in gaps of PBX9501, Proc. Combust. Inst. 28: 911–917, 2000.

# 第 5 章 火焰传播过程中的不稳定现象

## 5.1 火焰传播的不稳定性

Geoff Searby

### 5.1.1 引言

大范围的不稳定性是燃烧的主要特征，近年来受到了相当广泛地关注。这是一个具有根本意义的课题，也有许多实际意义。燃烧不稳定性通常对系统的运行有害，其动力效应会产生严重后果。已有标准将常用不稳定性分成三种类型。第一类不稳定性是燃烧过程所固有的。这可以通过预混火焰锋面的 Darrieus-Landau 流体动力学不稳定性或源自于当 Lewis 数偏离 1 时产生的热–扩散不稳定性来举例说明。第二种不稳定性涉及燃烧与系统声学之间的耦合。用于保证反馈的谐振模式通常是平面的，并且它们的波长与系统总的纵向尺寸相当。这些"系统"不稳定性通常以低频振荡为特征。在第三类不稳定性中，燃烧也与声学模式耦合，但是这些模式对应于燃烧室共振，并且振荡经常在横向或方位角方向上受到影响。与第三类不稳定性对应的波长由燃烧室直径决定，振荡频率处于高频范围。

本节考虑第一类不稳定性，并对蕴含了外部流场扰动相互作用过程的不稳定分析方法进行了介绍。对压力波和平面火焰之间耦合的研究以及对外部加速度场和火焰前锋之间耦合的研究进行了举例说明。在 5.2 节中考虑的是流场扰动与火焰之间的耦合，该耦合作用会导致热释放不稳定并与声学模式发生耦合。其中涉及的微扰火焰动力学和辐射声场的关系，是热声不稳定的一个基本过程。

### 5.1.2 火焰锋的稳定性和不稳定性

现实生活中的预混火焰锋很少是平面的。当然，如果流场是湍流的，气体运动将不断变形，并改变火焰锋的几何形状，如第 7 章。然而，即使火焰在静止混合物中传播，前锋也会迅速形成结构。在本节中，我们将讨论火焰不稳定动力学、热扩散不稳定和热声不稳定。

#### 5.1.2.1 Darrieus-Landau 流体动力学不稳定

对于流体动力不稳定，所有预混火焰都是无条件不稳定的，其根源在于气体通过火焰时的膨胀 (但由于其他原因，火焰可能保持平面)。该现象最早由 George Darrieus[1] 发现，并被 Lev Landau[2] 独立说明，通常被称为 Darrieus-Landau 不稳定性。不稳定性的完全推导是困难的，在这里，我们将给出一个简单的启发式解释。

考虑一个如图 5.1.1 所示的平面预混火焰前锋。这里我们只对长的长度尺度进行考虑，把火焰视为一个无限薄的界面，其将温度和密度分别为 $T_{\mathrm{o}}, \rho_{\mathrm{o}}$ 的冷反应气体转化为温度和密度为 $T_{\mathrm{b}}, \rho_{\mathrm{b}}$ 的热燃烧气体。火焰前锋以速度 $S_{\mathrm{L}}$ 传播到未燃烧的气体中。我们将自己置于火焰前锋参考系中，因此冷气体以 $U_{\mathrm{o}} = S_{\mathrm{L}}$ 的速度进入前锋面，并且由于热膨胀，热气体以 $U_{\mathrm{b}} = S_{\mathrm{L}}(\rho_{\mathrm{o}}/\rho_{\mathrm{b}})$ 的速度离开前锋面。密度比 $\rho_{\mathrm{o}}/\rho_{\mathrm{b}}$ 大致等于温度比，对于标准碳氢燃料–火焰，其典型值为 6~7 量级。为了保持动量守恒，这种速度跃升必须伴随着一个小的压力跳变，即 $\delta p = 1/2\,(\rho_{\mathrm{b}}U_{\mathrm{b}}^2 - \rho_{\mathrm{o}}U_{\mathrm{o}}^2) \equiv 1/2\,(\rho_{\mathrm{o}}S_{\mathrm{L}}^2)\,(\rho_{\mathrm{o}}/\rho_{\mathrm{b}}^{-1})$，量级通常约为 1Pa。

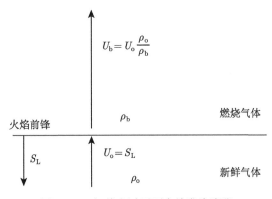

图 5.1.1 气体穿过平面火焰发生膨胀

现在我们将火焰前锋倾斜，如图 5.1.2(a) 所示。来流气流可以分解成平行于前锋的速度分量 $U_{//}$ 和垂直于前锋的速度分量 $U_n$。如果在我们的参考系中前锋是静止的，那么法向速度分量必须等于火焰速度，即 $U_n = S_{\mathrm{L}}$。离开火焰锋面的燃烧气体的法向分量等于 $U_n(\rho_{\mathrm{o}}/\rho_{\mathrm{b}})$ (气体膨胀)。平行分量 $U_{//}$ 是不变的，因为很明显，没有物理机理来维持平行分量流动加速所必需的平行压力跃变。因此倾斜的火焰使来流气流朝出流的法线方向偏转。如果火焰是平面的，则该图像通过平移保持不变。图 5.1.2(b) 所示为通过本生灯火焰的流线可视化图像。热燃烧气体中流线的弯曲是由重力引起的浮力效应所致。

现在考虑图 5.1.3 所示的情况，火焰不再是平面的，而是在某个波长 $\lambda$ 处起皱。流线在与前锋垂直的地方穿越时将会加速但不偏转。在火焰前锋相对于来流流线倾斜的位置，流线将偏向尾部法线，如图 5.1.2(a) 所示。然而，图 5.1.3 中的图片对于局部来说是正确的，但对于全局是错误的。因为火焰锋面后的流线不能交叉。如图 5.1.4 所示，它们必须弯曲然后在下游更远处再次平行。

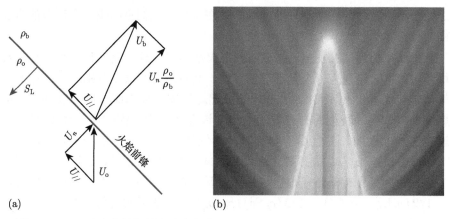

(a)　　　　　　　　　　　　　　(b)

图 5.1.2　(a) 流线穿越倾斜火焰产生偏折，(b) 流线穿过倾斜本生灯火焰的可视化

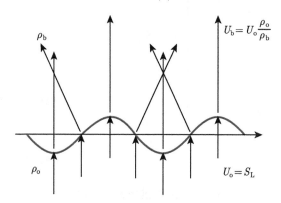

图 5.1.3　褶皱火焰中流线的局部偏折

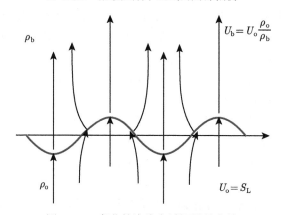

图 5.1.4　弯曲的流线穿过褶皱的火焰

　　现在，如果流线是弯曲的，则流动中存在压力梯度：褶皱的火焰引入了非局部的扰动。正是这种非局部性使得数学求解变得困难，详情请参见参考文献 [3] 或

[4] 中的示例。就我们的目的而言，我们只需简单地认为火焰引起的压力梯度的存在不仅会影响下游流动，还会影响上游流动。如果压力梯度使给定的下游流线向右偏离，则上游流线的偏离将在同一方向上。所得到的流线如图 5.1.4 所示。气流通过弯曲火焰膨胀，导致流动在前锋凹向未燃烧气体的地方会聚，并在前锋凸起的地方发散。质量守恒意味着上游流动在火焰前锋滞后 (超前) 于平均位置的地方加速 (减速)。由于我们假设前锋传播速度是恒定的，所以这种情况是无条件不稳定的。褶皱会随着时间的推移而增长，这就是 Darrieus-Landau 不稳定性。

在分析中，只有四个变量参数：火焰速度 $S_{\mathrm{L}}$，波长 $\lambda$ (或波数 $k = 2\pi/\lambda$) 和气体密度 $\rho_{\mathrm{o}}$、$\rho_{\mathrm{b}}$。量纲分析告诉我们，只有一种方法可构建增长速率 $\sigma$ (量纲 $\mathrm{s}^{-1}$)：

$$\sigma \propto k S_{\mathrm{L}} f\left(\frac{\rho_{\mathrm{o}}}{\rho_{\mathrm{b}}}\right) \tag{5.1.1}$$

具体表达式由 Landau[2,5] 给出：

$$\sigma = \kappa S_{\mathrm{L}} \frac{E}{E+1} \sqrt{\frac{E^2 + E - 1}{E} - 1} \tag{5.1.2}$$

其中 $E$ 是气体膨胀比，$E = \rho_{\mathrm{o}}/\rho_{\mathrm{b}}$。当褶皱的振幅小于波长时，该表达式在线性范围内是有效的。Darrieus-Landau 不稳定性的增长速率随火焰速度和褶皱波数的增加而增大。对于典型的化学恰当当量比碳氢化合物–空气火焰，$S_{\mathrm{L}} \approx 0.4\mathrm{m/s}$，$E \approx 7$，1cm 褶皱的增长速率为 $\sigma \approx 400\mathrm{s}^{-1}$。然而对于小波长，增长速率不能无限增加。当褶皱波长与火焰厚度相当时，热扩散现象将起作用。

### 5.1.2.2 热扩散效应

在具有高活化能预混火焰传播的标准 Zel'dovich-Frank-Kamenetskii (ZFK) 模型 [6] 中，化学反应被限制在火焰前锋高温侧的一薄层内，传播的基本机理由火焰厚度 $\delta$ 内的燃烧热和组分的扩散所控制。如果火焰弯曲或褶皱，温度梯度和组分浓度不再平行于平均传播方向，见图 5.1.5，且局部火焰速度会发生改变 [7]。

在锋面向未燃烧气体凹进的地方，热流局部收敛。局部火焰温度升高，局部传播速度增加，见图 5.1.5 中的红色箭头。反之则适用于锋面凸起的部分。热扩散的作用是使褶皱火焰稳定。

组分浓度梯度与热梯度的方向相反，见图中绿色箭头。在锋面向未燃烧气体凹进的地方，组分通量局部发散。进入反应区的反应组分通量减少，导致局部传播速度降低。组分扩散的效果是使褶皱火焰不稳定。这两种扩散通量作用的最终结果将取决于热扩散系数 $D_{\mathrm{th}}$ 和组分扩散系数 $D_{\mathrm{mol}}$ 的比率。这个比率叫做 Lewis 数，

$$Le = D_{\mathrm{th}}/D_{\mathrm{mol}}$$

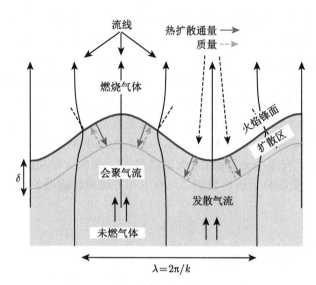

图 5.1.5　褶皱预混火焰的内部结构

如果 Lewis 数大于 1，则热扩散的影响是主要的，火焰是热扩散稳定的。然而，预热区内的流线倾斜也对稳定做出了额外的贡献。流线的这种内部倾斜产生了额外的热量和组分的传输，其相对于平均传播方向会聚或发散。它具有在局部火焰速度的表达式中贡献附加项的效果。该项是稳定的，与 Lewis 数无关，并且随着气体膨胀率的增加而增加。火焰曲率对局部火焰速度 $S_n$ 的影响首先得到 Markstein[7] 的确认，其凭经验给出：

$$\frac{S_n - S_{\mathrm{L}}}{S_{\mathrm{L}}} = \frac{\mathfrak{L}}{R}$$

其中 $R$ 是火焰的曲率半径，$\mathfrak{L}$ 是火焰厚度量级的特征长度。这个表达式通常写成如下的等价形式：

$$\frac{S_n - S_{\mathrm{L}}}{S_{\mathrm{L}}} = Ma\frac{\delta}{R}$$

其中 $\delta = D_{\mathrm{th}}/S_{\mathrm{L}}$ 是火焰热厚度的测量值，$Ma$ 是 Markstein 数，是一个量级为 1 的无量纲数。如果 Markstein 数是正的，那么火焰是热扩散稳定的。

Clavin 和 Williams[8] 首次给出了在实际气体膨胀情况下 Markstein 数的解析估计。在具有高活化能 $\beta$ 的一步 Arrhenius 反应近似下，他们发现 $Ma$ 的表达式如下：

$$Ma = \frac{1}{\gamma}\ln\frac{1}{1-\gamma} + \frac{\beta}{2}(Le-1)\left(\frac{1-\gamma}{\gamma}\right)\int_0^{\frac{\gamma}{1-\gamma}}\frac{\ln(1+x)}{x}\mathrm{d}x \tag{5.1.3}$$

其中 $\gamma$ 是归一化的无量纲膨胀比:

$$\gamma = \frac{\rho_{\rm o} - \rho_{\rm b}}{\rho_{\rm o}}$$

$x$ 是虚拟积分变量。$Le$ 是混合物中稀缺组分 (燃料或氧化剂) 的 Lewis 数。在他们的分析中, Clavin 和 Williams 使用了简化近似, 即剪切黏度、Lewis 数和 Prandtl 数都与温度无关。他们还表明, 至少对于弱火焰拉伸和曲率情形, 拉伸和曲率引起的局部火焰速度的变化可由相同的 Markstein 数描述:

$$\frac{S_n - S_{\rm L}}{S_{\rm L}} = Ma \left( \frac{\delta}{R} - \frac{\delta}{S_{\rm L}} \frac{{\rm d}U}{{\rm d}x} \right)$$

其中 ${\rm d}U/{\rm d}x$ 是火焰前锋上游的纵向气体速度梯度, 是火焰拉伸的量度。方程 (5.1.3) 右端第一项是严格为正的, 对于大多数碳氢燃料–空气混合物, Markstein 数也是正的, 即使 Lewis 数可能小于 1。事实上, 对于常见的碳氢化合物火焰, Markstein 数通常是正的 [9]。量纲分析表明, 扩散对褶皱增长速率的影响必须按一定的有效扩散系数 $D$ 乘以波数的平方 [7,10]:

$$\sigma_{\rm Thermo\text{-}diffusive} \propto -Dk^2$$

因此, 从全局可以预期, 由于 Darrieus-Landau 不稳定性, 长波长褶皱是不稳定的, 其增长速率随波数线性增加。但对于与火焰厚度相当的波长, 热扩散效应占主导地位, 并通过与 $-k^2$ 成比例来重新稳定火焰。

### 5.1.2.3 全局火焰稳定

当同时考虑气动和热扩散效应时, 发现褶皱的增长速率 $\sigma$ 由色散关系的根 [11,12] 给出:

$$(2 - \gamma)\,(\sigma\tau_t)^2 + \left( 2k\delta + (2 - \gamma)(k\delta)^2 Ma\sigma\tau_t + \frac{\gamma}{Fr} k\delta - \frac{\gamma}{1-\gamma}(k\delta)^2 + 2(k\delta)^3 Ma \right) = 0 \tag{5.1.4}$$

这里以无量纲形式写出上式, 其中 $k\delta$ 是由火焰厚度无量纲化的波数, $\delta = D_{\rm th}/S_{\rm L}$, 增长速率 $\sigma\tau_t$ 由火焰输运时间 $\tau_t = \delta/S_{\rm L}$ 无量纲化。$\gamma$ 是无量纲化的气体膨胀比。由于新鲜气体和燃烧气体之间的密度差异, 重力也会影响火焰前锋的动力学过程。重力的影响已经通过 Froude 数 $Fr = S_{\rm L}/(\delta g)$ 包括在内, 对于向下传播的火焰 $Fr$ 是正的。Matalon 和 Matkowsky[13] 以及 Frankel 和 Sivashinsky[14] 得出了类似的表达式。

Clavin 和 Garcia[15] 已经获得了扩散系数随温度变化的更一般的色散关系。它们的无量纲结果在定性上与方程 (5.1.4) 相同, 但系数包含有关扩散系数的温

度依赖性信息:

$$A(k\delta)\left(\sigma\tau_t\right)^2 + B(k\delta)\sigma\tau_t + C(k\delta) = 0$$

$$A(k\delta) = (2-\gamma) + \gamma k\delta\left(Ma - \frac{J}{\gamma}\right)$$

$$B(k\delta) = 2k\delta + \frac{2}{1-\gamma}(k\delta)^2(Ma - J)$$
(5.1.5)

$$C(k\delta) = \frac{\gamma}{Fr}k\delta - \frac{\gamma}{1-\gamma}(k\delta)^2\left\{1 + \frac{1-\gamma}{Fr}\left(Ma - \frac{J}{\gamma}\right)\right\}$$

$$+ \frac{\gamma}{1-\gamma}(k\delta)^3\left\{h_{\mathrm{b}} + (2+\gamma)\frac{Ma}{\gamma} - \frac{2J}{\gamma} + (2Pr - 1)H\right\}$$

其中 $H$ 和 $J$ 由积分给出:

$$H = \int_0^1 (h_{\mathrm{b}} - h(\theta))\mathrm{d}\theta$$
(5.1.6)

$$J = \frac{\gamma}{1-\gamma}\int_0^1 \frac{h(\theta)}{1 + \theta\gamma/(1-\gamma)}\mathrm{d}\theta$$
(5.1.7)

$Ma$ 是量级为 1 的 Markstein 数, 对于温度相关的扩散系数现在由下式给出:

$$Ma = \frac{J}{\gamma} - \frac{\beta}{2}(Le - 1)\int_0^1 \frac{h(\theta)\ln(\theta)}{1 + \theta\gamma/(1-\gamma)}\mathrm{d}\theta$$
(5.1.8)

其中, $h(\theta) = (\rho_\theta D_{\mathrm{tho}})/(\rho_{\mathrm{o}} D_{\mathrm{tho}})$ 是热扩散系数乘以温度为 $\theta$ 时的密度与其在未燃烧气体中的值之比。$\theta = (T - T_{\mathrm{o}})/(T_{\mathrm{b}} - T_{\mathrm{o}})$ 是无量纲温度, $h_{\mathrm{b}}$ 是 $h(\theta)$ 在燃烧气体中的值, $Pr$ 是 Prandtl 数, 并假设与温度无关, $Fr$ 是 Froude 数。

　　在图 5.1.6 中, 我们绘制了使用方程 (5.1.5) 计算的丙烷–空气火焰色散关系的典型曲线。利用 JANAF 表得到了热扩散系数随温度的变化关系。绘制了层流火焰速度从 0.1~0.3m/s (对应于当量比为 0.60~0.85) 的 6 条曲线。绘制了向下传播火焰的曲线, 轻的已燃气体在重的未燃烧气体上方, 所以重力的作用是促稳的。对于速度最快的火焰, $S_{\mathrm{L}} = 0.30$m/s, 如预期的那样, 增长速率首先随波数线性增加, 然后随着热扩散效应增强占主导后呈二次方降低。最不稳定的波数出现在 $k \approx 0.075$ (对应波长约 6mm) 处, 其中无量纲增长速率为 0.07 (对应量纲增长率约 300s$^{-1}$)。对于速度较慢的火焰, 不仅 Darrieus-Landau 不稳定性变弱, 而且对于向下传播的火焰, 重力的作用是将整个色散曲线推向下方。结果是, 足够慢的火焰 (对于甲烷 $S_{\mathrm{L}} < 0.11$m/s) 在所有波长都是稳定的。在所有碳氢燃料–空气火焰中都观察到类似的行为 [16,17]。小波数下非常慢 (贫燃) 的火焰看似奇异的线性行为, 对应于色散关系具有复数根的情况, 扰动以重力波的形式沿火焰表面传播, 类似于海平面上的波。

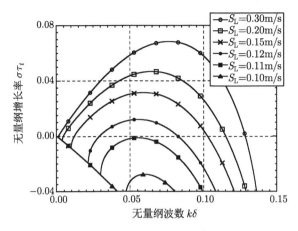

图 5.1.6　根据方程式 (5.1.5) 计算的六种贫燃丙烷–空气火焰的色散关系示例。波数 $k$ 由火焰
厚度 $\delta$ 无量纲化，增长率 $\sigma$ 由通过火焰的过渡时间 $\tau_t = \delta/S_L$ 无量纲化

图 5.1.7(a)[18] 显示了在 10cm 直径管中的贫燃丙烷火焰的侧视图，该火焰在
礼帽流动中向下传播。火焰速度为 9cm/s，低于稳定性阈值，火焰在所有波长下都
是稳定的。图 5.1.7(b) 显示了同一燃烧器中接近化学恰当当量比的火焰。从燃烧
器底部的一个角度看火焰。用氮气稀释混合物，以将火焰速度降低至不稳定性阈
值 (10.1cm/s)，使得胞元本质上是线性的。这里的胞元大小为 1.9cm。图 5.1.7(c)
显示了远高于不稳定阈值的火焰，其胞元形状变得尖锐并无序移动。

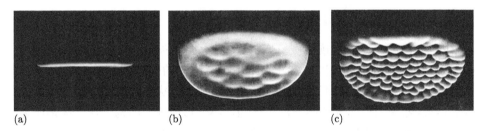

(a)　　　　　　　　　　　　(b)　　　　　　　　　　　　(c)

图 5.1.7　(a) 礼帽流中直径为 10cm 的贫燃丙烷火焰，仅通过重力稳定。从侧面看火焰。(b)
近化学恰当当量比丙烷火焰 (当量比 1.04)，用过量氮稀释以将火焰速度降低至稳定性阈值
(10.1cm/s)。胞元大小为λ=1.9cm。(c) 接近化学恰当当量比的稀释火焰，火焰速度远高于阈
值 (摘自 Quinard, J., Limites de stabilité et structures cellularies dans les flammes de
prémélange, PhD thesis, Université de Provence, Marseille, December 1984; Clavin, P.,
Prog. Energy Combust. Sci., 11, 1, 1985. 经许可)

图 5.1.8 显示了初始为平面的贫燃丙烷–空气火焰上胞元不稳定性的时间分辨
率增长 [19]。从侧面看火焰，明显的增厚是由火焰沿视线的变形引起的。在 11~
20cm/s 的火焰速度范围内，通过该实验直接测量的增长速率与方程 (5.1.5)~

(5.1.8) 的预测结果非常一致。

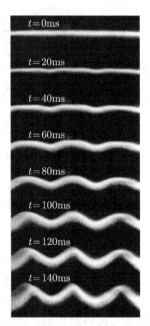

图 5.1.8   初始贫燃丙烷–空气平面火焰的不稳定时间增长序列图像。火焰速度为 11.5cm/s

(摘自 Clanet, C. and Searby, G., Phys. Rev. Lett., 80, 3867, 1998。经许可)

### 5.1.2.4   本生火焰的火焰不稳定性

我们已经证明，平面预混碳氢燃料–空气火焰在一系列波长范围内是不稳定的，该波长范围通常从几厘米到几毫米不等。唯一的例外是向下传播的慢火焰，可以通过重力稳定。人们可能会想，为什么小的本生火焰，例如，厨房灶具或家用燃气热水器等类型的气体燃烧器的火焰，不会形成胞元结构。这些火焰明显稳定的原因在于它们固定在燃烧器的边缘上，并且有一个与火焰表面相切的强的速度分量，见图 5.1.2。火焰表面上的所有结构都以切向速度朝向火焰尖端对流，因此具有有限的停留时间 $\tau = L/U_{//} \equiv h/(U_{\circ}\cos^2(\alpha)) \equiv h\tan(\alpha)/(S_{\mathrm{L}}\cos(\alpha))$，其中 $L$ 是倾斜火焰的长度，$h$ 是本生火焰的垂直高度，$\alpha = \arccos(h//L)$ 是火焰尖端的半角。这些停留时间必须与不稳定的增长时间 $1/\sigma$ 进行比较。如果停留时间与增长时间相比不是很大，那么倾斜火焰底部的小扰动将没有时间在它们从火焰中对流出来之前增长到可观的振幅。这就是一般的情况。

在最近的一些实验中，Truffaut 等使用 2D 槽式燃烧器研究了倾斜火焰的不稳定性动力学 [20–22]。图 5.1.9 显示了富氧丙烷–空气火焰不稳定性增长的短曝光图像。图像已顺时针旋转 90°。该混合物富含氧气 (28%) 以提高火焰速度和增长速率。流速为 8.6m/s，火焰速度为 0.64m/s。扰动停留时间是 5ms。最不稳定波长 (3.64mm) 的增长时间为 1.07ms。流动的湍动性足够低 (0.1%)，使得在火焰底部激发的扰动的初始振幅小于火焰厚度的 1/10。在停留期间，这些扰动振幅的增长几乎不超过火焰厚度，见下部火焰锋。然而，火焰的另一侧附着在火焰稳定器上并且周期性地受到施加在火焰稳定器和燃烧器出口之间的交流电压的扰动。其激发频率是 2500Hz，诱导扰动的振幅大约是 0.07mm。这些扰动在到达火焰尖端之前逐渐增长并最终饱和。在该实验中测量的不稳定性增长率再次与方程 (5.1.5)~(5.1.8) 的预测一致 [22]。

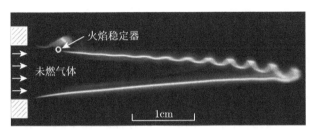

图 5.1.9 富氧丙烷–空气火焰不稳定性增长的短曝光图像。图像已旋转 90° (摘自 Searby, G., Truffaut, J. M., and Joulin, G., Phys. Fluids, 13, 3270, 2001。经许可)

### 5.1.3 热声不稳定性

非稳态燃烧是一种强噪声源。气体燃烧时发出的声音由一组经典的守恒方程组控制。

质量守恒：

$$\frac{\mathrm{D}\rho}{\mathrm{D}t} + \rho\nabla \cdot \boldsymbol{v} = 0 \tag{5.1.9}$$

(无黏) 动量守恒：

$$\rho\frac{\mathrm{D}\boldsymbol{v}}{\mathrm{D}t} = -\nabla p \tag{5.1.10}$$

能量守恒：

$$\rho C_{\mathrm{p}}\frac{\mathrm{D}T}{\mathrm{D}t} = \dot{q} + \frac{\mathrm{D}p}{\mathrm{D}t} + \nabla \cdot (\lambda\nabla T) \tag{5.1.11}$$

状态方程 (为简单起见，我们使用理想气体定律)：

$$\frac{p}{\rho} = (C_{\mathrm{p}} - C_{\mathrm{v}})\, T = \frac{C_{\mathrm{v}}}{C_{\mathrm{p}}}c^2 \tag{5.1.12}$$

其中，D( )/Dt 是拉格朗日时间导数，$\rho$ 是密度，$p$ 是压力，$\boldsymbol{v}$ 是气体速度，$T$ 是温度。$C_{\mathrm{p}}$ 和 $C_{\mathrm{v}}$ 是比热，为简单起见这里假设为常数。$\dot{q}$ 是单位体积热释放率，$\lambda$ 是导热系数，$c$ 是局部声速。

把状态方程 (方程 (5.1.12)) 代入能量方程 (5.1.11)，忽略热量在声波波长尺度范围内的扩散，我们发现：

$$\frac{\mathrm{D}p}{\mathrm{D}t} = c^2\frac{\mathrm{D}p}{\mathrm{D}t} + \left(\frac{C_\mathrm{p} - C_\mathrm{v}}{C_\mathrm{p}}\right)\dot{q} \tag{5.1.13}$$

方程 (5.1.13) 显示了热释放如何作为体积源。假设燃烧在静止 (Mach $\ll 0$) 的均匀介质中发生，对于小扰动，$a = \bar{a} + a'(a = p, \rho, \boldsymbol{v})$，质量和动量的线性化守恒方程可用于消除方程 (5.1.13) 中的密度，以获得局部放热时压力的波动方程：

$$\frac{\partial^2 p'}{\partial t^2} - c^2\nabla^2 p' = \left(\frac{C_\mathrm{p} - C_\mathrm{v}}{C_\mathrm{v}}\right)\frac{\partial\dot{q}}{\partial t} \tag{5.1.14}$$

在热释放率没有波动的情况下，$\partial\dot{q}/\partial t = 0$，方程 (5.1.14) 简化成声压的标准波动方程。可以看出，波动的热释放充当了声压的源项。

燃烧产生的噪声本身就是一个问题。然而，如果声波可以与燃烧区相互作用，使得热释放率是声压的函数 $\dot{q} = f(p')$，则方程式 (5.1.14) 描述了一个强迫振荡器，其振幅可能达到很高的数值。Rayleigh[23] 首次阐述了正反馈的条件：

"如果周期性地向一振荡着的空气团加入或取出热量，所产生的效果取决于热量传递发生时的振荡相位。如果在空气极致凝结瞬间加入热量，或者在极致稀薄瞬间从空气中抽取热量，则振荡被加强。"

在更现代的术语中，"瑞利准则" 指出，如果压力波动和热释放波动是同相的，则正能量被传递到声波。该标准通常以积分形式表示为

$$\int_v\int_0^{2\pi} p'\dot{q}'\mathrm{d}t\mathrm{d}v > 0 \tag{5.1.15}$$

其中，$p'$ 是压力波动，$\dot{q}'$ 是热释放率波动，积分范围为燃烧体积 $v$ 和一个声学周期。如果声增益大于声损耗，那么系统将是全局不稳定的。

尽管对热声不稳定性的研究已经进行了一个多世纪，但在实际的燃烧装置中，尤其是在具有高能量密度的装置 (例如，航空发动机和火箭等推进系统) 中，热声不稳定性的控制和消除仍然是一个难以掌握的问题 [24−28]。

问题的难点在于识别和描述声波调制燃烧速率的机理。声波可以通过许多可能的机理影响燃烧，并且主导机理随着燃烧装置的设计而变化。可能的耦合机理包括：

(1) 化学反应速率对局部压力的直接敏感性 [29−34]；

(2) 由声场加速度引起的火焰面积振荡 [35−38]；

(3) 由对流效应引起的火焰总面积振荡 [39−42]；

(4) 当燃料为液体射流时的当量比周期性振荡 [43−45]。

这份清单并非详尽无遗。Clanet 等已经在简单一维装置中对机理 (1)、(2) 和 (4) 的相对重要性进行了综述 [46]。这三种机制分别在 5.1.3.1~5.1.3.3 节中讨论。由对流效应引起的火焰总面积的振荡将在 5.2 节中讨论。

### 5.1.3.1 压力耦合

在标准 ZFK 火焰模型 [6] 中，化学反应速率 $\Omega$ 由一阶不可逆的一步 Arrhenius 定律控制

$$\Omega = A_\mathrm{o}\rho Y \exp\left(-E_\mathrm{a}/(RT)\right)$$

其中，$A_\mathrm{o}$ 是 Arrhenius 速率指前因子，$Y$ 是限量反应物的质量分数，$E_\mathrm{a}$ 是反应的活化能，$R$ 是气体常数。

由于反应速率与密度 $\rho$ 成正比，因此很明显，热释放速率将随压力增加而增加。然而，由于声波是绝热的，它们还伴随着温度振荡：

$$\frac{\delta T}{T_\mathrm{o}} = \frac{C_\mathrm{p} - C_\mathrm{v}}{C_\mathrm{p}}\frac{\delta p}{p_\mathrm{o}}$$

并且对于较大的活化能，热释放速率对温度振荡的敏感性甚至大于对压力振荡的敏感性。Dunlap 首先注意到了这一点 [29]。Harten 等在小气体膨胀限制下 [30]，Clavin 等在无约束条件下 [31] 求解了声压对 ZFK 火焰的影响。McIntosh[32] 也得到了相同的结果。他们的研究表明，在低频极限下，火焰的归一化响应可由下式给出：

$$\frac{\dot{q}'/\bar{q}}{p'/\bar{p}} = \frac{\beta}{2}\frac{C_\mathrm{p} - C_\mathrm{u}}{C_\mathrm{p}}$$

其中，上角标 "$'$" 表示振幅，短横线 "$-$" 表示平均值，$\beta$ 表示还原活化能，$\beta = E_\Lambda\left(T_\mathrm{b} - T_\mathrm{o}\right)/RT_\mathrm{b}^2$，$T_\mathrm{b}$ 是燃烧气体的平均温度。对于与火焰输运时间的倒数量级相当的声波频率，火焰的内部结构 (即温度和浓度梯度) 来不及适应不断变化的边界条件。研究发现，火焰热释放速率的响应增加，并且对 Lewis 数的依赖性很小 [31,32]：

$$Z(\omega) = \frac{\dot{q}'/\bar{q}}{p'/\bar{p}} = \frac{\beta}{2}\frac{T_\mathrm{b}}{T_\mathrm{o}}\frac{C_\mathrm{p} - C_\mathrm{o}}{C_\mathrm{p}}\frac{A(\omega)}{B(\omega)} \tag{5.1.16}$$

同时，

$$A(\omega) = \left[n(\omega) - (T_\mathrm{b} - T_\mathrm{o})/T_\mathrm{b}\right]\left[n(\omega) - 1\right]n(\omega)$$

$$B(\omega) = \left[n(\omega) - 1\right]n^2(\omega) - \frac{\beta}{2}(Le - 1)\left[1 - n(\omega) + 2\mathrm{i}\omega\tau_t\right]$$

$$n(\omega) = \left\{1 + 4\mathrm{i}\omega\tau_t\right\}^{\frac{1}{2}}$$

其中, $Le$ 是 Lewis 数, $\omega$ 是角频率, $\tau_t = D_{th}/S_L^2$ 是火焰输运时间。方程 (5.1.16) 中的响应函数与 Clavin 等定义的传递函数具有不同的归一化条件 [31]。这里 $Z = (Z_{Clavin}/M)(C_v/C_p)$, 其中 $M = S_L/c$ 是火焰的马赫数。

图 5.1.10 显示了三个不同 Lewis 数下相对热释放响应的实部的曲线图。该图是在还原活化能 $\beta = 10$ 和已燃烧气体温度为 1800K 的条件下计算得到的, 代表了贫燃碳氢燃料–空气火焰。请注意, 火焰相对响应的数量级仅略大于 1。这是一个相对较弱的响应。例如, 120dB 的声压级对应的相对压力振荡为 $p'/p = 2 \times 10^{-4}$, 因此热释放率的波动将具有与之相同的数量级。

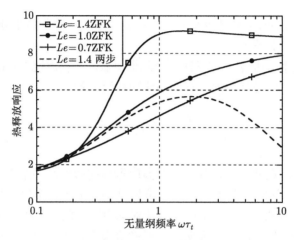

图 5.1.10　ZFK 火焰对声压振荡的热释放响应的实部 $\mathrm{Re}[(q'/\hat{q})]$ 的半对数曲线图 [31]。虚线表示简单两步火焰的响应 [47]

Wangher 等最近对完全平面预混甲烷和丙烷火焰对声压振荡响应的实验测量 [48] 表明, 该分析在量级上是正确的, 但未观察到响应的增加。实验和解析理论之间的分歧, 似乎是源于对化学反应速率的不可逆一步 Arrhenius 定律的过度简化假设。作为增进理解的第一步, Clavin 和 Searby[47] 研究了简单的两步链式反应。虽然该模型仍然不现实, 但结果证实, 多步化学动力学大大改变了预混火焰的非稳态压力响应, 如图 5.1.10 中的虚线所示。

不稳定性的增长率取决于火焰前锋和燃烧室的相对几何形状。这里, 我们给出一个简单几何结构内的火焰传播结果, 即火焰从长度为 $L$ 的管子的开口端向封闭端传播, 如图 5.1.11 所示。火焰相对于封闭端的位置由 $rL(0 < r < 1)$ 给出。通过求解管子声学本征模的复频率, 得到了不稳定性的增长率。频率的虚部等于声波的增长速率。Clavin 等 [31] 给出了图 5.1.11 所示几何中增长率 $\sigma$ 的以下解

$$\sigma = \frac{S_L}{L}\frac{C_p}{C_v}\mathrm{Re}[Z(\omega)]F(r,\omega_n) \tag{5.1.17}$$

式中，$S_L$ 是层流火焰速度，函数 $Z(\omega)$ 是方程 (5.1.16) 的热响应函数，其实部绘制在图 5.1.10 中。函数 $F(r, \omega_n)$ 是无量纲声学结构因子，仅取决于共振频率 $\omega_n$、火焰的相对位置 $r$ 和密度比 $\rho_b/\rho_o$。

$$F(r, \omega_n) = \frac{1}{r\left(1+\tan^2\left(rX_n\right)\right)+\dfrac{\rho_b}{\rho_o}(1-r)} \times \frac{1}{\left(1+\tan^2\left((1-r)\dfrac{c_o}{c_b}X_n\right)\right)\tan^2\left(rX_n\right)}$$
$$(5.1.18)$$

其中，$X_n = \omega_n L/c_o$ 是火焰与封闭端相距 $rL$ 处时管子的无量纲共振频率 $\omega_n$。如果不稳定性的增益很小，则 $X_n$ 是自由本征模的频率，由下式给出：

$$\frac{\rho_b c_b}{\rho_o c_o}\tan\left(rX_n\right)\tan\left((1-r)\frac{c_o}{c_b}X_n\right) = 1 \qquad (5.1.19)$$

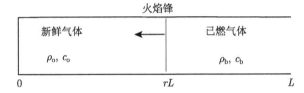

图 5.1.11　从长度为 $L$ 的管子的开口端向封闭端传播的平面火焰的几何形状

$F(r, \omega_n)$ 表示在火焰前锋位置处的模式 $n$ 的声压归一化平方。图 5.1.12 中绘制了管子的前两个声学模式。此函数在管的开口端 (压力节点) 归零。对于管子的基本模式，增益保持很小，直到火焰至少行进至管的一半处。

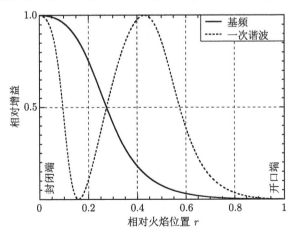

图 5.1.12　开闭管内压力耦合的声学结构函数 (基频和一次谐波)

我们现在可以估计这种机理预期的声学增长率的数量级。考虑一种贫燃碳氢燃料–空气火焰，$S_L \approx 0.3\mathrm{m/s}$。混合物比热比为 $C_p/C_v = 1.4$，在 1m 长的管

内 [49]，基频接近 100Hz，降低的频率小于 1，所以 $\mathrm{Re}[Z] \approx 3$，同时我们可以取 $F \approx 0.5$。根据方程 (5.1.17)，预期的增长率是

$$\sigma = 0.63\mathrm{s}^{-1} \tag{5.1.20}$$

这是一个非常小的增长率。每个声学周期的增益为 0.63%，远小于声学损耗，在这种装置中，每个周期的增益通常为 2%~3%。因此，这种机理不是热声不稳定性的强源。在最大值时，增益可能略高于声学损耗，因为降低的频率大于 1。在半开管 [49] 的实际实验中，发现增长率要高得多，显然另一种机理在起作用。

### 5.1.3.2　加速度耦合

在声波波长尺度内，火焰前锋是分隔两种不同密度流体的界面。因此，火焰前锋将对重力或施加的加速度场做出反应。正是由于这个原因，向下传播的火焰可以通过重力稳定，见 5.1.2.3 小节。如果向下传播的火焰高于不稳定阈值，则胞元结构将出现在不稳定的波长处，见图 5.1.7。

在存在声速场 $u_\mathrm{a}(t) = u'_\mathrm{a}\cos(\omega_\mathrm{a}t)$ 的情况下，火焰前锋受到振荡加速度 $-\omega_\mathrm{a}u'_\mathrm{a}\sin(\omega_\mathrm{a}t)$ 的影响。当该加速度朝向燃烧气体时，胞元的振幅趋于减小。当它朝向未燃烧的气体时，胞元的振幅将趋于增大。因此，声场可以调节火焰的总表面积，进而调节瞬时热释放速率。这是声波和热释放率之间的另一种可能的耦合机理。Rauschenbakh[50] 首先认识到了这一机理。Pelcé 和 Rochwerger[38] 计算了这种机理的响应函数。他们对小振幅正弦波胞元 ($ak \leqslant 1$) 的薄火焰进行了线性分析，其中 $a$ 是正弦波褶皱的振幅，$k = 2\pi/\lambda$ 是波数。该区间仅适用于刚刚超过稳定阈值的火焰。Clanet 等 [46] 的计算进一步考虑了包括温度相关扩散系数的影响。他们还使用启发式近似将此分析应用于远离阈值的胞元火焰。Pelcé 和 Rochwerger 将热释放率对火焰前锋声速 $u'_\mathrm{a}$ 的响应函数 Tr 定义为

$$\mathrm{Tr} = \frac{\dot{q}'/\bar{q}}{u_\mathrm{a}/S_\mathrm{L}} \tag{5.1.21}$$

对于图 5.1.11 的结构，发现不稳定的增长率为 [38]

$$\sigma = \frac{c}{L}\mathrm{Im}[\mathrm{Tr}]G(r, \omega_n) \tag{5.1.22}$$

预计函数 Tr 和 $G$ 将是同一量级，很明显，方程 (5.1.22) 中的增长率比压力耦合机理方程 (5.1.17) 中的增长率大一个因子 $c/S_\mathrm{L}$ (火焰马赫数的倒数)。响应函数 Tr 由参考文献 [46] 给出如下：

$$\mathrm{Tr} = \frac{(ak)^2}{2}\left(\frac{T_\mathrm{b} - T_\mathrm{o}}{T_\mathrm{o}}\right)\frac{-\mathrm{i}\omega\tau_t D(k\delta)}{-(\omega\tau_t)^2 A(k\delta) + \mathrm{i}\omega\tau_t B(k\delta) + C(k\delta)} \tag{5.1.23}$$

其中系数 $A$、$B$ 和 $C$ 是色散关系式 (方程 5.1.5) 的系数。系数 $D(k\delta)$ 由下式给出：

$$D(k\delta) = \gamma k\delta[1 - k\delta(Ma - J/\gamma)] \tag{5.1.24}$$

$Ma$ 由方程 (5.1.8) 定义，$J$ 由方程 (5.1.7) 定义。传递函数虚部 $\mathrm{Im}[\mathrm{Tr}]$ 的典型曲线绘制在图 5.1.13 中。这些曲线是针对火焰速度为 0.3m/s 计算的，系数 $A$、$B$、$C$ 中的其他参数对于贫燃甲烷火焰是适用的。给出了三个典型的无量纲波数 $k\delta = 0.01$、0.03 和 0.10 的响应，它们分别对应于量纲波长 $\lambda = 4.4$cm、1.4cm 和 0.44cm。无量纲频率 $\omega\tau_f = 1$ 对应于 642Hz 的量纲频率。

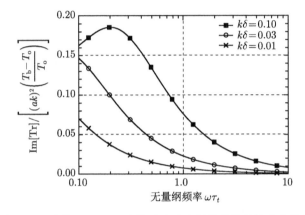

图 5.1.13　三个无量纲波数下，ZFK 火焰对声速度振荡的热释放响应的频率相关部分，$\mathrm{Im}\left[\left(\dot{q}'/\bar{q}\right)/\left(\rho'/\bar{\rho}\right)/\left(ak^2\right)\left(T_\mathrm{b} - T_\mathrm{o}\right)\right]$ 的半对数图 [46]

声学结构函数 $G(r, \omega_n)$ 由下式给出

$$G\left(r, \omega_n\right)| = F\left(r, \omega_n\right)\tan\left(r\omega_n\frac{L}{c_\mathrm{o}}\right) \tag{5.1.25}$$

谐振频率 $\omega_n$ 由方程 (5.1.19) 给出。$G\left(r, \omega_n\right)$ 表示声压与火焰前锋声速的归一化乘积。它在压力节点和速度节点处变为零。如图 5.1.14 所示是密度比为 7 时的声学结构函数。

我们现在可以估计该机理预期的声学增长率的数量级。对于具有典型层流火焰速度 $S_\mathrm{L} \approx 0.3$m/s 的贫燃甲烷–空气火焰，燃烧气体温度为 $T_\mathrm{b} \approx 2095$K。对于饱和的 Darrieus-Landau 胞元，纵横比 $a/\lambda = 0.15$ (图 5.1.8)，观察到的波长 $\lambda$ 约为 4cm[46]，因此，$(ak)^2 \approx 1$，$kd \approx 0.01$。在与之前相同的 1m 长的管子中，基频降低为 $\omega\tau_t = 0.16$，因此，$\mathrm{Im}[\mathrm{Tr}(k\delta, \omega\tau_t)] \approx 0.21$，可以取 $F \approx 0.5$。根据方程 (5.1.22)，预计增长率为

$$\sigma = 35\mathrm{s}^{-1} \tag{5.1.26}$$

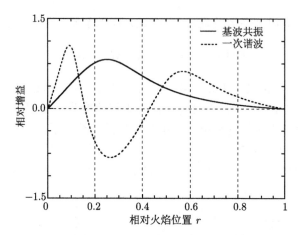

图 5.1.14　在一端封闭的开式管中加速度耦合的声学结构函数，对应于基波共振和一次谐波

　　这是一种强烈的不稳定。在 100Hz 下，每个声学周期的相应增长率为 35%。这一估计与 Clanet 等测量的增长率相当吻合 [46]。预混丙烷火焰的测量增长率和计算增长率之间的比较结果如图 5.1.15 所示 (根据文献 [46] 重新绘制)。考虑到理论结果是由二维正弦波褶皱推导得出的，并且真正的火焰具有三维尖头胞元，这种吻合度出乎意料得好。

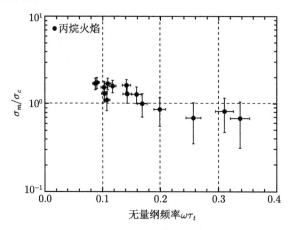

图 5.1.15　参考文献 [46] 中，对于 1m 长管中的丙烷–空气火焰，测量的增长率 $\sigma_m$ 和由方程 (5.1.22) 计算的增长率 $\sigma_c$ 之间的比较

### 5.1.3.3　对流耦合

　　受到对流扰动的火焰会发生结构变化，反过来又会诱导热释放不稳定。这一过程可以通过考虑入射速度或当量比调制与燃烧之间不同类型的相互作用来检验。这些相互作用产生的火焰动力学将产生声辐射，并最终为系统的声学模式提供能

量。这样一来，流动、燃烧过程和共振声模态之间建立了反馈回路，在一定条件下，扰动被放大从而导致燃烧振荡。这一过程在文献中被称为燃烧不稳定性或热声不稳定性，已在许多实际设备中被观察到，并受到相当广泛地关注。因为它们扰乱了系统的正常运行，所以在极端情况下会导致系统故障。5.2 节的主题就是微扰火焰的动力学及其与热声不稳定性的关系。

## 参 考 文 献

[1]  G. Darrieus. Propagation d'un front de flamme. Unpublished work presented at La Technique Moderne (1938), and at Le Congrès de Mécanique Appliquée (1945), 1938.

[2]  L. Landau. On the theory of slow combustion. Acta Physicochimica URSS, 19: 77–85, 1944.

[3]  P. Clavin and F. A. Williams. Theory of premixed-flame propagation in large-scale turbulence. Journal of Fluid Mechanics, 90(pt 3): 589–604, 1979.

[4]  F. A. Williams. Combustion Theory. 2nd ed., Benjamin/ Cummings, Menlo Park, CA, 1985.

[5]  Ya. B. Zel'dovich, G. I. Barenblatt, V.B. Librovich, and G. M. Makhviladze. The Mathematical Theory of Combustion and Explosions. Plenum, New York, 1985.

[6]  Ya. B. Zel'dovich and D.A Frank-Kamenetskii. A theory of thermal flame propagation. Acta Physicochimica URSS, IX: 341–350, 1938.

[7]  G. H. Markstein. Instability phenomena in combustion waves. Proceedings of the Combustion Institute, 4: 44–59, 1952.

[8]  P. Clavin and F.A. Williams. Effects of molecular diffusion and of thermal expansion on the structure and dynamics of premixed flames in turbulent flows of large scale and low intensity. Journal of Fluid Mechanics, 116: 251–282, 1982.

[9]  S. G. Davis, J. Quinard, and G. Searby. Markstein numbers in counterflow, methane- and propane-air flames: A computational study. Combustion and Flame, 130: 123–136, 2002.

[10]  G. H. Markstein. Nonsteady Flame Propagation. Pergamon, New York, 1964.

[11]  G. Searby and P. Clavin. Weakly turbulent wrinkled fl ames in premixed gases. Combustion Science and Technology, 46: 167–193, 1986.

[12]  P. Clavin. Dynamic behaviour of premixed flame fronts in laminar and turbulent flows. Progress in Energy and Combustion Science, 11: 1–59, 1985.

[13]  M. Matalon and B.J. Matkowsky. Flames as gas dynamic discontinuities. Journal of Fluid Mechanics, 124: 239–259, 1982.

[14]  M. L. Frankel and G.I. Sivashinsky. On the effects due to thermal expansion and Lewis number in spherical flame propagation. Combustion Science and Technology, 31: 131–138, 1983.

[15]  P. Clavin and P. Garcia. The influence of the temperature dependence of diffusivities on the dynamics of flame fronts. Journal de Mécanique Théorique et Appliquée, 2(2): 245–263, 1983.

[16]　J. Quinard, G. Searby, and L. Boyer. Stability limits and critical size of structures in premixed flames. *Progress in Astronautics and Aeronautics*, 95: 129–141, 1985.

[17]　G. Searby and J. Quinard. Direct and indirect measurements of Markstein numbers of premixed flames. *Combustion and Flame*, 82(3–4): 298–311, 1990.

[18]　J. Quinard. Limites de stabilité et structures cellulaires dans les flammes de prémélange. PhD thesis, Université de Provence, Marseille, December 1984.

[19]　C. Clanet and G. Searby. First experimental study of the Darrieus-Landau instability. *Physical Review Letters*, 80(17): 3867–3870, 1998.

[20]　G. Searby, J.M. Truffaut, and G. Joulin. Comparison of experiments and a non-linear model for spatially developing flame instability. *Physics of Fluids*, 13: 3270–3276, 2001.

[21]　J. M. Truffaut. Etude expérimentale de l'origine du bruit émis par les flammes de chalumeaux. University thesis, Université d'Aix-Marseille I, 1998.

[22]　J. M. Truffaut and G. Searby. Experimental study of the Darrieus-Landau instability on an inverted-'V' flame and measurement of the Markstein number. *Combustion Science and Technology*, 149: 35–52, 1999.

[23]　J. W. S. Rayleigh. The explanation of certain acoustical phenomena. *Nature*, 18: 319–321, 1878.

[24]　L. Crocco and S. Cheng. *Theory of Combustion Instability in Liquid Propellant Rocket Motors*. Butterworths, London, 1956.

[25]　D. T. Harrje and F. H. Reardon. Liquid propellant rocket combustion instability. Technical Report SP-194, NASA, Washington, DC, 1972.

[26]　F. E. C. Culick. Combustion instabilities in liquid-fueled propulsion systems. an overview. *AGARD Conference Proceedings Combustion Instabilities in Liquid Fuelled Propulsion Systems*, 450, pp. 1.1–1.73. NATO, 1988.

[27]　V. Yang and A. Anderson. Liquid rocket engine combustion instability, volume 169 of *Progress in Astronautics and Aeronautics*. AIAA, Washington DC, 1995.

[28]　W. Krebs, P. Flohr, B. Prade, and S. Hoffmann. Thermoacoustic stability chart for high intense gas turbine combustion systems. *Combustion Science and Technology*, 174: 99–128, 2002.

[29]　R. A. Dunlap. Resonance of flames in a parallel-walled combustion chamber. Technical Report Project MX833, Report UMM-43, Aeronautical Research Center. University of Michigan, 1950.

[30]　A. van Harten, A.K. Kapila, and B. J. Matkowsky. Acoustic coupling of flames. *SIAM Journal on Applied Mathematics*, 44(5): 982–995, 1984. doi: 10.1137/0144069. URL http: //link.aip.org/link/?SMM/44/982/1.

[31]　P. Clavin, P. Pelcé, and L. He. One-dimensional vibratory instability of planar flames propagating in tubes. *Journal of Fluid Mechanics*, 216: 299–322, 1990.

[32]　A. C. McIntosh. Pressure disturbances of different length scales interacting with conventional flames. *Combustion Science and Technology*, 75: 287–309, 1991.

[33]　A. C. McIntosh. The linearised response of the mass burning rate of a premixed flame

to rapid pressure changes. *Combustion Science and Technology*, 91: 329–346, 1993.

[34] A. C. McIntosh. Defl agration fronts and compressibility. *Philosphical Transactions of the Royal Society of London A*, 357: 3523–3538, 1999.

[35] A .A. Putnam and R.D. Williams. Organ pipe oscillations in a flame filled tube. *Proceedings of the Combustion Institute*, 4: 556–575, 1952.

[36] G. H. Markstein. Flames as amplifiers of fluid mechanical disturbances. In *Proceeding of the sixth National congress for Applied Mechanics,* Cambridge, MA, pp. 11–33, 1970.

[37] G. Searby and D. Rochwerger. A parametric acoustic instability in premixed flames. *Journal of Fluid Mechanics*, 231: 529–543, 1991.

[38] P. Pelcé and D. Rochwerger. Vibratory instability of cellular flames propagating in tubes. *Journal of Fluid Mechanics*, 239: 293–307, 1992.

[39] T. Poinsot, A. Trouvé, D. Veynante, S. Candel, and E. Esposito. Vortex driven acoustically coupled combustion instabilities. *Journal of Fluid Mechanics*, 177: 265–292, 1987.

[40] D. Durox, T. Schuller, and S. Candel. Self-induced instability of premixed jet flame impinging on a plate. *Proceedings of the Combustion Institute*, 29: 69–75, 2002.

[41] S. Ducruix, D. Durox, and S. Candel. Theoretical and experimental determination of the transfer function of a laminar premixed flame. *Proceedings of the Combustion Institute*, 28: 765–773, 2000.

[42] T. Schuller, D. Durox, and S. Candel. Self-induced combustion oscillations of laminar premixed flames stabilized on annular burners. *Combustion and Flame*, 135: 525–537, 2003.

[43] P. Clavin and J. Sun. Theory of acoustic instabilities of planar flames propagating in sprays or particle-laden gases. *Combustion Science and Technology*, 78: 265–288, 1991.

[44] J. D. Buckmaster and P. Clavin. An acoustic instability theory for particle-cloud flames. *Proceedings of the Combustion Institute*, 24: 29–36, 1992.

[45] T. C. Lieuwen, Y. Neumeier, and B.T. Zinn. The role of unmixedness and chemical kinetics in driving combustion instabilities in lean premixed combustors. *Combustion Science and Technology*, 135: 193–211, 1998.

[46] C. Clanet, G. Searby, and P. Clavin. Primary acoustic instability of flames propagating in tubes : Cases of spray and premixed gas combustion. *Journal of Fluid Mechanics*, 385: 157–197, 1999.

[47] P. Clavin and G. Searby. Unsteady response of chainbranching premixed-flames to pressure waves. *Combustion Theory and Modelling*, 12(3): 545–567, 2008.

[48] A. Wangher, G. Searby, and J. Quinard. Experimental investigation of the unsteady response of a flame front to pressure waves. *Combustion and Flame*, 154(1-2): 310–318, 2008.

[49] G. Searby. Acoustic instability in premixed flames. *Combustion Science and Technology*, 81: 221–231, 1992.

[50] B. V. Rauschenbakh. *Vibrational Combustion*. Fizmatgiz, Mir, Moscow, 1961.

## 5.2　微扰火焰动力学与热声不稳定性

Sébastien Candel, Daniel Durox, Thierry Schuller

### 5.2.1　引言

　　火焰动力学与燃烧不稳定性和噪声辐射密切相关。在本节中，通过利用层流火焰对入射扰动响应的系统实验来描述这些不同过程之间的关系。研究了来流干扰下的响应，并将辐射压力的表达式与火焰中热释放率的测量值进行比较。数据表明火焰动力学决定了火焰的声辐射。在此基础上得出了燃烧噪声和燃烧不稳定性之间的联系。通常单独处理的这两个方面似乎是同一动力过程的表现。

　　众所周知，在正常情况下，燃烧过程会产生以 "燃烧啸叫" 辐射为特征的宽带非相干噪声。在不稳定运行下，火焰中的声源和流场中传播的扰动之间建立了反馈 [1]。当声辐射被调谐到系统的一个共振频率上时，声辐射变得相干。该过程通常涉及流动的周期性扰动，导致火焰的周期运动和热释放速率不稳定。燃烧不稳定性已经被广泛研究，主要与液体火箭发动机 [2-4] 和燃气轮机燃烧室 [5,6] 等高性能燃烧系统的发展有关，但它们也发生在工业过程和家用锅炉中 [7]。不稳定运行时，声压级振幅过大，壁面传热通量增加，振动引起结构疲劳，影响系统的完整性，并经常导致故障 [8]。图 5.2.1 说明了由声学耦合不稳定性引起的燃烧强化，该图显示了在稳定和不稳定运行下多入口预混燃烧室的图像。在这种情况下，振荡增强了亮度，显示火焰更紧凑，燃烧发生在燃烧室后壁附近，增加了传递到该边界的热流量 [9]。

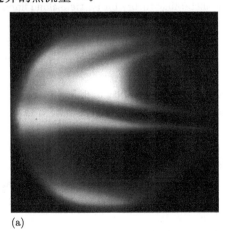 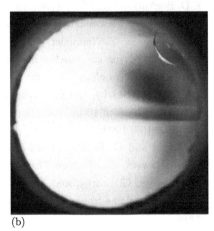

(a)                                         (b)

图 5.2.1　多入口燃烧室在 (a) 稳定和 (b) 不稳定运行下的光发射 (摘自 Poinsot, T.J.,
Trouvé, A.C., Veynante, D.P., Candel, S.M., and Esposito, E.J., J. Fluid Mech., 177, 265,
1987。经许可)

燃烧动力学现象会产生重要的实际后果,对其预测、缓解和减少措施构成了相关领域的技术挑战[10-12]。为此需要了解 ① 向波动馈送能量的驱动机理和 ② 阻断反馈回路的声学耦合机理。

对燃烧动力学的分析与微扰火焰动力学、随后产生的不稳定热释放速率、相关声辐射和由此产生的声反馈的理解密切相关。在实际装置中,谐振回路涉及系统的流动、燃烧过程和声学模式,如图 5.2.2 所示。

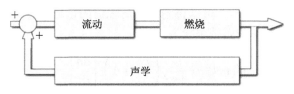

图 5.2.2 热声不稳定过程框图

近年来,对这一耦合过程中的许多方面进行了广泛探索[13-23]。燃烧不稳定性的数值模拟也取得了非常显著的进展,该主题已在文献 [12] 中讨论,并在文献 [24] 中进行了评述。本章中讨论的系统性实验用于识别驱动不稳定性的一些机理。结果表明,火焰表面积的快速变化是一个强有力的机理,其可能是导致不稳定过程的根源。本节首先简要回顾了燃烧噪声理论。5.2.3 节中描述的实验装置在 5.2.4 节中用于探索各种类型的火焰动力学。在这些实验中,施加了外部调制以便于对运动和相关声压场进行条件 (锁相) 分析。在 5.2.5 节中,对 5.2.4 节中描述的火焰动力学影像,采用对热释放和辐射压力场的时间跟踪分析方法进行解释。这有助于识别产生火焰声辐射的过程,链接声音产生和热释放扰动,以及提取各种装置之间的共同特征和差异。尽管本章主要部分考虑的是声学微扰火焰,但也涉及其他的一些可能方面。例如,众所周知,在燃气轮机中观察到的一些燃烧不稳定性是由当量比扰动和燃烧之间的相互作用引起的[25]。压力扰动传播到喷注歧管,会对未燃混合物的组成进行调制。在该过程中诱导的组分波传播到火焰并引起热释放扰动。在 5.2.6 节中对这个方面进行了简要论述。针对这种情况,采用数值模拟说明了不容易在实验中证明的过程。

## 5.2.2 火焰声辐射和燃烧声学

Thomas 和 Williams 对燃烧噪声进行了经典研究[26]。这个巧妙实验的原理是用反应混合物填充肥皂泡并记录每个孤立气泡燃烧所辐射的压力场。结果发现,压力信号可以描述为由强度为 $\mathrm{d}\Delta V/\mathrm{d}t$ 的单极源产生的声音,其中 $\Delta V$ 表示气体穿过反应前锋发生热膨胀而引起的体积增加。在这个早期模型中,远场压力信号 $p'$ 用非稳态燃烧引起的体积加速度表示:

$$p'(\boldsymbol{r}, t) = \frac{\rho_0}{4\pi r} \frac{\mathrm{d}^2 \Delta V}{\mathrm{d}t^2} \tag{5.2.1}$$

其中，$\rho_0$ 是远场空气密度，$r$ 表示紧凑火焰和观察点之间的距离。

根据方程式 (5.2.1)，燃烧噪声是由热释放率决定的流体膨胀产生的。有人认为，因为这个源是各向同性的，所以没有优先的辐射方向。在层流情况下进行的这些实验支撑了早期对湍流燃烧噪声的一些理论研究。在 Bragg[27] 建立的理论中，假设湍流火焰表现为净单极辐射器。Hurle 等对该理论进行了实验验证 [28]。从方程式 (5.2.1) 开始，假设湍流火焰在声学上等效于分布在整个反应区的不同强度和频率的单极声源 [29]，可以将湍流火焰辐射的远场声压 $p'$ 表示为火焰消耗反应物 $q$ 的体积消耗率的函数 [28,30]：

$$p'(\boldsymbol{r}, t) = \frac{\rho_0}{4\pi r} \left( \frac{\rho_{\rm u}}{\rho_{\rm b}} - 1 \right) \left[ \frac{{\rm d}q}{{\rm d}t} \right]_{t-\tau} \tag{5.2.2}$$

其中，$\rho_{\rm u}/\rho_{\rm b}$ 为燃烧气体与未燃烧气体的体积膨胀比，$\tau$ 是从燃烧区到测量点 $r$ 的声传播时间。

在方程式 (5.2.2) 中，假设声波波长 $\lambda$ 与流动的任何特征尺度相比都足够大 $(\lambda \gg L)$，并且测量点 $r$ 远离源区域 $(r \gg \lambda)$。前面的表达式为远场中的声压提供了一个紧凑源，但它可以无差别地用于预混或非预混火焰 [30]。

前面的表达式也可以从存在热释放分布的压力波动方程开始推导：

$$\nabla^2 p' - \frac{1}{\bar{c}^2} \frac{\partial^2 p'}{\partial t^2} = -\frac{1}{c_0^2} \frac{\partial}{\partial t} \left[ (\gamma - 1)\dot{Q}' \right] \tag{5.2.3}$$

其中，$\dot{Q}'$ 是单位体积的热释放率，$\gamma$ 是比热比，$c_0$ 是火焰周围环境介质中的声速。

假设燃烧发生在非受限区域，辐射压力由下式给出：

$$p'(\boldsymbol{r}, t) = \frac{\gamma - 1}{4\pi c_0^2} \int_v \frac{1}{\boldsymbol{r} - \boldsymbol{r}_0} \frac{\partial}{\partial t} \dot{Q}' \left( \boldsymbol{r}_0, t - \left| \frac{\boldsymbol{r} - \boldsymbol{r}_0}{c_0} \right| \right) {\rm d}V(\boldsymbol{r}_0) \tag{5.2.4}$$

如果观察点在远场中并且源区域是紧凑的，则前面的表达式变为

$$p'(\boldsymbol{r}, t) = \frac{\gamma - 1}{4\pi c_0^2 r} \frac{\partial}{\partial t} \int_v \dot{Q}' \left( \boldsymbol{r}_0, t - \frac{r}{c_0} \right) {\rm d}V(\boldsymbol{r}_0) \tag{5.2.5}$$

这个表达式与 Strahle[31,32] 得到的表达式接近。在预混火焰的情况下，可以证明它可以得到经典的方程式 (5.2.2)。假设火焰是等压的，则 $\rho_{\rm u}/\rho_{\rm b} = T_{\rm b}/T_{\rm u}$。使用 $\rho_0 c_0^2 = \gamma \bar{p}$ 和代表单位质量预混反应物释放热量的 $c_{\rm p}(T_{\rm b} - T_{\rm u})$，可得出

$$\rho_0 \left( \frac{\rho_{\rm u}}{\rho_{\rm b}} - 1 \right) q = \rho_0 \left( \frac{T_{\rm b}}{T_{\rm u}} - 1 \right) q = \frac{\gamma - 1}{c_0^2} \int \dot{Q}' {\rm d}V \tag{5.2.6}$$

方程 (5.2.2) 和方程 (5.2.5) 完全匹配。然而，后一个结果比经典表达式更通用，因为它适用于任何类型的火焰 (预混、非预混或部分预混)。

在预混和贫燃条件 (当量比小于 1) 下，反应物体积消耗率 $q$ 可以根据反应区内激发的如 $C_2^*$、$CH_2^{*[28,33]}$ 和 $OH^{*[34]}$ 等自由基的发光强度 $I$ 估算。这可以有效地用于测量反应物消耗的体积率：

$$q = kI \qquad (5.2.7)$$

线性系数 $k$ 取决于燃料、观察到的自由基、火焰形状和类型，以及实验装置。该关系式可用于研究均匀反应混合物在流动扰动下的燃烧噪声。对于非均匀混合物，辐射压力与火焰化学发光之间的关系不像预混情况那样简单，不能从激发自由基的发射中推断反应速率。仅考虑预混火焰，线性系数 $k$ 可以通过绘制平均发射强度 $I$ 与平均流率的单独实验曲线 (所有其他参数保持不变) 来确定。结合方程式 (5.2.2) 和 (5.2.7)，辐射远场声压场可与湍流燃烧区域发出的光相关联：

$$p'(\boldsymbol{r}, t) = \frac{\rho_0}{4\pi r} \left( \frac{\rho_u}{\rho_b} - 1 \right) k \left[ \frac{\mathrm{d}I}{\mathrm{d}t} \right]_{t-\tau} \qquad (5.2.8)$$

这个表达式在许多早期的预混火焰实验中都得到了验证。自由基发出的光强度通常用于估算热释放率 [28]。假设燃料和氧化剂以化学恰当当量比反应，通过保持恒定的总混合比 [30]，它也成功应用于湍流扩散火焰。

考虑到预混火焰的情况，Thomas 和 Williams[26] 指出，通过假设燃烧速度恒定，声辐射可以与火焰表面积的变化率相关。同样，参考文献 [35] 以及后来的参考文献 [36] 均表明，在褶皱火焰状态下，化学转化率与火焰表面积 $A(t)$ 直接相关。对于恒定当量比的新鲜反应混合物，压力场直接与瞬时火焰表面相关联：

$$p'(\boldsymbol{r}, t) = \frac{\rho_0}{4\pi r} \left( \frac{\rho_u}{\rho_b} - 1 \right) \left[ \frac{\mathrm{d}\,(S_L A)}{\mathrm{d}t} \right]_{t-\tau} \qquad (5.2.9)$$

假设层流燃烧速度恒定，可以从直接测量得到的褶皱火焰表面区域中提取压力信号，或者，可以通过测量火焰中自由基的光发射来实现，从该测量中推导出热释放速率，并根据方程式 (5.2.8) 确定产生的压力场。在接下来的各章节 (5.2.3~5.2.5 节) 中将针对各种火焰结构进行直接比较。此处应该注意，层流燃烧速度不是恒定的，而是取决于局部应变率和火焰曲率。从理论上可以看出，这些效应组合起来以火焰拉伸的形式起作用 [37-39]，这可能会引起一些额外的声辐射。

### 5.2.3 实验装置

图 5.2.3 所示为实验装置，包括一个喷嘴出口直径为 22mm 的燃烧器和一个固定在其底部的驱动部件 (扬声器)。燃烧器主体是一个内径为 65mm 的圆柱管，包含一组格栅和一个蜂窝状物，随后是一个面积收缩率为 $\sigma = 9:1$ 的收敛喷管。

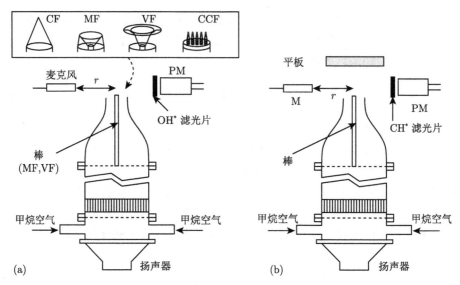

图 5.2.3　(a) 用于锥形火焰 (CF)、喷泉火焰 (MF)、倒锥形火焰 (VF) 和多点喷注锥形火焰 (CCF) 的实验装置。(b) 火焰与平板相互作用的实验装置。PM：配有 CH* 滤光片的光电倍增管。M：麦克风与燃烧器轴线相距 $r = 24 \sim 30$cm

　　该系统产生一个稳定的层流，在燃烧器出口处具有平坦的速度分布，平均流速可达 5m/s。对于自由射流喷射条件，燃烧器出口处的速度波动降低至较低水平，其中心轴线上 $v_{\mathrm{rms}}/\bar{v} < 0.01$。燃烧器中含有甲烷和空气的混合物。下文描述的实验以固定的当量比进行。由放大器驱动的扬声器产生流动扰动，该放大器由正弦信号合成器供电。在喷嘴出口平面上方的燃烧器对称轴上，用激光多普勒测速仪 (LDV) 测量的速度扰动也是纯正弦的，其谱密度在驱动频率处为单峰，谐波水平很低。

　　对于下文考虑的流速范围和两个当量比，火焰自然地附着在燃烧器唇缘上并呈锥形 (图 5.2.4，CF 静止形态)。燃烧器还可以配备一根直径为 2mm 的圆柱形杆，该圆柱杆放置在收缩部件内并以轴为中心，在燃烧器轴线附近提供附加的驻定区域。然后可以稳定燃烧器唇缘上的火焰以产生锥形火焰 (CF)，或同时附着在中心杆和外部燃烧器唇缘上以获得 “M” 形 (图 5.2.4，MF 静止形态)。火焰也可以单独附着在中心杆上，这样就形成了 “V” 形 (图 5.2.4，VF 静止形态)。在相同的流速和当量比下，根据点燃系统的方法，可以获得 “M” 或 “V” 火焰。中心杆也可以用水平安装在燃烧器喷嘴顶部的多孔板代替。该板具有直径 2mm 的规则间隔孔，形成 25 个小锥形火焰的矩形阵列 (图 5.2.4，CSCF 静止形态)。该装置用于分析锥形火焰阵列之间的整体相互作用。由铜制成的 10mm 厚的水冷盘也可以放置在燃烧器喷嘴上方。盘表面垂直于轴，直径为 $D = 100$mm。放置在盘轴上的热电偶用于在所有实验中保持恒定的板温度，其温度高于湿球温度。板可以垂直移动到燃烧器上方。

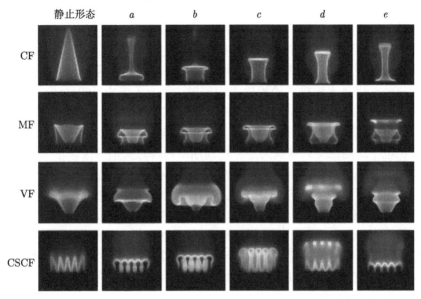

图 5.2.4 瞬时火焰图像。$a \sim e$：在一个激发周期内以等间隔瞬间拍摄的图像。CF：圆锥形火焰；MF："M" 形火焰；VF："V" 形火焰；CSCF：小圆锥形阵列火焰

前面描述的所有火焰在没有外部强迫的情况下也具有自持振荡特性，但是这些自主动力状态将不会在下文中进行研究。在对流动进行外部调制时，火焰发生振荡并发出噪声响应。根据所研究的情况，将麦克风 M 放置在距离燃烧器轴线大概 $r = 24 \sim 30 \text{cm}$[①]处，用于测量辐射声音。与反应区的典型尺寸相比，该距离不是很大，不能认为完全满足紧凑性和远场条件[40]。采用这个小距离，是保证固体边界和相邻设备上的反射水平最小化。如后文所示，观测距离对于研究目的而言是足够的。用增强的 CCD 相机记录火焰的运动。收集了几个相位平均快照以检查火焰在整个振荡周期内的演变。用装有 CH* 或 OH* 窄带滤光器的光电倍增管 PM 测量热释放波动。PM 传递的信号与火焰反应区中自由基发出的光成正比。对于均匀混合物，该电流的波动与热释放的变化成正比[40,41]。当混合物不均匀时，这种关系不再有效。

**数据采集和处理**

在 2s 时间内，以采样频率 $f_a = 16384 \text{Hz}$ 同步记录 LDV、PM 和麦克风的输出电压。因此，在最低驱动频率 $f_e = 50 \text{Hz}$ 下至少可以记录 100 个周期，而在

---

① 译者注：原文此处为 $T_\infty = 24 \sim 30 \text{cm}$ 有误，应为 $r = 24 \sim 30 \text{cm}$，$T$ 为温度符号。

最高驱动频率 $f_e = 400\text{Hz}$ 下可以记录 800 个周期。对信号进行处理以提取火焰光发射的延迟时间变化率。由于流动相互作用是层流的，因此各周期之间的记录是可重复的。功率谱密度 (PSD) 由平均周期图计算。功率谱密度和声压级 (SPL) 的计算采用以下定义：$\text{PSD}(\text{dB}) = 10\log_{10}[\text{PSD}(\text{Pa}^2/\text{Hz})\Delta f/p_{\text{ref}}^2]$。其中，$\Delta f$ 为谱分辨率，$p_{\text{ref}} = 2 \times 10^{-5}\,\text{Pa}$ 是参考声压，声压级 $\text{SPL}(\text{dB}) = 20\log_{10}(p_{\text{rms}}/p_{\text{ref}})$。

使用增强型 CCD 相机 (ICCD) 记录驱动周期内等距瞬间的速度、火焰发射和声学信号，以及火焰模式的相位平均图像。每个图像由 100 个快照平均而成，曝光时间 $\Delta t = 100\mu\text{s}$ (图 5.2.4-CF、MF、VF、CSCF $a$ 到 $e$)。由于流动结构是层流的，并且与驱动周期 $T_e = 1/f_e (T_e = 2.5 \sim 20\text{ms})$ 相比，曝光时间足够短，因此每个相位平均图像可以被认为是驱动周期中的瞬时火焰图像。还可以通过检查图像清晰度来评估周期到周期的重现性。除了在小锥形火焰阵列上的静止 "V" 火焰和相邻内部反应区域火焰周边上的一些模糊之外，其他相位平均图像都非常清晰，可以很容易地跟踪火焰轮廓。对于每个驱动频率，在等距相位处共收集 21 个图像以覆盖整个激发周期并提取火焰轮廓。在 CSCF 情况下，使相机视线穿过一排孔以获得清晰的图像。除此之外，火焰表面积是通过假设为圆柱对称来确定的。火焰表面积的相对波动可以直接与火焰光的相对变化和噪声辐射进行比较。运行条件总结在表 5.2.1 中。

表 5.2.1    运行条件总览

|  | $\Phi$ | $f_e/\text{Hz}$ | SPL/dB | $\bar{A}/\text{m}^2$ | $A_{\text{rms}}/\text{m}^2$ | $\bar{v}/(\text{m/s})$ | $v_{\text{rms}}/(\text{m/s})$ |
|---|---|---|---|---|---|---|---|
| CF | 1.11 | 50 | 73 | $1.8 \times 10^{-3}$ | $1.9 \times 10^{-4}$ | 1.7 | 0.8 |
| MF | 1.11 | 200 | 92 | $2.1 \times 10^{-3}$ | $4.0 \times 10^{-4}$ | 2.3 | 0.4 |
| VF | 1.11 | 100 | 96 | $2.1 \times 10^{-3}$ | $9.0 \times 10^{-4}$ | 2.3 | 0.6 |
| CSCF | 0.95 | 400 | 96 | — | — | 5.0 | 0.9 |

注：$\Phi$ 为当量比，$f_e$ 为调制频率，SPL 为声压级，$\bar{A}$ 为平均火焰表面积，$A_{\text{rms}}$ 为火焰面积的波动，$\bar{v}$ 为燃烧器出口处的平均速度，$v_{\text{rms}}$ 为施加的速度波动水平。

对于所研究的结构，不可能获得完全相同的流动条件。在不同情况下，燃烧器出口处的速度波动水平也不同。为了得到一个可接受的信噪比，对该速度波动水平进行了调整。在本章给出的结果中，比热比 $\gamma = 1.4$，声速 $c_0 = 343\text{m/s}$ (对应室温 $T = 293\text{K}$)，空气密度 $\rho_\infty = 1.205\text{kg/m}^3$。层流燃烧速度取自文献 [42]，分别为 $S_L = 0.38\text{m/s}\ (\phi = 1.1)$ 和 $S_L = 0.34\text{m/s}\ (\phi = 0.95)$。根据化学恰当当量比的燃烧与未燃烧气体温度比估算得到体积膨胀比为 $E = \rho_n/\rho_h = T_b/T_n = 7.4$。下文中分析了从图像中提取的声压和 PM 信号以及火焰表面积的时间轨迹。

### 5.2.4    微扰火焰动力学

在没有调制的情况下，火焰以稳定的方式传播。除了 "V" 形火焰之外，前锋没有明显的运动。在 "V" 形火焰的情况下，观察到火焰的小波动仅限于其末端区域, 这可归因于预混射流与周围空气形成的混合层中对流的小尺度涡之间的相互作用。在没有燃烧的情况下, 实验室的声压级远低于 65dB。在 "V" 形火焰情况下, 声压级略大一些, 总值为 65dB。在没有外部调制的情况下, 测得的声压级相对较低, 火焰很安静。在存在外部调制时, 情况完全不同。火焰的响应是作周期性运动, 且伴随着强烈的噪声。为了了解导致声音发射的主要过程, 本节对调制周期内连续相位火焰图案的描述和相应的声谱进行了定性分析。

### 5.2.4.1 锥形火焰动力学

在低频激励下, 通过速度调制, 火焰前锋会起皱 (图 5.2.5), 褶皱起伏的数量与频率直接相关, 只要保持较低频率时就会如此 (在本实验中, 频率为 30∼400Hz)。火焰变形是由火焰底部产生的流体动力学扰动引起的, 并沿火焰前锋对流。当速度调制幅度较小时, 波动是正弦的, 并且在到达火焰顶部时呈弱衰减。当调制幅度增大时, 在燃烧器出口处产生一个环形涡流, 火焰前锋在燃烧器底座附近的涡流上方滚动。当从出口对流出去时, 火焰需要足够快的消耗来抑制结构的进一步缠绕, 这就产生了朝向燃烧气体的尖端。这个过程需要一定的持续时间, 并且当火焰延伸超过足够的轴向距离时就可以获得。如果声压调制水平保持较低 (通常为 $v'/v < 20\%$), 则火焰以调制频率振荡, 波峰以 $v \cos \alpha$ 的速度移动。

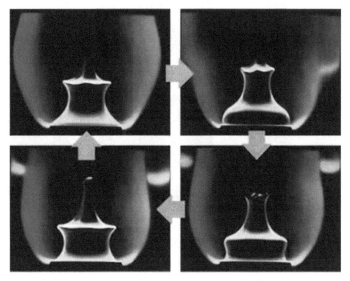

图 5.2.5 声扰动调制的甲烷–空气预混火焰。四色纹影可视化, $f = 75\text{Hz}$, $\omega^* = 15$, $v'/\bar{v} = 0.2$, $\phi = 0.95$

### 5.2.4.2　火焰–平板相互作用

在当量比 $\phi = 0.95$、混合物流速 $\bar{v} = 1.20\text{m/s}$、均方根调制水平固定为 $v' = 0.36\text{m/s}$、调制频率为 $f = 200\text{Hz}$ 的条件下，研究了火焰–平板的相互作用 (FP)。燃烧器出口处的速度扰动使燃烧器唇口处的火焰前缘起皱 (图 5.2.6(a)，顶部图像)，并且该扰动随着流动向平板对流 (图 5.2.6(a)，中间图像)。在这种情况下，可以看到彼此跟随的两条褶皱。当这些扰动接近边界时，火焰表面沿着板面延伸并且平滑地增加到对应于该栏中第三个图像的最大值 (图 5.2.6(a))。在下一幅图片中 (图 5.2.6(a)，本栏中的最后一幅)，火焰前锋的很大一部分已经消失，存在的火焰表面积相对于前一时刻大为减少。这表明火焰表面积的突然减少伴随着大的热释放负变化率。由于冷边界被水冷却并保持其中心温度 $T$ 为 300K，火焰在冷边界因热损失而熄灭 [40,48]。图 5.2.6(a) 中最后一幅图像中的火焰几乎恢复了其初始形状，并且随周期重复循环。需要记住的是，图像是在等间隔的瞬间拍摄的，这表明，热释放在周期内火焰破坏阶段的变化率比在火焰表面积平滑增加阶段的变化率要高。上述运动是周期性的，其频率等于强制频率 $f$。

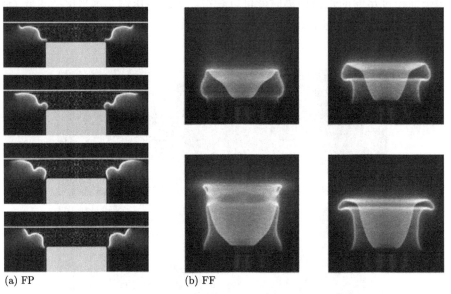

(a) FP　　　　　　　　　　　　　(b) FF

图 5.2.6　(a) 火焰–平板相互作用期间的火焰循环运动，$\phi = 0.95, v = 1.20\text{m/s}$, $f = 200\text{Hz}$ 和 $v' = 0.36\text{m/s}$ (循环从顶部图像开始)；(b) 火焰–火焰相互作用期间的火焰循环运动，$\phi = 1.13$, $v = 1.71\text{m/s}$, $f = 150\text{Hz}$ 和 $v' = 0.50\text{m/s}$ (循环从左上方图像开始) (摘自 Candel, S., Durox, D., and Schuller, T., Flame interactions as a source of noise and combustion instabilities, AIAA paper 2004–2928, 10th AIAA/CEAS Aeroacoustics Conference, Manchester, U.K., May 2004。经许可)

麦克风 M 记录的总噪声现在达到 84dB,即比没有上游扰动时测得的噪声高约 20dB。当火焰被调制时,实验室中的均方根压力波动大了 10 倍。重复这个实验,但是没有平板或没有燃烧时,噪声水平下降到接近无调制时的声压级 (约 60dB),这意味着噪声源与火焰–平板的相互作用直接相关 [40]。图 5.2.8(a) 中绘制的与此相互作用相对应的噪声频谱显示了强迫频率 $f = 200\mathrm{Hz}$ 处的明确峰值及其谐振性。谐波功率含量是不可忽略的,并且在某些情况下可能超过集中于基本强制频率的谐波功率。在一些没有在此描述的情况下,峰值也可能出现在半基频处 [40]。如果压力波动与燃烧器出口处的速度波动具有相同的周期,则后者是纯谐波的,而压力波动具有更丰富的谐波成分。这表明上游速度波动和辐射声之间的能量传递是一个强非线性过程。

这些数据表明,非定常火焰–平板相互作用过程中,热损失构成了燃烧噪声的一个重要来源。这一点在其他情况下也得到了证实,这些情况下,熄火是由于大型相干结构撞击固体边界,或者湍流火焰稳定在靠近壁面位置并撞击边界。然而,在许多情况下,火焰稳定在远离边界的地方,该机理可能无法起作用。

### 5.2.4.3 火焰–火焰相互作用与火焰区域的相互湮灭

"M" 形火焰情况显示了图 5.2.4(MF) 中所示的不同类型的火焰相互作用。"M" 形火焰包括由新鲜反应物分离的两个反应界面,这就产生了 "M" 形相邻分支之间的火焰–火焰相互作用 [41]。给出的情况对应于当量比 $\Phi = 1.13$、混合物流速 $\bar{V}/\bar{v} = 1.13\mathrm{m/s}$、固定调制水平为 $v' = 0.50\mathrm{m/s}$,以及调制频率 $f = 150\mathrm{Hz}$。在一个激发周期中火焰运动的描述开始于火焰–平板相互作用。在燃烧器唇口处产生速度扰动,并在燃烧器底部产生火焰前锋的变形 (图 5.2.6(b),左上图)。扰动主要影响 "M" 形火焰的外分支。然后通过流向火焰顶部的平均流对流 (图 5.2.6(b),右上图)。当变形沿火焰前锋移动时,"M" 的两个分支在垂直方向上被拉伸并靠近 (图 5.2.6(b),右下图),直至火焰表面积达到最大且两个火焰分支相互接触 (图 5.2.6,左下图)。这种相互湮灭的结果取决于第一次相互作用的空间位置。在某些情况下,袋状新鲜反应物可能被困在火焰环中,而在其他情况下则不会发生这种情况 [41,48],火焰环在图 5.2.7 所示的图像中非常明显。

对于此处未显示的某些运行条件,最多可以产生两个火焰环。在这些火焰单元相互作用期间,反应前锋的形状被强烈改变。与火焰–平板的情况一样,在相互作用之后,火焰在循环开始时快速恢复其形状 (图 5.2.6,左上图)。在火焰表面破坏过程中,周期中的短相位比拉伸产生火焰表面的长相位产生了更快的火焰表面积变化率。对于这种情况,除了通过相邻分支的相互湮灭产生火焰表面破坏之外,其机理与火焰–平板相互作用过程中的机理相同。

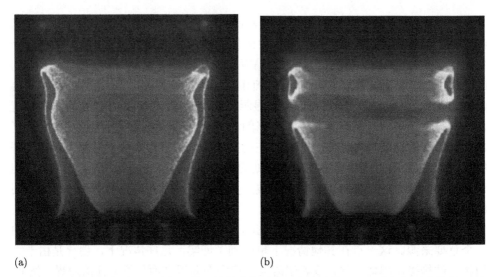

(a)　　　　　　　　　　　　　　　　　　　　(b)

图 5.2.7　FF 装置中相邻火焰相互作用的伪彩色图像。在这种情况下形成新鲜反应物的环面

　　总声压水平达到 91dB，图 5.2.8(b) 中的压力谱与图 5.2.8(a) 中火焰-平板相互作用的压力谱非常相似。基频谐波的存在表明，压力信号也是周期性的，其振荡频率对应于火焰振荡频率，但火焰响应是非线性的，并具有丰富的谐波成分。这些能量谐波表明，噪声起源处的物理过程涉及热释放速率的快速变化。

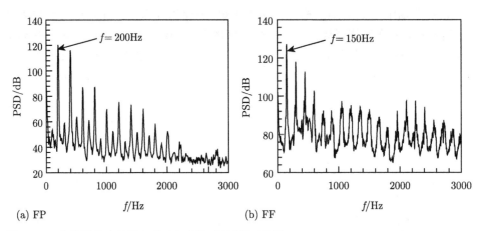

(a) FP　　　　　　　　　　　　　　　　　　(b) FF

图 5.2.8　声发射的功率谱密度 (a) 火焰-平板相互作用，$\phi=0.95$，$v=1.20\mathrm{m/s}$，$f=200\ \mathrm{Hz}$，$v'=0.36\mathrm{m/s}$；(b) 火焰-火焰相互作用，$\phi=1.13$，$v=1.71\mathrm{m/s}$，$f=150\mathrm{Hz}$，$v'=0.50\mathrm{m/s}$，$r_{\infty}=0.25\mathrm{cm}$

在湍流燃烧中，由于火焰相互湮灭被认为是控制和限制火焰表面积的重要因素，因此，以往的研究结果表明，这种机理也可能是湍流燃烧室中强噪声辐射的来源。

#### 5.2.4.4　涡结构所致的火焰卷起

本章讨论的第三种机理涉及火焰–涡相互作用。这将在 "V" 形火焰装置 (图 5.2.4 中的 VF) 中举例说明。火焰稳定在中心杆上，并从杆的边缘自由伸展。环形涡结构在燃烧器排出射流的外混合层中脱落。在该混合层中，大气空气被预混反应物的内部射流夹带。所考虑情况的运行条件是 $\phi = 0.8, \bar{v} = 1.87\text{m/s}, v' = 0.15\text{m/s}$，强制频率 $f = 150\text{Hz}$。当在燃烧器出口处产生速度扰动时，涡结构从边缘脱落并以大约等于平均流速一半的速度朝向火焰前锋对流。图 5.2.9 中的图像显示了从 PIV 测量推导出的旋涡场和燃烧器[19]对称平面上相应的火焰位置 (火焰切片是通过火焰发射图像的 Abel 变换获得的)。涡脱落是由声强迫频率同步的。这些涡沿燃烧器唇缘移动并卷起反应前锋 (图 5.2.9(a))。当涡到达火焰面时，在火焰的自由边缘附近获得最大的卷起 (图 5.2.9(b))。在某些点上，由涡引起的火焰拉伸非常强烈，以致火焰熄灭 (图 5.2.9(c))。在这种相互作用的短时间内，大量的火焰表面消失。

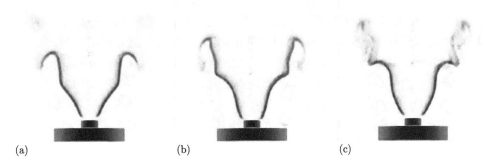

(a)　　　　　　　　　　　　(b)　　　　　　　　　　　　(c)

图 5.2.9　流动周期性调制期间的 ICF 火焰运动，$\phi = 0.8$, $\bar{v} = 1.87\text{m/s}$, $f = 150\text{Hz}$, $v' = 0.15\text{m/s}$ (改编自 Candel, S., Durox, D., and Schuller, T., Flame interactions as a source of noise and combustion instabilities, AIAA paper 2004–2928, 10th AIAA/CEAS Aeroacoustics Conference, Manchester, U.K., May 2004。经许可)

声辐射的总值为 83dB。图 5.2.10 中研究的案例与图 5.2.9 中显示的图像略有不同。对于前两种情况，功率谱密度具有谐波分量，其基频与调制频率相对应 (图 5.2.10)，表明噪声起源处的机理是强非线性的。

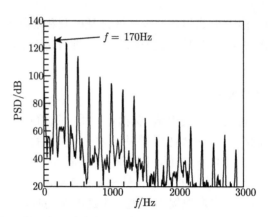

图 5.2.10  火焰–涡相互作用期间的声发射功率谱密度 (ICF 配置)：$\phi = 0.92$, $v = 2.56\mathrm{m/s}$, $f = 170\mathrm{Hz}$, $v' = 0.30\mathrm{m/s}$, $r_\infty = 24\mathrm{cm}$

### 5.2.5  时间跟踪分析

现在通过研究声场和火焰动力学之间的相关性，以对 5.2.4 节中的定性分析进行补充说明。这是通过比较各种实验中记录的压力波动 $p'$ 和光发射信号 $I$ 的时间轨迹来实现的。对于各种相互作用，结果分别显示在图 5.2.11 和图 5.2.12 中。由 PM 记录的 CH* 发射信号的相对强度 $I/\bar{I}$ 绘制在这些图的顶部，由麦克风 M 记录的压力波动随时间的变化率 $\mathrm{dCH^*}/\mathrm{d}t$ 绘制在这些图的底部。后一信号是通过对 CH* 信号微分而获得的。同时，还包含了相当于声学时滞 $\tau = r/c_0$ 的一个延迟，用来解释在火焰和麦克风 M 之间距离 $r$ 上的波传播。然后，对产生的信号进行缩放，得到与压力波动 $p'(t + \tau)$ 振幅相同的信号 $\mathrm{dCH^*}/\mathrm{d}t(t)$。根据燃烧噪声理论，对于保持恒定当量比的均匀混合物，图 5.2.11 和图 5.2.12 中绘制的 $\mathrm{dCH^*}/\mathrm{d}t(t)$ 和 $p'(t + \tau)$ 的数量应该相等。除了高频成分上的一些差异外，在所研究的情况下，高水平速度调制下所获得的信号具有良好的相关性 (图 5.2.11 和图 5.2.12)。同时发现，对应于最大压力波动的相位与 CH* 信号的最大负变化率相对应。

关于 FF 相互作用,图 5.2.6(b) 中显示的条件图像对应的相位也在图 5.2.11(b) 中被绘制为小圆圈。这些数据是使用图 5.2.6(b) 的快照，并假设结构为轴对称，通过直接测量相对火焰表面积波动 $A/\bar{A}$ 得到的。在一个振荡周期内，当火焰表面增加到其最大值时,火焰光发射水平缓慢增加。然后在一个比火焰表面积增加的时间短的时间尺度内,突然下降到其最小值。在所研究的情形中，CH* 信号的最大衰减率总是固定在压力波动振幅的水平,表明火焰表面破坏是燃烧噪声产生的主要过程。当与燃烧器的共振声学模式耦合时，这些压力波动可能产生自持燃烧振荡 [19,41,43]。在自持振荡下，远场压力波动和热释放变化之间的关系 (方程式 (5.2.2)) 保持不变。

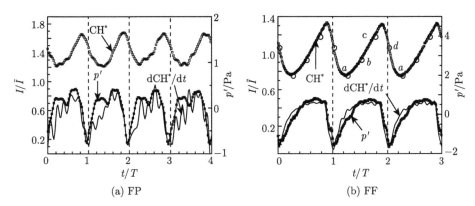

(a) FP　　　　　　　　　　(b) FF

图 5.2.11　声压和热释放的时间历程，(a) 火焰–平板相互作用期间，$\phi = 0.95$, $\bar{v} = 1.20\text{m/s}$, $f = 200\text{Hz}$, $v' = 0.36\text{m/s}$；(b) 火焰–火焰相互作用 (FF) 期间，$\phi = 1.13$, $v = 1.71\text{m/s}$, $f = 150\text{Hz}$, $v' = 0.50\text{m/s}$, $r_\infty = 0.25\text{cm}$

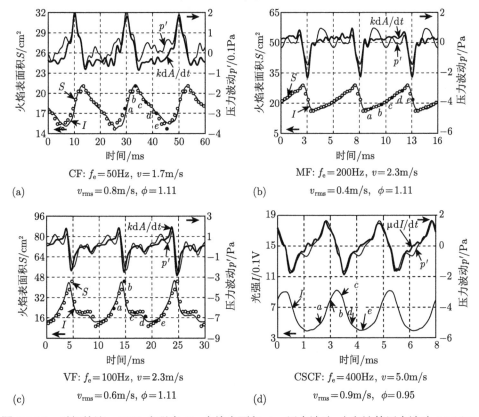

图 5.2.12　时间轨迹：OH* 光强度 $I$，火焰表面积 $A$，压力波动 $p'$ 和计算压力波动 $k\text{d}A/\text{d}t$。圆圈表示提取的以 $\text{cm}^2$ 为单位的火焰表面积 $A$ ($S$ 和 $A$ 无差别地用于表示火焰表面)。标记为 $a$，$b$，$c$，$d$ 的黑色圆圈对应于图 5.2.3 所示图像中的火焰模式

时间轨迹分析见图 5.2.12，其目的也是识别强噪声产生的瞬间。这是通过比较火焰表面积和 PM 信号来完成的。火焰表面积是从驱动循环中不同时刻的相位平均图像的火焰轮廓中提取得到的。为简单起见，在火焰表面积图上叠加相同尺度的发光信号。这用于指示每个图像中产生最大噪声的瞬间。

第一个相互作用对应于圆锥形火焰 (图 5.2.4-CF, $a$ 到 $e$)。在强谐波 $v_{rms}/\bar{v} = 0.47$ 的驱动下，火焰的形状表现出周期性的褶皱，褶皱上的大凸突从燃烧器唇缘到火焰尖端对流，导致中等程度的火焰表面变化 $A_{rms}/\bar{A} = 0.11$。不过，这种凸突的产生会导致在火焰底部生成火焰表面 (图 5.2.4-CF, $a$)。该瞬间对应于图 5.2.4-CF 中时间轨迹中的正压力峰值，但与实验室背景噪声 60dB 相比，其 73dB 的声压级只能算中等强度。声音主要与火焰表面的生成阶段有关。图 5.2.4-MF 中的图像序列对应于在相同谐波作用下的 "M" 形火焰，其响应与锥形火焰的响应明显不同。当褶皱向火焰顶部移动时，相邻锋面单元相互接近并夹断 (图 5.2.4-MF, 时刻 $c$ 和 $d$)，这种相互湮灭导致产生一个火焰环并向下游对流。此循环相互作用的最终结果是火焰表面积变化为 $A_{rms}/\bar{A} = 0.19$，与来流扰动水平 $v_{rms}/v = 0.17$ 的量级相同。火焰夹断的瞬间 (图 5.2.4-MF, $e$) 对应一个较大的负压峰值 (图 5.2.12-MF)，总声压级等于 92dB (表 5.2.1)。与前一种情况相反，这种情况下噪声主要与火焰表面的快速湮灭有关。即使对于相对较低的调制水平，这种相互作用也会产生大的声压级。在图 5.2.4-VF 所示的循环中，火焰周边的卷起是燃烧器出口处的气流扰动 ($v_{rms}/v = 0.26$) 产生的环形涡从燃烧器唇部脱落造成的。当火焰单元在前锋边缘卷起时，它们被拉伸并产生相互作用 (图 5.2.4-VF, $b$ 和 $c$)，导致火焰表面积破坏率增大 ($A_{rms}/\bar{A} = 0.43$)。该情况对应于图 5.2.12-VF 中时刻 $b$ 和 $c$ 之间的强负压峰值，并导致总辐射声压级为 96dB。最后一个例子涉及一组小锥形火焰的相互作用，在一定程度上不同于前述情况，因为其火焰表面形成和破坏阶段的持续时间大致相同 (图 5.2.12-CSCF)。最大生成率和破坏率的瞬间分别对应于图 5.2.12-CSCF 压力–时间轨迹中近似相同振幅的正、负压力峰值。这一观察结果与我们之前的一些预测 [44] 不同，即导致火焰表面破坏的机理是整体噪声产生的主要原因。在这里，生成和破坏阶段都会导致火焰表面区域产生与强压力峰值相关的相反变化率。由于众多单独火焰的联合运动，图 5.2.4-CSCF 中许多图像中的火焰轮廓变得模糊，因此未能提取火焰表面积的演变。然而，火焰动力学可以用火焰发射信号来描述。图 5.2.12-CSCF 中的字母代表与图 5.2.4-CSCF 中的图像相对应的瞬间。板孔出口处的平均流速为 $v = 5.0$m/s，相对扰动水平适中，为 $v_{rms}/v = 0.16$。火焰首先快速拉伸和拉长 (图 5.2.4-CSCF, $a$ 和 $b$)，产生大的火焰表面积。然后，火焰突然破裂并释放出新鲜反应的小球囊 (图 5.2.4-CSCF, $c$ 和 $d$)。有趣的是，在大致相同的流动扰动水平 $v_{rms} = 0.8 \sim 0.9$m/s 下，通过收集小锥形火焰阵列的辐射声压级达到 96 dB，而单个锥形火焰却保持相对安静 (CF,

SPL = 73dB，表 5.2.1)。还应该指出的是，这一结果是在 CSCF 配置的质量流率为 0.29g/s 时得到的，比单个 CF 消耗的质量流率 0.59g/s 要低。小锥形火焰阵列比单一锥形火焰更紧凑，导致火焰表面密度更高，产生的噪声也更强。

进一步的定量比较如下。从相位平均图像中提取火焰表面积 $A$ 并以面积为 $1cm^2$ 的小圆圈表示，火焰光强度 $I$ 以实线表示，如图 5.2.12 所示。使用方程式 (5.2.9) 重新调整发射信号 $I$，以获得与火焰表面积 $A$ 相当的量。两个信号在驱动周期的所有相位完全一致，表明通过研究火焰与对流波相互作用 (图 5.2.12-CF)、火焰元素的相互湮灭 (图 5.2.12-MF)，或火焰涡旋相互作用 (图 5.2.12-VF) 期间火焰的 OH* 自由基发光，可以很好地提取到火焰动力学。时间轨迹揭示了在驱动周期的短相位内的强非线性，其导致了大的表面生成 (CF) 或表面破坏率 (MF、VF)。由麦克风测量的实验室辐射压力 $p'$ 可与由火焰表面积的延迟变化率 $dA/dt$ 计算的理论压力波动进行比较，或等效于与由 $dI/dt$ 计算的理论压力波动的比较，结果绘制在图 5.2.12 的顶部。对于受到对流波扰动的锥形、"M" 形和 "V" 形火焰，可正确提取到压力峰值位置、振幅和有效值水平 (图 5.2.12-CF、MF 和 VF)。值得注意的是，这些结果虽然是由位于火焰近场中的麦克风测量得到的，但是仍然遵循远场条件下导出的经典关系。

### 5.2.6 当量比扰动下的相互作用

先前的数据关注的是速度扰动驱动的非受限火焰配置。这些情况较少依赖于几何形状，因为声音的产生不受边界反射的影响。同时采用光学技术研究非受限火焰也更容易。然而，在许多应用中燃烧发生在受限的环境中，声辐射发生在燃烧室入口或排气段。边界的存在有两个主要影响。

(1) 边界改变系统的反射响应；

(2) 边界通过改变系统的流动形态来改变火焰动力学。

通过考虑系统的本征模，并在由这些本征模形成的基础上展开压力场，可以很容易地处理第一类影响。虽然第二类影响记载得较少，但显然很重要。边界的存在不仅改变了平均流动的结构，而且还影响火焰动力学。这一点在最近的一系列实验中得到了证明，在这些实验中，侧向约束被系统地改变了 [45]。

除了速度扰动之外，其他类型的扰动 (如组分波动) 对火焰的干扰研究也很重要。这可能是由喷注系统对压力波的响应而产生，压力波由燃烧辐射出来，并传播至上游歧管中。在预混结构中，这会导致当量比波动，其向下游对流并与火焰产生相互作用 [46]。这一过程在实践中很重要，但很难通过实验研究。这里通过对锥形火焰施加对流波进行数值模拟来说明 [47]。图 5.2.13 所示的结果表明火焰因这种扰动而起皱，从而引起释热波动。值得注意的是，火焰运动的周期等于强制当量比调制周期的两倍。

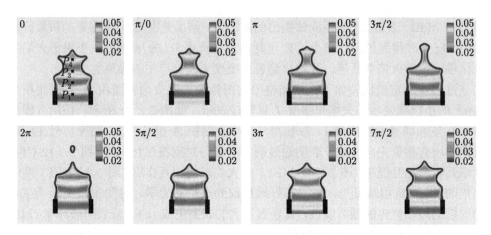

图 5.2.13  甲烷–空气锥形火焰在存在当量比扰动的对流波作用下的动力学特性，$f = 175\text{Hz}$，$\phi/\bar{\phi} = 0.1$。质量分数扰动在色标上显示出来，火焰用温度等值线表示，图中显示了两个调制周期

### 5.2.7  结论

本章对微扰火焰的分析表明，热释放的快速变化构成了燃烧噪声的来源，这种机理可以有效地驱动燃烧不稳定性。在预混火焰中，热释放的快速变化与火焰表面积 $\mathrm{d}A/\mathrm{d}t$ 的变化有关。例如，当火焰与对流涡相互作用时，就会产生这种现象。火焰–涡相互作用导致反应面卷起，随后反应单元相互湮灭，导致火焰表面积迅速破坏。火焰表面积的快速变化也可能是相邻火焰片之间相互作用的结果，这些相互作用消耗了中间的反应物，或者是由于多个火焰集体运动同步挤压和形成袋状结构。实验表明，这些过程引起热释放速率 $(\partial Q/\partial t)$ 的正、负变化较大，构成了噪声辐射源。当这些噪声源通过燃烧室内传播的相干扰动同步时，它们将能量输入运动，这可能导致系统中振荡的增长。在火焰表面破坏阶段，热释放变化率往往达到最大值，这意味着火焰表面耗散是连续运行的燃烧室 (燃气轮机燃烧室、工业锅炉、加热炉等) 中燃烧噪声产生的主要机理。这是因为火焰湮灭的过程通常比火焰表面生成的过程快。然而，情况并非总是如此，强烈的辐射可能来自点火、火焰拉伸和集体动力学。例如，在汽车发动机中，燃烧噪声主要源于汽缸中引入的反应物的剧烈点火，火焰表面积的快速产生是主要的机理。根据这些实验数据，似乎可以通过最小化火焰对入射扰动的响应所导致的热释放变化率来降低驱动水平。

### 参 考 文 献

[1]  F. A. Williams. Combustion Theory. The Benjamin/Cummings Publishing Company, Inc., California, 1985.

[2] L. Crocco. Aspects of combustion instability in liquid propellant rocket motors. part 1. J. Am. Rocket Soc., 21: 163–178, 1951.

[3] L. Crocco and S. I. Cheng. Theory of Combustion Instability in Liquid Propellant Rocket Motors. AGARDograph number 8, Butterworths Science Publication, London, 1956.

[4] M. Barrere and F. A. Williams. Comparison of combustion instabilities found in various types of combustion chambers. Proc. Combust. Inst., 12: 169–181, 1969.

[5] T. C. Lieuwen and V. Yang, eds. Combustion Instabilities in Gas Turbine Engines: Operational Experience, Fundamental Mechanisms, and Modeling. Progress in Astronautics and Aeronautics, Vol. 210, AIAA, 2005.

[6] S. Candel. Combustion instabilities coupled by pressure waves and their active control. Proc. Combust. Inst., 24: 1277–1296, 1992.

[7] A. A. Putnam. Combustion Driven Oscillations in Industry. Elsevier, New York, 1971.

[8] F. E. C. Culick and V. Yang. Overview of combustion instabilities in liquid-propellant rocket engines. Liquid Rocket Engine Combustion Instability. Progress in Astronautics and Aeronautics, Vol. 169, pp. 3–37, Chapter 1, AIAA, 1995.

[9] T. J. Poinsot, A. C. Trouve, D. P. Veynante, S. M. Candel, and E. J. Esposito. Vortex driven acoustically coupled combustion instabilities. J. Fluid Mech., 177: 265–292, 1987.

[10] K. McManus, T. Poinsot, and S. Candel. A review of active control of combustion instabilities. Prog. Energ. Combust. Sci., 19: 1–29, 1993.

[11] S. Candel. Combustion dynamics and control: Progress and challenges. Proc. Combust. Inst., 29: 1–28, 2002.

[12] T. Poinsot and V. Veynante. Theoretical and Numerical Combustion. Edwards, Philadelphia, 2001.

[13] A. P. Dowling. A kinematic model of a ducted flame. J. Fluid Mech., 394: 51–72, 1999.

[14] S. Ducruix, D. Durox, and S. Candel. Theoretical and experimental determination of the transfer function of a laminar premixed flame. Proc. Combust. Inst., 28:765–773, 2000.

[15] Y. Huang and V. Yang. Bifurcation of flame structure in a lean-premixed swirl-stabilized combustor: Transition from stable to unstable flame. Combust. Flame, 136(3): 383–389, 2004.

[16] T. Schuller, S. Ducruix, D. Durox, and S. Candel. Modeling tools for the prediction of premixed flame transfer functions. Proc. Combust. Inst., 29: 107–113, 2002.

[17] T. Schuller, D. Durox, and S. Candel. A unified model for the prediction of flame transfer functions: Comparison between conical and v-flames dynamics. Combust. Flame, 134:21–34, 2003.

[18] T. Lieuwen. Nonlinear kinematic response of premixed flames to harmonic velocity disturbances. Proc. Combust. Inst., 30: 1725–1732, 2005.

[19] D. Durox, T. Schuller, and S. Candel. Combustion dynamics of inverted conical flames.

Proc. Combust. Inst., 30: 1717–1724, 2005.

[20] R. Balachandran, B. O. Ayoola, C.F. Kaminski, A. P. Dowling, and E. Mastorakos. Experimental investigation of the nonlinear response of turbulent premixed flames to imposed inlet velocity oscillations. Combust. Flame, 143: 37–55, 2005.

[21] N. Noiray, D. Durox, T. Schuller, and S. Candel. Selfinduced instabilities of premixed flames in a multiple self-induced instabilities of premixed flames in a multiple injection configuration. Combust. Flame, 145: 435–446, 2006.

[22] V. N. Kornilov, K. R. A. M. Schreel, and L. P. H. de Goey. Experimental assessment of the acoustic response of laminar premixed bunsen flames. Proc. Combust. Inst., 31: 1239–1246, 2007.

[23] N. Noiray, D. Durox, T. Schuller, and S. Candel. A unified framework for nonlinear combustion instability analysis based on the flame describing function. J. Fluid Mech., 2008 (In press).

[24] S. Candel, A.-L. Birbaud, F. Richecoeur, S. Ducruix, and C. Nottin. Computational flame dynamics (invited lecture). In Second ECCOMAS Thematic Conference on Computational Combustion, Delft, The Netherlands, July 2007.

[25] T. Lieuwen and B. T. Zinn. The role of equivalence ratio fluctuations in driving combustion instabilities in low nox, gas turbines. Proc. Combust. Inst., 27: 1809–1816, 1998.

[26] A. Thomas and G. T. Williams. Flame noise: Sound emission from spark-ignited bubbles of combustible gas. Proc. R. Soc. Lond. A, 294: 449–466, 1966.

[27] S. L. Bragg. Combustion noise. J. Inst. Fuel, 36: 12–16, 1963.

[28] I. R. Hurle, R. B. Price, T. M. Sudgen, and A. Thomas. Sound emission from open turbulent flames. Proc. R. Soc. Lond. A, 303: 409–427, 1968.

[29] T. J. B. Smith and J .K. Kilham. Noise generated by open turbulent flame. J. Acoust. Soc. Am., 35: 715–724, 1963.

[30] R. B. Price, I. R. Hurle, and T. M. Sudgen. Optical studies of the generation of noise in turbulent flames. Proc. Combust. Inst., 12: 1093–1102, 1968.

[31] W. C. Strahle. On combustion generated noise. J. Fluid Mech., 49: 399–414, 1971.

[32] W. C. Strahle. Combustion noise. Prog. Energ. Combust. Sci., 4: 157–176, 1978.

[33] B. N. Shivashankara, W. C. Strahle, and J .C. Handley. Evaluation of combustion noise scaling laws by an optical technique. AIAA J., 13: 623–627, 1975.

[34] M. Katsuki, Y. Mizutani, M. Chikami, and Kittaka T. Sound emission from a turbulent flame. Proc. Combust. Inst., 21: 1543–1550, 1986.

[35] D. I. Abugov and O. I. Obrezkov. Acoustic noise in turbulent flames. Combust. Explosions Shock Waves, 14: 606–612, 1978.

[36] P. Clavin and E .D. Siggia. Turbulent premixed flames and sound generation. Combust. Sci. Technol., 78: 147–155, 1991.

[37] G. Markstein. Non Steady Flame Propagation. Pergamon Press, Elmsford, NY, 1964.

[38] P. Pelce and P. Clavin. Influence of hydrodynamics and diffusion upon the stability limits of laminar premixed flames. J. Fluid Mech., 124: 219–237, 1982.

[39] M. Matalon and B. J. Matkowsky. Flames in fluids: Their interaction and stability. Combust. Sci. Technol., 34: 295–316, 1983.

[40] T. Schuller, D. Durox, and S. Candel. Dynamics of and noise radiated by a perturbed impinging premixed jet flame. Combust. Flame, 128: 88–110, 2002.

[41] T. Schuller, D. Durox, and S. Candel. Self-induced combustion oscillation of flames stabilized on annular burners. Combust. Flame, 135: 525–537, 2003.

[42] C. M. Vagelopoulos, F. N. Egolfopoulos, and C.K. Law. Further considerations on the determination of laminar flame speeds with the counterflow twin-flame technique. Proc. Combust. Inst., 25: 1341–1347, 1994.

[43] D. Durox, T. Schuller, and S. Candel. Self-sustained oscillations of a premixed impinging jet flame on a plate. Proc. Combust. Inst., 29: 69–75, 2002.

[44] S. Candel, D. Durox, and T. Schuller. Flame interactions as a source of noise and combustion instabilities. AIAA Paper 2004–2928, 2004.

[45] A. L. Birbaud, D. Durox, S. Ducruix, and S. Candel. Dynamics of confined premixed flames submitted to upstream acoustic modulations. Proc. Combust. Inst., 31(1): 1257–1265, 2007.

[46] J. H. Cho and T. Lieuwen. Laminar premixed flame response to equivalence ratio oscillations. *Combust. Flame*, 140: 116–129, 2005.

[47] A. L. Birbaud. Dynamique d'interactions sources des instabilites de combustion, PhD Thesis, Ecole Centrale Paris, Chatenay-Malabry, 2006.

[48] S. Candel, D. Durox, T. Schuller. Flame interactions as a source of noise and combustion instabilities, AIAA paper 2004–2928, 10th AIAA/CEAS Aeroacoustics Conference, Manchester, U. K., May 2004.

# 5.3  郁金香火焰：密闭管中的爆燃形态

## Derek Dunn-Rankin

### 5.3.1  引言

自 19 世纪末 Mallard 和 Le Chatelier[1] 探索煤矿隧道爆炸行为以来，预混火焰在密闭容器中的传播一直是燃烧研究的一个主题。20 世纪初，实验人员使用条纹相机来监测预混火焰前沿在管道和通道中传播的过程，但没有记录火焰的详细形状。然而，人们对采用摄影方法测量火焰速度和观察爆燃到爆轰转变的持续兴趣，促进了观测技术的进步，使燃烧过程中火焰形状监测成为可能。例如，Mason 和 Wheeler[2] 给出了火焰在管中传播的瞬时图像，并证明它是不对称的。通过这张图片，研究人员指出火焰形状使火焰的均匀运动 (或正常传播速度) 概念变得复杂。可以说，对封闭容器中火焰形状变化的最引人注目的图像学研究 (直到今天也值得称道) 是由 Ellis 发表的，他使用当时最新开发的旋转快门相机 [3] 捕捉到了密闭容器中火焰传播的时间历史频闪图像。利用这台相机，他收集了球形、立方体、异形圆柱体和圆柱形密闭管中的 $CO/O_2$ 火焰图像 [4]。这项工作包括各种混合物组成、点火位置，甚至火焰的相互传播。所有这些密闭容器的研究都产生了非常有趣的视觉结果，其中一个结果就是密闭管中发生的非常明显的尖角火焰，后来被称为 "郁金香火焰"(尽管 Ellis 从未用这个名字来称呼它)。图 5.3.1 显示了一个根据文献 [5] 改编的郁金香火焰形成的示例。频闪序列图像表明，火焰在一端壁处点火后呈一个相当对称的半球形增长。然而，当它接近管的侧壁时，火焰拉长成圆顶形状 (Clanet 和 Searby[6] 称之为 "手指")。然后，当细长单元在侧壁附近烧尽时，火焰迅速变平并向未燃烧气体凸出。通常，火焰在其后续传播过程中将保持这种凸尖 (或郁金香) 形状。

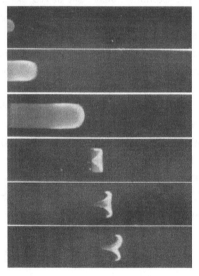

图 5.3.1　旋转相机拍摄的 $CO/O_2$ 火焰，从半球形帽状火焰转变为现在被认为是郁金香或者更准确地说是 "双唇" 火焰的反转图像。火焰在直径为 2.5cm、长 20.3cm 的密闭圆柱形管中传播 (改编自 Ellis, O. C. de C. and Wheeler, R. V., J. Chem. Soc., 2, 3215, 1928)

### 5.3.2　郁金香火焰的历史描述

图 5.3.1 中所示火焰形状变化的剧烈动力学，以及它与火焰不稳定性和火焰诱导的流动之间的关系，总是不断引起人们对其研究的兴趣。在回顾这一火焰形状转变现象之前，我们有必要追溯 "郁金香" 这个名字的历史，并将这种特殊的火焰形状与它经常被等同或混淆的无数其他形状区分开来。

1957 年，Salamandra 等将一种在长管中传播并在一定条件下导致爆燃到爆轰转变 (DDT) 的火焰命名为 "郁金香"[7]。该术语随后被广泛用于爆轰研究中，用来描述这种典型的形状 [8,9]。图 5.3.2 显示了这些与 DDT 相关的郁金香火焰的几个例子，图 5.3.3 将该火焰与实际郁金香花的旋转缩比图像进行了比较，以显示这种名称关联的合理性。值得注意的是，图中底部显示的 Ellis 型火焰在很大程度上与郁金香并不相似，或许称之为"双唇"火焰更为贴切。

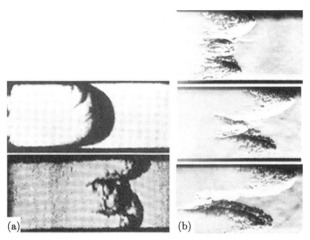

图 5.3.2 在爆燃向爆轰转变过程中的郁金香火焰：(a) 火焰形状最早被 Salamandra 等称为"郁金香"火焰 [7]，文献中有描述火焰减速阶段的句子："弯月形火焰前端变成了郁金香形状"。燃烧室横截面为正方形 (边长为 36.5mm)，长约 1m，混合物是 $H_2/O_2$；(b) 来自最近实验的类似图像 [10]，其中火焰也被认为是"郁金香形状"，更近期的图像也称其为郁金香形

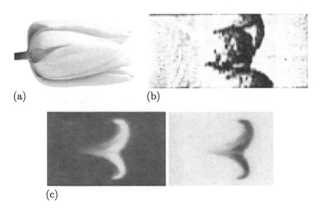

图 5.3.3 与郁金香进行比较：(a) 实际郁金香花的图像，该花已经旋转并调整尺寸，可以进行比较；(b) Salamandra 等指出的过渡到爆轰的郁金香状火焰 [7]；(c) 由 Ellis 和 Wheeler[5] 在密闭管中识别的倒置火焰形状，现在被称为郁金香火焰。右侧像是左侧像的反色处理

然而，尽管有这种误称，但当人们在 20 世纪 80 年代中期对 Ellis 型闭管火焰再次燃起兴趣时，相关研究人员也注意到了 DDT 郁金香，并将其命名为尖角层

流火焰转变 [11-14]。图 5.3.4 显示了当时火焰图像的一个例子，现在已常用 "郁金香" 这个名称来描述在相对较短的密闭管内传播时发生的尖角火焰形状的变化 [15-21]。

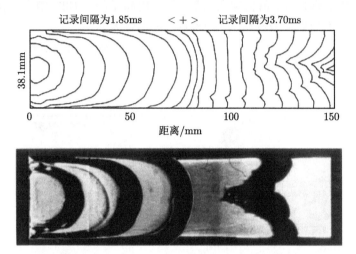

图 5.3.4　从高速纹影录像 (5000 帧/秒) 中提取的火焰形状图像和轨迹，化学恰当当量比的甲烷/空气火焰在方形截面 (边长 38.1mm) 密闭管中传播时，其形状表现出倒置型郁金香形状

情况进一步复杂化，郁金香的名称也被应用于各种情形：与压力波相互作用的火焰 (Lee[8] 描述了 Markstein 的工作 [22]，如图 5.3.5 所示)，在开口管中传播的火焰 [6,23,24]，在壁面热损失起重要作用的狭窄通道中的火焰 (例如文献 [25]，[26])，甚至在旋转管中传播的火焰 [27]。向下传播的极限火焰，如图 5.3.6 所示，来自 Jarosinski 等 [28]，也可能是郁金香名称的候选者，但到目前为止它们还没有被命名为郁金香。

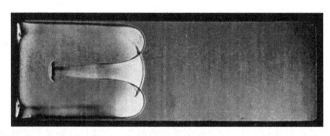

图 5.3.5　当弱激波 (压力比 1.10) 从右侧与火焰相互作用时产生的火焰形状。相互作用开始后 2.5ms，图像显示为一个火焰漏斗。火焰是化学恰当当量比的丁烷/空气混合物 (改编自 Markstein, G. H., Nonsteady Flame Propagation, AGARDograph, Pergamon Press, New York, 1964)

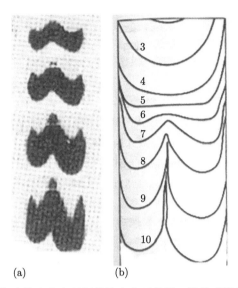

图 5.3.6 贫燃甲烷/空气火焰在上方封闭的管中向下传播，管的直径为 51mm。(a) 火焰的自
发光图像；(b) 55 帧/秒的火焰形状迹线 (改编自 Jarosinski, J., Strehlow, R.A., and
Azarbarzin, A., Nineteenth Symposium (International) on Combustion, The Combustion
Institute, Pittsburgh, pp. 1549—1555, 1982)

如上所述，燃烧文献中充满了被认为是郁金香的火焰形状，包括 Ellis 和
Wheeler[5]、Gu'enoche 和 Jouy[29]、Jeung 等 [30] 的论文中的火焰形状，以及最近
在 Clanet 和 Searby[6]、Matalon 和 Metzener[19]、Dunn-Rankin 和 Sawyer[12,31]
的论文中的报道。在这些论文中，有许多关于郁金香火焰的解释，以及该过程的一
些解析和数值模型。基于对郁金香火焰的各种研究、解释和模型判断，郁金香火
焰的形状可能不是由单一现象产生的，而是可能源于所研究系统的不同过程。因
此，单一的主导机理并不能解释文献中所有的实验证据。但是，如果我们将考虑
限制在 Ellis 强调的短闭管条件下，那么我们可以更容易地评估导致这种特殊形
式的郁金香火焰的火焰/流动/不稳定性条件。

### 5.3.3 相对较短的密闭管中的郁金香火焰

为了实现最剧烈的火焰反转行为，在一根两端封闭的管子里充满接近化学恰
当当量比的燃料空气混合物，然后在管的一端点火，就会产生爆燃。管子的长度
与横向尺寸之比应在 4~20。横向尺寸的绝对值应足够大 (> 25mm)，以消除壁面
传热和边界层效应，但横向尺寸的绝对值也需足够小 (< 100mm)，以防止火焰面
出现较大的浮力或动态变形。郁金香火焰仍会在这些几何限制之外发生；但过渡
过程的剧烈度会降低。图 5.3.7 是根据 Ellis 和 Wheeler[5] 的工作绘制的示例，说
明了适当的管道条件和一端点火后产生的火焰形状序列。

图 5.3.7　经典的自发光频闪图像，预混火焰在密闭管中形成倒置郁金香火焰。饱和水蒸气环境中的 $CO/O_2$ 火焰图像间隔为 4.1ms，其火焰速度可与化学恰当当量比的甲烷/空气火焰相媲美。该管直径为 2.5cm，长 20.3cm(改编自 Ellis, O.C. de C. and Wheeler, R.V., J. Chem. Soc., 2, 3215, 1928)

　　如前所述，在各种各样的条件下都观察到了郁金香火焰，这表明它是一种非常强劲的现象。实际上，如图 5.3.8 所示，Zhou 等 [32] 即使在密闭管子弯曲的情况下也发现了郁金香火焰。总地来说，文献中的实验观察表明，在相对较短的密闭管结构中。

　　(1) 郁金香火焰的形成与燃烧器壁面火焰淬熄相伴随的火焰面积快速减少过程同步发生。

　　(2) 火焰面积减少越明显，郁金香火焰转变就越明显。

　　(3) 郁金香火焰的形成对质量损失和端壁几何形状相对不敏感。

　　(4) 郁金香火焰的形成对混合物成分相对不敏感。

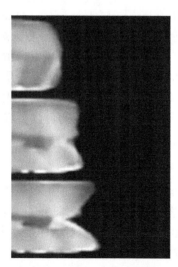

图 5.3.8　在弯曲的闭合管中形成郁金香火焰的自发光图像。曲面弯向右侧，在这些照片中看不到，但形成的经典双叶形状与直管时的一样。这些图像与 Zhou 等报道的图像 [32] 相似 (由 A. Sobesiak 提供)

综上所述，这些观察结果表明，基本郁金香火焰的形成是一种非常强劲的现象，在某种程度上取决于燃烧容器的整体几何形状。毫无疑问，尖点的增长代表着一种 Darrieus-Landau 不稳定性 [33−35]，这种不稳定性是由小尺度的热扩散输运来稳定的，但一个有趣的悬而未决的问题是，是什么为不稳定性提供了主要的触发机理，使其最常呈现出大双叶的不稳定结构。

### 5.3.4  郁金香火焰不稳定的触发

早期解释郁金香火焰触发机理的尝试集中在压力波/火焰相互作用上。这是记录在案的第一个条纹图像 [2] 中火焰振动行为的自然结果，而 Markstein 的图像 (图 5.3.5) 显示了压力波如何从根本上干扰火焰前锋。然而，数值研究表明，郁金香火焰即使在没有压力波时也会发生 (例如文献 [11] 中的报道)，这表明火焰/流动相互作用可能很重要。激光多普勒测速仪 (LDV) 的出现为定量观察这种火焰与流动的相互作用提供了一种方法。20 世纪 80 年代中期，Starke 和 Roth[14]、Jeung 等 [30] 与 Dunn-Rankin[36] 对郁金香形成过程中的速度进行了测量。这一新的定量数据也促进了对郁金香现象的一系列数值模拟 [16]，因为郁金香现象总是周期性地重新出现 (例如，文献 [17])。图 5.3.9 和图 5.3.10 显示了这些速度结果的示例。速度测量结果最终表明，郁金香火焰现象不会在大量未燃烧气体中产生任何明显的逆流或产生任何沿壁面的挤压流。实际上，未燃烧的气体表现得就好像被泄漏的活塞压缩一样。测量结果还表明，在这些相对大直径的管中，边界层效应并不显著。

速度测量的最有趣结果发生在燃烧的气体中，正如最初向未燃烧气体凸出的火焰开始变平一样。弯曲的火焰在燃烧的气体中产生了明显的回流。回流的产生是因为垂直于火焰表面的膨胀使流动向上朝向中心线偏转。在其早期生长阶段，这种回流不会影响火焰，因为膨胀会使火焰前锋快速沿管道向下移动，但随着火焰裙边到达侧壁，膨胀急剧减小，火焰仍保持在其刚刚产生的回流附近。燃烧气体中的这种回流使火焰产生微小偏转，从而引发更广泛的不稳定性。图 5.3.11 和图 5.3.12 显示了两个郁金香火焰形成事件的纹影图像。在这些情况下，纹影系统足够灵敏，能够捕捉与流场相关的残余热梯度。这些图像清楚地表明，在郁金香火焰开始的位置有一个回流池。

图 5.3.13 显示了一幅来自高速纹影胶片的图像，该图像显示了一个化学恰当当量比甲烷/空气火焰在长度约为 300mm 的方形横截面管 (边长 38.1mm) 中传播。这张图片显示了当管子相当长 (但未开口) 并且点火源近似为二维时，尖角火焰的定义有多清晰。

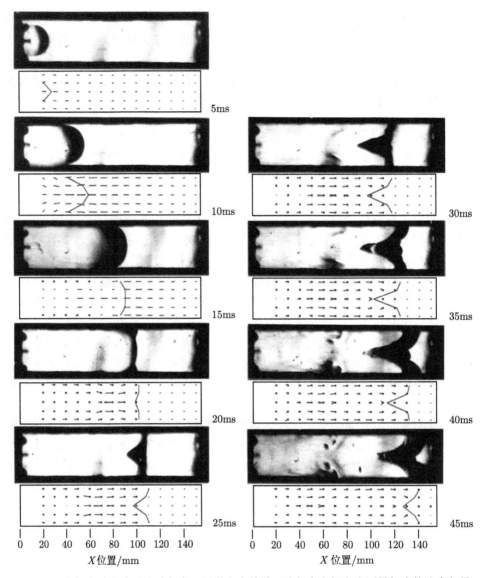

图 5.3.9　在郁金香火焰形成过程中,用激光多普勒风速仪在密闭室内测量气流的速度矢量。给出了火焰图像,由于速度测量需要多次重复运行,因此图像仅具有代表性。燃烧室方形横截面的边长为 38.1mm。速度场中的迹线是基于速度数据丢失的火焰位置。在速度矢量中,当火焰改变形状时产生的涡量表现得很清晰

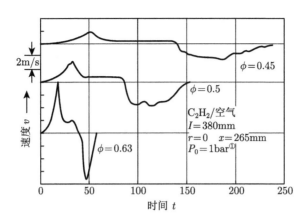

图 5.3.10 激光多普勒风速测量数据显示，在不同当量比的乙炔/空气郁金香火焰形成过程中，沿着 380mm 长的密闭室中心线的轴向速度。在距离点火点 265mm 处测量速度，因此在火焰到达测量点之前已经形成郁金香形状。这项工作显示的行为与图 5.3.9 中描述的结果类似 (改编自 Starke, R. and Roth, P., Combust. Flame, 66, 249, 1986)

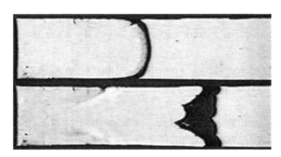

图 5.3.11 纹影图像中的郁金香火焰和残留的旋涡，被认为是引发不稳定的原因。该管为丙烯酸材质，其正方形横截面边长为 38.1mm，混合物是化学恰当当量比的甲烷/空气

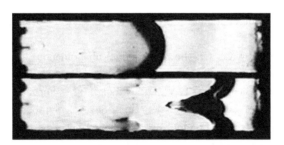

图 5.3.12 类似于图 5.3.11，另一个郁金香火焰的纹影图像和涡旋的残余，也被认为是引发不稳定性的原因。涡的位置表明，它形成于半球形帽状火焰在侧壁燃烧殆尽的时刻

① 1bar = $10^5$Pa。

图 5.3.13    一个非常清晰的郁金香或双唇火焰的纹影图像，形成于一个中等长度的方形横截面管 (边长 300mm× 侧边长 38.1mm) 中。化学恰当当量比的甲烷/空气混合物。线形点火器位于左侧壁

### 5.3.5    结论

郁金香或 "双唇" 火焰是一个有趣的例子，展示了火焰/流动相互作用如何导致火焰形状的变化。郁金香火焰的现象，以不同的形式出现在许多燃烧配置中，并且郁金香产生的原因至少部分地取决于所研究的特定系统。对于火焰在相当短、中等狭窄的管道中传播的特定情况，当弯曲的火焰前锋产生的回流突然在扁平火焰面附近旋转时，郁金香火焰似乎就会产生。回流产生了 Landau-Darrieus 不稳定性的初始触发，随后扩展到整个郁金香火焰。

### 参 考 文 献

[1] Mallard, E. and Le Chatelier, H. L., Recherches experimentales et theoriques sur la combustion des melanges gaseux explosifs, Series 4. Annales des Mines, 8, 274–618, 1883.

[2] Mason, W. and Wheeler, R. V., The propagation of flame in mixtures of methane and air. Part II. Vertical propagation, Journal of the Chemical Society Transactions, 117, 1227–1237, 1920.

[3] Ellis, O. C. de C. and Robinson, H. A, new method of flame analysis, Journal of the Chemical Society, 127, 760–767, 1925.

[4] Ellis, O. C. de C., Flame movement in gaseous explosive mixtures, Fuel in Science and Practice, 7(5): 195–205; 7(6): 245–252; 7(7): 300–304; 7(8): 336–344; 7(9): 408–415; 7(10): 449–454; 7(11): 502–508, 1928.

[5] Ellis, O. C. de C. and Wheeler, R. V., Explosions in closed cylinders. Part III. The manner of movement of flame, Journal of the Chemical Society, Part 2, 3215–3218, 1928.

[6] Clanet, C. and Searby, G., On the 'tulip flame' phenomenon, Combustion and Flame, 105, 225–238, 1996.

[7] Salamandra, G. D., Bazhenova, T. V., and Naboko, I. M., Formation of detonation wave during combustion of gas in combustion tube, Seventh Symposium (International) on Combustion, Butterworths, London, pp. 851–855, 1959.

[8] Lee, J. H. S., Initiation of gaseous detonation, Annual Review of Physical Chemistry, 28, 75–104, 1977.

[9] Urtiew, P. A. and Oppenheim, A. K., Experimental observations of the transition to detonation in an explosive gas, Proceedings of the Royal Society of London. Series A. 295(1440), 13–28, 1966.

[10] Kuznetsov, M., Alekseev, V., Matsukov, I., and Dorofeev, S., DDT in a smooth tube filled with a hydrogen–oxygen mixture, Shock Waves, 14, 205–215, 2005.

[11] Dunn-Rankin, D., Barr, P. K., and Sawyer, R. F., Numerical and experimental study of "Tulip" flame formation in a closed vessel, Twenty-First Symposium (International) on Combustion, The Combustion Institute, Pittsburgh, pp. 1291–1301, 1986.

[12] Dunn-Rankin, D. and Sawyer, R. F., Interaction of a laminar flame with its self-generated fl ow during constant volume combustion, AIAA Volume from Tenth ICDERS, 115–130, 1985.

[13] Rotman, D. A. and Oppenheim, A. K., Aerothermo-dynamic properties of stretched flames in enclosures, Twenty-First Symposium (International) on Combustion, The Combustion Institute, Pittsburgh, pp. 1303–1312, 1986.

[14] Starke, R. and Roth, P., An experimental investigation of flame behavior during cylindrical vessel explosions, Combustion and Flame, 66, 249–259, 1986.

[15] Cloutman, L. D., Numerical simulation of turbulent premixed combustion, Western States Section/Japanese Section of the Combustion Institute JointMeeting, Fall, Honolulu, November 22–25; Lawrence Livermore National Laboratory Report UCRL-96680, 1987.

[16] Gonzalez, M., Borghi, R., and Saouab, A., Interaction of a flame front with its self-generated fl ow in an enclosure: The "tulip flame" phenomenon, Combustion and Flame, 88, 201–220, 1992.

[17] Marra, F. S. and Continillo, G., Numerical study of premixed laminar flame propagation in a closed tube with a full Navier-Stokes approach, Twenty-Sixth Symposium (International) on Combustion, The Combustion Institute, Pittsburgh, pp. 907–913, 1996.

[18] Matalon, M. and McGreevy, J. L., The initial development of a tulip flame, Twenty-Fifth Symposium (International) on Combustion, The Combustion Institute, Pittsburgh, pp. 1407–1413, 1994.

[19] Matalon, M. and Metzener, P., The propagation of premixed flames in closed tubes, Journal of Fluid Mechanics, 336, 31–50, 1997.

[20] N'Konga, B., Fernandez, G., Guillard, H., and Larrouturou, B., Numerical investigations of the tulip flame instability—comparisons with experimental results, Combustion Science and Technology, 87, 69–89, 1992.

[21] Starke, R. and Roth, P., An experimental investigation of flame behavior during explosions in cylindrical enclosures with obstacles, Combustion and Flame, 75, 111–121, 1989.

[22] Markstein, G. H., Experimental studies of flame-front instability, in Nonsteady Flame Propagation, AGARDograph, G.H. Markstein, ed., Pergamon Press, New York, 1964.

[23] Chomiak, J. and Zhou, G., A numerical study of large amplitude baroclinic instabilities of flames, Twenty-Sixth Symposium (International) on Combustion, The Combustion Institute, Pittsburgh, pp. 883–889, 1996.

[24] Dold, J. W. and Joulin, G., An evolution equation modeling inversion of tulip flames, Combustion and Flame, 100, 450–456, 1995.

[25] Hackert, C. L., Ellzey, J. L., and Ezekoye, O. A., Effect of thermal boundary conditions on flame shape and quenching in ducts, Combustion and Flame, 112, 73–84, 1998.

[26] Song, Z. B., Ding, X. W., Yu, J. L., and Chen, Y. Z., Propagation and quenching of premixed flames in narrow channels, Combustion, Explosion, and Shock Waves, 42, 268–276, 2006.

[27] Sakai, Y. and Ishizuka, S., The phenomena of flame propagation in a rotating tube, Twenty-Sixth Symposium (International) on Combustion, The Combustion Institute, Pittsburgh, pp. 847–853, 1996.

[28] Jarosinski, J., Strehlow, R. A., and Azarbarzin, A., The mechanisms of lean limit extinguishment of an upward and downward propagating flame in a standard flammability tube, Nineteenth Symposium (International) on Combustion, The Combustion Institute, Pittsburgh, pp. 1549–1555, 1982.

[29] Gúenoche, H. and Jouy, M., Changes in the shape of flames propagating in tubes, Fourth Symposium (International) on Combustion, Williams and Wilkins, Baltimore, pp. 403–407, 1953.

[30] Jeung, I., Cho, K., and Jeong, K., Role of flame generated flow in the formation of tulip flame, paper AIAA 89–0492, 27th AIAA Aerospace Sciences Meeting, Reno, Nevada, January 9–12, 1989.

[31] Dunn-Rankin, D. and Sawyer, R. F., Tulip flames: Changes in shape of premixed flames propagating in closed tubes, Experiments in Fluids, 24, 130–140, 1998.

[32] Zhou, B., Sobiesiak, A., and Quan, P., Flame behavior and flame-induced fl ow in a closed rectangular duct with a 90 degrees bend, International Journal of Thermal Sciences, 45, 457–474, 2006.

[33] Darrieus, G., Propagation d'un Front de Flamme: Essai de Theórie des Vitesses Anomales de Deflagration par Development Spontane de la Turbulence, unpublished manuscript of a paper presented at La Technique Moderne, 1938, and Le Congrés de Mechanique Appliquée, Paris, 1945, 1938.

[34] Kadowaki, S. and Hasegawa, T., Numerical simulation of dynamics of premixed flames: Flame instability and vortex–flame interaction, Progress in Energy and Combustion Science, 31, 193–241, 2005.

[35] Landau, L., On the theory of slow combustion, Acta Physicochimica URSS, 19, 77–85, 1944.

[36] Dunn-Rankin, D., The interaction between a laminar flame and its self-generated fl ow, Ph.D. Dissertation, University of California, Berkeley, 1985.

# 第 6 章 不同的火焰淬熄方法

## 6.1 火焰在窄通道中的传播及其淬熄机理

Artur Gutkowski and Jozef Jarosinski

### 6.1.1 引言

近两个世纪前,汉弗莱·戴维爵士 (Sir Humphry Davy) 在参与防止煤矿爆炸时,首次研究了壁面淬火的问题。他采用实验方法,历时几个月的时间解决了采矿安全灯的问题。随后他向公众展示了其火焰结构 [1]。在他取得的这一惊人成就之后的一百多年,壁面淬火问题一度被科学界所忽视。直到 1918 年,佩曼和惠勒 (Payman & Wheeler) 才发表了他们关于火焰通过小直径管道传播的著作 [2]。霍尔姆 (Holm[3]) 也对火焰淬熄进行了广泛的实验研究,并首次引入淬熄距离或淬熄直径的概念。然而,对壁面火焰淬熄理论做出最重要贡献的科学家是 Zel'dovich[4,5]。他证明,在淬熄极限条件下,层流燃烧速度 $S_{L,lim}$ 和极限温度的最大值 $(T_{b,max})_{lim}$ 分别与它们在绝热条件下的值 $S_L^\circ$ 和 $T_b^\circ$ 有关,且关联式为

$$\frac{S_{L,lim}}{S_L^\circ} = e^{-\frac{1}{2}} = 0.61 \tag{6.1.1}$$

$$\Delta T_{b,lim} \equiv \left[ T_b^\circ - (T_{b,max})_{lim} \right] = \frac{b}{(S_{L,lim})^2} = \frac{(T_b^\circ)^2 R}{E} \tag{6.1.2}$$

其中,$b$ 为表征热损失的参数,$R$ 为通用气体常数,$E$ 为活化能。

在他的理论中,Zel'dovich 还证明了在相同的淬熄极限下,Peclet 数保持不变,且满足如下的表达式

$$Pe = \frac{S_L^\circ D_Q}{a} \tag{6.1.3}$$

其中,$D_Q$ 是淬熄直径,$a$ 是热扩散率。他的上述理论写进了他后来的书 [6] 中,并且经受住了时间的验证。

不幸的是,他的工作发表于第二次世界大战期间的苏联,所以在很长一段时间内,其他研究燃烧的广大民众几乎 (对他的工作) 一无所知。

由于火焰在不同混合物中传播的淬熄距离对于工业应用通常是重要的，因此开发了测量该量的实验方法。最常用的方法有：

(1) 燃烧器法；

(2) 管道法；

(3) 法兰电极法。

第一种方法是在大气压 [3,7] 或低压 [8,9] 下使用。第二种方法主要在减压 [10-12] 下进行。第三种方法是由 Blanc[13]、Lewis 和 von Elbe[14] 等开发研究的，也被其他研究人员 [15] 使用，并且现今还用于一些实验室中。

早期的一些研究致力于评估壁面对淬熄距离的影响。发现壁材性质对淬熄距离影响不大 [7,8,16]。

这是因为有限厚度壁的热容量比热燃烧产物的热容量高几个数量级。并且，一些研究人员确实观察到壁的性质对淬熄距离的影响很小 [17]。这是根据壁面的一些残余催化活性来解释的，该壁面被之前实验中的燃烧产物所污染。关于这一解释，任何通过反应中产生的水蒸气冷凝而湿润的材料表面都应该具有非常相似的低活性。

此外，还发展了许多关于火焰淬熄的理论。其中一些是基于淬熄条件的任意假设 [7,11]。另一些理论则基于火焰的能量守恒方程，包括热损失 [19-21]。

近年来，关于火焰淬熄的研究受到不同应用的启发，时常有报道 [22-24]。

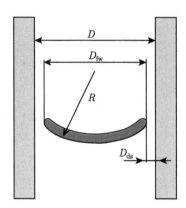

图 6.1.1 通道中火焰参数的定义。火焰淬熄时有效通道壁之间的距离 (淬熄距离)

淬熄距离是表征层流火焰与固体壁接触的一个非常重要的参数。它与层流燃烧速度和火焰厚度直接相关，汇集了层流火焰前锋中发生的最重要的过程。壁面火焰淬熄伴随着许多有趣的现象。通常认为应确定向下传播火焰的淬熄距离。在这种情况下，比较向下和向上传播火焰的特性是非常有趣的。它们行为的相似或不同取决于 Lewis 数的值。表征极限火焰特征的量有 "死区"、曲率半径、热燃气区长度等。这些量是淬熄距离和当量比的函数，它们都影响淬火。认识到它们对极限火焰的影响有助于理解火焰淬熄的机理。

一段时间以来，我们的研究小组一直致力于极限火焰特性的研究。本章中报告的大多数结果是在正常大气条件下，在 300mm 长的方形截面通道中获得的丙烷火焰。实验过程如前所述 [25]。在淬火管或淬火通道内的静止混合物中传播的火焰可由图 6.1.1 中定义的参数来表征。

### 6.1.2　火焰形状和传播速度

为了详细了解窄通道中火焰淬熄的机理，首先应该检查固定组成混合物在不同尺寸的通道中的火焰的数据 (图 6.1.2)。在化学恰当当量比的丙烷/空气混合物中测得的传播速度如图 6.1.2(a) 所示。当通道宽度略大于淬熄距离时，传播速度低于层流燃烧速度。对于宽度超过 3mm 的通道，当宽度为 6~9mm 时，传播速度逐渐增大至约为 $2S_L^\circ$ 的最大值，如果通道宽度进一步增大/分开，传播速度则会缓慢下降。从图 6.1.2(b) 可以看出，向下传播的火焰总是凸起的。尽管有重力的稳定作用，但还是形成了凸火焰。这表明火焰锋是不稳定的。凸火焰可以用曲胞来处理，曲胞是在平火焰失去稳定性后形成的 [6]。

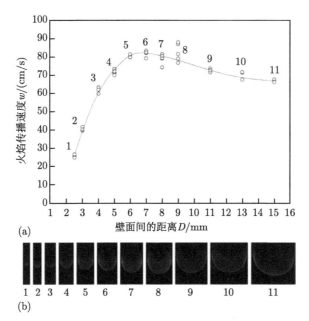

图 6.1.2　(a) 测得的火焰传播速度是化学恰当当量比丙烷/空气混合物中火焰传播通道壁之间距离的函数。(b) 火焰在狭窄通道中向下传播的图像。帧号对应于实验点的个数 ((b) 中通道宽度刻度)

这类系统的稳定状态是由与气体流场的非线性流体动力学相互作用引起的。对于凸形火焰，火焰表面积 $F$ 可由关系式 $FS_L = b^2w$ 确定，其中 $S_L$ 是层流燃烧速度，$b^2$ 是通道横截面面积，$w$ 是前导点处的传播速度。

对于窄通道，通道壁对火焰参数的冷却效果是有效的。图 6.1.3 以死区曲线的形式说明了这种影响。当壁间距小于 4mm 时，死区会迅速变宽，同时伴随着层流燃烧速度下降并且可能降低局部反应温度。对于较宽的通道，传播速度 $w$ 与有效的火焰前锋面积成正比，并且可以方便地计算。分析图 6.1.2(b) 和图 6.1.3，很明显，火焰的曲率是通道宽度的函数。曲率半径 $R$ 与 $D$(壁间距，之前已定义) 之比几乎为常数，且 $R/D \approx 0.4 \sim 0.5$。

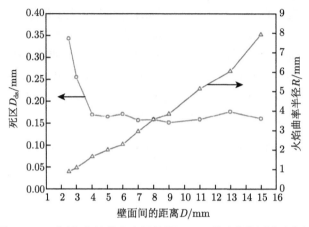

图 6.1.3　死区和火焰曲率半径是图 6.1.2 所示火焰通道壁之间
距离的函数

### 6.1.3　当量比对淬熄距离的影响

图 6.1.4 顶部的曲线说明了淬熄距离与当量比的关系。为了显示一些特征点，图中还显示了近极限火焰的图片。可以看出，对于贫燃丙烷/空气混合物，火焰向上和向下传播的淬熄距离基本相同。对于富燃混合物，情况则大不相同。在富燃情况下，对于不同成分的混合物，沿相反方向传播的火焰在相同的狭窄通道中熄灭。研究发现，向下和向上传播极限之间的差异随着与化学当量比 1 的距离的增加而迅速增加。淬熄极限曲线在可燃性极限范围内，但在富燃侧，可燃性极限取决于火焰是向上传播还是向下传播。

自然重力对可燃性极限的影响早已为人所知。对于氢气/空气混合物，White[26] 首先观察到向下和向上传播火焰的可燃性之间的差异。随后，在其他混合物中也发现了类似的效果。对于丙烷火焰，向下和向上传播的贫燃可燃性极限均为 $\phi = 0.53$。向下传播的富燃极限为 $\phi = 1.64$，向上传播的富燃极限为 $\phi = 2.62$。富燃混合物可燃性极限之间如此大的差异可由反应物的优先扩散 (氧气不足) 来解释，这是对向上传播火焰的火焰拉伸 (这种火焰的 Lewis 数小于 1) 的响应。

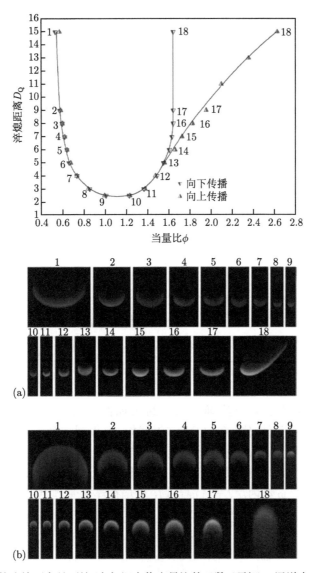

图 6.1.4 测得的淬熄距离是丙烷/空气混合物当量比的函数 (顶部)。通道中 (a) 向下和 (b) 向上传播的火焰，接近淬熄。通道宽度如图所示。帧号对应于实验点的个数

### 6.1.4 火焰锋后热燃气区域的长度

使用 2.2mm 长带有 10μm 铂-红外传感器的电阻探针测定窄通道内的温度分布。电线的时间常数约为 5ms。由于探头对少量气体有影响，在非常窄的通道中进行测量时可能会产生误差，因此应谨慎对待。从热燃烧气体到壁面的热传递可以用火焰锋后高温区的长度来表征。在该高温区长度的 80% 以内区域的温度记录

都是相似的。因此，假设将该区域的有效端点放置在温度降至最高温升的 20％的位置。图 6.1.5 显示了高温区的长度与淬熄距离的函数关系，适用于贫燃丙烷/空气混合物中向下传播的火焰 (当量比在 0.53~1.00)。可以观察到，对于宽度小于等于 7 mm 的通道以及较宽的通道，火焰到壁面的主要传热机理是不同的。

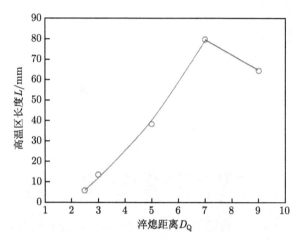

图 6.1.5  火焰后面高温区的长度与淬熄距离的函数。贫燃丙烷/空气混合物中火焰向下传播

### 6.1.5  死区

死区的宽度是根据照片确定的。结果如图 6.1.6 所示，它是淬熄距离 (图 6.1.6(a)) 和当量比 (图 6.1.6(b)) 的函数。可以观察到，在宽达 7 mm 的通道中，死区宽度随 $D_Q$ 呈线性增长，但对于富燃混合物，其增长速度是贫燃混合物的两倍。死区宽度与淬熄距离的比值对于贫燃混合物接近 0.09，对于富燃混合物接近 0.18。对于贫燃丙烷/空气混合物，火焰在淬火通道中向上传播的死区与向

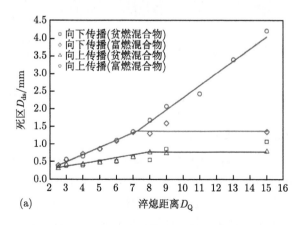

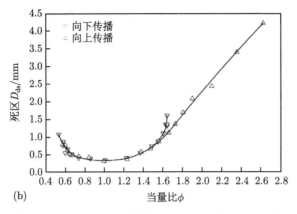

图 6.1.6 死区是 (a) 淬熄距离和 (b) 当量比的函数

下传播的死区相同。然而，对于非常富燃的混合物，死区的概念失去了它的物理意义 (固有的自蔓延机理被浮力所取代)。可以观察到，无论淬熄距离如何，向上传播的富燃火焰的死区宽度几乎是恒定的 (图 6.1.4(b))。

### 6.1.6 火焰曲率半径

火焰曲率半径如图 6.1.7 所示,是淬熄距离 (图 6.1.7(a)) 和当量比 (图 6.1.7(b))的函数。火焰曲率半径是根据火焰图片确定的。对于贫燃混合物，向下和向上传播的火焰，火焰曲率半径随通道宽度线性增加。对于富燃混合物中的向下传播火焰，当淬熄距离达到 $D_Q=7mm$ 时，火焰曲率半径也是线性增加的，但增加的不如贫燃混合物那样陡峭。但其增长速度更快。对于富燃混合物中的向上传播火焰,曲率半径在 $R= 0.7\sim1.2mm$ 时变得几乎恒定 (注意，这些火焰的曲率非常大)。

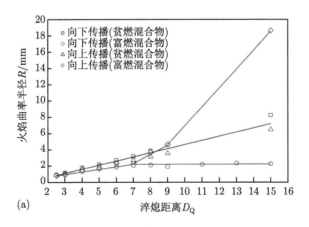

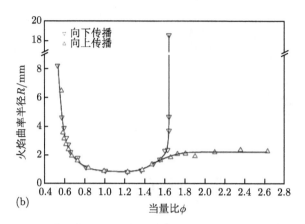

(b)

图 6.1.7　火焰曲率半径是 (a) 淬熄距离和 (b) 当量比的函数

### 6.1.7　近淬熄极限的燃烧速度

凸极限火焰在通道中通过静止混合物传播，几乎不改变形状或结构。由于其火焰表面比平面火焰表面大，它们的运动速度略高于燃烧速度。考虑到凸火焰表面及其与壁面的相互作用，估计极限火焰的燃烧速度约为实验确定的火焰传播速度的 0.9 倍。对于此类火焰，层流燃烧速度与绝热燃烧速度不同。根据 Zel'dovich 等的理论 [6]，淬熄条件下的燃烧速度将降至极限值，即 $S_{L,lim} = 0.61 S_L^\circ$。

测量了淬火通道中火焰向下和向上传播的速度。将测量得到的数据 (速度比极限火焰速度高约 10%) 与另两条曲线一起绘制在图表上，这两条曲线是：先前确定的丙烷火焰的最可靠绝热层流燃烧速度 $S_L^\circ$ [27] 和根据方程式 (6.3.1) 计算的极限燃烧速度 $S_{L,lim}$。它们之间的比较如图 6.1.8 所示。

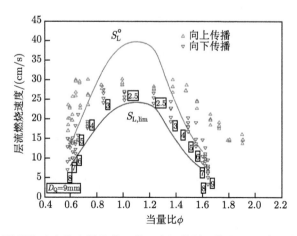

图 6.1.8　极限燃烧速度是当量比的函数，向下传播 (符号▽) 和向上传播 (符号△)

除富燃混合区以外，向下传播火焰的实验点都非常接近极限曲线。当当量比为 0.8~1.3 时，向上传播火焰的传播速度也相当接近极限燃烧速度，但在该范围之外时则明显更高。造成这种增长的因素是浮力。优先扩散则是提高富燃混合物燃烧速度的另一附加因素。

### 6.1.8 Peclet 数

两个板之间的淬熄直径或淬熄距离通过 Peclet 数与可燃混合物的性质相关联，由方程式 (6.1.3) 表示。对于向下传播的火焰，通常可以确定 Peclet 数。然而在计算中，往往使用的是未燃烧混合物温度下的绝热层流燃烧速度和热扩散率。对于楔形通道，观察到的极限 Peclet 数为 $Pe = 42$ [28]。然而，在本书研究中，在矩形通道中仔细测量发现，Peclet 数的值略高，为 $Pe = 51$。如果将淬熄距离与整个火焰厚度 $\delta_L$(见参考文献 [29] 中的定义) 进行比较，则在整个混合物成分范围内，它们的关系在 $D_Q/\delta_L \approx 2$ 处近似恒定 [30]。此外，Daou 和 Matalon [31] 也获得了类似的结果。他们用数值方法分析了窄通道内有无热损失时的火焰行为。他们的计算结果表明，有热损失的火焰比绝热条件下传播的火焰厚。他们还发现淬熄距离大约是特征厚度的 15 倍，后者定义为 $\Delta_L = \alpha/S_L$(平均温度下的热扩散系数)，正好相当于整个火焰厚度的 2 倍，即 $2\delta_L$。我们的实验结果给出了 $D_Q \approx (15\sim17)\Delta_L$。从图 6.1.4 可以看出，向下传播火焰的淬熄距离曲线采用抛物线形式，在化学当量比 1 附近具有最小值。由于层流燃烧速度和淬熄距离的乘积对于极限火焰几乎是恒定的 (见方程式 (6.1.3))，显然这两个量彼此成反比。比例常数取决于混合物的化学性质和输运性质，可根据现有理论进行预测。

对于丙烷火焰，淬熄距离 (对于向下传播火焰) 受到壁间约 10 mm 距离的限制。在较大的通道中，火焰在可燃性极限处熄灭。

### 6.1.9 数值模拟

采用数值方法研究了淬熄条件下通道中火焰结构的细节。利用 FLUENT 软件 [25] 对丙烷火焰接近一平行板间通道的情形进行了二维 CFD 模拟。模型再现了实验研究中真实通道的几何结构。接近淬熄极限时，火焰的燃烧速度、死区和曲率半径都接近实验值。

图 6.1.9 和图 6.1.10 中显示了通道壁面间距 $D_Q=4$mm 时，火焰在其中传播时的计算流场和温度场。

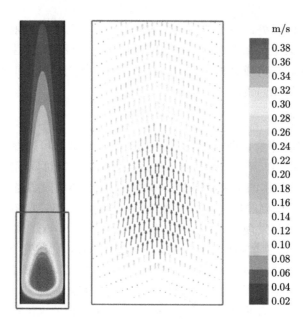

图 6.1.9　$D_Q = 4\mathrm{mm}(\phi = 0.73)$ 通道内火焰传播过程流场的数值模拟

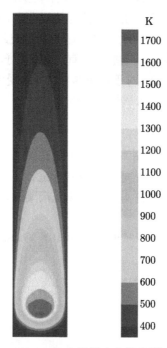

图 6.1.10　$D_Q = 4\mathrm{mm}\ (\phi = 0.73)$ 通道内火焰传播过程温度场的数值模拟

### 6.1.10 火焰在淬熄极限下的行为和特性

根据迄今为止的观察和结果, 很明显, 极限火焰的性质随淬火通道的宽度、当量比和火焰传播方向的不同而有很大的不同。原因将在以下四小节中详细说明。

#### 6.1.10.1 向下传播的贫燃极限火焰

贫燃极限丙烷火焰在热传导控制分子扩散过程 $(Le > 1)$ 的条件下传播。与其他火焰相比, 这种火焰的死区 $D_{ds}$ 相对较小。对于 $D_Q \leqslant 7mm$ 的情形, 死区随通道壁之间的距离线性增加, 但 $D_{ds}/D_Q$ 的值几乎恒定 $(D_{ds}/D_Q \approx 0.1)$(图 6.1.6)。对于 $D_Q > 7mm$ 的情形, 死区变化不大。对于化学恰当当量比火焰 $(R \approx 1mm)$, 曲率半径非常小, 随着 $D_Q$ 的增加, 曲率半径增加了几倍 (图 6.1.5), 但 $R/D_Q$ 的值保持近似恒定 $(R/D_Q \approx 0.45)$。火焰在通道中逐渐淬熄, 速度减慢, 其宽度非常缓慢但系统地减小, 而死区则不断地增长, 直到火焰最终完全熄灭为止。图 6.1.11 中显示了 9mm 宽通道中淬熄的火焰视图。照片是由开着快门的照相机拍摄的。火焰淬熄过程的数值模拟如图 6.1.12 所示。当火焰减速时, 与之相关的温度梯度会降低, 最终失去其特征轮廓 (图 6.1.13)。

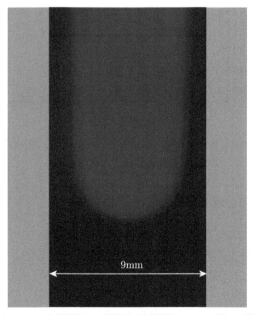

图 6.1.11 在 9mm 宽通道中淬熄的火焰视图。由打开快门的相机记录的图像 $(\phi = 0.73)$

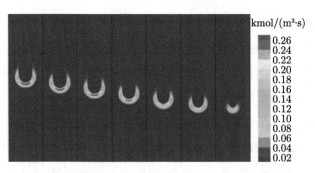

图 6.1.12　$D$=4mm 宽通道中特定混合物消耗率火焰淬熄时的数值模拟结果。两帧之间的时间间隔是 $\Delta\tau = 0.004$s($\phi = 0.73$)

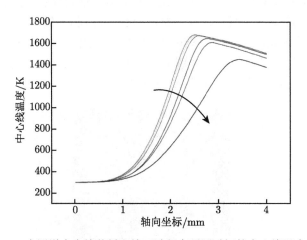

图 6.1.13　$D$=4mm 宽通道内火焰传播和熄灭过程中不同时间的中心线温度分布。温度曲线对应于图 6.1.12 中的火焰位置

#### 6.1.10.2　向下传播的富燃极限火焰

富燃极限丙烷火焰在分子扩散控制热传导过程 ($Le < 1$) 的条件下传播。这些火焰的死区 $D_{ds}$ 至少是向下传播的贫燃极限火焰的两倍。此外，当 $D_Q \leqslant 7$mm 时，死区随着通道壁之间距离的增加而线性增长。比率 $D_{ds}/ D_Q$ 几乎恒定，约等于 0.2 (图 6.1.6)。当 $D_Q > 7$mm 时，死区几乎恒定不变。火焰曲率半径 $R$ 随着 $D_Q$ 的变化而变化，类似于 (贫燃) 极限火焰向下传播的情况，且比率 $R/D_Q$ 也几乎保持恒定 ($R/D_Q \approx 0.35$)。

#### 6.1.10.3　向上传播的贫燃极限火焰

贫燃极限火焰向上传播的特性与向下传播的特性基本相同。

#### 6.1.10.4 向上传播的富燃极限火焰

向上传播的富燃极限火焰与向下传播的富燃极限火焰相比，其淬熄极限要宽得多，这可以用优先扩散来解释。当稀缺反应物的分子扩散系数高于混合物的热扩散系数，并且当火焰被拉伸 (向上传播的凸火焰总是被拉伸) 时，更多的缺陷反应物将被供应到该火焰的表面。此外，通过传导方式从反应区传递热量的效率也较低。在这种情况下，重要的量不是扩散系数和热扩散系数的绝对值，而是它们的比值 (即 $Le = a/D_{\text{diff}}$)。可以说，在富燃的丙烷/空气混合物中，单位火焰表面从较大的体积中获得氧气，而它产生的热量则转移到较小的体积。结果就是反应温度升高。这种温升是导致淬熄极限向更富燃混合物扩展的原因。对于混合物组成在 $\phi = 1.64 \sim 1.80$ 范围内的情形，观察到内部不稳定现象，传播中的火焰有呈胞状的趋势。对于更富燃的混合物，淬熄极限曲线则线性上升到可燃性极限，火焰非常稳定。然而，火焰宽度和曲率半径实际上并不随当量比 $\phi$ 的增加而改变。优先扩散为缺氧的凸火焰表面提供来自其前面的整个体积中的更多氧气。此外，低效率热传导 ($Le < 1$) 导致的热损失被限制在较小的体积内。火焰和壁面之间的混合物变得不如混合物的平均含量富燃。火焰只占通道截面的一小部分，而且混合物的很大一部分并不参与燃烧过程。

#### 6.1.11 结论

淬熄极限取决于壁的热损失。在壁面分离间隔 $D_Q = 7$mm 的淬火通道中，热量主要通过传导传递到壁面。对于更宽的通道，传热也会受到自然对流的影响。热量损失有两种来源。第一个位于预热区，第二个位于火焰后面的热燃气区。从这些区域到壁的热传递降低了反应区中的温度。因此，实际火焰温度 $T_b$ 低于绝热温度 $T_b$，并且实际传播速度 $S_L$ 小于绝热温度 $T_b$ 下的层流燃烧速度 $S_L$。如果从火焰到壁的热损失增加并达到临界值，则火焰温度和传播速度也分别取极限值 $T_{b,\text{lim}}$ 和 $S_{L,\text{lim}}$，与方程式 (6.1.1) 和式 (6.1.2) 一致，此时火焰熄灭。因此，仅当实际火焰温度和绝热温度之差小于 $R(T_b)^2/E$ 时，火焰才能在小的管道或通道中传播。

**致谢**

这项工作由 Marie Curie ToK(项目编号：MTKD-CT-2004-509847) 以及国家科学研究委员会 (项目编号：4T12D 035 27) 赞助。作者感谢意大利贝内文托 Sannio 大学的 Luigi Tecce 对数值模拟所作的贡献，以及波兰克拉科夫科技大学的 Elzbieta Bulewicz 对本节编写的评论和帮助。

参 考 文 献

[1] Davy, H., On the fi re-damp of coal mines and the methods of lighting the mines so as to prevent explosions, Phil. Trans. Roy. Soc., 106: 1, 1816.

[2] Payman, W. and Wheeler, R.V., The propagation of flame through tubes of small diameter, J. Chem. Soc., 113: 656, 1918; The propagation of flame through tubes of small diameter, Part II, ibid. 115: 36, 1919.

[3] Holm, J.M., On the initiation of gaseous explosions by small flames, Phil. Mag., 14: 8, 1932; ibid. 15: 329, 1933.

[4] Zel'dovich, Ya.B., Theory of limit propagation of slow flame, Zhur. Eksp. Teor. Fiz., 11: 159, 1941.

[5] Zel'dovich, Ya.B., Theory of Combustion and Gas Detonation, Akad. Nauk SSSR, Moscow, 1944.

[6] Zel'dovich, Ya.B., Barenblatt, G.I., Librovich, V.B., and Makhviladze, G.M., The Mathematical Theory of Combustion and Explosion, Nauka Publishing House, Moscow, 1980.

[7] Friedman, R., The quenching of laminar oxyhydrogen flames by solid surfaces, Proc. Comb. Inst., 3: 110, 1949.

[8] Friedman, R. and Johnston, W.C., The wall-quenching of laminar propane flames as a function of pressure, temperature, and air-fuel ratio, J. Appl. Phys., 21: 791, 1950.

[9] Anagnostou, E. and Potter, A.E., Jr., Quenching diameters of some fast flames at low pressures, Combust. Flame, 3: 453, 1959.

[10] Gardner, W.E. and Pugh, A., The propagation of flame in hydrogen-oxygen mixtures, Trans. Faraday Soc., 35: 283, 1939.

[11] Simon, D.M., Belles, F.E., and Spakowski, A.E., Investigation and interpretation of the flammability region for some lean hydrocarbon-air mixtures, Proc. Comb. Inst., 4: 126, 1953.

[12] Potter, A.E., Jr., and Anagnostou, E., Reaction order in the hydrogen-bromine flame from the pressure dependence of quenching diameter, Proc. Comb. Inst., 7: 347, 1959.

[13] Blanc, M.V., Guest, P.G., von Elbe, G., and Lewis, B., Ignition of explosive gas mixtures by electric sparks, Proc. Comb. Inst., 3: 363, 1949.

[14] Lewis, B. and von Elbe, G., Combustion, Flames and Explosions of Gases, 3rd edition, Academic Press, New York, 1987.

[15] Calcote, H.F., Gregory, C.A., Jr., Barnet, C.M., and Gilmer, R.B., Spark ignition. Effect of molecular structure, Industr. Eng. Chem., 44: 2656, 1952.

[16] Lewis, B. and von Elbe, G., Stability and structure of burner flames, J. Chem. Phys., 11: 75, 1943.

[17] Lafi tte, P. and Pannetier, G., The inflammability of mixtures of cyanogen and air; the influence of humidity, Proc. Comb. Inst., 3: 210, 1949.

[18] Potter, A.E., Jr., Progress in Combustion Science and Technology – Volume 1, Pergamon Press, New York, pp.145, 1960.

[19] von Elbe, G. and Lewis, B., Theory of ignition, quenching and stabilization of flames of nonturbulent gas mixtures, Proc. Comb. Inst., 3: 68, 1949.

[20] Mayer, E., A theory of flame propagation limits due to heat loss, Combust. Flame, 1: 438, 1957.

[21] Spalding, D.B., A theory of flammability limits and flame quenching, Proc. Roy. Soc., A240: 83, 1957.

[22] Ferguson, C.R. and Keck, J.C., On laminar flame quenching and its application to spark ignition engines, Combust. Flame, 28: 197, 1977.

[23] Aly, S.L. and Hermance, C.E., A two-dimensional theory of laminar flame quenching, Combust. Flame, 40: 173, 1981.

[24] Jarosinski, J., Flame quenching by a cold wall, Combust. Flame, 50: 167, 1983.

[25] Gutkowski, A., Tecce, L., and Jarosinski, J., Flame quenching by the wall—fundamental characteristics, J. KONES, 14(3): 203, 2007.

[26] White, A.G., Limits for the propagation of flame in vapour–air mixtures, J. Chem. Soc., 121: 1268, 1922.

[27] Vagelopoulos, C.M. and Egolfopoulos, F.N., Direct experimental determination of laminar flame speeds, Proc. Comb. Inst., 27: 513, 1998.

[28] Jarosinski, J., Podfi lipski, J., and Fodemski, T., Properties of flames propagating in propane-air mixtures near flammability and quenching limits, Combust. Sci. Tech., 174: 167, 2002.

[29] Jarosinski, J., The thickness of laminar flames, Combust.Flame, 56: 337, 1984.

[30] Gutkowski, A., Laminar burning velocity under quenching conditions for propane-air and ethylene-air flames, Archivum Combustionis, 26: 163, 2006.

[31] Daou, J. and Matalon, M., Influence of conductive heat losses on the propagation of premixed flames in channels, Combust. Flame, 128: 321, 2002.

## 6.2 湍流火焰淬熄：火焰淬熄准则

Shenqyang S. Shy

本节的中心结论是，预混火焰全局淬熄的特征是湍流应变 (湍流 Karlovitz 数)、当量比 ($\phi$) 和热损失效应。为了证明这一观点，我们将根据 "气体预混火焰" 和 "液体火焰" 两种不同的反应体系，回顾湍流对预混火焰全局淬熄的作用。前者在第 29 届燃烧研讨会上发表 [1]，报道了湍流应变、当量比和辐射热损失 (RHL) 对预混甲烷/空气火焰全局淬熄的影响，本节将对此进行详细讨论。后者是一种水性自催化反应系统，由于无热损失、密度恒定以及反应速率无强烈的非线性 (指数依赖性)，因此它可以产生其特征与火焰面模型假设的特征更接近的自蔓延前锋。在本节中，我们将仅简要回顾这些自蔓延液体前锋的全局淬熄，对于水性自催化反应的处理、前锋传播速率以及与火焰面模型的比较的详细描述，可以参考 Shy 等的研究。最后，提出了具有强热损失的气态预混火焰和具有可忽略热损失的液体火焰的强湍流火焰淬熄判据。

### 6.2.1  引言

湍流引起的火焰淬熄具有重要的理论和实际意义。考虑通过最简单的均匀各向同性湍流流场传播的预混火焰。当通过气动拉伸或热损失产生的外部扰动足够大，足以将火焰中的反应速率降低到一个小值时，火焰可能发生局部淬熄。对于层流预混火焰的局部淬熄问题，已有许多研究，如使用渐近分析[3]、数值模拟[4,5]和实验方法[6,7]等。一致认为，如果流动是非绝热的，或者 Lewis 数 ($Le$) 大于 1，则可能发生拉伸淬熄。人们对拉伸层流火焰的动力学已有诸多了解[8]。此外，采用直接数值模拟[9]或实验方法[10]研究火焰–涡的相互作用，进一步加深了我们对层流预混火焰局部淬熄过程的理解。

然而，对于湍流预混火焰的全局淬熄 (完全熄灭而非局部熄灭) 的研究很少[11,12]。这是因为在高雷诺数下，湍流引起的火焰淬熄涉及湍流和化学反应的非常宽泛的时空尺度，这些尺度很难测量和建模[13,14]。因此，我们设计了一个新的实验系统来研究湍流引起的火焰全局淬熄，其中包括一个用于气体预混火焰的大型十字形燃烧器和一个用于液体火焰的振动网格化学槽[2]。这两个系统都可以用于产生一个大的、控制良好的、强近似各向同性湍流区域，以避免在火焰-湍流相互作用期间来自壁面的不必要的干扰。

Karlovitz 很久以前在文献 [15] 中提出了湍流火焰拉伸的概念。湍流 Karlovitz 数 ($Ka$) 可以定义为湍流应变率 ($s$) 与特征反应速率 ($\omega$) 之比，它通常被用作描述火焰传播速率和湍流火焰淬熄的关键无量纲参数。对于湍流，$s \sim \sqrt{\varepsilon/\nu}$，其中耗散率 $\varepsilon \sim u'^3/L_I$，$u'$、$L_I$ 和 $\nu$ 分别是均方根速度波动、积分长度尺度和反应物运动黏度；对于预混火焰，$\omega \sim S_L^2/D$，其中 $S_L$ 和 $D$ 分别是层流燃烧速度和质量扩散系数。因此 $Ka \equiv (u'/S_L)^2 (Sc^2 Re_T)^{-0.5}$，其中 $Re_T = u'L_I/\nu$，对于气体 $Sc \equiv \nu/D \approx 1$，对于水 $Sc \approx 600$。

1982 年，Chomiak 和 Jarosinski[11] 利用强湍流和冷壁研究了气体层流火焰的淬熄现象。他们发现，当 $Ka_1 = (u'/L_I)(d_L/S_L)$ 等于 10~20，相应的 $Ka$ 值为 70~450 时，向上传播的预混火焰可以被一系列湍流射流淬熄，这些湍流射流水平和相对地位于具有方形截面的矩形管道的两侧。由于层流火焰厚度 $\delta_L \sim D/S_L$，取 $Sc = 1$，则 $Ka_1 = (u'/S_L)^2 (Re_T)^{-1} = Ka(Re_T)^{-0.5}$。注意 $Ka$ 和 $Ka_1$ 之间的差异是湍流长度尺度和 $Ka$ 中使用的 Taylor 微尺度 $\lambda \sim L_I Re_T^{-0.5}$(不是 $L_I$) 的不同所造成的。此外，Bradley 和他在利兹的同事[16] 也观察到，当 $Ka = 6.37$，$Ka_2 = 0.157(u'/S_L)^2 Re_T^{-0.5} = 0.157Ka$[16] 等于 1 时，风扇搅拌爆炸弹中的气态预混湍流火焰发生全局淬熄。Bradley[12] 进一步将全局淬熄条件修正为 $Ka_2 Le \approx 6$，相当于 $KaLe \approx 38.2$。显然，在上述两个实验中，对于湍流引起的全局淬熄的看法并不一致。尽管爆炸弹具有湍流强度高且平均速度可忽略不计的优点，但由于点火过程会对火焰核的形成、随后的火焰发展和淬熄产生很大影响，因此不可避免地存在一些缺点。显然，用湍流来淬灭一个小的火焰核要比淬灭一个充分发展的传播火焰容易得多。因此，要确定实际的全局淬熄条件是极其困难的，如果有可能，可使用带有火花点火的爆炸弹装置。为了改善或解决这种点火影响，并进一步考虑 RHL 对预混湍流火焰全局淬熄的影响，提出了一种更好的方法[1]。

图 6.2.1 显示了十字形燃烧器的配置，包括一个长的垂直圆柱形容器和一个大的水平圆柱形容器。直径为 10cm 的垂直容器提供具有大表面积的向下传播火焰。水平容器两端装有一对反向旋转风扇和多孔板，可在两个多孔板 (相距 23cm) 之间的中心区域产生大范围的强近各向同性湍流 (约 15cm×15cm×15cm)[17−19]。当风机频率 ($f$) 为 170Hz，偏斜度和平坦度接近 0 和 3 时，其湍流强度可达 8m/s，而平均速度可忽略不计，相应的能谱具有 $-5/3$ 的斜率，这种新的实验配置具有多个优点，可用于获得湍流引起的全局火焰淬熄的基准数据。关于 RHL 对全局淬熄的影响，研究了从小 ($N_2$ 稀释) 到大 ($CO_2$ 稀释) 几种不同 RHL 浓度的甲烷/空气火焰。每种情况都包括一系列当量比 ($\phi$) 以及 $u'/S_L$ 取值范围从 0 到约 100 的变化，以得到高的应变率，直到最终发生火焰的全局淬熄。

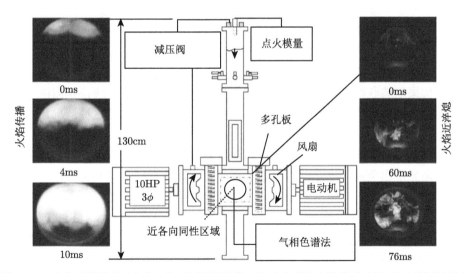

图 6.2.1 十字形燃烧器 (中央) 有两组连续图像，显示典型的火焰传播 (左) 和火焰近淬熄现象 (右)，其中混合物为甲烷和空气，$\phi$=1.0(左) 和 0.6(右)，$u'/S_L$=3.68 和 69.3，分别对应于 $Ka$=0.25 和 36。用气相色谱法测定湍流燃烧后剩余甲烷的浓度 (摘自 Yang, S.I. and Shy, S.S., Proc. Combust. Inst., 29, 1841, 2002。经许可)

以下各节描述了湍流预混火焰从传播到气泡形成到全局淬熄的实验方法和动力学，以确定这些甲烷/稀释剂/空气火焰在 $Ka$ 与 $\phi$ 图上的全局淬熄边界。因此，

可以获得作为 $\phi$ 函数的全局淬灭这些预混火焰所需的 $Ka$ 的临界值 $Ka_c$。根据 $N_2$ 和 $CO_2$ 稀释火焰的特性，可以确定 RHL 对 $Ka_c$ 的影响。首次将稀释和不稀释的结果与之前的数据进行了比较[11,12]。最后，我们将讨论液体火焰[2]，它具有可忽略的热损失，并且在全局范围内极难淬灭，说明热损失对湍流火焰熄灭的重要性。

### 6.2.2　实验过程

在开始实验之前，将十字形燃烧器抽真空，然后在一个大气压下按给定的当量比 $\phi$ (范围为 0.60~1.45) 填充甲烷/空气混合物，添加或不添加稀释气体。每一轮实验从点火开始，同时打开垂直容器顶部的四个大型排气阀 (图 6.2.1)。可产生一个具有大表面积 (直径至少为 10cm) 的预混火焰，该火焰通过中心均匀区域向下传播，与统计上均匀和各向同性的湍流相互作用。在任何给定的 $\phi$ 值下，所使用的最大风扇频率 ($f_{max}$) 为 170Hz，对应于 $u'=7.85$m/s 和 $Re_T=24850$，其中 $L_I$ 是根据泰勒假设和 Bradley 的零平均速度相关性估计得到的[16,17]。

已经证实，十字形燃烧器中的湍流火焰传播在统计上是稳定的 (见参考文献 [17])。使用高速摄像机从十字形燃烧器的中央均匀区域拍摄，通过显示在图 6.2.1 左侧的三个连续图像证明了典型的湍流火焰传播，其中视场大小为 $11.5 \times 10.0$cm$^2$，实验条件是 $\phi = 1$、$u'/S_L = 3.68$ 和 $Ka = 0.25$ 的预混甲烷/空气火焰。这些湍流火焰在传播过程中得到充分发展，表面很大，而不仅仅是由火花电极点燃的小火焰核。如果能够获得高雷诺数下淬灭这种湍流火焰的判据，它应该是湍流引起全局火焰淬熄的实际准则，我们认为 Yang 和 Shy[1] 的研究就是这种情况。在他们的研究[1] 中，火焰-湍流的相互作用不受点火源的影响，湍流引起的火焰淬熄也不受壁面的不良影响。然而，由于在发生全局淬熄时无法显示火焰图像，因此我们最好是显示出全局淬熄之前瞬间的火焰图像，如图 6.2.1(右) 所示。图中给出的是 $\phi = 0.6$、$u'/S_L = 69.3$ 和 $Ka = 36$ 时的非常贫燃的甲烷 /空气混合物情况。可以看到，湍流火焰大部分被破坏，变得支离破碎 (分布状)，呈囊袋状或岛屿状随机传播。此外，这些湍流分布式火焰具有非常缓慢的整体燃烧速率，与典型的湍流火焰情形相比，它们能够在中央均匀区域存活更长的时间。即使在 76ms(图 6.2.1) 之后，这些湍流分布的火焰也会缓慢且随机地传播，靠近低处的垂直容器，并最终消耗掉所有剩余的反应物。如果可以进一步提高 $Ka$ 值，则这些如前所述的分布状火焰将被全局淬熄。因此，这是一个明确的证据，表明是否会发生全局淬熄。

我们还通过气相色谱法测定了火焰的全局淬熄。一次实验后，从十字形燃烧器的中心区域对产物气体取样，并测量剩余的甲烷浓度，它是 $u'/S_L$ 或 $Ka$ 的函数 (图 6.2.1)。图 6.2.2 给出了一个典型的例子，说明了非常富燃 ($\phi =1.45$) 和非

常贫燃 ($\phi$ =0.6) 甲烷/空气火焰中甲烷燃料归一化剩余百分比随 $u'/S_L$ 的变化。此外，图 6.2.2 绘制了全局淬熄前后的 $Ka$ 值。显然，全局淬熄有一个转折点。过了该转折点后，无论是富燃还是贫燃，剩余的甲烷浓度都急剧增加。$\phi$ =1.45、$Le \approx 1.04$ 时，富燃甲烷/空气火焰全局淬熄的临界 $Ka$ 值约为 9.81。另一方面，在 $\phi = 0.6$，$Le \approx 0.97$ 时，贫燃甲烷/空气火焰的全局淬熄需要更高的 $Ka_c$ 值 (> 38.2)。因此，贫燃甲烷火焰比富燃甲烷火焰更难在全局范围内淬熄。

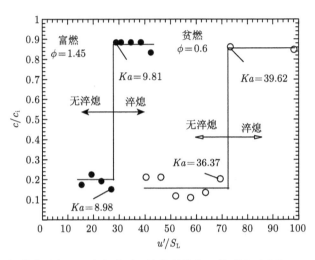

图 6.2.2　用气相色谱法测定了一次实验后甲烷燃料的归一化剩余百分比 ($c/c_i$) 的变化，绘制了非常大范围的归一化湍流强度 ($u'/S_L \approx 10 \sim 100$)，其中下标 "i" 指初始条件。研究了非常富燃 ($\phi$=1.45；$c_i$=13.2%) 和非常贫燃 ($\phi$=0.6；$c_i$=5.92%) 的纯甲烷/空气混合物，显示了发生全局淬熄转变的 $Ka$ 临界值

### 6.2.3　结果和讨论

在介绍湍流全局淬熄结果之前，必须首先描述和识别我们实验结构的可达域，该区域受到 $Ka$-$\phi$ 图上的最大频率 $f$=170Hz 的限制。

#### 6.2.3.1　可达域

图 6.2.3(a) 给出了不含任何稀释剂的纯甲烷/空气火焰的最大 Karlovitz 数 ($Ka_{max}$) 和 $S_L$ 值，它们是 $\phi$ 的函数，其中 $S_L$ 是从 Vagelopoulos 等 [20] 的测量中获得的。图 6.2.3(a) 中标记为阴影区的可达域由 $Ka_{max}$ 曲线确定，其中 $\phi = 0.6$ 和 $\phi = 1.45$ 的两条垂直线分别代表研究中使用的最贫燃和最富燃的混合物 [1]。显然，由于 $\phi$ 的值接近化学恰当当量比 1，而 $S_L$ 值越大 $Ka_{max}$ 值越小，因此可达域的大小非常有限。只有非常贫燃或非常富燃的甲烷/空气火焰才能经历火焰全局淬熄所必需的足够高的湍流应变速率。

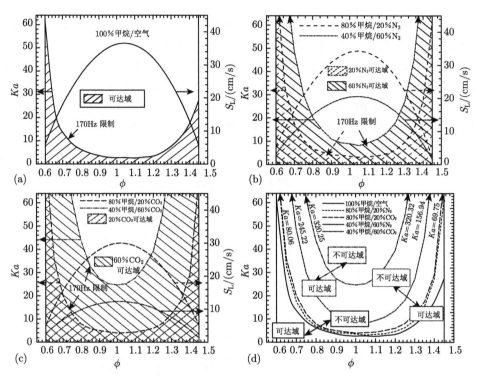

图 6.2.3　最大 Karlovitz 数和层流燃烧速度随当量比的变化，显示了频率最大为 $f$=170Hz 时的可达域。(a) 甲烷/空气混合物；(b) 用 20%~60%$N_2$ 稀释的甲烷；(c) 用 20%~60% $CO_2$ 稀释的甲烷；(d) 前述 (a)~(c) 图中这些最大 $Ka$ ($f_{max}$=170Hz) 线的组合图，用于比较 (摘自 Yang, S.I. and Shy, S.S., Proc. Combust. Inst., 29, 1841, 2002。已获许可)

为了增加 $Ka_{max}$ 的值并因此扩展可达域，应该以一种微妙的方式减少 $S_L$ 的值。因此，将各种百分比的氮气和二氧化碳稀释气体混合到甲烷燃料中，如图 6.2.3(b) 和 (c) 所示，其中氮气和二氧化碳稀释火焰的 $S_L$ 值从 Stone 等 [21] 文献中获得。就 RHL 的影响而言，由于产物中二氧化碳的浓度较高，所以二氧化碳稀释火焰比氮气稀释火焰具有更大的热损失。其影响不仅于此。更为重要的影响是，可能由于二氧化碳的比热较高而导致的较低的最高火焰温度。Samaniego 和 Mantel[22] 使用热损失系数 (HL)，即火焰区辐射的能量与化学能释放的比率，来量化由于二氧化碳的存在而引起的 RHL。他们报道说，二氧化碳稀释的火焰比氮气稀释的火焰有更高的 HL，前者几乎是后者的四倍 [22]。为清楚起见，图 6.2.3(a)、(b) 和 (c) 中纯甲烷/空气，甲烷 /氮气 /空气和甲烷/二氧化碳火焰/空气火焰的可达和不可达区域分别绘制在图 6.2.3(d) 中，其中还标出了这些稀释火焰的最贫燃侧和最富燃侧的 $Ka_{max}$ 值。例如，当 $\phi$= 0.6 时，当甲烷燃料用 60%二氧化碳稀释时，$Ka_{\max}$ 的值从约 60 增加到 320(图 6.2.3(d))。因此，甲烷/二氧化碳/空气火焰的可达域得以显著扩展。

### 6.2.3.2　全局淬火范围

我们已经从甲烷/空气 (图 6.2.3(a))，甲烷/氮气/空气 (图 6.2.3(b)) 和甲烷/二氧化碳/空气 (图 6.2.3(c)) 火焰的 $Ka$-$\phi$ 图上确定了湍流淬火的范围。对于任何给定的 $\phi$ 值，相同的混合物但 $Ka$ 值从 0 到 $Ka_{\max}(f = 170\text{Hz})$ 不等的情况下已经进行了数百次实验。因此 (根据实验结果)，可以得到这些预混火焰全局淬熄的临界 $Ka$ 值 $Ka_{c}$。图 6.2.4(a)，(b) 和 (c) 分别显示了甲烷/空气，甲烷/氮气/空气和甲烷/二氧化碳/空气火焰的这些可达域上 $Ka_{c}$ 与 $\phi$ 的变化。由于受到实验条件的限制，事先已排除了 $Ka_{c} > Ka_{\max}$ 的区域 (不可达域)，只能通过研究贫燃和富燃两端的有限范围内的 $\phi$ 来识别出 $Ka_{c}$。对于纯甲烷/空气火焰 (图 6.2.4(a))，

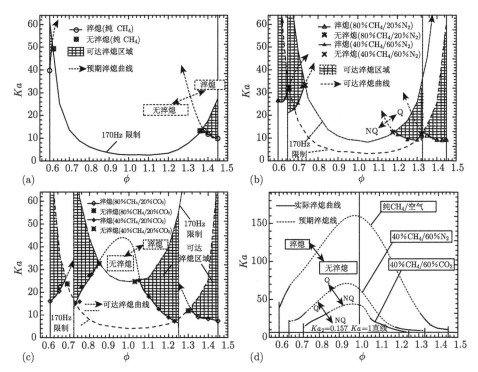

图 6.2.4　(a)~(c) 类似于图 6.2.3(a)~(c) 中的可达域，但显示了全局淬熄的临界 Karlovitz 数的值，它是当量比的函数; (d) 分别绘制了甲烷/空气、甲烷/氮气/空气和甲烷/二氧化碳/空气火焰的 $Ka_{c}$ 值与 $\phi$ 的关系图，其中实线是从 (a)~(c) 的实际数据点获得的实际淬熄曲线，虚线是预期淬熄曲线 (摘自 Yang, S.I. and Shy, S.S., Proc. Combust. Inst., 29, 1841, 2002。已获许可)

当 $\phi = 0.6$ 时，$Ka_c = 39.6$ 的贫燃预混火焰要比 $\phi = 1.45$、$Ka_c = 9.81$ 的富燃预混火焰更难全局淬熄。值得注意的是，只要将 $\phi$ 值从 0.6 略微增加到 0.62，即使 $Ka = Ka_{max} = 49$，贫燃甲烷/空气火焰也不可能发生全局淬熄 (图 6.2.4(a))。必须注意的是，这些 "无淬熄" 数据点也被绘制在图 6.2.4(a) 至图 6.2.4(c) 中的 $Ka_{max}$ 线上，并用符号 "X" 重叠标示。对于富燃甲烷/空气火焰，当 $\phi$ 的值从 1.45 降至约 1.38 时，$Ka_c$ 的相应值从 9.81 增至 13.4。因此，可以确定由带虚线的阴影区域标示的全局淬熄范围。

与图 6.2.4(a) 类似，图 6.2.4(b) 和 (c) 分别给出了氮气和二氧化碳稀释火焰的全局淬熄范围及其在 $Ka$-$\phi$ 图上的预期淬熄曲线。值得注意的是，$Ka_c$ 的值对 $\phi$ 非常敏感。随着 $\phi$ 的值从贫燃侧或富燃侧逐渐接近 $\phi = 1$，$Ka_c$ 的值急剧增加。对于高度稀释的火焰，可在十字形燃烧器中进行的贫燃和富燃可燃性极限范围内的 $\phi$ 的范围减小。例如，当甲烷燃料被 60% 的二氧化碳稀释时，对于最贫燃的混合物，$\phi$ 的值从 0.6 到 0.72 不等，对于最富燃的混合物，$\phi$ 的值从 1.45 到 1.25 不等 (图 6.2.3(c))。如图 6.2.4(c) 所示，由真实数据点 (实线) 和预期曲线 (虚线) 组成的 60% 二氧化碳稀释火焰的全局淬熄边界显示了 $Ka_c$ 与 $\phi$ 的完全变化，其中最大 $Ka_c$ 假设发生在 $\phi = 1$ 附近。基于相同的趋势，我们预测了纯甲烷/空气流和 60% 氮气稀释火焰的预期曲线。这些结果与实际 (图 6.2.4(a) 至 (c) 中的实线) 数据和预期 (虚线) 数据均绘制在图 6.2.4(d) 中，以供比较。然而，如果我们假设这些预期曲线是准确的，那么化学恰当当量比甲烷/空气火焰发生全局淬熄所需的 $Ka_c$ 值可能必须高达 160 (图 6.2.4(d))。因此，预混湍流甲烷/空气火焰的生命力令人印象深刻。

### 6.2.3.3　火焰淬熄准则

假定预混火焰的全局淬熄准则可以用湍流应变 ($Ka$ 效应)、当量比 ($\phi$ 效应) 和热损失效应来表征。基于上述数据，很明显，贫燃甲烷火焰 ($Le < 1$) 比富燃甲烷火焰 ($Le > 1$) 更难以被湍流全局淬灭。这可以用 Peters[13] 提出的预混火焰结构来解释，预混火焰由化学惰性预热区、化学反应内层和氧化层组成。富燃甲烷火焰只有惰性预热层和内层而没有氧化层，贫燃甲烷火焰则三层都有。由于内层的行为是燃料消耗的原因，而燃料消耗可以使反应过程存活或消亡，所以氧化层是非常重要的。没有氧化层，富燃甲烷火焰比贫燃甲烷更容易受到强湍流的破坏。在内层的燃料消耗过程中，自由基被链式分解反应耗尽。正如 Seshadri 和 Peters[23] 所指出的，内层中由速率决定的反应对 H 自由基的存在非常敏感，富燃甲烷火焰中 H 自由基的消耗比贫燃甲烷火焰中的快得多 [24,25]。因此，富燃甲烷火焰比贫燃甲烷火焰更容易被湍流全局淬灭。这些差异是由于火焰的化学结构不同而造成的。

图 6.2.5 揭示了从三种不同的湍流燃烧实验获得的 $Ka$-$\phi$ 曲线中的火焰淬熄准则，这些实验包括①Chomiak 和 Jarosinski[11]，②Bradley[12] 与③Yang 和 Shy[1] 的实验，他们使用了相同的预混甲烷/空气混合物，其中①和②的结果用灰线或灰色符号标记。在实验①的情形下，从贫燃 (0.5~0.6) 到富燃 (1.4~1.55) 的非常有限范围内 $\phi$ 的可用数据 [11] 表明，当 $Ka_1$ 的值达到 10~20 时，贫燃甲烷火焰和富燃甲烷火焰都发生了全局淬熄，对应于 $Ka \approx 70 \sim 110$(对于贫燃情况) 或 $Ka \approx 110 \sim 200$(对于富燃情况)($L_I$=0.214 cm) 和 $Ka \approx 250 \sim 450$ (对于贫燃和富燃情况)($L_I$=0.6cm)。同样地，$Ka_1$ 使用积分长度尺度，因此 $Ka_1 \equiv (u'/S_L)^2 (Re_T)^{-1} = Ka(Re_T)^{-0.5}$。在实验②的情形下，Bradley 报告了当 $Ka_2 = 1$ 时全局淬熄的准则 [16]，后来修改为 $Ka_2 Le = 6$[12]，对应于贫燃时的 $Ka \approx 39.4$ 和富燃时的 $Ka \approx 36.7$，因为 $Ka_2 = 0.157 Ka$。然而，就实验③而言，图 6.2.5 中黑色的所有数据符号和线条都是从十字形燃烧器中获得的，其中实线表示真实的淬熄线，显示了纯 (圆形符号)、氮气稀释 (白色方形符号) 和二氧化碳稀释 (黑色方形符号) 的甲烷/空气火焰的 $Ka$ 临界值随 $\phi$ 的变化，实验中保持所有稀释火焰的 $S_L \approx 10$cm/s。显然，先前的研究结果 [11,12] 并未发现贫燃和富燃甲烷火焰之间有任何不同的行为。

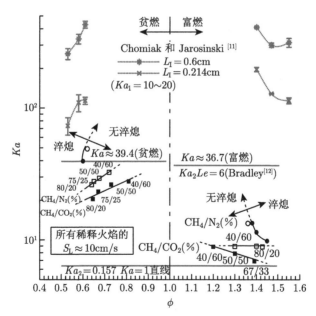

图 6.2.5 当所有稀释火焰的 $S_L \approx 10$cm/s 时，纯甲烷、氮气稀释和二氧化碳稀甲烷/空气火焰的 $Ka$ 临界值随当量比的变化，其中黑色的所有数据符号和线都是从十字形燃烧器获得的，而实线是真正的淬熄线。此外，还绘制了从 Chomiak 和 Jarosinski[11] 以及 Bradley[12] 中获得的数据

据观察，贫燃甲烷火焰比富燃甲烷火焰更难被湍流全局淬熄[1]。同样，必须指出的是，Yang 和 Shy[1] 在工作中确定的全局淬熄准则是基于充分发展的具有足够大表面的预混火焰 (而不仅仅是小火焰核) 与强湍流的相互作用。因此，在火焰-湍流相互作用过程中，这些数据[1] 不受复杂点火过程和壁面不必要干扰的影响，因而可以用作全局淬熄准则的基准数据。在图 6.2.5 中，Chomaik 和 Jarosinski[11] 以及 Yang 和 Shy[1] 的研究结果之间的一个相似之处是，发现 $Ka_c$ 的值对 $\phi$ 非常敏感，当 $\phi$ 从贫燃侧或富燃侧逐渐接近 $\phi=1$ 时，$Ka_c$ 的值急剧增加。

图 6.2.5 还显示了 RHL 的影响，基于相同 $S_L \approx 10\text{cm/s}$ 的氮气和二氧化碳稀释火焰之间的行为判断，RHL 对贫燃甲烷/空气火焰的全局淬熄有影响。RHL 越大，$Ka_c$ 的值越小。例如，当 $\phi \approx 0.64$ 时，对于氮气稀释的火焰 (小 RHL)，$Ka_c = 26.1$，而对于二氧化碳稀释的火焰 (大 RHL)，$Ka_c = 20.4$。研究发现，对于恒定 $S_L$ 的贫燃甲烷/空气火焰，氮气和二氧化碳稀释火焰的 $Ka_c$ 值均随 $\phi$ 增大，并且这两种不同稀释火焰的 $Ka_c$ 值之差也随 $\phi$ 增大，如图 6.2.5 所示。另外，RHL 的影响对富燃甲烷/空气的全局淬熄没有影响，因为氮气和二氧化碳稀释火焰的 $Ka_c \approx 8.4$ ($Ka$ 的值在图 6.2.5 的对数图中))。

### 6.2.3.4　液体火焰的全局淬熄

在第 24 届燃烧研讨会上，Shy 等[26] 介绍了一种水性自催化反应实验系统来模拟著名的 Taylor-Couette(TC) 流场中的预混湍流燃烧。通过电化学启动该反应系统，可以在静态溶液中获得具有 "恒定" $S_L$ 的传播前沿[2]。这种水性化学系统可以产生自蔓延的锋面，其特征比气体火焰更接近于火焰面模型所假设的特征[2]。这些假设通常包括①Huygen 传播或 "薄火焰" 模型，②无热损失，③热膨胀，可忽略不计，④输运特性恒定以及⑤理想湍流，即均匀各向同性湍流。由于水性自催化混合物的 $S_c \approx 500$[26]，而气体中的 $S_c \approx 1$，因此，对于固定的 $Re_T$，Huygen 的传播假设在前者的 $u'/S_L$ 值高于后者的情况下可能是有效的。这些水性传播锋面具有非常小的放热性 (通常为 1K)，其前后密度变化约为 0.02%，Zel'dovich 数 ($Ze$) 接近于零[26]，而在气体燃烧中锋面前后密度变化约为 600% 和 $Ze \approx 10 \sim 20$。小的放热性可能使热扩散 (Lewis 数) 和活化温度 (Zel'dovich 数) 变得与传播机理无关。

在 Shy 等的研究中[26]，确定了适当的化学溶液并应用于两个旋转同心圆筒之间的环空中的 TC 流中，外圆筒保持静止。没有观察到水性传播锋面的全局淬熄，即便是在其 $Ka$ 值比淬熄气态锋面的 $Ka$ 值大 1000 倍的情况下，因此，有人认为，如果没有热量损失，仅有湍流可能不足以引起全局淬熄。然而，TC 流具有非常窄的环隙 (<1cm)，限制了扰动与皱褶锋面之间的相互作用。因此，Shy 等[2] 在水性化学槽 (15cm×15cm×30cm) 中采用一对水平定向和垂直振动的网格，在

两个网格之间的中心区域产生一个统计上均匀和各向同性的大湍流区域。图 6.2.6 显示了在不同 $Ka$ 值下振动网格湍流中这些水性传播前锋的两个瞬时截面 LIF 照片：(1) $Ka \approx 15.7$ 显示了具有大面积褶皱但仍然很尖锐的前锋，(2) $Ka \approx 285.3$ 显示了在全局淬熄之前锋面显著展宽。据观察，只要 $Ka$ 值高达 300，液体火焰的全局淬熄是就可能的，该 $Ka$ 值远远超过气体火焰全局淬熄的临界值。

(a) $Ka \approx 15.7$        (b) $Ka \approx 285.3$

图 6.2.6 液体火焰在装有一对垂直振动网格的透明矩形容器中传播，产生一个统计上均匀且各向同性的湍流区域，显示了两种不同模式下传播前锋的瞬时截面 LIF 照片：(a) 大面积褶皱但仍然很尖锐的前锋；(b) 前锋在全局淬熄前变宽

### 6.2.4 结论

本节的研究有助于我们理解预混湍流火焰的全局淬熄过程，其中在 $Ka_c$-$\phi$ 图上确定了全局淬熄范围。强湍流对贫燃甲烷/空气火焰的全局淬熄比对富燃甲烷/空气火焰要难得多，表明湍流预混火焰对复合反应敏感。随着 $\phi$ 从贫燃侧或富燃侧逐渐接近 $\phi = 1$，$Ka_c$ 值有大幅增加，最大 $Ka_c$ 值可能出现在 $\phi = 1$ 附近。在 $\phi = 1$ 时，预混湍流甲烷/空气火焰的存活力令人惊讶，因为全局淬熄发生时 $Ka_c$ 的预期值高达 160。此外，贫燃/富燃甲烷/稀释剂/空气火焰 ($S_L \approx 10\mathrm{cm/s}$) 的全局淬熄分别受到/不受 RHL 的影响。对贫燃混合物，RHL 越小，$Ka_c$ 值越大 (>20)。在 $\phi \approx 1.20 \sim 1.45$ 的范围内，当 $S_L \approx 10\mathrm{cm/s}$ 时，富燃氮气和二氧化碳稀释的火焰，$Ka_c$ 值相差不大 ($Ka_c \sim 8.3$)。根据对液体火焰的研究结果，利用强湍流对近绝热 (微放热，通常为 1K) 的自蔓延反应锋进行全局淬熄是极其困难的，揭示了热损失对于火焰淬熄的重要性。因此，可以得出前文所述结论，湍流引起的火焰全局淬熄可由湍流应变、火焰化学和热损失之间的众多相互作用所表证。

### 参 考 文 献

[1] Yang, S.I. and Shy, S.S., Global quenching of premixed CH$_4$/air flames: Effects of turbulent straining, equivalence ratio, and radiative heat loss, Proc. Combust. Inst.,29, 1841, 2002.

[2] Shy, S.S., Jang, R.H., and Tang, C.Y., Simulation of turbulent burning velocities using aqueous autocatalytic reactions in a near-homogeneous turbulence, Combust. Flame,105, 54, 1996.

[3] Libby, P., Liñán, A., and Williams, F., Strained premixed laminar flames with nonunity Lewis numbers, Combust.Sci. Technol., 34, 257, 1983.

[4] Darabiha, N., Candel, S., and Marble, F., The effect of strain rate on a premixed laminar flame, Combust. Flame,64, 203, 1986.

[5] Giovangigli, V. and Smooke, M., Extinction of strained premixed laminar flames with complex chemistry,Combust. Sci. Technol., 53, 23, 1987.

[6] Ishizuka, S. and Law, C.K., An experimental study on extinction and stability of stretched premixed fl ames,Proc. Combust. Inst., 19, 327, 1982.

[7] Sato, J., Effects of Lewis number on extinction behavior of premixed flames in a stagnation flow, Proc. Combust.Inst., 19, 1541, 1982.

[8] Law, C.K., Dynamics of stretched fl ames, Proc. Combsut.Inst., 22, 1381, 1988.

[9] Poinsot, T., Veynante, D., and Candel, S., Quenching processes and premixed turbulent combustion diagrams,J. Fluid Mech., 228, 561, 1991.

[10] Roberts, W.L., Driscoll, J.F., Drake, M.C., and Ratcliffe,J.W., OH fluorescence images of the quenching of a premixed flame during an interaction with a vortex, Proc. Combust. Inst., 24, 169, 1992; Roberts, W.L., Driscoll, J.F.,Drake, M.C., and Goss, L.P., Images of the quenching of a flame by a vortex—To quantify regimes of turbulent combustion, Combust. Flame, 94, 58, 1993.

[11] Chomiak, J. and Jarosinski, J., Flame quenching by turbulence, Combust. Flame, 48, 241, 1982; Jarosinski,J., Strehlow, R.A., and Azarbarzin, A., The mechanisms of lean limit extinguishment of an upward and downward propagating flame in a standard flammability tube,Proc. Combust. Inst., 19, 1549, 1982.

[12] Bradley, D., How fast can we burn, Proc. Combust. Inst.,24, 247, 1992.

[13] Peters, N., Turbulent Combustion, Cambridge University Press, Cambridge, 2000.

[14] Ronney, P.D., Some open issues in premixed turbulent combustion, In: Modeling in Combustion Science, J.D.Buckmaster and T. Takeno, Eds., Lecture Notes in Physics, Springer-Verlag, Berlin, Vol. 449, p. 3, 1995.

[15] Karlovitz, B., Denniston, D.W., Knapschaefer, D.H., and Wells, F.E., Studies on turbulent flames, Proc. Combust.Inst., 4, 613, 1953.

[16] Abdel-Gayed, R.G., Bradley, D., and Lawes, M., Turbulent burning velocities: A general correlation in terms of straining rates, Proc. R. Soc. Lond. A, 414, 389, 1987.

[17] Shy, S.S., I, W.K., and Lin, M.L., A new cruciform burner and its turbulence measurements for premixed turbulent combustion study, Exp. Thermal Fluid Sci., 20,105, 2000.

[18] Shy, S.S., Lin, W.J., and Wei, J.C., An experimental correlation of turbulent burning velocities for premixed turbulent methane-air combustion, Proc. R. Soc. Lond. A,456, 1997, 2000.

[19] Shy, S.S., Lin, W.J., and Peng, K.Z., High-intensity turbulent premixed combustion: General correlations of turbulent burning velocities in a new cruciform burner,Proc. Combust. Inst., 28, 561, 2000.

[20] Vagelopoulos, C.M., Egolfopoulos, F.N., and Law, C.K.,Further considerations on the determination of laminar flame speeds with the counterflow twin-flame technique,Proc. Combust. Inst., 25, 1341, 1994.

[21] Stone, R., Clarke, A., and Beckwith, P., Correlations for the laminar-burning velocity of methane/diluent/air mixtures obtained in free-fall experiments, Combust.Flame, 114, 546, 1998.

[22] Samaniego, J.M. and Mantel, T., Fundamental mechanisms in premixed turbulent flame propagation via flame–vortex interactions: Part I: Experiment, Combust.Flame, 118, 537, 1999.

[23] Seshadri, K. and Peters, N., The inner structure of methane–air flames, Combust. Flame 81:96 1990.

[24] William, F., Combustion Theory, 2nd ed., Addison-Wesley Publishing Co., New York, 1985.

[25] Seshadri, K., Bai, X.S., and Pitsch, H., Asymptotic structure of rich methane-air fl ames, Combust. Flame, 127,2265, 2001.

[26] Shy, S.S., Ronney, P., Buckley, S., and Yahkot, V.,Experimental simulation of premixed turbulent combustion using a liquid-phase autocatalytic reaction, Proc.Combust. Inst., 24, 543, 1993.

# 6.3 对冲预混火焰的熄灭

## Chih-Jen Sung

### 6.3.1 动机和目标

对冲流结构已被广泛用于为研究拉伸火焰现象和研究基于层流火焰面概念建立湍流火焰模型提供基准实验数据。利用这种结构获得的燃料/氧化剂混合物的全局火焰特性，如层流火焰速度和熄火拉伸率，也被广泛用作开发、验证和优化详细反应机理的目标响应。特别是，熄火拉伸率代表了受动力学影响的现象，并表征了特征火焰时间和特征流动时间之间的相互作用。此外，对熄火现象的研究在燃烧领域具有重要的理论和实际意义，与燃烧过程的安全、灭火和控制等领域密切相关。

拉伸预混火焰研究的一个重要结果是，火焰温度和随后的燃烧强度受混合物的非均匀扩散和空气动力学拉伸的联合作用的严重影响 (例如，参考文献 [1]~[7])。这些影响可以通过集总参数 $S \sim (Le^{-1} - 1)\kappa$ 来集体量化，其中 $Le$ 是混合 Lewis 数，$\kappa$ 是火焰所经历的拉伸率。特别是当 $S > 0$ 时，火焰温度升高，反之则降低。由于 $Le$ 可以大于或小于 1，而 $\kappa$ 可以是正的或负的，当 $Le$ 或 $\kappa$ 超过其各自的临界值时,火焰响应可以反转其趋势。例如,对于正向拉伸的对冲火焰,当 $\kappa > 0$ 时,对于 $Le < 1$ 的混合物,其燃烧强度相比相应未拉伸的平面一维火焰的燃烧强度增大,但是对于 $Le > 1$ 的混合物,燃烧强度则降低。

　　众所周知,在拉伸预混火焰存在 RHL 的情况下,存在着多种不同的熄火模式 (例如,参见参考文献 [8]~[13])。当有 RHL 时,辐射火焰在定性和定量上的表现与绝热火焰的都不相同。图 6.3.1 显示了计算的最大火焰温度 $T_{max}$,它是当量比 $\phi = 0.455$ 时的贫燃对冲甲烷/空气火焰拉伸率 $\kappa$ 的函数,无论有无 RHL。在这种情况下,拉伸率定义为热混合层前面的局部轴向速度梯度的负最大值。对于贫燃甲烷/空气火焰,$T_{max}$ 通常是驻点表面的温度。甲烷火焰计算所用的反应机理取自 GRI-Mech 1.2[14],其由 32 个组分和 177 个基元反应步组成。对于非绝热情况,基于光学薄层假设,RHL 被包括在能量方程中,认为仅来自于燃烧产物 $CO_2$、$H_2O$ 和 CO。在某些早期研究中,辐射组分的普朗克平均吸收系数是温度的函数 [15,16]。目前的准一维公式也意味着横向传导热损失可以忽略不计,并且计算是在 1 个大气压和 300K 上游温度下进行的。

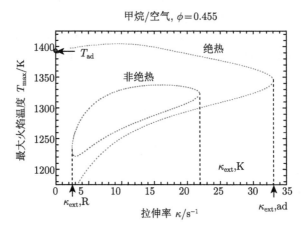

甲烷/空气, $\phi = 0.455$

图 6.3.1　对于贫燃甲烷/空气 ($\phi = 0.455$) 火焰,无论有无 RHL(分别用非绝热和绝热表示),最大火焰温度 $T_{max}$ 都是拉伸率 $\kappa$ 的函数。纵轴上的圆点指示绝热火焰温度 $T_{ad}$

　　对于抑制了 RHL 的绝热条件,火焰响应表现为特征着火-熄灭曲线的传统上中分支,上分支代表物理真实解。可以注意到,这种贫燃甲烷/空气混合物的有效 $Le$ 是低于 1 的。从图 6.3.1 可以看出,随着拉伸率的增加,$T_{max}$ 首先由于非均匀扩散效应 ($S > 0$) 而增加,然后随着不断接近熄火状态而减小,后者是由于反应不完全造成的。此外,当 $\kappa = 0$ 时,预计 $T_{max}$ 也会退化为绝热火焰温度 $T_{ad}$。

　　相反,非绝热火焰表现出孤岛响应,其两个熄火转折点分别被指定为 $\kappa$ 的较高值 $\kappa_{ext,K}$ 和较低值 $\kappa_{ext,R}$。在等值线的上稳定分支上可以观察到,随着拉伸率的增加，火焰温度先升高后降低，在最大拉伸率 $\kappa_{\mathrm{ext,K}}$ 下发生熄火。在该极限下的熄火机理和响应特性与绝热火焰的相似，除了额外的辐射损失更利于熄火并导致 $\kappa_{\mathrm{ext,K}} < \kappa_{\mathrm{ext,ad}}$。这种熄火状态是由拉伸诱导的熄火极限。

然而，由于流动时间和火焰 RHL 的逐渐增加，拉伸率的降低也能诱导熄火。因此，还存在一个最小拉伸率 $\kappa_{\mathrm{ext,R}}$，低于该速率就不可能再稳定燃烧。这一极限被称为辐射损失诱导的熄火极限，同时还要认识到拉伸仍在影响着火焰反应。因此，只有在有限的拉伸率范围内，稳定燃烧才是可能的。我们进一步注意到，虽然 $\kappa_{\mathrm{ext,K}}$ 约为 $\kappa_{\mathrm{ext,ad}}$ 的 66%，但它们的熄火温度仅相差 23K，并且比 $T_{\mathrm{ad}}$ 低 60K。然而，在较低拉伸极限下的熄火温度约比 $T_{\mathrm{ad}}$ 低 160k。因此，在辐射损失诱导的熄火状态下，火焰的强度要弱得多。

本节着重介绍拉伸引起的淬熄，并分别重点讨论了对冲预混火焰熄火极限的四个方面，包括①非均匀扩散效应，②不同边界条件的影响，③脉动不稳定性的影响，④可燃性的基本极限。

### 6.3.2 非均匀扩散效应

当采用对冲双火焰结构实验确定拉伸诱导的熄火极限时，随着流速的增加，由火焰吹熄引起的熄火会随之增加，进而导致拉伸率增大。然后，可以使用激光多普勒测速仪 (LDV) 或数字粒子图像测速仪 (DPIV) 来测量和识别熄火开始之前的拉伸率。图 6.3.2 显示了被拉伸的一对正癸烷/$O_2$/$N_2$ 火焰在三种不同当量比下突然熄灭之前的直接图像。这里，$N_2$/($N_2$+$O_2$) 的摩尔比为 0.84，未燃混合物的温度 $T_u$ 为 400K。

实验中，观察到两种基于双火焰分离的熄火模式。具体地说，正癸烷/$O_2$/$N_2$ 混合物的贫燃对冲火焰在有限的分离距离下熄灭，而富燃火焰则表现为两个明亮小火焰的合并。图 6.3.2 清楚地显示了这两种截然不同的熄火模式。如前所述，$Le$ 小于 (大于)1 的正拉伸火焰的反应性随拉伸率的增加而增加 (减小)。因此，实验观察与预期一致，即 $Le < 1$ 的对冲火焰，如富燃 n-癸烷/$O_2$/$N_2$ 混合物，由于不完全反应而在混合火焰模式下熄灭，而 $Le > 1$ 的对冲火焰，如贫燃 n-癸烷/$O_2$/$N_2$ 混合物，则由于非均匀扩散效应 ($S<0$)，在距离驻点表面的有限距离处熄灭。

图 6.3.3 显示了在 400K 预热温度下测得的正癸烷/$O_2$/$N_2$ 混合物的熄火拉伸率随当量比的变化关系。利用 Bikas 和 Peters(67 种组分和 354 个反应)[17] 以及 Zhao 等 (86 种组分和 641 个反应)[18] 的动力学机理，计算了不同当量比下的火焰响应曲线。轴对称对冲双火焰的控制方程和数学模型遵循 Kee 等的塞流公式 [19]。根据火焰响应曲线的转折点，确定计算的熄火拉伸率，并与图 6.3.3 所示的实验值进行比较。可以看出，用这两种正癸烷反应机理计算得到的熄火拉伸率彼此非常接近。尽管在 $\phi = 0.8$ 时，实验结果和计算结果之间的一致性令人满意，

但在所研究的其他当量比下，实验值通常较低。

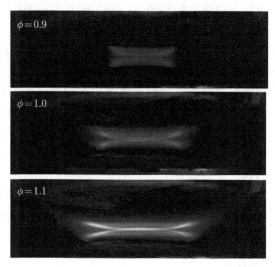

图 6.3.2  未燃混合物温度 $T_u = 400K$ 时接近熄火的正癸烷/$O_2$/$N_2$ 的直接图像，
$N_2/(N_2+O_2)$ 的摩尔比为 0.84

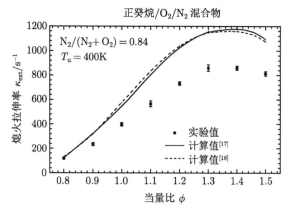

图 6.3.3  $T_u = 400K$ 时，正癸烷/$O_2$/$N_2$ 混合物的实验 (符号) 和计算 (线) 熄火拉伸率。
$N_2/(N_2+O_2)$ 的摩尔比为 0.84

尽管所采用的反应机理预测过高，但从图 6.3.3 可以看出，正癸烷对冲火焰的实验和预测熄火拉伸率都表现出相同的趋势，熄火拉伸率在 $\phi \sim 1.4$ 时达到峰值。如前所述，这种丰富的变化是由富燃混合物的正拉伸和 Lewis 数小于 1 的联合作用引起的。可以进一步指出，正癸烷燃烧化学的不足以及对冲火焰模型的准一维性质，可能是熄火拉伸率的预测过高的原因。前者反映的是现有的反应机理仍不能很好地预测实验层流火焰速度数据[20]。对于后者，需要进行详细的计算研究，来比较准一维和二维建模预测的熄火拉伸率。在全局范围内，火焰图像 (参见图 6.3.2) 和 DPIV 确定的流场都表明，即使在突然吹熄之前，火焰的核心区域仍然是完全一维的。然而，为了进一步确定近熄灭火焰结构的一维性，需要对主要组分和关键次要组分的分布进行实验绘图。

### 6.3.3　边界条件的影响

在对冲火焰的数值模拟中，通常采用两种流体力学描述应变流场，即势流和塞流。认识到实验中的外流场既不是塞流也不是势流，Kee 等[19] 比较了实验确定的熄火拉伸率以及用势流和塞流公式计算得到的熄火拉伸率，并证明了尽管它们彼此不同，但是塞流结果与实验数据吻合较好，因而是较好的边界条件。此外，无论以两种流动中的哪一种流动作为边界条件，计算得到的火焰结构都几乎保持相同[19]。

基于三个方面的考虑，我们重新检查了 Kee 等的结果[19]。首先，由于外流的轴向速度梯度在塞流公式中是不断变化的，因此可以合理地预期，在确定有效拉伸率以及接下来对比较中存在的差异进行评估时，存在相当大的不确定性。其次，令人困惑的是，Kee 等采用两种公式计算的熄火拉伸率明明彼此不同，但其火焰结构却几乎保持不变。最后，在 Kee 等的工作中，没有明确给出用于比较的火焰结构[19]，使得难以评估从这两种公式中获得的分歧/一致的程度。

为了考察火焰结构对外部流场描述的敏感性，我们对处于熄火状态的两个极限边界条件下获得的火焰结构进行了比较，这两个边界条件可以被认为是给定混合物浓度下火焰的空气动力学和动力学最敏感状态，并证明它们基本上是彼此无法区分的。因此，这一结果表明，Kee 等在工作中提到的熄火拉伸率的差异[19]，仅仅是与速度梯度评估相关的 "误差" 的结果。

图 6.3.4 采用了势流和塞流边界条件，比较了 $T_u = 300K$ 的绝热化学恰当当量比甲烷/空气火焰的 S 曲线的上分支。在这种情况下，计算出的最大轴向速度梯度用于确定拉伸率，火焰响应曲线的转折点定义了熄火拉伸率 $\kappa_{ext}$。可以看出，势流公式比塞流公式计算得到了更高的 $\kappa_{ext}$。然而，在两种情况下，熄火转折点 $T_{ext}$ 的最高温度都在 1813K 左右，并不依赖于外部流动的描述。如图 6.3.5 所示，通过对速度、温度、主要组分和重要自由基 (H、O 和 OH) 分布曲线的比较，进一步证明了这种不敏感性。可以观察到，尽管外部流动不同，但热混合层内的这些曲线基本上是难以区分的。此外，图 6.3.5 显示，对于两个外部流场，进入热混合层的局部轴向速度梯度排列得非常好。因此，有理由认为 Kee 等计算的熄火拉伸率存在的差异[19] 很大程度上是由于在评估火焰上游的轴向速度梯度时依赖于定义的判断。以塞流结果为例，图 6.3.5 清楚地表明，拉伸率的显著变化可能取决

于其评估方式。因此，需要一个明确的参数来表征对冲火焰的熄火极限。

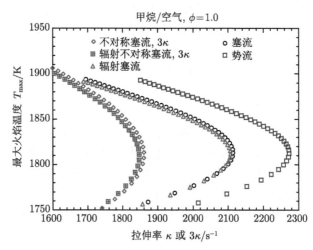

图 6.3.4　采用势流 (双火焰)、塞流 (双火焰)、非对称塞流 (单火焰)、辐射塞流双火焰和辐射非对称塞流单火焰边界条件的化学恰当当量比甲烷/空气火焰最大火焰温度对拉伸率的响应。对于非对称塞流情况，沿横轴延伸至 $3\kappa$ 范围

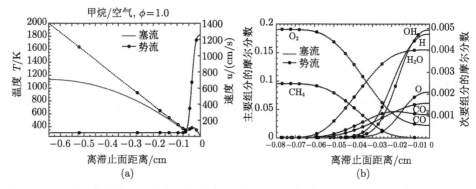

图 6.3.5　对冲双化学恰当当量比甲烷/空气火焰在不同外部流动条件下，熄火状态下的温度、速度、主要组分 ($CH_4$、$O_2$、$CO$、$CO_2$ 和 $H_2O$) 和次要组分 (H、O 和 OH) 的分布比较。为清楚起见，符号不代表计算中使用的实际网格分布

　　火焰熄灭对下游热损失非常敏感，因此，由于火焰对称性而被认为是绝热的双火焰结构，对于给定的燃料/氧化剂混合物，比具有或不具有下游热损失的其他类型非绝热对冲火焰/驻点火焰，将会产生更高的熄火拉伸率。图 6.3.4 还包括非对称对冲流结构的火焰响应曲线，该对冲流是通过将预混混合物与同温度的氮气对冲而得到的。从图 6.3.4 可以看出，双火焰情况下的熄火拉伸率 $\kappa_{ext}$ 远高于非对称情况，而两种情况的 $T_{ext}$ 值基本相同。此外，在图 6.3.4 中还比较

了辐射双火焰和辐射非对称火焰在光学薄层极限下的响应曲线。尽管辐射火焰的 $\kappa_{\text{ext}}$ 比相应非辐射火焰的 $\kappa_{\text{ext}}$ 更低，但是 $T_{\text{ext}}$ 的值在该化学当量比条件下却非常相似。

图 6.3.6 进一步比较了贫燃与化学恰当当量比甲烷/空气混合物在五种不同情况下的 $\kappa_{\text{ext}}$ 和 $T_{\text{ext}}$，这五种不同情况分别是：塞流、势流、非对称塞流，辐射塞流和辐射非对称塞流。根据图 6.3.4 的讨论，势流公式和辐射非对称火焰分别导致最大和最小的 $\kappa_{\text{ext}}$，此处研究了 $\kappa_{\text{ext}}$ 随不同情况当量比的变化关系。在接近化学恰当当量比时，五种情况下的 $T_{\text{ext}}$ 值都非常相似，但在接近贫燃可燃性极限时，非对称塞流情况下的 $T_{\text{ext}}$ 略高，表明下游热损失具有重要影响。然而，五种情况下 $T_{\text{ext}}$ 的变化远小于 $\kappa_{\text{ext}}$ 的变化。

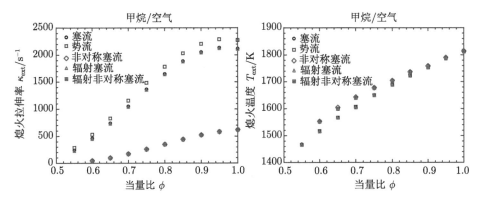

图 6.3.6  在如图 6.3.4 所示的五种不同情况下，甲烷/空气混合物的熄火拉伸率和熄火温度随当量比的变化

### 6.3.4  脉动不稳定性引起的熄火

Sivashinsky [21] 采用一步化学分析方法研究了一维平面火焰的稳定性，发现对于 Lewis 数大于 1 的混合物，当活化能足够大时，会出现一个自振荡区，胞元不稳定性在 $Le < 1$ 的火焰中会被增强而在 $Le > 1$ 的火焰中则被抑制。对于一维平面火焰，预测的不稳定胞元和火焰传播脉动模式的起始点在存在气动拉伸时会被修正，而气动拉伸通常存在于所有实际火焰中，表现为流动不均匀性、火焰曲率和火焰不稳定性。实际上，Sivashinsky 等 [22] 以及 Bechtold 和 Matalon[23] 的理论表明，正拉伸 (与诸如对冲火焰和向外传播的球形火焰等有关) 倾向于抑制胞元不稳定性，而负拉伸则促进胞元不稳定性。对于脉动不稳定性，用一步化学方法对向外传播的球形火焰进行了数值研究 [24]，结果表明，振荡在小半径处增强，表现出较强的正拉伸，而在大半径处减弱。通过对富燃氢气/空气混合物中的负拉伸、向内传播的球形火焰和正拉伸的对冲火焰的准稳态渐近分析和瞬态计算

模拟，Sung 等[25] 证明，正拉伸促进火焰脉动的发生，而负拉伸则减缓其发生。因此，就拉伸的正/负性质而言，拉伸对脉动不稳定性的影响似乎与对胞元不稳定性的影响完全相反。

由于拉伸会影响火焰脉动的发动，所以在脉动模式，拉伸会相应地影响熄火状态。因此，我们有必要评估拉伸在改变熄火状态中的作用。如果稳态火焰响应曲线的熄火转折点是中性稳定的，则整个上分支应该是动态稳定的。那么，相应的静态熄火拉伸率则是物理极限。

图 6.3.7 中的插图显示了 $\phi = 7.0$ 的富燃氢气/空气混合物的火焰响应。由于

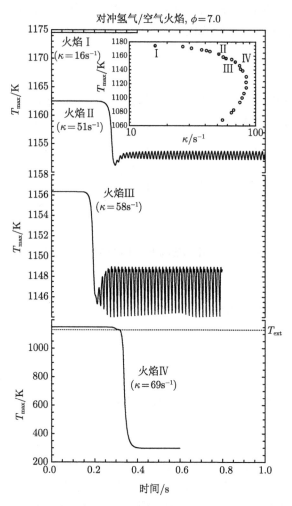

图 6.3.7　火焰 I-IV 的最大火焰温度 ($T_{max}$) 随时间的变化。插图显示了 $\phi = 7.0$ 的氢气/空气混合物的稳态火焰响应。结果表明，火焰 I 是动态稳定的，火焰 II 是单色振荡的，火焰 III 是周期倍增的脉动，火焰 IV 由脉动引起熄火

该混合物的 Lewis 数比 1 大得多，因此它易受到扩散-热脉动不稳定性的影响。四个火焰，用沿上分支的火焰 I-IV 表示，作为不稳定运行的初始条件，火焰 IV 是接近静态熄火转折点的状态。计算氢气火焰所用的详细反应机理来自 Kim 等 [26]。计算中还包括了热扩散。首先，从图 6.3.7 可以看出火焰 I 是动态稳定的。随着拉伸率增加到 51s$^{-1}$(火焰 II)，周期性振荡以约为 67Hz 的频率发展。由于该当量比 ($\phi = 7.0$) 小于一维平面无拉伸火焰的起始当量比 $\phi = 7.4$ [27]，所以结果表明正拉伸促进了脉动不稳定性。

通过进一步将拉伸率增加到 58s$^{-1}$(火焰 III)，在图 6.3.7 中可以注意到，振荡强度和倍周期都以与火焰 II 类似的振荡频率 (约 61Hz) 发展。还可以观察到，在绝热火焰速度为 44cm/s、特征火焰厚度为 0.08cm 的条件下，一维平面 $\phi= 7.0$ 氢气/空气火焰的特征火焰时间约为 1.8ms。因此，这些固有振荡的周期比相应的特征火焰时间长得多。其结果就是，瞬态火焰响应在本质上是准稳态的。特别是，一旦其 $T_{\text{max}}$ 下降到相应的 $T_{\text{ext}}$ 以下，不稳定的火焰将无法恢复。图 6.3.7 显示了火焰 IV 的 $T_{\text{max}}$ 随时间的变化。可以看出，在固有不稳定性开始出现之后，$T_{\text{max}}$ 呈单调减小直至火焰熄灭。

上述结果表明，当 $\phi= 7.0$ 的一维无拉伸氢气/空气火焰稳定传播时，在正应变作用下，当超过临界拉伸率时，其对冲火焰可能会对脉动失稳。此外，即使初始拉伸率小于相应的稳态熄火拉伸率，不稳定的对冲火焰也可能导致熄火。这表明脉动不稳定性降低了可燃性范围。图 6.3.8 比较了导致一系列富燃当量比范围内火焰瞬时熄火的静态熄火拉伸率和初始拉伸率。值得注意的是，对于 $\phi= 5.0$、5.5 和 6.0 的情形，发现稳态火焰响应曲线的整个上分支是动态稳定的，因此，静态熄火转折点是物理上的实际极限。然而，在 $\phi= 6.5$ 和 7.0 时，稳态火焰响应超过

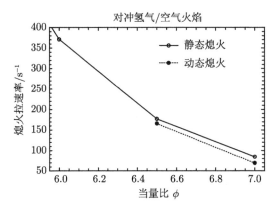

图 6.3.8 不同氢气/空气火焰的静态和动态熄火拉伸率的比较。当当量比足够富燃时，动态熄火拉伸率可以大大低于相应的静态熄火极限

了实际的动态熄火拉伸率。对于 $\phi = 7.0$ 的情况，过度预测的程度可以高达 20%。因此，在确定实际熄火极限时，必须考虑脉动的发生。

此外，由于脉动开始的控制因素是一个较大的 Lewis 数，所以上述结果对更实际相关的混合物具有重大意义，例如，以 $Le > 1$ 为特征的空气中的贫燃碳氢化合物的混合物。特别是，最近对一维、无拉伸、贫燃庚烷/空气火焰的研究 [28] 表明，从永久振荡到熄火的转变是相当突然的，这与富燃氢气/空气火焰有很大不同。因此，对于正拉伸、贫燃、大分子碳氢化合物/空气火焰，在脉动不稳定性开始时可能发生固有振荡引起的熄火，从而与稳态火焰响应相比，进一步缩小了拉伸率的可燃性范围。

### 6.3.5　可燃性的基本极限

给定贫燃或富燃燃料/氧化剂系统基本极限的定义是浓度或压力极限，超过该浓度或压力极限，一维平面火焰不可能稳定传播。众所周知，可燃极限是给定反应混合物的固有特性，对导致熄火的比热损失机理不太敏感。识别和表征不同燃料类型的基本极限对于燃烧装置的性能和安全性具有重要的实际意义。提出了一种基于对冲流的技术 [29]，用于实验测定这些基本可燃性极限。在这项技术 [29] 中，首先确定了浓度逐渐变弱的对冲预混火焰的熄火拉伸率。将结果线性外推至零拉伸率，得到的相应混合物浓度即基本可燃性极限浓度。该方法隐含的假设是，在基本可燃性极限附近，熄火拉伸率随浓度线性变化。

虽然一些标准测试方法 [30] 有关于各种燃料的稳定可燃性极限值的公开数据，但最近的研究 (例如，参考文献 [31]，[32]) 发现，在湍流标量场的快速时间/空间波动下，可能必须对这些极限值进行实质性的修改。因此，有必要了解存在混合分层或/和流动应变的预混火焰的局部淬熄的基本特征。图 6.3.9 显示了用于此类研究的两种可能的对冲流结构，用于建立一个稳定的、部分淬熄的预混火焰前缘或所谓的预混边缘火焰——一种具有内部喷射的同轴几何结构。与瞬态预混边缘火焰不同，稳态边缘火焰有利于确保实验的高分辨率和保真度。

在同轴配置中，这种非均匀流场是通过在流动拉伸率或混合物的当量比中产生局部梯度而形成的。为此，位于对冲燃烧器中心的内部喷嘴用于独立地控制中心区域的速度和燃料混合物成分。如图 6.3.9 所示，在火焰中心形成了一个火焰孔。反应流与非反应流交汇处的环孔边缘是本项研究的重点。加热氮气的作用是减少火焰下游的热量损失。另外，通过从燃烧器出口两侧释放相同的反应物成分和速度，可以很容易地建立传统的双预混火焰。

图 6.3.9(a) 显示了拉伸诱导形成淬熄的边缘火焰。在反应混合物成分均匀的情况下，如果通过内管的喷嘴出口流量大于通过外管的流量，并且相应的拉伸率超过熄火极限，则火焰中心可能发生局部熄火。请注意，该配置与早期研究 [33-35]

中使用的配置不同，因为当前的预混边缘火焰是通过改变入口条件形成的，而不是通过早期研究中进行的非平行倾斜槽分离形成的 [33-35]。

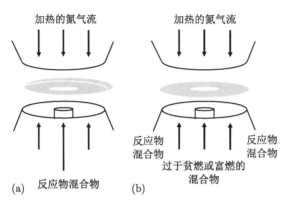

图 6.3.9 对冲燃烧器中预混边缘火焰示意图：(a) 内管平均速度大于外管平均速度，形成拉伸诱导的边缘火焰。(b) 内管与外管的混合物当量比不同，形成分层诱导的边缘火焰

类似地，图 6.3.9(b) 描述了火焰部分熄灭的情况，在保持平均速度恒定的情况下，火焰部分淬熄是由于从内管和外管发出的反应混合物成分不均匀造成的。如果内管中的当量比过于贫燃或过于富燃，超过典型的可燃性范围，则会导致局部熄火，从而在预混火焰的中心出现一个孔。

Hou 等进行了稳定火焰孔的生成实验 [36]。在他们的实验中，通过将甲烷/空气和丙烷/空气混合物的内部混合物稀释至可燃性极限以下，形成了稳定的环形预混边缘火焰。他们发现，当外部混合物成分接近化学恰当当量比时，会形成一个稳定的火焰孔。然而，他们关注的重点是预混火焰的相互作用，而不是边缘火焰的形成、熄灭或传播。

为了进一步证明上述同轴结构的可行性，如图 6.3.10(a) 所示，使用包括一个驻点板和一个同轴燃烧器的简易装置，在不同内外管条件下，建立了轴对称对冲乙烯/空气火焰模型。一些火焰图像样本表明，存在准一维平面火焰 (图 6.3.10(b)) 和稳定的火焰孔，这可以通过稀释内部混合物 (图 6.3.10(c)) 或通过产生局部拉伸率梯度 (图 6.3.10(d)) 得到。

利用同轴配置，对于外管中给定的拉伸率和当量比，可以系统地确定导致火焰孔开始形成时的内芯混合物的临界贫燃和富燃极限。火焰孔的存在和可能的重燃之间的界限也可以测量。此外，探索火焰边缘的退却是否会导致周围火焰的熄灭也是一个有趣的问题。

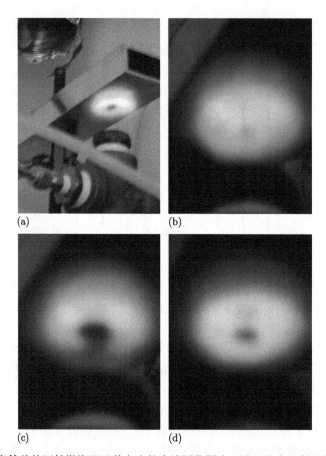

图 6.3.10　一个简单的同轴燃烧器及其产生的火焰图像样本照片，从底部斜视得到。(a) 初步
设置。同轴乙烯/空气火焰是在以下条件下形成的：(b) $U_i = U_o$ 和 $\phi_i = \phi_o = 0.8$ 为平面火焰；
(c) $U_i = U_o$ 与 $\phi_i = 0$ 和 $\phi_o = 0.8$ 为内部火焰，由于内部喷射稀释而熄灭；(d) $U_i \gg U_o$
和 $\phi_i = \phi_o = 0.8$ 为内部火焰，由于局部拉伸率增大而熄灭。这里，$U$ 是平均出口速度，$\phi$ 是当量
比。下标"i"和"o"分别表示内部射流和外部射流

### 6.3.6　结论

在湍流燃烧装置中，由于褶皱火焰与湍流涡流和气穴的相互作用，火焰表面
的局部熄火很容易发生。因此，要建立真正的预测模型就必须从根本上了解各种
火焰熄灭现象的动力学。熄火过程的研究也将有助于更好地描述燃料/氧化剂混
合物的基本可燃性极限，从而更好地识别可能的爆炸/火灾危险。在层流火焰的框
架内，本节介绍的材料涵盖了对冲火焰熄灭的四个方面，其中特别强调了拉伸诱
导淬熄。

首先，对于非均匀扩散、正拉伸的对冲火焰，当混合物的有效 Lewis 数大于

或小于临界值 (对于火焰温度, $Le$ 临界值为 1) 时, 火焰响应表现出相反的行为。这些完全相反的趋势提供了非均匀扩散火焰拉伸概念的明确验证。

其次, 研究了火焰结构和熄火极限对外部流场描述的敏感性。通过比较不同边界条件下火焰在熄火状态下的结构, 发现所报告的熄火拉伸率计算值的差异仅仅是由于速度梯度计算方法的不同所导致的结果。需要进一步研究, 以确定表征对冲火焰熄火极限的明确参数。

再次, 由于在平面未拉伸火焰中观察到的脉动不稳定性预期会被正拉伸增强, 所以脉动可能会发展到小于静态熄火极限的临界拉伸率之外。当脉动熄火发生在比稳定熄火极限小的拉伸率下时, 火焰在脉动中熄灭, 而不是以稳定传播的方式熄灭, 且可燃性范围会相应缩小。

最后, 表征碳氢化合物燃烧的可燃性极限对控制不完全燃烧产生的污染物 (如一氧化碳和未燃烧的碳氢化合物) 也有重大影响。在燃烧装置出口处产生的这些化合物的量很大程度上取决于发动机内部的完全燃烧程度 (假设通过排气道的产物气体被冻结)。由于不完全燃烧而导致的此类污染物的预测不仅取决于燃烧化学, 还取决于涉及混合和传输过程的火焰熄火动力学。在许多工业应用中, 预混火焰传播的上游可能存在强烈的混合分层, 有必要对分层混合条件下的可燃性进行明确的识别。由于以往的研究大多集中在拉伸诱导的边缘火焰上, 因此有必要对不同条件下浓度分层产生的预混边缘火焰动力学进行系统研究。

## 致谢

本节是在国家航空航天局的赞助下编写的, 批准号为 NNX07AB36Z, 由 Krishna P.Kundu 博士进行技术监督。

## 参 考 文 献

[1] Sivashinsky, G.I., On a distorted flame front as a hydrodynamic discontinuity, Acta Astronaut., 3, 889, 1976.

[2] Clavin, P. and Williams, F.A., Effects of molecular diffusion and of thermal expansion on the structure and dynamics of premixed flames in turbulent flows of large scale and low intensity, J. Fluid Mech., 116, 251, 1982.

[3] Matalon, M. and Matkowsky, B.J., Flames as gasdynamic discontinuities, J. Fluid Mech., 124, 239, 1982.

[4] Buckmaster, J.D. and Ludford, G.S.S., Theory of Laminar Flames, Cambridge University Press, Cambridge, 1982.

[5] Williams, F.A., Combustion Theory, 2nd ed., AddisonWesley Publishing Co., Reading, Massachusetts, 1985.

[6] Law, C.K., Dynamics of stretched flames, Proc. Combust. Inst., 22, 1381, 1988.

[7] Law, C.K. and Sung, C.J., Structure, aerodynamics, and geometry of premixed flamelets, Prog. Energy Combust. Sci., 26, 459, 2000.

[8] Platt, J.A. and T'ien, J.S., Flammability of a weakly stretched premixed flame: The effect of radiation loss, Fall Technical Meeting of the Eastern States Section of the Combustion Institute, Orlando, Florida, 1990.

[9] Sung, C.J. and Law, C.K., Extinction mechanisms of nearlimit premixed flames and extended limits of flammability, Proc. Combust. Inst., 26, 865, 1996.

[10] Guo, H., Ju, Y., Maruta, K., Niioka, T., and Liu, F., Radiation extinction limit of counter flow premixed lean methane-air flames, Combust. Flame, 109, 639, 1997.

[11] Ju, Y., Guo, H., Maruta, K., and Liu, F., On the extinction limit and flammability limit of non-adiabatic stretched methane-air premixed flames, J. Fluid Mech., 342, 315, 1997.

[12] Buckmaster, J., The effects of radiation on stretched flames, Combust. Theory Model., 1, 1, 1997.

[13] Ju, Y., Guo, H., Maruta, K., and Niioka, T., Flame bifurcations and flammable regions of radiative counter flow premixed flames with general Lewis numbers, Combust. Flame, 113, 603, 1998.

[14] Frenklach, M., Wang, H., Bowman, C.T., Hanson, R.K., Smith, G.P., Golden, D.M., Gardiner, W.C., and Lissianski, V., GRI-Mech—An optimized detailed chemical reaction mechanism for methane combustion, Report No. GRI-95/0058, 1995.

[15] T'ien, C.L., Thermal radiation properties of gases, Adv. Heat Transfer, 5, 253, 1967.

[16] Hubbard, G.L. and Tien, C.L., Infrared mean absorption coefficients of luminous flames and smoke, ASME J. Heat Transfer, 100, 235, 1978.

[17] Bikas, G. and Peters, N., Kinetic modelling of n-decane combustion and autoignition, Combust. Flame, 126, 1456, 2001.

[18] Zhao, Z., Li, J., Kazakov, A., and Dryer, F.L., Burning velocities and a high temperature skeletal kinetic model for n-decane, Combust. Sci. Technol., 177, 89, 2005.

[19] Kee, R.J., Miller, J.A., Evans, G.H., and Dixon-Lewis, G., A computational model of the structure and extinction of strained, opposed flow ow, premixed methane-air flames, Proc. Combust. Inst., 22, 1479, 1988.

[20] Kumar, K. and Sung, C.J., Laminar flame speeds and extinction limits of preheated n-decane/$O_2$/$N_2$ and n-dodecane/$O_2$/$N_2$ mixtures, Combust. Flame, 151, 209, 2007.

[21] Sivashinsky, G.I., Diffusional-thermal theory of cellular flames, Combust. Sci. Technol., 15, 137, 1977.

[22] Sivashinsky, G.I., Law, C.K., and Joulin, G., On stability of premixed flames in stagnation-point flowow, Combust. Sci. Technol., 28, 155, 1982.

[23] Bechtold, J.K. and Matalon, M., Hydrodynamic and diffusion effects on the stability of spherically expanding flames, Combust. Flame, 67, 77, 1987.

[24] Farmer, J.R. and Ronney, P.D., A numerical study of unsteady nonadiabatic flames, Combust. Sci. Technol., 73, 555, 1990.

[25] Sung, C.J., Makino, A., and Law, C.K., On stretch-affected pulsating instability in rich hydrogen/air flames: Asympotic analysis and computation, Combust. Flame, 128, 422,

2002.

[26] Kim, T.J., Yetter, R.A., and Dryer, F.L., New results on moist CO oxidation: High pressure, high temperature experiments and comprehensive kinetic modeling, Proc. Combust. Inst., 25, 759, 1994.

[27] Christiansen, E.W., Sung, C.J., and Law, C.K., Pulsating instability in the fundamental flammability limit of rich hydrogen/air flames, Proc. Combust. Inst., 27, 555, 1998.

[28] Christiansen, E.W., Sung, C.J., and Law, C.K., The role of pulsating instability and global Lewis number on the flammability limit of lean heptane/air flames, Proc. Combust. Inst., 28, 807, 2000.

[29] Law, C.K. and Egolfopoulos, F.N., A kinetic criterion of flammability limits: The C-H-O-inert system, Proc. Combust. Inst., 23, 413, 1990.

[30] Zabetakis, K.S., Flammability characteristics of combustible gases and vapors, U.S. Department of Mines Bulletin, No. 627, 1965.

[31] Marzouk, Y.M., Ghoniem, A.F., and Najm, H.N., Dynamic response of strained premixed flames to equivalence ratio gradients, Proc. Combust. Inst., 28, 1859, 2000.

[32] Sankaran, R. and Im, H.G., Dynamic flammability limits of methane-air premixed flames with mixture composition fluctuations, Proc. Combust. Inst., 29, 77, 2002.

[33] Liu, J.B. and Ronney, P.D., Premixed edge-flames in spatially varying straining flows, Combust. Sci. Technol., 144, 21, 1999.

[34] Kaiser, C., Liu, J.B., and Ronney, P.D., Diffusive-thermal instability of counter flow flames at low lewis number, 38th Aerospace Sciences Meeting and Exhibit, AIAA Paper 2000-0576, 2000.

[35] Takita, K., Sado, M., Masuya, G., and Sakaguchi, S., Experimental study of premixed single edge-flame in a counter flow field, Combust. Flame, 136, 364, 2004.

[36] Hou, S.S., Yang, S.S., Chen, S.J., and Lin, T.H., Interactions for flames in a coaxial flow with a stagnation point, Combust. Flame, 132, 58, 2003.

# 6.4 旋转圆柱形容器中的火焰传播：火焰淬熄机理

Jerzy Chomiak 和 Jozef Jarosinski

本节介绍了旋转容器中火焰与流体相互作用的物理描述。它涵盖了火焰与黏性边界层、二次流、涡和角动量的相互作用，重点研究了火焰的速度变化和淬熄。此外，还对需要进一步研究的问题进行了简短讨论，特别是科里奥利加速度效应，这在火焰研究中仍然是一个完全未知的领域。

## 6.4.1 引言

研究旋转流体中的燃烧问题具有重要的现实意义和基础意义。工业应用不仅涉及各种涡流燃烧室，还涉及在不同旋转室 (腔) 中的燃烧，从电动机、离心分离器和涡轮机械的爆炸的角度来看, 该研究是非常重要的。基本方面包括可燃性极限、着火和熄灭、火焰速度、结构和稳定性。这个问题非常广泛, 可以用多种方法加以研究。在我们的研究中, 不会进入数学考虑的领域, 而是遵循本书的基本思想, 从点火和火焰发展开始, 解释旋转容器中火焰的现象学描述。然而, 由于这个问题已经在 Chomiak 等的早期研究 [1] 中讨论过, 本节仅讨论充分发展火焰的情况。

在旋转容器的任何一点点火后, 由离心力和科里奥利力驱动的火焰 ($F_{cent} = -0.5\rho\nabla|\omega \times r|^2; F_{Cor} = 2\rho\omega \times u$, 其中 $\rho$ 是密度, $r$ 是旋转矢量亦即角速度 $\omega$ 与局部速度 $\mu$ 之间的距离) 沿着螺旋轨迹向旋转轴运动, 形成圆柱形, 并向外围传播。传播方向沿离心加速度方向, 就像火焰在自然重力场中向下传播一样, 但加速度通常比自然加速度高出几个数量级。因此, 承受巨大质量力的圆柱形火焰①的传播和熄灭对于旋转容器而言是非常重要的。Babkin 等 [3] 对该实验进行了初步研究。在他们的工作中, 使用了一个直径为 22.3cm、宽度为 2.5cm 的密闭容器, 在 0.1MPa、0.15MPa 和 0.2MPa 的初始压强下填充贫燃甲烷/空气混合物 (6.5%~8%甲烷), 并采用了高转速 (565~850s$^{-1}$)。

在圆柱形火焰形成后, 观察到火焰速度相对于外部参照系呈连续降低趋势, 火焰速度的降低在时间上是线性的, 并且当火焰速度接近于零时, 系统中出现了淬熄现象。火焰速度的下降归因于壁面的热损失 (降低了火焰中的有效膨胀比), 淬熄根据以下准则进行解释:

$$\frac{S_L^3}{gk} = b = \text{constant} \tag{6.4.1}$$

其中, $S_L$ 是层流速度, $g$ 是离心加速度, $k$ 是混合物的热扩散系数。

该准则没有提供物理解释, 但可以被视为是重力驱动的 "自由落体气泡"(直径等于火焰厚度) 的速度平方与层流火焰速度平方之比。这就得出了以下结论: 当壁面淬熄的火焰单元移动到火焰前面时, 就会发生淬熄, 正如 Jarosinski 等 [4] 在研究管道中向下传播的火焰时所观察到的和描述的那样 (参考文献 [4] 中的图 5)。

不幸的是, 数据的分散程度很大, 正常重力下的火焰 ($b=1.3$) 与其在旋转容器 ($b=0.02$) 中相比, "常数 $b$" 几乎相差两个数量级。因此, 该结果是不确定的。Krivulin 等 [5] 提供的实验数据在一定程度上支持了方程式 (6.4.1), 这是基于对旋转管内火焰传播和淬熄的观察而得到的, 其中旋转矢量垂直于管轴。然而, 由于科里奥利力的作用, 该装置在燃烧产物中会产生强烈的二次流, 因此不能等同于旋转容器。此外, 数据的分散性相当大, "常数 $b$" 实则是变量也使这一贡献没有定论。

---

① 圆柱形火焰应区别于所谓的管形火焰, 管形火焰是由切向供应的混合气形成的 [2], 其行为受到强烈的轴向拉伸控制, 且不与壁面相互作用。

随后，Karpov 和 Severin 对该问题进行了研究 [6]。他们使用直径为 10cm、宽度分别为 10cm、5cm 和 2.5cm 的密闭容器，最初是在大气压下往容器中填充不同的贫燃氢气和甲烷/空气混合物，转速范围为 130~420r/s。他们的分析中还包括来自 Babkin 等的研究数据 [3]。不幸的是，他们没有观察到火焰本身，只测量了容器内的压力上升，并将其与不旋转的容器内的压力发展进行了比较，以得出关于火焰速度和淬熄的结论。

他们得出的结论是，火焰速度的降低和淬熄是由于壁面热损失造成的。更具体地说，他们对淬熄的解释是，Peclet 数 ($Pe$) 和努塞尔数 ($Nu$) 之间存在以下关系：

$$Pe^2 \propto Nu \tag{6.4.2}$$

该式与 Zel'dovich 的关系式有关 [7]①。

使用 $Pe = vh/k$ 和 $Nu \sim \omega r^2/k$，其中 $h$ 是容器宽度，$\nu$ 是火焰速度 ($\nu = S_L \varepsilon$，其中 $\varepsilon > 1$ 是火焰的密度比)，$r$ 是火焰半径，推导出淬熄半径为

$$r_q = \frac{hv}{7(k\omega)^{1/2}} \tag{6.4.3}$$

其中，7 是一个经验常数，以使其能与实验数据最佳拟合。当燃烧室宽度、火焰速度、热导率和转速分别乘以因数 7、5、2 和 6.5 时，数据散布在 25% 范围内。

Gorczakowski[9]、Jarosinski[10] 以及 Jarosinski 和 Gorczakowski[11] 等对旋转容器中的火焰行为进行了进一步研究。在 Gorczakowski 等的实验中，使用一个直径为 9cm、宽 10cm 的密闭容器，研究了甲烷/空气混合物在低于 628r/s 转速下的燃烧。主要诊断技术是直接摄影和压力记录。

实验所得结果的复杂性如图 6.4.1 所示。可以清楚地看到，在这个密闭的容器中，即使在最高转速下，也只能对贫燃混合物进行淬火。在某些混合物中，在淬熄发生之前，火焰传播呈现出急剧降速、零速甚至负速的复杂特征。在 Gorczakowski 等 [9] 的工作中，火焰速度的降低被解释为热损失。淬熄被认为与管道 [4] 内向下传播的火焰相同，在重力的影响下，被管壁冷却的燃烧产物在火焰前方穿透，导致负火焰速度。然而，实验表明，负火焰速度不是旋转火焰淬熄的必要条件。

在上述研究中观察到一个有趣的特征，如图 6.4.2 所示，在淬熄之前，火焰从壁上脱落，并逐渐变窄，类似于管道中向下传播的极限火焰，在火焰消失之前，仅占据管道截面的一小部分 (参考文献 [4]，图 6)。在淬熄之前，火焰的尺寸总是会大幅度减小。

---

① 如果假设 Zel'dovich[7] 的工作中获得的常数 $a = Nuk^2/d^2$ (这在 Zel'dovich[7] 的工作中没有提到)，则可得到上述关系，其中 $k$ 是热扩散系数，$d$ 是特征长度。然而，$Nu/Pe^2$ 是热损失高于一定值的火焰能量方程解中的一个参数，而该种情况下的能量方程不存在解 (参见参考文献 [8]，第 108 页)。

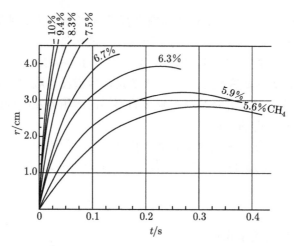

图 6.4.1　转速ω=628s⁻¹ 和不同浓度甲烷/空气混合物的火焰半径随时间的变化 (摘自 Gorczakowski, A., Zawadzki, A., Jarosinski, J., and Veyssiere, B., Combust. Flame, 120, 359, 2000。经许可)

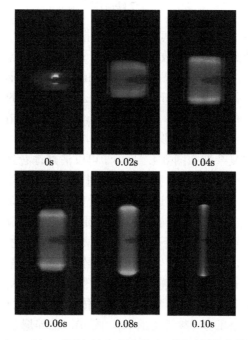

图 6.4.2　4400r/min 时 3％丙烷/空气混合物在不同时刻的火焰图像。密闭容器

　　准确估计旋转容器内的传热是相当困难的。因此，使用在旋转轴上通风的容器进行了一系列试验，其特点是热损失效应显著降低 [10,11]。主要结果如图 6.4.3

所示。在该容器中，观察到火焰速度随旋转速度急剧下降，从火焰形成后开始一直持续到发生淬熄。这是所有研究案例的典型情况，与中央或外围通风模式以及密闭容器无关。Gorczakowski 和 Jarosinski[10] 研究的重要结果是确定了火焰存在的极限条件。它不是加速度、热损失、相对于壁的位置或负火焰速度，而是一个特征圆周 (方位角) 速度，它与每种混合物特定相关，且在该速度下火焰无法存活。在最近的一篇论文 [11] 中，这一结果被物理地解释为临界 Froude 数。对于临界 Froude 数，由于 Landau-Darrieus 不稳定性，火焰失去了最初的筒形，变成严格的圆柱形，这对其生存不利。在该研究中，比较了火焰传播速度和圆周速度的平方，而不是简单的速度比较，这相当于 Gorczakowski 和 Jarosinski[10] 给出的解释，他们指出火焰不能在极限圆周速度下存活。虽然这一结论相当笼统，但其物理原因和火焰速度为何下降尚不清楚，需要进一步研究。对一个简单实验的讨论将使我们对该问题有更多的了解。

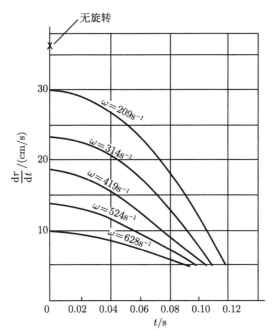

图 6.4.3　8.45％甲烷/空气混合物和不同转速下火焰速度随时间的变化。容器在旋转轴上排气

## 6.4.2　旋转瞬态过程中容器内的流动结构

这项实验研究的是容器中液体从静止状态变为自旋上升状态的问题。为什么这个问题对于气体在与壁的旋转平衡和作为固体运动时的燃烧很重要？原因很简单，燃烧及其带来的气体膨胀会引起容器内角速度的强烈扰动。这是由于气体密度变化引起的径向位移，以及角动量守恒定律而产生的。通过角动量守恒定律，位

移气体和壁的旋转产生差异，从而导致对瞬变过程的调整，这一点最好用自旋上升过程来描述。

Greenspan 在文献 [12] 中讨论的实验可以用一个非常简单的装置来进行，该装置由一个转盘、一个光源和一个透明的圆柱形容器组成。密闭的容器中装满了少量铝粉和一些洗涤剂的悬浮液。通过垂直狭缝的光束从侧面照亮油箱，最好以与光束成直角的角度进行观察。粒子反射的光对容器中任何一点的剪切运动都非常敏感。粒子通常是扁平的薄片，运动倾向于使它们对齐，从而影响反射光的强度，这可以作为相对流体运动的指示器。如图 6.4.4 所示，在脉冲信号启动旋转之后的数转内，容器内即出现流动结构。开始时，边界层在水平表面形成，在表面附近观察到薄而暗的带状物，通过这些带状物，容器的运动通过黏性传递给流体。在这些边界层中，靠近壁面的流体被旋转到较高的角速度，并像离心风机一样沿径向向外推进。1905 年，Ekman 在研究地球自转对洋流的影响时，第一次研究了这种效应，因而现在边界层被称为 Ekman 层。为了补偿边界层中的质量流，需要一个保持静止的来自核心的小法向通量。然后，来自核心的液体积聚在容器外围。逐渐耗尽的静态核心提供了更强的反射光，因为在这个区域中，铝粒子是随机定向的，而在由 Ekman 层注入外围区域的旋转流体中，它们与流体方向一致。因此，这两种流体被一个近乎完美的直射光波阵面分开，随着流动完成一个闭合的回路，其光锋向内传播。因此，流体收敛到 Ekman 层后，再加上几何结构的约束，会产生一个进入流体内部的径向流和流体的一个整体循环。从上面讨论的基本物理图像可以清楚地看出，容器中的流动完全由 Ekman 层控制。Von Karman[13] 首先提供了一个关于旋转圆盘附近流体流速的解决方案，旋转圆盘是容器中流体流动的基本要素 (最近的文献见 [14])。他对以下形式的流量参数采用了相似假设：

$$
\begin{aligned}
v_r &= \gamma\omega F(z_1); \quad v_\phi = \gamma\omega G(z_1) \\
v_z &= \sqrt{\nu\omega}H(z_1); \quad p = \rho\nu\omega P(z_1)
\end{aligned}
\tag{6.4.4}
$$

其中 $z_1 = \sqrt{\dfrac{\omega}{\nu}}z$，$\nu$ 是运动黏度，$v_r$ 是径向速度，$v_\phi$ 是周向 (方位角) 速度，$v_z$ 是指向壁面的轴向速度，$P$ 是压力。

将上式代入 Navier–Stokes 方程和连续方程，并使用以下边界条件，

$$
\begin{aligned}
F &= 0; \quad G = 1; \quad H = 0 \quad (z_1 = 0) \\
F &= 0; \quad G = 0 \quad (z_1 \to \infty)
\end{aligned}
\tag{6.4.5}
$$

对系统进行了数值求解。解如图 6.4.5 所示，图中显示了函数 $F$、$G$ 和 $H$。函数 $H$ 的极限值，对于 $z_1 \to \infty$ 为 $-0.886$；换句话说，在无穷远处流向壁的流速为

$$
v_z(\infty) = 0.866\sqrt{\nu\omega}
\tag{6.4.6}
$$

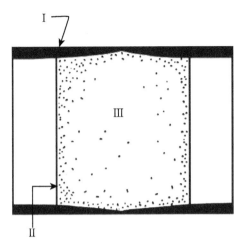

图 6.4.4　从静止到自转期间的早期流体结构显示了 Ekman 层-I(夸张)，分离旋转和非旋转流
体的光面-II 和静止核心-III(摘自 Greenspan，H.P.，旋转流体理论，
剑桥大学出版社，1969 年)

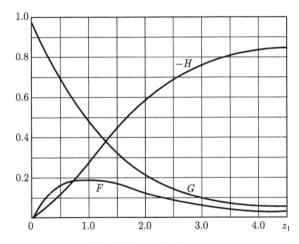

图 6.4.5　冯·卡门问题速度分布函数的相似解 (摘自 Von Karman，Th，Z.，Angew. Math.
Mech., 1, 231, 1921)

对于宽度为 $h$ 的圆柱形容器，忽略容器外围的影响，自旋上升过程的特征时
间尺度为

$$\tau_{\mathrm{s}} \sim \frac{h}{2\nu_{\mathrm{z}}} \sim \frac{h}{1.77\sqrt{\nu\omega}} \tag{6.4.7}$$

这比扩散过程的时间尺度 $\tau_{\mathrm{d}} \sim \dfrac{h^2}{\nu}$ 小几个数量级。

由于连续性，轴流在容器中引入了径向速度，由下式表示

$$v_\mathrm{r}' = \frac{r}{\mathrm{h}} v_\mathrm{z} = 0.886 \frac{r}{\mathrm{h}} \sqrt{\nu\omega} \tag{6.4.8}$$

### 6.4.3　壁面与容器内气体间的传热

Ekman 层中的高速度和层的薄度极大地增强了气体与侧壁之间的传热。对于气体和旋转圆盘 (或容器壁) 之间的传热，存在着各种已建立的分析和实验关联式。Cobb 和 Saunders[15] 将其平均层流传热的实验研究与雷诺数 $Re_\mathrm{r} = \dfrac{\omega r^2}{v} <$ $2.4 \times 10^5$ 和取值为 0.72 的 Prandtl 数关联起来，形式如下：

$$Nu_\mathrm{r} = 0.36\sqrt{Re_\mathrm{r}} \tag{6.4.9}$$

其中流体的性质取壁面温度和环境温度二者的平均温度下的值。Dorfman[16] 解析地得出了几乎相同的公式 (系数 0.36 替换为 0.343)，因此方程 (6.4.9) 可以作为一个良好的近似值。值得注意的是，前面讨论过的 Karpov 和 Severin[6] 给出的关联式是完全不同的，特别是它严重高估了热损失。在任何情况下，当气体和容器处于旋转平衡时，热损失通常比单纯通过传导方式传递到壁的热损失大几个数量级。

### 6.4.4　火焰对容器内流动的影响

如前所述，容器中的火焰会引起气体角速度的剧烈扰动，这是由角动量守恒、气体的径向位移以及气体密度的变化引起的。可以区分三种基本情况，它们提供了完全不同的扰动：一个是在中心轴上通风的容器，一个是在外围通风的容器，一个是密闭的容器。在所有情况下，点火后不久，容器中心都会形成圆柱形火焰，但火焰对角速度的影响是不同的。图 6.4.6 显示了三种情况下火焰诱导角速度的分

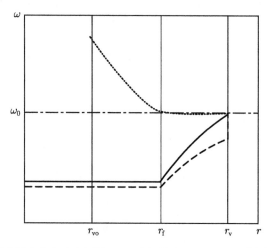

图 6.4.6　火焰引起的角速度分布 (示意图)；(-) 密闭的容器；(- - - -) 外围通风的容器；( •••• ) 中心轴上通风的容器。$r_\mathrm{vo}$ 为排气孔半径，$r_\mathrm{f}$ 为圆柱形火焰半径，$r_\mathrm{v}$ 为容器半径，$\omega_0$ 为初始角速度

布示意图。显然，在这三种情况下，火焰都会在容器中引起不同的瞬态自旋上升和自旋下降过程。因此，容器旋转对火焰速度和对熄灭的影响将不同，这取决于火焰中的通风和密度比。这些情况很难用一个简单的公式来概括，但在所有情况下，强化传热是非常重要的。

### 6.4.5 火焰-流动相互作用

#### 6.4.5.1 前期分析

虽然容器内的详细流动结构未知，但可以通过数值方法进行预测，目前只能描述火焰-流动相互作用的基本特征。相互作用如图 6.4.7 所示。由于气流的角速度扰动，在侧壁形成的每一个 Ekman 层都会产生两个回流池，一个在火焰前面，另一个在火焰后面，二者被火焰隔开。火焰前面的回流不太重要，因为除了轻微的轴向拉伸效应外，那里的流速对火焰没有影响。此外，由于气体和壁之间的温差很小，即使在密闭容器中，那里的热传递也是次要的。然而，火焰背后的情况却截然不同，Ekman 层携带的燃烧产物会被壁面强烈冷却。当 Ekman 流撞击火焰时，它无法穿透火焰，因为燃烧产物的密度即使在冷却后仍然比新鲜混合物的密度小得多，因此，气流被重新导向并沿着火焰强制流动。火焰后面的冷环形射流有效地降低了火焰速度，即使其余产物的温度仍然不受影响。这就解释了在产生 Ekman 流的火焰位置处，为什么容器的圆周速度越大，火焰速度越小的问题，且此种影响几乎是瞬时的。这在所有有通风的情况下都可以观察到。因此，火焰

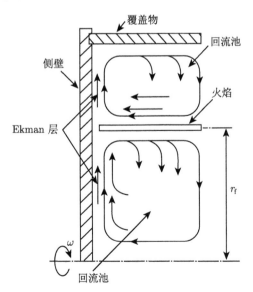

图 6.4.7 旋转容器中的火焰-流动相互作用，显示了在 Ekman 层驱动的火焰前后与侧壁之间产生了两个回流池

速度的降低是由于 Ekman 层中热损失的相互作用，以及它们在火焰层后面的重定向和穿透作用。另一个影响是整体热损失减少了气体的有效膨胀。

由于 Ekman 层区域的剪切力较大，热损失较大，所以火焰始终与壁面保持一定距离。只要 Ekman 层重定向引起的平行于火焰的流速小于边缘火焰的传播速度，距离就会很小 (略大于火焰淬熄距离)。然而，正如 Gorczakowski[9] 和 Jarosinski[10] 以及 Jarosinski 和 Gorczakowski[11] 等所观察到的那样，一旦 Ekman 层流速变大，火焰就会被带离壁面，并不断减小宽度直至熄灭，如图 6.4.2 所示。至此，已经清楚地解释了淬熄机理以及给定火焰不能在所提供容器的特定圆周速度下存活的原因。Marra[17] 的一项研究的数值模拟支持了上述推理，图 6.4.8 显示了靠近壁的流动结构。在图的左侧可以清楚地看到，由于 Ekman 层的重新定向，在火焰后面的壁面处形成了一个强的轴向环形射流，而在图的右侧则观察到径向 Ekman 层在火焰附近流动。

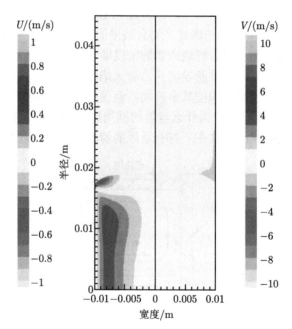

图 6.4.8   15.0ms 时，转速 $\omega=314\mathrm{s}^{-1}$，密闭容器中 $\phi=0.879$，甲烷/空气混合物的轴向 $(u_{\mathrm{z}})$ 左半和径向 $(u_{\mathrm{r}})$ 右半速度分量 [17]

#### 6.4.5.2   窄火焰周期

火焰从壁上分离并减小宽度后，容器内形成三个相互平行的区域：一个火焰和燃气的混合区域以及两个不存在火焰的区域 (靠近侧壁)，且后者气体温度低于火焰后的温度。所有这些都发生在一个离心加速度很高的场中，这导致了火焰及其后区域朝着旋转轴做自由对流运动。相对于实验中观察到的外部参照系，这种运动降低了火焰速度。自由对流速度与离心加速度乘以火焰后面区域的长度之积的平方根成正比，进而又与火焰半径成正比。总地来说，使火焰速度降低的自由对流速度与火焰位置处气体的周向速度成正比。这就解释了火焰速度随时间的持续降低以及火焰速度对角速度的强烈依赖，如图 6.4.3 所示。有趣的是，火焰宽度减小率和火焰速度降低率都与火焰位置处的周向气体速度成正比。难怪在一个旋转的容器中，某一混合物中的火焰不能在一定的圆周速度下存活，从而使之成为旋转火焰的一个控制因素。然而，目前尚不清楚如下三种物理现象中哪一种最为重要：冷却、火焰宽度减小或火焰区的自由对流。

### 6.4.6 进一步研究的问题

旋转容器中的流动容易发生几种不稳定性。以下情况中，旋转流本身就是不稳定的，即如果

$$(r_0 v_0)^2 < (r_1 v_1)^2 \tag{6.4.10}$$

式中，$r_0 > r_1$ 是通过扰动 (瑞利准则 [18]) 进行互换的流体元的半径。因此，在旋转轴通风的容器中，火焰后面的流动可能不稳定。在一定的雷诺数 [19] 下，Ekman 层可能会发生振荡甚至湍流，并且复杂的二次流可能出现在具有较大长宽比 $h/r$ 的容器中 [20]。所有这些现象都值得进一步探讨，因为它们在某些情况下很重要。然而，我们只想指出一个针对旋转流体中燃烧的一般问题：据我们所知，科里奥利加速度对火焰结构和速度的影响尚未在文献中进行分析。为了说明旋转火焰中由于气体膨胀而始终存在的科里奥利加速度效应，我们分析了一个圆柱形火焰在无约束混合物中以角速度 $\omega$ 向外传播的最简单情况。混合物在火焰前沿的径向速度为

$$v_r = S_L \frac{\rho_1}{\rho_2} \tag{6.4.11}$$

其中，$S_L$ 是火焰速度，$\frac{\rho_1}{\rho_2}$ 是穿过火焰前锋的密度比。因此，科里奥利加速度的最大值是在冷火焰边界处，可以得出

$$a_{cm} = 2\omega v_r \tag{6.4.12}$$

在火焰内部，加速度从零增加到上述值。此过程的时间尺度等于火焰的时间尺度

$$\tau = \frac{\delta}{S_L} \tag{6.4.13}$$

其中 $\delta$ 是火焰厚度。加速度引起火焰中的进度变量等参面之间的相对滑动，导致新鲜混合物产生了相对于燃烧气体的切向速度，等于

$$v_t = a_{cm}\tau \tag{6.4.14}$$

其中 $a_{cm}$ 是火焰中的平均科里奥利加速度。用线性函数近似火焰中的温度分布，我们得到

$$v_t = \omega S_L \frac{\rho_1}{\rho_2} \tau \tag{6.4.15}$$

导致切向速度与法向速度之比等于

$$\frac{v_t}{v_n} = \omega \tau \tag{6.4.16}$$

在表 6.4.1 中，给出了甲烷/空气火焰的系统转速 $(\omega_1)$，其中 $v_t = v_n$。在这些转速下，我们希望能观察到旋转对火焰结构和速度的强烈影响。考虑到流体中的旋转运动，重要的角速度数值会提高，但也不是很高。可以观察到，贫燃火焰比化学恰当当量比火焰对旋转更为敏感。据推测，从火焰刚开始出现就存在的科里奥利效应可能为 (试验一开始就是) 旋转火焰的火焰速度比非旋转火焰的火焰速度小提供了额外的原因 (图 6.4.3)。在物理上，科里奥利加速度效应可能是流体元在预热区的变形造成的，这种变形相当于受到拉伸作用。然而，这方面的火焰行为需要进一步研究。对于微扰火焰，科里奥利加速度引起的火焰形状的显著变化可以在图 6.4.9 中观察到。在这种情况下，容器的排气口位于外围，且仅使用四个孔口。当火焰接近边缘时，这导致了初始的圆柱形向方形变形。在前导点后面被科里奥利加速度增强的扰动将火焰转化为多螺旋多层结构。当湍流火焰处于小

**表 6.4.1**　甲烷/空气火焰参数和旋转速度 $(\omega_1)$，其中膨胀火焰中的切向和法向速度相等

| $\phi$ | 0.55 | 0.63 | 0.7 | 0.8 | 0.9 | 1 |
|---|---|---|---|---|---|---|
| $\delta/\text{cm}$ | 0.46 | 0.23 | 0.175 | 0.140 | 0.120 | 0.1 |
| $S_L/(\text{cm/s})$ | 12 | 17.5 | 22 | 29 | 36 | 43 |
| $T_a - T_1$ | 1270 | 1410 | 1500 | 1710 | 1835 | 1935 |
| $\omega_1/\text{s}^{-1}$ | 26.1 | 76 | 125.7 | 207 | 300 | 430 |

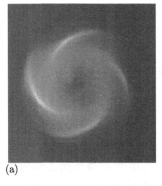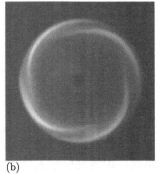

(a)　　　　　　　　　　(b)

图 6.4.9　燃烧室 (直径为 90mm，宽度为 30mm) 内的科里奥利加速度效应，通过四个孔在周围通风，孔径为 7.5mm，4%丙烷/空气混合物，转速 (a) 1000r/min 和 (b) 2000r/min

火焰状态时，这种影响将是永久性的，会导致火焰扰动结构的强烈变化，这对火焰传播来说很重要，但在标准分析中未加考虑。

### 6.4.7 结论

(1) 讨论了旋转容器 (腔) 内火焰速度变化和淬熄的机理。

(2) 结果表明，由于膨胀而引起的气体转速变化，在火焰前锋后面形成了 Ekman 层，所以火焰从壁上脱落，并使旋转容器内的火焰宽度减小，最终导致火焰熄灭。

(3) 其原理是对靠近壁面的产物进行强冷却，并在火焰后面以环形射流的形式喷射冷却后的产物，一旦与火焰位置处气体圆周速度成比例的环形射流速度增大到大于边缘火焰的传播速度，环形射流的宽度就会减小。

(4) 火焰从壁上脱离后，由于离心加速度场中的自由对流作用，火焰后面逐渐缩小的狭窄热产物区域向旋转轴移动，速度与火焰位置的圆周速度成比例，所以观察到的火焰速度降低到非常低的值，在某些情况下甚至为负值。

(5) 热损失可能有助于该过程的进行，但不只是使观察到的火焰速度降低和火焰淬熄。

(6) 容器中的二次流取决于长宽比和通风系统，其结果不能用简单、通用的公式来概括。

(7) 由于旋转容器中大多数火焰具有层流性质，数值研究可能会非常有效，但需要解决 Ekman 层和火焰中的流动问题，这是一项具有数值挑战性的任务。

(8) 旋转容器中的火焰是一个有趣的例子，其中科里奥利效应很强。然而，还需要进一步研究火焰传播对结构的影响。

(9) 真正的挑战是具有不稳定性的流动，特别是在湍流流动中科里奥利效应会改变火焰扰动的几何结构。

**致谢**

本研究由欧洲第六 FP 合同 (合同号：MTKD-CT-2004-509847) 中的 Marie-Curie-Tok 项目资助。作者感谢 Andrzej Gorczakowski 和 Francesco Marra 在实验和数值模拟中的贡献。

### 参 考 文 献

[1] Chomiak, J., Gorczakowski, A., Parra, T., and Jarosinski, J., Flame kernel growth in a rotating gas, Combustion Science and Technology, 180, 391–399, 2008.

[2] Ishizuka, S., Characteristics of tubular flames, Progress in Energy and Combustion Science, 19, 187–226, 1993; For more recent contributions see Colloquium on tubular flames in Proceedings of the Combustion Institute, 31, 1085–1108, 2007.

[3] Babkin, V.S., Badalyan, A.M., Borysenko, A.V., and Zamashchikov, V.V., Flame quenching in rotating gas (in Russian), Fizika Gorenia i Vzryva, 18, 18–20, 1982.

[4] Jarosinski, J., Strehlow, R.A., and Azabrazin, A., The mechanism of lean limit extinguishment of an upward and downward propagating flame in a standard flammability tube, Proceedings of the Combustion Institute, 19, 1549–1557, 1982.

[5] Krivulin, V.N., Kudriavcev, E.A., Baratov, A.V., Babalian, A.M., and Babkin, V.S., Effects of acceleration on limits of propagation of homogeneous gas flames, (in Russian), Fizika Gorenia i Vzryva, 17, 17–52, 1981.

[6] Karpov, V.P. and Severin, E.C., Flame propagation in rotating gas (in Russian), Chemical Physics, 3, 592–597, 1984.

[7] Zel'dovich Ya.B., Theory of limits of propagation of slow flames (in Russian), Journal of Experimental and Theoretical Physics, 11(1), 159–169, 1941; Reprinted in Collected Works of Ya.B. Zel'dovich, Nauka, Moscow 1984, 233–246, and the book Theory of Combustion and Explosion, Nauka, Moscow 1981, 271–288.

[8] Jarosinski, J., A survey of recent studies on flame extinction, Progress in Energy and Combustion Science, 12, 81–116, 1986.

[9] Gorczakowski, A., Zawadzki, A., Jarosinski, J., and Veyssiere, B., Combustion mechanism of flame propagation and extinction in a rotating cylindrical vessel, Combustion and Flame, 120, 359–371, 2000.

[10] Gorczakowski, A. and Jarosinski, J., The phenomena of flame propagation in a cylindrical combustion chamber with swirling mixture, SAE Paper 200001-0195, 2000.

[11] Jarosinski, J. and Gorczakowski, A., The mechanism of laminar flame quenching under the action of centrifugal forces, Combustion Science and Technology, 178, 1441–1456, 2006.

[12] Greenspan, H.P., The Theory of Rotating Fluids, Cambridge University Press, Cambridge, 1969, pp. 1–5.

[13] Von Karman, Th., Uber laminare und turbulente Reibung, Zeitschrift für Angewandte Mathematik und Mechanik, 1, 231–251, 1921.

[14] Zandbergen, P.J. and Dijkstro, D., Von Karman swirling flows, Annual Review of Fluid Mechanics., 19, 465–491, 1981.

[15] Cobb, E.C. and Saunders, O.A., Heat transfer from a rotating disc, Proceedings of Royal Society, 236 (Series A), 343, 1956.

[16] Dorfman, L.A., Hydrodynamic Resistance and the Heat Loss of Rotating Solids, Olivier and Boyd, London, 1963, pp. 95–97.

[17] Marra, F.S., Analysis of premixed flame propagation in a rotating closed vessel by numerical simulation, Mediterranean Combustion Symposium, Monastir, Tunisia, September 2007.

[18] Greenspan, H.P., The Theory of Rotating Fluids, Cambridge University Press, Cambridge, 1969, pp. 271–275.

[19] Ibid, pp. 275–288.

[20] Ibid, pp. 293–299.

# 第 7 章 湍流火焰

## 7.1 湍流预混火焰：过去几十年的实验研究

Roland Borghi, Arnaud Mura, and Alexey A. Burluka

### 7.1.1 引言

有多种工业设备通过湍流预混火焰进行能量转换。燃气轮机燃烧室、涡轮喷气发动机的加力燃烧室和火花点火的往复式发动机是主要的例子，对它们的研究为理解这种湍流火焰提供了支持。湍流预混火焰的第一个专门研究是在 1940 年左右由德国的 Damköhler[1] 和俄罗斯的 Shchelkin 等 [2] 进行的。并且，1956 年，在耶鲁大学 (美国) 举办了第六届 (国际) 燃烧专题研讨会第一次特别会议，专门讨论 "湍流火焰的结构和传播"。

湍流预混火焰的第一个明显例子是本生灯上方的火焰，当预混反应物的流动速度很大或通常借助湍流生成网格而在燃烧器管内形成湍流时，可观察到湍流预混火焰。这种装置非常容易建造，并且已被广泛用于收集与层流火焰有关的湍流火焰结构的信息，例如参考文献 [3] 第六章。相应湍流火焰的表观厚度远大于同一混合物层流火焰的厚度。从明显的 "火焰角"，可以大致推断出所谓的 "湍流火焰速度" 的值，该值明显大于层流火焰速度。这一明显更大的厚度可以简单地解释为湍流使经典的薄火焰片产生了一些褶皱和拍打，但 Damkohler[1] 是第一个提出至少存在两种湍流预混火焰的人。第一种火焰实际上包含一个长而皱的薄片状火焰，而另一种火焰的化学反应发生在一个相当厚的区域，看起来像一个非常厚的火焰。当时已经进行了几次讨论，以验证是否只有两种类型是可能的，并为它们选择最合适的名称，以及评估它们出现的条件。这些讨论由 Karlovitz Shchelkin、Wohl、Summerfield、Scurlock 和许多其他人发起。这些讨论后来产生了一些合成图 (见 7.4.1 节)，这些图即使是现在也非常流行，因为它们代表着不同的燃烧状态，由根据湍流和层流火焰特性的相关参数建立起来的特定无量纲比率表征。

在所谓的 "褶皱火焰区域" 中，"湍流火焰速度" $S_T$ 预计由湍流速度波动 $u'$ 的特征值控制，而不是由化学和分子扩散系数控制。Shchelkin[2] 第一个提出了 $S_T/S_L = (1 + A (u'/S_L)^2)^{1/2}$ 定律，其中 $A$ 是一个普适常数，$S_T$ 是层流火焰传播速度。对于另一种被称为 "分布式燃烧" 的极限状态，Summerfield[4] 推断，如果湍流扩散率只是取代分子扩散率,那么湍流火焰速度与层流火焰速度成正比,但需要乘以湍流雷诺数的平方根。

随着实验技术、数值技术和理论方法的发展,对湍流预混火焰的认识也从这一简单的水平得到了提高。本生灯在早期的实验室研究中被大量使用,其特点是湍流水平相对较低,其流动特性在火焰中并非处处恒定。为了缓解这些限制,Karpov 等 [5] 早在 1959 年就开始研究由更强烈湍流中的火花引发的湍流预混火焰,这种火焰是在风扇搅拌的准球形容器中产生的。Talantov 及其同事进行的其他实验 [6],则可用于确定具有显著湍流水平的方形截面通道中所谓的湍流火焰速度。

新的实验致力于设计和研究与本生灯类似但规模更大的静止湍流火焰:锚定在金属丝或杆上的所谓 V 形火焰,参见 Escudié 等的研究 [7];或由于钝头体而稳定的高速火焰,如 Wright 和 Zukowsky[8],或者引导火焰,如 Moreau 和 Borghi[9] 的工作。经典的湍流本生燃烧器也被使用 [10,11] 以及在开放流或密闭环境中传播的不稳定湍流火焰,见 Boukhalfa 和其同事的工作 [12]。不用说,这些实验情况已经通过使用所有可用的现代和非侵入式光学方法进行了更为详细的研究,从而对详细的局部火焰结构有了更深入的了解。同时,在这一课题上已经开展了大量的理论工作,以便更深入地研究预期在小范围内发挥作用的现象,而不是试图建立可预测各种不同状态火焰的现实模型。

在 21 世纪初,对已经通过实验确定的内容,以及对湍流预混火焰部分或完全不清楚的内容尝试进行总结是非常有意义的。希望这一知识状态的结果与湍流火焰建模领域的现有技术水平一致,后者可以在其他地方找到 [13,14]。然而,有必要首先准确界定本章的研究框架:我们将在 7.1.2 节中讨论研究湍流火焰所需的方法,考虑关于其性质的三个非常基本的问题,即关于“湍流火焰速度”的概念,以及描述湍流预混火焰所需的主要的和足够的数据。

### 7.1.2　三个基本问题

#### 7.1.2.1　什么是“湍流预混火焰”?

Darrieus 和 Landau 证明了平面层流预混火焰本质上是不稳定的,并从理论、数值和实验上对这一现象进行了大量的研究。问题在于,湍流火焰是否是不稳定层流火焰的最终状态 (饱和但持续波动),类似于湍流惰性流,后者是层流稳定性丧失的产物。事实上,如果它存在,这种火焰确实构成了一个清晰而简单的适定问题,当火焰从远离壁的一个点被激发时,最终将摆脱任何边界条件。

然而,在实践中,“湍流预混火焰”这个术语是指在流动或气体介质中发展的火焰,在看到火焰之前,该火焰已经是湍流的。当湍流火焰被认为锚定在一个流动中时,由于上游的一些固壁或障碍物,迎面而来的流动已经是湍流的。当湍流火焰传播到预先混合的气体介质中时,后者并不完全处于静止状态,而是在火焰通过之前，其速度会随着湍流的经典特性而波动。当然，我们不应该假设火焰的存在不会改变速度波动水平；相反，由于热释放和层流火焰的不稳定性，应该预期这种改变确实会发生，而且至少在某些情况下是重要的。实际上，Karlovitz 很早就设想过 "火焰产生的湍流"[15]。

事实上，不稳定层流火焰最终状态的明确问题是，湍流火焰是用于消除迎面流动中初始湍流的一个极限情况，但对于具有任何初始速度波动的一般情况，显然火花点燃式发动机、涡轮喷气发动机或燃气轮机燃烧室等实用设备中的情形更令人感兴趣。

虽然在实际应用中，来流的成分并不总是完全已知和可控的，但我们必须将目前的分析局限于具有空间均匀分布成分的湍流反应流，并且当量比或成分的波动可忽略不计。如果不是这样，其他现象会使图像复杂化。

### 7.1.2.2 "湍流火焰速度" 是一个固有的定义明确的量吗？

这里的问题是双重的：首先，如何规定一个精确的实验程序来定义 "湍流火焰速度"？其次，这个量是否与引发火焰的方式无关？层流火焰就是这种情况，其火焰传播速度 $S_L$ 和特征层流火焰厚度 $\delta_L$ 都是固有量。

首先，必须强调的是，与任何湍流现象都相似，湍流火焰必须从统计学上定义：我们必须考虑单个火焰的集合，每个火焰由明显相同的条件产生，每个火焰在时间和空间上表现出强烈的波动，我们感兴趣的量必须定义为所有单个火焰对应量的统计平均值。平均量可以采用这种方法在局部和给定时刻给予定义。但是，当湍流火焰统计稳定时，可以使用时间平均值代替统计平均值；当在一个方向或沿一个平面或表面保持统计均匀性时，可以使用沿该方向或表面的空间平均值。由于这一必要的平均过程，考虑 "平均湍流火焰速度" $S_T$ 或 "平均湍流火焰厚度" 更为方便。术语 "平均" 通常被省略，平均湍流火焰厚度通常被称为 "火焰刷厚度" $\delta_T$。让我们考虑更详细地定义这些量的可能方法。

我们考虑一个在各向同性均匀湍流速度场中产生的湍流预混火焰，其平均值为零，湍流特性恒定，即在时间上不衰减 (然后连续搅拌)，不受重力影响，在无限大的平面上点燃；请注意，我们并未声称这样的火焰很容易通过实验获得！然后，在平行于点火平面的任何平面上，该现象在统计上是均匀的，因此我们可以使用空间平均值。然后，根据先前给出的原则，有两种不同的方法来定义湍流火焰速度，一种是基于欧拉描述，另一种是基于拉格朗日观点。

欧拉方法要求在点火后的给定时间内，在距点火平面的给定法向距离处的多个采样点处测量温度或进度变量。这里引入的进度变量可以是一个归一化温度或浓度，其值从新鲜反应物中的 $c \equiv 0$ 变化到完全燃烧产物中的 $c \equiv 1$。然后，可以计算每个平面上这些值的平均值，使我们能够绘制平均温度或平均进度变量作为到点火平面的距离的函数的轮廓线。在此过程中，所需采样点的数量必须足够大，以使计算出的平均值不再依赖于此数量，对于一阶统计矩，500 或 1000 点通常就足够了。而且，这些采样点必须相距足够远，以使测量在统计上独立；这意味着它们之间的距离必须大于湍流长度尺度。

然后，(平均) 火焰的位移速度定义为在短时间内测量的这些轮廓线位置的位移速度。更准确地说，我们必须考虑其中一个轮廓线上的某个特定点的位移，其中平均温度或平均进度变量具有规定值。如果火焰以稳定的方式传播，此时轮廓线移动但形状无任何变化，则点和轮廓线的选择都无关紧要。相反，如果火焰没有稳定的传播，则必须事先选择参考点和轮廓线。上面讨论的位移速度是火焰相对于起始平面或静止燃烧气体的平均速度。对于未燃烧的混合物，经典的湍流火焰速度 $S_T$ 并不完全是这种位移速度，因为未燃烧的气体会被燃烧气体的膨胀推开。对于稳定传播，它只是位移速度除以未燃气体与燃烧气体之密度比。在欧拉参照系中，火焰刷厚度的自然定义是，它只是在给定时间的轮廓线上的两个平均温度值或两个平均进度变量值之间的距离，一个接近燃烧气体温度或进度变量，另一个接近未燃烧气体温度或进度变量。如果火焰传播稳定，则这种火焰刷厚度与时间无关。

拉格朗日方法也是很容易想到的。让我们考虑在任何给定时间，一个等温表面，或一个进度变量 (例如，由化学物质浓度定义) 为常数的表面。由于湍流，这个表面不是平面而是褶皱的，而且可能不是简单地连接在一起。我们可以计算出两个相近时刻这个表面上的采样点与点火面之间的平均距离，由此可以推导出平均火焰表面的位移速度。该速度是燃烧气体的平均湍流火焰速度，必须根据气体膨胀的影响对其进行修正。与欧拉描述类似，如果火焰以恒定的平均结构和平均厚度传播，温度值 (在未燃烧混合物温度和绝热燃烧温度之间) 的选择，或等效于进度变量值 (在 0 和 1 之间) 的选择，没有任何意义。要测量该火焰刷厚度，需要选择两个特定的进度变量值，一个接近 0，一个接近 1，并随时计算与这两个值对应的两个平均位置之间的差值。

如果在这种简化的情况下，我们真的能作如下考虑，即点火后经过一定的延迟和距离，火焰的平均结构和厚度是稳定的，那么术语"湍流火焰速度"是一个定义明确的固有量吗？事实上，就目前的知识状况而言，这个问题的答案是不确定的。当然，要建立一个没有外部搅拌的非衰减湍流实验是不可能的。在衰减湍流中，无论在实验上还是理论上都证实了湍流火焰速度与进度变量参考值的选择无关。

已知有许多研究者尝试构建一个燃烧器，使气流接近均匀各向同性湍流的理论理想条件；除了前面提到的扇形搅拌炸弹外，最近 Shy 等 [16] 开发了一种十字形燃烧器，其火焰速度由火焰相邻两次通过两个固定电离传感器位置的时间决定。然而，同一课题组后来的研究证实，在 20cm 距离内，火焰速度变化高达 45%，见

参考文献 [17] 中的图 3。这个例子很好地说明了在实验测试台上试图再现一个简单的理论图像将面临诸多复杂的困难。尽管如此，从一开始到现在，认为存在一个内在有效的湍流火焰速度的观点已经被科学界隐含接受。

### 7.1.2.3 如何使用一些明确定义的量来描述湍流预混火焰？

如果湍流火焰被证明具有渐进恒定的火焰刷厚度和恒定速度，即无衰减湍流，那么上述湍流火焰速度 $S_T$ 和火焰刷厚度 $\delta_T$ 给出了火焰渐近行为定义充分的特征。然而，到目前为止，还未证明所研究的实验装置已经足够大，以确保这种渐近状态能够达到。此外，上述湍流火焰速度或火焰刷厚度的正确定义在实际应用中极不容易。因此，许多实验都没有使用它们，而且测量的量只与附加假设有关，所以必须仔细考虑这些假设对结果的影响。

在任何情况下，$S_T$ 和 $\delta_T$ 都是湍流长度尺度、动能以及混合物化学性质和分子量的代数函数。当然，根据相关的无量纲量来确定这些量是有利的。在化学反应非常快的情况下，即大 Damköhler 数 $Da = (S_L l_T) / (\delta_L u')$ 和大 Reynolds 数 $Re_T = (u' l_T) / (\delta_L S_L)$ 与 Péclet 数，亦即小 Karlovitz 数 $Ka = \sqrt{Re_T}/Da$ 的情况下，最简单可行的公式是 $S_T/S_L = f(u'/S_L)$，但对于一般情况可能其他比率也能发挥作用。

无论如何，毫无疑问地，许多实验确实表明，在有趣的火焰研究领域中，火焰刷厚度确实不是恒定的。这并不一定意味着火焰没有渐近行为以及 $S_T$ 和 $\delta_T$ 不存在，但这意味着最终的渐近行为并不是唯一值得关注的行为。在火焰达到渐近状态之前，其速度和厚度可以被定义，虽然更具有任意性，但它们的值应取决于时间或位置或两者。原则上，这些瞬态变量不能从描述湍流、分子过程和化学反应的参数的代数公式中推导出来，因为必须考虑火焰起始点的距离 (持续时间或空间距离) 所起的作用。然后，$S_T$ 和 $\delta_T$ 失去了价值。在这种情况下，湍流火焰的平均结构必须用偏微分发展方程进行局部计算，其中湍流燃烧的数学模型取代了简单的 $S_T$ 和 $\delta_T$。已经提出的数学模型是根据欧拉平均变量发展的，因为这一观点更适合于实验。读者可参考文献 [13]，[14]，或本书的相关章节，以深入了解该方法。任何这样的数学模型都必须包含两个子模型：① 一个子模型描述湍流输运，即标量通量和雷诺应力，② 另一个子模型是所谓的 "平均反应速率" 模型。要建立这些子模型，必须有实验清楚地证明其中起控制作用的物理因素。对于湍流输运子模型，必须在充分定向的实验中研究 "火焰产生的湍流" 和 "逆梯度扩散" 的现象。对于 "平均反应速率" 子模型，必须研究在不同条件下湍流火焰的小尺度结构。

自 20 世纪 40 年代以来进行的大量实验研究确实为研究这些子模型带来了各自的贡献；其中一些贡献较大，另一些贡献较小。我们将在以下两部分介绍通过这些实验研究获得的选定结果。这里仅介绍最清晰的结果，其物理解释基于良好的基础，并且能够理解湍流预混火焰的主要和最简单的特征。许多工作都没有被提及，因为它们通常会使画面不必要地复杂化，为了突出本章的目的，选择的首要依据是论点简单。

### 7.1.3　湍流火焰传播

#### 7.1.3.1　密闭搅拌器内的球形传播

Sokolik、Karpov 和 Semenov[5,18] 开创性地使用了这种实验装置，即由风扇连续产生湍流的准球形密闭室，随后许多其他研究小组也开始使用这种装置。值得注意的是，Bradley 及其同事在利兹大学收集了大量相关研究结果 [19]。风扇的转速控制着湍流动能，即速度波动水平，消耗的电能与湍流耗散率直接相关。在用给定的混合物填充体积后，在容器中心点燃湍流火焰，并测量压力提升值，给出质量燃烧速率，再加上一些额外的假设之后，"湍流燃烧速率" 应该与之前定义的湍流火焰速度成正比。

湍流的影响通常是通过研究湍动能的平方根 $u'$、泰勒尺度 $\lambda$ 以及表征湍流燃烧小尺度特征的所谓的 Karlovitz 数 $Ka = (u'\delta_L)/(\lambda S_L)$ 来考虑的。图 7.1.1 给出了一组典型的结果，清楚地显示了当 Karlovitz 数值变大时 "平滑燃烧" 的趋势。除此之外，还发现稀缺反应物的 Lewis 数 $Le = D/\kappa$ 对火焰速度和小火焰的局部熄火都有很大的影响 [12,18]。在可视化效果上，如图 7.1.1 所示，我们可以看到当 Karlovitz 数不是太大时，火焰刷的结构似乎显示出 "小火焰" 结构，与褶皱火焰的结构一致。另外，这个参数 (Karlovitz 数) 的增大，通常由湍流的增强引起，会导致这些火焰锋面的视觉消失或扰。这归因于湍流引起的火焰拉伸，甚

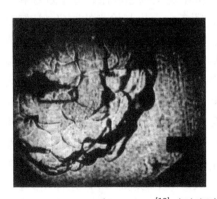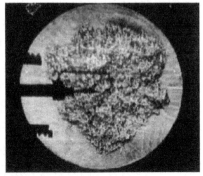

图 7.1.1　Abdel-Gayed 和 Bradley[19] 在密闭容器中进行的实验，左：$Ka.Le = 0.003$ 连续层流火焰片，右：$Ka.Le = 0.238$ 连续火焰片破碎 (摘自 Lewis, B. and Von Elbe, G., Combustion, Flames and Explosions of Gases, Academic Press, New York, 1961，第 401 页图 204，经许可。版权归纽约学术出版社 (Elsevier editions) 所有)

至可能导致局部小火焰熄灭。这种对火焰拉伸效应的响应"天生"对 Lewis 数敏感。然而，这种将湍流火焰简单地表示为拉伸层流小火焰的集合在许多方面也存在缺陷。

在这些实验中测量了许多不同情况下的湍流燃烧速率，如图 7.1.2 所示，图中首先显示了速度波动的增加。然后，速度波动的增加值会出现饱和甚至下降；这

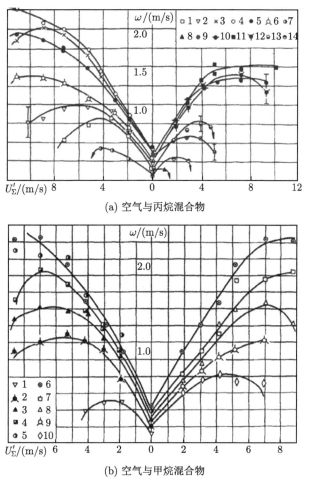

(a) 空气与丙烷混合物

(b) 空气与甲烷混合物

图 7.1.2 Karpov 和 Severin [18] 中湍流质量燃烧速率与湍流均方根速度的关系。图中，各序号对应的余气系数 $\alpha$ 的值为：1) 0.6，2) 0.65，3) 0.8，4) 0.9，5) 1.0，6) 1.2，7) 1.4，8) 0.7，9) 0.8，10) 1.0，11) 1.1，12) 1.2，13) 1.4，14) 1.6 这里，$\alpha$ 是当量比的倒数 (摘自 AbdelGayed, R., Bradley, D., and Lung, F.K.-K., Combustion regimes and the straining of turbulent premixed flames, Combust. Flame, 76, 213, 1989。经许可。第 215 页图 2，版权归 Elsevier 出版社所有)

是由小火焰熄灭造成的。从这些结果可以看出，湍流预混火焰很可能在分布式燃烧状态下熄灭，但这个问题并不那么简单：最近 Shy 等 [16] 的实验研究似乎表明，即使对于非常大的应变率值 (即，Karlovitz 数 $Ka$ 取很高值)，甲烷-空气火焰也非常难熄灭。

值得注意的是，图 7.1.2 中报告的 "湍流燃烧速率" 与 7.1.2 节中提到的 "湍流速度" 的定义相似，但并不完全相同。混合物在容器中心被点燃，压力随时间变化也被记录下来。这样就可以确定燃烧混合物体积的导数。这个导数归因于球形表面，其体积简单地等于完全燃烧产物的体积，从而获得对湍流燃烧速率的估计。

### 7.1.3.2  湍流箱中的传播

对于 Trinité 等 [20] 进行的实验来说，湍流火焰的可视化更为容易 [20]。

在这种情况下，火焰是由一排火花产生的，火花线位于方形截面的燃烧室中，燃烧室中装有石英窗，并通过多孔板填充预混混合物。图 7.1.3(a) 显示了直接阴影成像获得的图像；光线穿过整个 10cm 宽的容器，因此可以直接估算出火焰和湍流火焰刷的表观厚度。

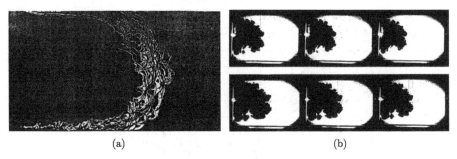

(a)　　　　　　　　　　　　　　(b)

图 7.1.3　(a) 方形截面燃烧室内湍流火焰传播的直接阴影图。(b) 通过激光层析成像，从上 (右) 到下 (左) 对点火后的时间演变进行成像 (摘自 Karpov, V. P. and Severin E. S., Fizika Goreniya I Vzryva, 16, 45, 1980。第 42 页图 1 和图 2。经许可。版权归 Plenum Publishing Corporation(Springer 版本) 所有)

值得注意的是，在这种配置中，火焰位移速度的测量是微不足道的；然而，火焰燃烧速率 (即相对于新鲜混合物的火焰速度) 的测量，将需要另外一组测量来确定。这与在图 7.1.2 所示的 "炸弹" 中进行的测量完全不同，在 "炸弹" 中，仅从压力上升就很容易推断出的燃烧速率是整个火焰的非局部平均值。

借助于激光层析成像 (也称为激光片光成像) 可以追踪单个等温表面，其中激光片和油滴结合在一起，可在平面上显示瞬时火焰表面。当感兴趣的等值线起皱时，该技术是理想的。此外，如果瞬时火焰厚度很小，通常它显示燃烧产物占据的面积，如图 7.1.3(b) 中的黑色区域。此外，图 7.1.4 清楚地显示了褶皱的数量和大小取决于参数 $u'/S_L$。这些照片也可用于研究我们可能用 "小火焰" 识别的等温表面是否呈现分形行为，如果是，其分形维数是多少。结果表明，表面的分形维数随测量尺度而变化，表面并不是真正的分形，这与起皱因子取决于湍流动能与火焰传播速度之比 $u'/S_L$ 直接相关，见图 7.1.4，关于该方面还可以在参考文献 [21] 中找到更多细节。

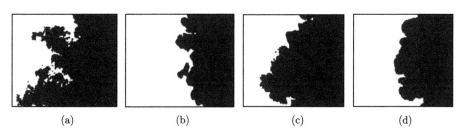

图 7.1.4 湍流预混火焰前缘的层析 (激光片) 切片。丙烷–空气混合物的当量比为 0.9。情形 (a) $u'/S_L = 2.48$，情形 (b) $u'/S_L = 1.55$，情形 (c) $u'/S_L = 1.22$，情形 (d) $u'/S_L = 0.68$

### 7.1.3.3 格栅湍流中的球形传播

密闭容器装置的一个有趣的替代方案是在湍流生成格栅后面的 (大) 均匀流中点燃火焰的位置进行布置。湍流在格栅下游缓慢衰减，火焰的增长由平均流速携带，但是可以获得许多详细的小火焰瞬时图像，以及通过粒子成像测速 (PIV) 进行速度测量。

Boukhalfa 和他的同事 [12,22,23] 给出的图 7.1.5 确实显示了湍流强度 (左) 和分子扩散特性 (右) 的影响。左侧图片与图 7.1.4 的结果一致，右侧的图片从上到下绘制的是氢、甲烷和丙烷三种不同的混合物。对应于 Lewis 数的不同值，其影响在结果中清楚地描述出来：对于 Lewis 数值低于 1 的火焰，火焰前缘显示连续的裂片或尖瓣结构，可能导致在新鲜气体中形成热产物囊袋。值得注意的是，褶皱率和有效火焰表面密度似乎受到这些分子特性的显著影响。然而，这并不一定意味着平均消耗率会增加，因为局部曲率和应变率效应会降低局部消耗率。

在这些实验中很容易测量湍流火焰刷。图 7.1.6 清楚地表明，在当前的实验中尚未达到先前讨论的稳定传播状态。然而，很明显，Lewis 数 (对于氢火焰来说要低得多) 对 (火焰刷) 这个量有显著影响。这种影响被认为与火焰面在这些条件下产生的所谓的热扩散不稳定性有关。许多有趣的特征在这些不同的研究中得到了证明：主要结果与火焰前缘的拓扑结构及其对与湍流和分子特性相关的大量参数的敏感性有关 [12,22,23]。

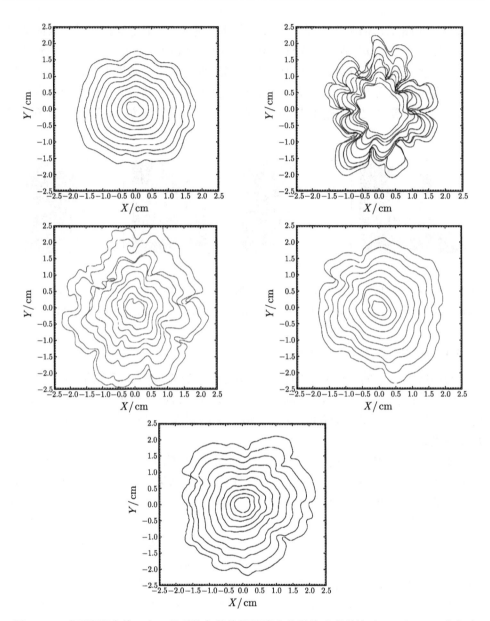

图 7.1.5　球形膨胀火焰。左：几乎均匀的格栅湍流中化学恰当当量比 ($\phi = 1$) CH$_4$–空气火焰。湍流强度 $I_t = u'/U$ 为 4%(顶部) 和 12%(底部)。右：$u'/S_L = 0.9$，由 Lewis 数体现的分子扩散的影响。顶部：H$_2$–空气 ($\phi = 0.27$)，中间：CH$_4$–空气 ($\phi = 1$)，底部：C$_3$H$_8$–空气 ($\phi = 1$) (摘自 Pocheau, A. and Queiros-Condé, D., Phys. Rev. Lett., 76, 3352, 1996。第 3353 页图 2，经许可。版权归美国物理学会 (APS) 所有)

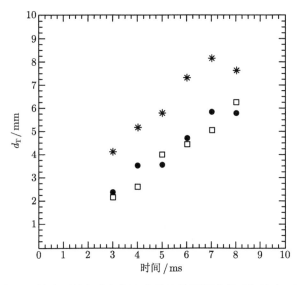

图 7.1.6 上述氢气、甲烷和丙烷与空气混合物的火焰刷厚度的时间演变 (转载自 Renou, B. and Boukhalfa, M., *Combust. Sci. Technol.*, 162, 347, 2001。第 353 页图 2, 经许可。版权归 Gordon Breach Science Publishers(Taylor and Francis editions) 所有)

### 7.1.4 稳定的斜湍流火焰

#### 7.1.4.1 湍流本生火焰

湍流本生燃烧器虽然具有相对较低的湍流水平，但也是研究湍流预混火焰结构的良好工具。Gülder 等 [11] 和 Gokälp 等 [24] 已经成功地利用这种类型的实验来研究褶皱火焰及其特征。图 7.1.7 显示了 Dumont、Durox 和 Borghi[25] 应用激光层析成像显示的这种火焰的整体结构。这张照片展示了火焰前方的大面积褶皱，火焰顶部可能出现破裂。绿色是由于采用了 532nm 波长的 YAG 激光，以使其在 15ns 的脉冲时间内获得瞬时层析图像。

在这项研究中，火焰可以被归类为一个贯穿了大部分流场的褶皱火焰。文献 [25] 的主要发现与以下两方面有关：① 湍流速度场是如何受化学反应和诱导的膨胀现象影响的问题以及 ② 平均火焰表面密度的测量和平均化学速率的评估。关于前一点，已经发现，在这种开放流动中，湍流动能仅受到各种放热效应的轻微影响，这些放热效应被证明是很小的并且似乎以某种方式相互补偿。更有趣的一点是，由流场膨胀引起的湍流长度尺度的显著增加已经在火焰刷中得到了证明。通过对火焰表面密度的测量，得到了另一个有趣的结果。在这种情况下，没有发现拉伸和曲率对小火焰的实质性影响，这就可以认为，平均燃烧速率 $\overline{\rho \omega}$ 与 $\rho^u S_L \overline{\Sigma}$ 成比例，其中 $S_L$ 是层流小火焰的平面和未拉伸传播速度，$\rho^u$ 和 $\overline{\Sigma}$ 分别是新鲜混合物的密度和可用的平均火焰表面密度。最后，涡破碎 (EBU) 描述与获得的数据显示出惊人地吻合度。

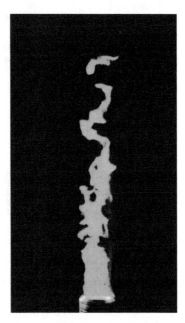

图 7.1.7　甲烷-空气本生燃烧器湍流预混火焰

最近，有人用类似的装置进行了实验研究，但是其装置具有一个燃烧气体的环形外部热同轴流，允许在更大的速度范围内工作。Chen 等 [26] 以及最近的 Chen 和 Bilger[27,28] 研究了最小尺度湍流对局部小火焰结构的扰动。这些研究具有极其重要的意义，首先是因为它们能够更深入地了解湍流预混火焰的局部结构，其次是因为它们证明了湍流燃烧状态明显不同于那些过分简化的假想图像，即湍流燃烧只是被湍流流场弄皱的具有恒定厚度的薄火焰锋。

在 Chen 等 [26] 的工作中，研究了预混化学恰当当量比湍流甲烷-空气火焰在不同燃料空气混合物喷嘴出口速度下的情形：30m/s (情形 F3)、50m/s (情形 F2) 和 65m/s (情形 F1)。就三种火焰在湍流预混燃烧图上的位置而言，它们涵盖了湍流燃烧图中从小火焰区到完全搅拌反应器 (PSR) 区边界的一系列区域。借助先进的激光诊断技术，对流场和标量场采用两点和两组分测量，分别利用激光多普勒测速仪 (ADL) 和二维瑞利测温以及线拉曼-瑞利激光诱导预离解荧光 (LIPF-OH) 技术进行了表征。

从二维瞬态瑞利温度场可以得到等温线，如图 7.1.8 所示，它们清楚地表明等温线之间的距离在不同位置变化很大，受到了湍流的严重干扰，特别是在新鲜反应物侧。

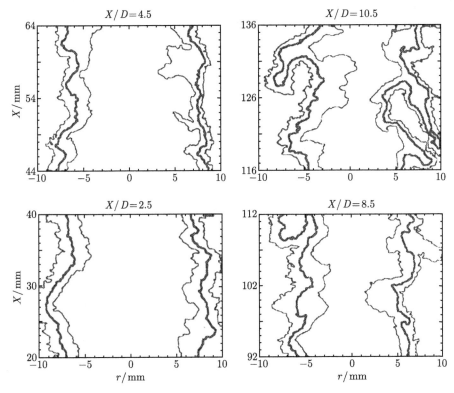

图 7.1.8 从情形 F1 的二维瞬态瑞利温度场获得的微扰火焰结构 (射流出口速度为 65m/s) (摘自 Dumont, J. P., Durox, D., and Borghi, R., Combust. Sci. Tech., 89, 219, 1993。第 233 页图 3.1，经许可。版权归 Gordon Breach 科学出版社 (泰勒和弗朗西斯) 所有)

Chen 和 Bilger 最近的研究 [27,28] 试图为从小火焰到非小火焰行为的转变提供一个标准。在该项工作中，采用双层瑞利散射和平面 LIF-OH 成像组合技术，测量了本生火焰中 OH 浓度和反应进度变量的三维梯度。对进度变量梯度的瞬时和条件平均值进行了评估。这表明，与作为参考的预混层流火焰相比，在预热区和反应区，随着湍流强度的增加，可以观察到火焰厚度明显增加。然而，对于足够低的湍流水平，在基于温度 $c_T$ 的进度变量与其梯度 $|\nabla c_T|$ 之间发现了强相关性，其定性地遵循层流小火焰行为。

图 7.1.9 摘自参考文献 [28]，其所示结果表明，所研究火焰中 "小火焰" 的内部结构显示出与未拉伸层流火焰和拉伸对冲火焰有很大的不同。图 7.1.9 支持文献 [29] 中最近引入的微扰火焰模型。在该模型中，根据层流火焰厚度与 Kolmogorov 长度尺度的局部比值，反应标量梯度的条件概率密度函数 (PDF) 最终分解为两

个不同的部分：① 一个遵循反应区内的层流小火焰行为，其中进度变量大于给定的进度变量值 $c_T^*$ (图 7.1.9 中显示的结果约为 0.7)，② 另一个是针对在预热区域内进度变量低于 $c_T^*$ 的情形，反应标量梯度由湍流混合表征确定。

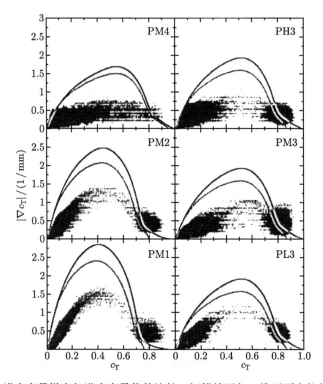

图 7.1.9　瞬态进度变量梯度与进度变量值的比较，还描绘了与一维平面未拉伸火焰和 Tsuji 对冲 (未燃烧到空气) 几何形状对应的结构 (摘自 Chen, Y. C., Peters, N., Schneemann, G. A., Wruck, N., Renz, U. and Mansour, M. S., Combust. Flame, 107, 223, 1996。第 234 页图 11，经许可。版权归 Elsevier editions 所有)

　　从这些实验还可以更好地了解湍流燃烧方式，从而扩展了引言中提到的早期的基础工作，并由 Barrère 和 Borghi[30,31] 和其他人 [32,33] 重新讨论。新的中间燃烧区域已经被描绘出来，这要归功于通过同步二维测量得到的瞬时火焰前锋。

　　最近的这一尝试不同于以前的分类，即褶皱小火焰区域被认为高达 $\eta_k = \delta_L$。Chen 和 Bilger 建议将他们观察到的不同湍流预混火焰结构初步分类为四个不同的区域。

　　(1) 褶皱层流小火焰模式。众所周知的理想状态，其中层流火焰结构仅受湍流影响起皱而不改变内部结构。

　　(2) 复杂应变火焰锋模式。火焰前缘仍然是片状的，但由于湍流扩散率的增强而增厚。在这种情况下，标量输运是逆梯度的。

(3) 湍流火焰锋模式。火焰预热区和燃烧气体区的涡状扭曲产生了具有中间进度变量值的 "离开锋面" 的岛状和半岛结构。标量输运变成梯度状。

(4) 分布式火焰锋模式。瞬态火焰锋和平均火焰刷占据的体积与含能涡所能进入的体积相同。燃料消耗区可能仍然要薄得多，呈片状。

作者引入了一个新的标准来描述两个中间区域：$l_m/\delta_L = 1$，它基于相互作用长度尺度：从图 7.1.10 来看，它似乎与 Kolmogorov 尺度成正比，但需要雷诺数大于 10。这个标准定义了从片状模式 (如火焰 PM1) 到非片状破裂模式 (火焰 PM4) 的演变。

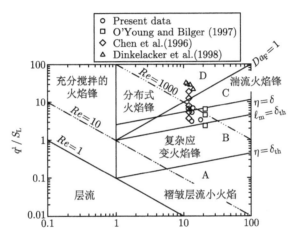

图 7.1.10 Chen 和 Bilger 提出的预混湍流燃烧模式图。在分布式火焰锋和褶皱层流小火焰之间划分了两个中间区域 (摘自 Chen, Y. C. and Bilger, R., Combust. Flame, 131, 400, 2002。第 411 页图 9，经许可。版权归 Elsevier editions 所有)

在这方面，图 7.1.9 证实了火焰 PM4 和 PH3 处于湍流预混燃烧的高度扰动状态。在这个图中，我们还可以注意到，进度变量值介于 0.3 和 0.7 之间的中间状态确实出现了 (例如，见图 7.1.9 中 PM4 的情形)：有限速率化学效应越来越明显。同样对于 PM4 情形，人们还可以注意到瞬时梯度值减小了；它现在被湍流固定，而不是被自身的层流小火焰结构固定，层流火焰结构可能被扰乱它的小尺度结构深深地修改了。

为了确定高湍流度预混火焰的小尺度特性，Dinkelacker 及其同事最近进行了另一项有趣的研究 [34]。在这项工作中，将高分辨率的 OH 和温度测量结果与最近的实验结果 (包括 Chen 和 Bilger[28] 获得的结果) 进行了比较。讨论了平均应变和小尺度涡卷吸的各自影响，并强调了在同一火焰中小火焰随时间变化很大的事实。基本结论是，在参考文献 [31]~[33] 提议的图表中，低雷诺数 (1 到 600) 的影响没有得到很好地考虑，这与 Chen 和 Bilger 的讨论 (仅涉及范围 1~10 雷诺数的讨论) 在定性上是一致的。事实上，无论经典湍流燃烧模式图 [30-33] 中的雷诺数值是多少，小火焰之间的折叠过程都可能导致火焰增厚 [30-33]，而这一过程只能在足够大的雷诺数下进行的实验中观察到。这说明需要进一步的工作，因为几个相互关联的问题仍然存在，其中包括平均应变率对火焰结构的影响，以及用于描绘不同湍流燃烧状态的不同极限的雷诺数依赖性。

另一个已经被大量讨论的问题，至少从理论和模型的角度来看，与所谓的逆梯度扩散效应的发生有关。实际上，在无限快速化学反应和无限薄火焰的假设下，Libby 和 Bray 的早期工作 [35] 表明，反应标量进度变量的湍流输运如下：

$$\overline{\rho u_i'' c''} = \bar{\rho} \left( \bar{u}_i^b - \bar{u}_i^u \right) \tilde{c}(1 - \tilde{c})$$

其中，$\bar{u}_i^b$ 和 $\bar{u}_i^u$ 分别表示燃烧和未燃烧混合物中的条件速度。这种关系强调了梯度扩散 (GD) 或逆梯度扩散 (CGD) 发生的可能性，这取决于燃烧气体和未燃烧气体条件速度之差的符号。

对这一现象的研究，特别是使用直接数值模拟 (DNS) 数据库的研究，已经投入了大量的工作。从实验的角度来看，早在 1980 年 Moss 就证实了 CGD 的存在 [36]。这项开创性工作最近由其他人使用更先进的激光诊断技术进行的实验研究所跟踪。其中，Frank 等的研究 [37] 特别关注通过测量湍流本生燃烧器几何结构中的条件速度来表征反应标量变量的湍流通量。图 7.1.11 (摘自参考文献 [37]) 清楚地证明，CGD 有无可能存在取决于归一化热释放速率 $\tau$ 和比率 $u'/S_L$ 等实验参数。在这方面，值得注意的是，从 GD 到 CGD 扩散的转变现在通常是通过 Bray 数的值来表征的，Bray 数定义为与这两个参数的比率成比例，即 $\tau S_l / u'$。尽管有这些最新的工作，CGD 扩散的许多特征仍然有待于利用高分辨率光学诊断技术进行详细地研究。其中，考虑 CGD 扩散的湍流预混火焰稳定问题需要特别关注。

在研究工作压力增加对本生湍流火焰的影响时，Kobayashi 及其同事 [38,39] 最近证实了小火焰不稳定的可能影响，特别是长度尺度的改变。图 7.1.12 显示了高工作压力水平的显著影响和相当令人惊讶的作用。基于层流火焰的流体动力学和热扩散不稳定性的经典研究，作者证明，随着压力的增加，使火焰前锋不稳定的波数区域向更大的波数方向拓展。更具体地说，随着压力的增加，火焰前锋在较小尺度的扰动下变得不稳定。结果就是，观察到湍流燃烧速度受到压力升高的显著影响：在 3.0MPa 下，$S_T/S_l$ 随 $u'/S_L$ 增加而增大直至达到 30。在高压下，观测到的 $S_T/S_l$ 上升速度非常快，特别是在湍流强度较弱的情况下。这强调了与小火焰不稳定性相关的影响如何能够增加湍流水平，进而导致湍流燃烧速度增加。

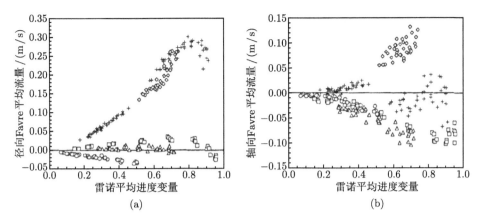

(a)                 (b)

图 7.1.11 在不同的工作条件下，在本生燃烧器几何结构中获得的进度变量的 Favre 平均流量的径向和轴向分量 (摘自 Y. C. and Bilger, R., *Combust. Sci. Tech.*, 167, 187, 2001。第 218 页图 19，经许可。版权归 Gordon Breach Science Publishers(Taylor and Francis editions) 所有)

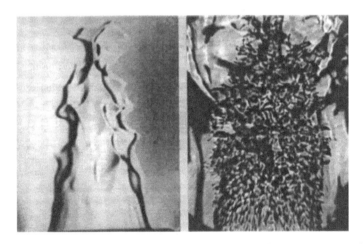

图 7.1.12 湍流本生灯火焰的瞬时纹影照片，$P = 0.1\text{MPa}$(左) 和 $P = 1.0\text{MPa}$(右)。由于孔径为 $d = 2.0\text{mm}$ 的多孔板，$U = 2.0\text{m/s}$ 时的流动会产生湍流。燃烧器出口直径为 20mm (摘自 Frank, J. H., Kalt, P. A., and Bilger, R. W., Combust. Flame, 116, 220, 1999。第 238 页图 9，经许可。版权归 Elsevier editions 所有)

### 7.1.4.2 格栅湍流中的 V 形火焰

所谓的湍流"V 形火焰"是指在由上游格栅产生的湍流流动中，固定在杆或催化电线后面的火焰。Trinité 等 [7,40] 以及 Driscoll 和 Faeth[41] 研究了这种火焰。已经获得了罕见的瞬时图像，见图 7.1.13，从图中可以清楚地看到，稳定杆下游的湍流火焰刷宽度在不断增加。

图 7.1.13　在湍流预混 V 形火焰结构中获得的瞬时图像，甲烷和空气以化学恰当当量比混合

(摘自 Kobayashi, H., Tamura, T., Maruta, K., Niioka, T., and Williams, F. A., Proc. Combust. Inst., 26, 389, 1996。第 291 页图 2，经许可。版权归 Combustion Institute 所有)

　　这个实验的一个特点是，即使格栅后面的湍流正在衰减并且其尺度增加，也必须考虑火焰产生的湍流。结果表明，通过限制侧壁间的火焰和改变纵向平均压力梯度，可以直接改变湍流。Trinité 及其同事们对这种实验装置进行了研究 [7,40]，参见图 7.1.14。

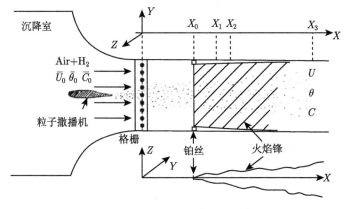

图 7.1.14　Trinité 及其同事使用的实验配置

图 7.1.15 显示了在这种结构中测量的有燃烧和无燃烧的湍流场样本。反应流的湍流水平明显高于非反应流。作者还试图将他们的测量结果与 Bray-Moss-Libby(BML) 表示法进行比较，后者能够处理逆梯度现象和火焰产生的湍流，但这一问题还需要进一步讨论，读者可以参阅文献 [42]。这项研究可能是最早证明在湍流预混火焰中存在火焰产生湍流现象的研究之一。

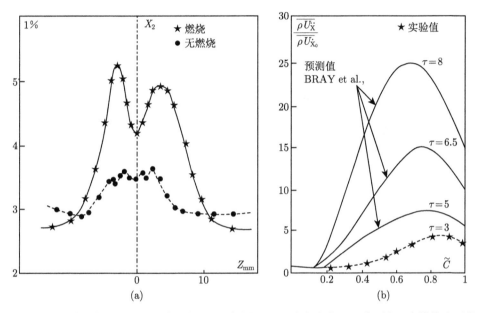

(a)        (b)

图 7.1.15　参考文献 [7] 中的湍流测量。(a) 在图 7.1.14 中定义的 $X_2$ 截面中，有燃烧和无燃烧的纵向湍流强度剖面曲线。(b) 与 BML 预测的纵向湍流能量的比较 (摘自 Escudié, D., Paranthoën, P., and Trinité, M., Flames, Laser and Reactive Systems (第八届国际爆炸与反应系统气体动力学研讨会论文集)，航空与航空系列进展，AIAA Inc 出版社，第 147-163 页，1983 年。第 149 页图 1。经许可。版权归 AIAA 所有)

### 7.1.4.3　高速受限斜火焰

研究现代燃气轮机和喷气发动机加力燃烧室的湍流预混火焰的兴趣激发了在高速受限流动中的实验。然后，火焰必须通过足够大的钝体或侧壁内的后向台阶或前导共流火焰来稳定。Moreau 和 Borghi[9]，Magre 等 [43]，Deshaies、Bruel 和 Champion[44] 等研究了这些构型。这些研究揭示了与本生燃烧器和 V 形火焰相同的火焰结构，但由于高速度和大速度梯度，湍流要强烈得多。这样的实验确实可以建立详细的数据库，用于数值建模。已经测量了不同工作条件下的平均速度、湍流、温度和化学组分的平均质量分数场。然而，这些装置中的湍流火焰的特殊特征是出现了大尺度振荡，这似乎是由于与管道的声学纵向模式的特定耦合引起的。

图 7.1.16 清楚地证明了这些大尺度的振荡。在某些情况下，这些振荡可导致
火焰在钝体的上游和下游振荡，例如，在 Ganji 和 Sawyer 的实验研究中所发现
的情况 [45,46]。这种火焰扑动使燃烧统计特性的测定和该类火焰的数值计算变得
复杂。然而，它可能是大涡模拟 (LES) 方法的一个很好的测试案例。最后，值
得注意的是，这些结构提供了宝贵的实验数据库，现在广泛用于验证湍流燃烧模
型 [47-49]。

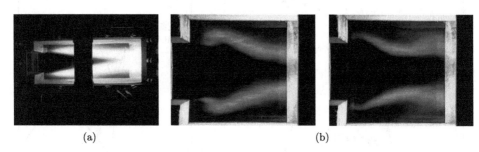

图 7.1.16   高速受限的斜火焰：大尺度运动叠加到湍流燃烧中。(a) 长时间曝光。(b) 两张短
时曝光照片 (摘自 cudié, D., Paranthoën, P., and Trinité, M., Flames, Laser and Reactive
Systems(第八届国际爆炸与反应系统气体动力学研讨会论文集)，《航空与航空进展》系列，
AIAA 公司出版社，第 147-163 页，1983 年。第 155 页和 161 页图 10 和图 18，经许可。版
权归 AIAA 所有)

#### 7.1.4.4   结论

根据目前的研究，可以得出以下结论。首先，通过引用过去几十年中的实验，
使得我们得以对湍流预混火焰进行连续而全面的研究。得益于从实验结果中获得
的洞察力，研究者们在理论知识方面取得了许多进展，并导致了实验数据库的细
化，以测试建模方案。如今，非侵入式光学诊断技术的广泛应用不仅允许通过比较
计算和测量数据来检验模型的能力，而且还允许直接评估模型所依赖的假设。这
是提出切实可行的湍流预混燃烧封闭模型的一个重大进展。

尽管取得了显著的成就，但仍存在一些悬而未决的问题。其中包括分子输运
特性，特别是 Lewis 数效应对湍流预混火焰结构的影响。还需要进一步的工作来
量化火焰产生的湍流现象及其与 Darrieus-Landau 不稳定性的关系。另一个问题
是：在逆梯度模式下，湍流标量输运的具体条件是什么？最后，期望湍流预混火
焰达到渐近稳定的传播状态是现实的吗？如果是，将来是否有可能设计一个实验
来证明它？

# 参 考 文 献

[1]  G. Damköhler 1940, Der Einfluss der Turbulenz aufdie Flammengeschwindigkeit in Gas-gemischen, Zs. Electrochemie 6(11): 601–626.

[2]  K. I. Shchelkin 1943, On the combustion in turbulent flows, Zh. T. F. 13(9–10): 520–530.

[3]  B. Lewis and G. Von Elbe 1961, Combustion, Flames and Explosions of Gases, 2nd edn., Academic Press, New York.

[4]  M. Summerfield, S.H. Reiter, V. Kebely, and R.W. Mascolo1955, The structure and propagation mechanisms of turbulent flames in high speed flows, Jet Propulsion 25(8): 377–384.

[5]  V. P. Karpov, E. S. Semenov, and A. S. Sokolik 1959, Turbulent combustion in closed volume, Doklady Akad. Nauka SSSR 128: 1220–1223.

[6]  A. V. Talantov, V. M. Ermolaev, V. K. Zotin, and E. A. Petrov 1969, Laws of combustion of an homogeneous mixture in a turbulent flow, Fizika and Goreniya I Vzryva 5(1): 106–114.

[7]  D. Escudié, P. Paranthoën, and M. Trinité 1983, Modifi cation of turbulent flow-field by an oblique premixed hydrogen-air flame, in: Flames, Laser and Reactive Systems (selected papers from the Eighth International Colloquium on Gasdynamics of Explosions and Reactive Systems), Progress in Astronautics and Aeronautics Series, AIAA Inc. publishers, pp. 147–163.

[8]  F. H. Wright and E. E. Zukowsky 1962, Flame spreading from bluff-body flame holders, Proc. Combust. Inst. 8: 933–943.

[9]  R. Borghi and P. Moreau 1977, Turbulent combustion in a premixed flow, Acta Astronautica 4: 321–341.

[10]  F. C. Gouldin 1987, An application of fractals to modeling premixed turbulent flames, Combust. Flame 68: 249–266.

[11]  Ö. L. Gülder, G. J. Smallwood, R. Wong, D. R. Snelling, R. Smith, B. M. Deschamps, and J. C. Sautet 2000, Flame front surface characteristics in turbulent premixed propane-air combustion, Combust. Flame 120: 476–416.

[12]  B. Renou, M. Boukhalfa, D. Puechberty, and M. Trinité 2000, Local flame structure of freely propagating premixed turbulent flames at various Lewis number, Combust. Flame 123: 107–115.

[13]  R. Borghi 1988, Turbulent combustion modelling, Prog. Energy Combust. Sci. 14(4): 245–292.

[14]  D. Veynante and L. Vervisch 2002, Turbulent combustion modelling, Prog. Energy Combust. Sci. 28(3): 193–266.

[15]  B. Karlovitz, J. W. Denniston, D. H. Knapschaefer, and F. E. Wells 1953, Studies on turbulent flames, Proc. Combust. Inst. 4: 613–620.

[16]  S. S. Shy, W. J. Lin, and J. C. Wei 2000, An experimental correlation of turbulent burning velocities for premixed turbulent methane–air combustion, Proc. R. Soc. Lon.

A 456: 1997–2019.

[17]  S. S. Shy, S. I. Yang, W. J. Lin, and R. C. Su 2005, Turbulent burning velocities of premixed CH4/diluent/air flame sinintense isotropic turbulence with consideration of radiation losses, Combust. Flame 143: 106–118.

[18]  V. P. Karpov and E. S. Severin 1980, Effects of molecular transport coefficient on the rate of turbulent combustion, Fizika Goreniya I Vzryva 16(1): 45–51, translated by Plenum Publishing Corporation.

[19]  R. Abdel-Gayed, D. Bradley, and F. K. -K. Lung 1989, Combustion regimes and the straining of turbulent premixed flames, Combust. Flame 76: 213–218.

[20]  A. Floch, M. Trinité, F. Fisson, T. Kageyama, C. H. Kwon, and A. Pocheau 1989, Proceedings of the Twelfth ICDERS, University of Michigan, Ann Arbor, pp. 379–393.

[21]  A. Pocheau and D. Queiros-Condé 1996, Scale in variance of the wrinkling law of turbulent propagating interface, Physical Review Letters 76(18): 3352–3355.

[22]  B. Renou and M. Boukhalfa 2001, An experimental study of freely propagating premixed flames at various Lewisnumbers, Combust. Sci. Technol. 162: 347–371 (more informations through www.informaworld.com).

[23]  B. Renou, A. Mura, E. Samson, and M. Boukhalfa 2002, Characterization of the local flame structure and the flame surface density for freely propagating premixed flames at various Lewis number, Combust. Sci. Technol. 174: 143–179.

[24]  I. Gokälp, I. G. Shepherd, and R. K. Cheng 1988, Spectral behavior of velocity fluctuations in premixed turbulent flames, Combust. Flame 71(3): 313–323.

[25]  J. P. Dumont, D. Durox, and R. Borghi 1993, Experimental study of the mean reaction rates in a turbulent premixed flame, Combust. Sci. Technol. 89: 219–251 (more informations through www.informaworld.com).

[26]  Y. C. Chen, N. Peters, G. A. Schneemann, N. Wruck, U. Renz, and M. S. Mansour 1996, The detailed flame structure of highly stretched turbulent premixed methane–airfl ames, Combust. Flame 107: 223–244.

[27]  Y. C. Chen and R. Bilger 2001, Simultaneous 2-D imaging measurements of reaction progress variable and OH radical concentration in turbulent premixed fl ames: Instantaneous flame front structure, Combust. Sci. Tech. 167: 187–222 (more informations through www.informaworld.com).

[28]  Y. C. Chen and R. Bilger 2002, Experimental investigation of three dimensional flame-front structure in premixed turbulent combustion, Part I: Hydrocarbon–air Bunsen flames, Combust. Flame 131: 400–435.

[29]  A. Mura, F. Galzin, and R. Borghi 2003, A unified PDF-flamelet model for turbulent premixed combustion, Combust. Sci. Technol. 175(9): 1573–1609.

[30]  M. Barrère 1974, Modèles de combustion turbulente, Revue Générale de Thermique 148: 295–308.

[31]  R. Borghi 1985, On the structure and morphology of turbulent premixed flames, in: C. Bruno and S. Casci(Eds.), Recent Advances in the Aerospace Sciences, Plenum Press,

New York, pp. 117–138.

[32] J. Abraham, F. A. Williams, and F. V. Bracco 1985, A discussion of turbulent flame structure in premixed charge, SAE Paper 850343, in: Engine Combustion Analysis: New Approaches, p. 156.

[33] N. Peters 1986, Laminar flamelet concepts in turbulent combustion, Proc. Combust. Inst. 21: 1231–1250.

[34] F. Dinkelacker 2003, Experimental validation of flame regimes for highly turbulent premixed flames, Proceedings of the First European Combustion Meeting ECM2003. See also the 27th Symp.(Int.) on Combustion, pp. 857–865, 1998.

[35] P. A. Libby and K. N. C. Bray 1981, Counter gradient diffusion in premixed turbulent flames, AIAA J. 19(2): 205–213.

[36] J. B. Moss 1980, Simultaneous measurements of concentration and velocity in an open premixed turbulent flame, Combust. Sci. Tech. 22: 119–129.

[37] J. H. Frank, P. A. Kalt, and R. W. Bilger 1999, Measurements of conditional velocities in turbulent premixed flames by simultaneous OH PLIF an PIV, Combust. Flame 116: 220–232.

[38] H. Kobayashi, T. Tamura, K. Maruta, T. Niioka, and F. A. Williams 1996, Burning velocity of turbulent premixed flames in a high pressure environment, Proc. Combust. Inst. 26: 389–396.

[39] H. Kobayashi, T. Nakashima, T. Tamura, K. Maruta, and T. Niioka. Turbulence measurements and observations of turbulent premixed flames at elevated pressures up to 3.0 MPa, Combust. Flame 108: 104–117.

[40] P. Goix, P. Paranthoën, and M. Trinité 1990, A tomographic study of measurements in a V-shaped H2-air flame and a Lagrangian interpretation of the turbulentfl ame brush evolution, Combust. Flame 81: 229–241.

[41] M. S. Wu, S. Kwon, J. Driscoll, and G. M. Faeth 1990, Turbulent premixed hydrogen–air flames at high Reynolds numbers, Combust. Sci. Technol. 73(1–3): 327–350.

[42] K. N. C. Bray, P. A. Libby, G. Masuya, and J. B. Moss 1981, Turbulence production in premixed turbulent flames, Combust. Sci. Technol. 25: 127–140.

[43] P. Magre, P. Moreau, G. Collin, R. Borghi, and M. Péalat 1988, Further studies by CARS of premixed turbulent combustion in high velocity flow, Combust. Flame 71: 147–168.

[44] M. Besson, P. Bruel, J.L. Champion, and B. Deshaies 2000, Experimental analysis of combusting flows developing over a plane-symmetric expansion, J. Thermo physics Heat Transfer 14(1): 59–67.

[45] A. R. Ganji and R. F. Sawyer 1979, An experimental study of the flow field and pollutant formation in a two-dimension alpre-mixed turbulent flame, AIAA Paper 79-0017, 17th Aerospace Science Meeting, New Orleans (Louisiana), January 15–17.

[46] A. R. Ganji and R. F. Sawyer 1980, An experimental study of the flow field of a two-dimensional premixed turbulent flame, AIAA J. 18: 817–824.

[47] V. Robin, A. Mura, M. Champion, and P. Plion 2006, Amulti Dirac presumed PDF model for turbulent reactive flows, Combust. Sci. Technol. 178: 1843–1870.

[48] A. Kurenkov and M. Oberlack 2005, Modelling turbulent premixed combustion using the level set approach for Reynolds averaged models, Flow Turbulence Combust. 74: 387–407.

[49] L. Duchamp de Lageneste and H. Pitsch 2001, Progress in the large eddy simulation of premixed and partially premixed turbulent combustion, in: Center for Turbulence Research (CTR, Stanford) Annual Research Brief.

# 7.2　非预混湍流燃烧

## Jonathan H. Frank and Robert S. Barlow

### 7.2.1　引言

在非预混燃烧中，燃料和氧化剂流是分别注入的，燃烧发生在燃料和氧化剂在分子尺度上混合之后。许多实用的燃烧装置，如熔炉、蒸汽锅炉、柴油发动机、液体火箭发动机和燃气轮机发动机，都涉及湍流非预混燃烧。在这些装置中，混合是通过燃料和氧化剂的湍流搅拌和分子扩散来实现的。大多数分子扩散发生在薄混合层中，湍流通过增加薄混合层的表面积，从而大大增强了混合过程。湍流混合与燃烧化学的相互作用极其复杂，一直是一个活跃的研究领域。在这一节中，我们概述了湍流非预混燃烧的一些基本特性。重点讨论在相对简单的燃烧器结构中进行实验研究所得的基本现象，这也与理解和预测复杂燃烧系统的建模有关。湍流非预混燃烧的理论、模型和应用的详细处理可在其他文献中获得[1-5]。

### 7.2.2　射流火焰的基本特征

非预混火焰的结构受混合与化学反应的耦合控制。这些过程的相对重要性用 Damköhler 数 $Da$ 来表征，$Da$ 是化学反应速率与流体动态混合速率之比。Damköhler 数的极值被指定为 "充分搅拌" 反应器 ($Da \ll 1$) 和快速化学 ($Da \gg 1$) 状态，在每一个极端状态，限制或控制系统行为的正是较慢的过程。在 "充分搅拌" 反应器状态下，反应物和产物迅速混合，化学反应在反应器的扩展区域内以比混合时间长得多的时间尺度进行。相反，快速化学反应的特点是反应区较薄，反应物一经接触就完成，因此反应物转化为产物的速率受混合速率的限制。在他们早期的理论工作中，Burke 和 Schumann 利用无限快、不可逆的一步反应 ($Da = \infty$) 的假设，将层流非预混火焰模拟为薄片[6]。该简化模型的下一步改进是假设了快速、可逆的燃烧反应，由局部热化学平衡条件确定火焰中每个位置的组分和温度。然而，湍流非预混火焰表现出明显的非平衡行为，并且涉及的 Damköhler 数范围非常广。湍流流场产生的混合速率时空波动会引起化学反应速率的局部波动。该模型的进一步发展试图解释当相关的 Damköhler 数接近于 1 时发生的非平衡和有限速率化学效应 [1-4,7]。

射流火焰为说明湍流非预混火焰的基本特征提供了一个简单的典型几何图形。在图 7.2.1 中，使用不同相机曝光时间的化学发光图像显示了湍流非预混射流火焰的平均结构和波动结构。燃料是 $CH_4$ 和 $H_2$ 的氮气稀释混合物，在出口雷诺数为 $Re_d = Ud/v = 15200$ 时从喷气机中发出，其中 $U$ 是整体出口速度，$d = 8.0mm$ 是喷嘴直径，$v$ 是运动黏度。在过去的 10 年里，从 Bergmann 等的工作开始，这种特殊的火焰一直是许多实验研究的对象 [8]，并在世界各地的几个实验室中使用各种测量技术来进行研究 [9]。图左侧的长曝光图像显示了反应区的平均包络线，该包络线分布在射流和余流的混合层上。这六幅短曝光图像说明了湍流火焰的复杂瞬时结构。湍流会扭曲火焰的形状，产生一个具有广泛长度尺度的回旋反应区。这些对火焰的扰动可导致局部反应速率的显著变化。由于反应速率是温度的高度非线性函数，火焰平均热化学性质的测量不足以预测中间物质和污染物的生成速率。

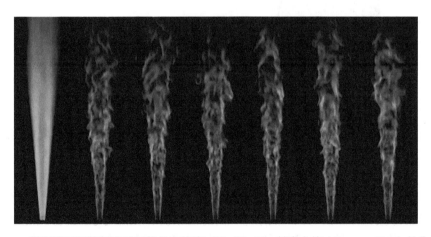

图 7.2.1 用两种不同的曝光时间测量了湍流 $CH_4/H_2/N_2$ 射流火焰 ($Re_d = 15200$) 的化学发光图像。长曝光图像 (最左边) 表示平均火焰结构，而六个短曝光图像 (最右边) 表示瞬时湍流结构

随着射流出口速度的增加，火焰变得越来越湍流化，但仍然锚定在燃烧器喷嘴的边缘。然而，对于足够大的喷射速度，火焰在喷嘴下游抬举并稳定下来，如图 7.2.2(a) 所示。火焰稳定位置和喷嘴出口之间的距离称为抬举高度。燃料和氧化剂的部分预混发生在火焰稳定位置的上游区域，因此稳定区域由湍流边缘火焰组成，该湍流边缘火焰逆着燃料和空气的非均匀混合物流传播。图 7.2.2 中同时进行的 OH-LIF 测量和温度测量显示了这种复杂火焰结构的一个例子。该稳定区

同时具有非预混火焰和预混火焰的特点，这对燃烧模型提出了挑战。在湍流射流中，抬举高度随局部流动条件而波动。关于抬举火焰稳定机理的详细讨论可在其他文献中获得 [2,10−12]。

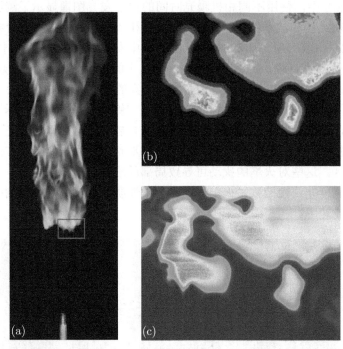

图 7.2.2　(a) 稳定在燃烧器喷嘴上方的湍流抬举 $CH_4/H_2/N_2$ 射流火焰的化学发光图像，橙色矩形近似于 (b)OH-LIF 测量和 (c) 瑞利散射温度测量的成像区域

在形成抬举火焰后，如果射流速度进一步增加，流动达到火焰无法稳定的状态，从而导致整体火焰熄灭。火焰熄灭的速度取决于燃料成分和部分预混的程度。无论是在基础研究还是在实际应用中，都应避免整体的火焰熄灭，许多稳定火焰的方法已经被开发出来。对于图 7.2.1 和图 7.2.2 所示的火焰，在燃料混合物中使用 $H_2$ 会显著增加相对于 $CH_4/N_2$ 燃料混合物的放气速度。提高 $CH_4$ 射流火焰鲁棒性的替代方法包括使用氧化剂进行部分预混，以及使用引燃火焰将射流火焰锚定到喷嘴上。图 7.2.3 显示了部分预混 $CH_4$/空气 (容积比为 1/3) 射流火焰的示例，该火焰由贫燃预混火焰的环形引燃器锚定。在这些流动条件下，富燃的预混化学反应太慢，对火焰结构影响不大，火焰表现为单一反应区的非预混火焰。与相应的简单射流火焰相比，这种火焰可以在更高的出口速度和更高的雷诺数下工作，它们被广泛用于研究有限速率的化学效应，并建立了解释这些效应的模型 [4,9]。

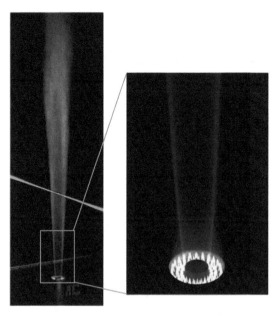

图 7.2.3 预混引导火焰稳定的部分预混 $CH_4$/空气射流湍流火焰的化学发光图像

### 7.2.3 混合分数、耗散与有限速率化学反应

非预混火焰中燃料和氧化剂流之间的混合状态由混合分数 $\xi$ 来量化。概念上，混合分数是源自燃料流的质量分数，0.0 对应于氧化剂流，1.0 对应于纯燃料流。化学恰当当量比混合分数 $\xi_{st}$ 表示的是燃料和氧化剂按化学恰当当量比混合时的状态。如果一个非预混火焰被模型化为一个两流混合问题，并假设化学反应非常快，所有组分的扩散系数相等，且 Lewis 数 (热扩散率与质量扩散率之比) 等于 1，那么组分质量分数可以仅表示为混合分数的函数。标量耗散率定义为 $\chi = 2D_\xi(\nabla\xi \cdot \nabla\xi)$，其中 $D_\xi$ 是相应的扩散系数，量化了分子混合的速率，并在湍流非预混燃烧的理论和建模中占有突出地位。反应速率通过以下关系与标量耗散率成正比：$w_i = -\rho(\chi/2)\partial^2\gamma_i(\xi)/\partial\xi^2$，其中 $w_i$ 是组分 $i$ 的化学生成率，$\rho$ 是密度，$\gamma_i(\xi)$ 是组分 $i$ 的质量分数，是混合分数的函数 [13]。

火焰中混合分数的测定具有挑战性，因为它需要同时测量所有主要组分。混合分数测量技术使用拉曼散射、瑞利散射和激光诱导荧光 (LIF) 的技术组合。标量耗散则需要利用多维混合分数测量来确定。在过去的 25 年中，正如 Frank 等所描述的那样，测量湍流非预混火焰中混合物分数的诊断能力已经有了显著的发展 [14]。这些技术在一系列燃烧器几何结构中的应用，为湍流非预混火焰的研究提供了重要的见解，目前，通过湍流非预混火焰 (TNF) 研讨会，定期征集记录大量充足的数据集用于开发和验证湍流燃烧模型 [15]。

湍流燃烧模拟的一个最具挑战性的方面是精确预测有限速率化学效应。在高湍流度火焰中，燃烧自由基和热量的局部传输速率可能与其在燃烧反应中的生成速率相当或更大。结果就是，化学反应跟不上输运，火焰熄灭。为了说明这些有限速率化学效应，我们比较了两种不同湍流水平的有前导火焰、部分预混 $CH_4$/空气 (体积比为 1/3) 射流火焰的温度测量结果。图 7.2.4 显示了充分燃烧火焰 (火焰 C) 和在其下游位置 $\chi/d = 15$ 处具有显著局部熄火 (火焰 F) 的火焰温度随混合分数变化的散点图 [16]。这些散点图提供了局部熄火概率的定性指标，其特征是含有强烈降温的采样点。在火焰 C 中，熄火的概率很小，并且大部分数据点分布在通过层流火焰计算获得的曲线上，该曲线的应变参数 $a = 100s^{-1}$。相比之下，火焰 F 具有很高的局部熄火概率，其中大部分采样点显示温度降低。精确地模拟局部熄火和重燃过程，对于开发低污染物排放、运行条件稳定的实用燃烧装置具有重要意义。

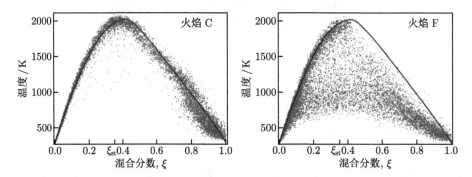

图 7.2.4   雷诺数为 13400 (火焰 C) 和 44800 (火焰 F) 的湍流 $CH_4$/空气射流火焰在 $\chi/d = 15$ 时的温度散点图。化学恰当当量比混合物分数为 $\xi_{st} = 0.351$。图中曲线显示了层流对冲火焰的计算结果，应变参数 $a=100s^{-1}$，引入图中作为视觉指引 (摘自 Barlow, R. S. and Frank, J. H., Proc. Combust. Inst., 27, 1087, 1998。经许可)

图 7.2.5 利用一个时间序列的 OH-LIF 测量，提供了湍流射流火焰中局部熄火事件的可视化。OH-LIF 测量结合 PIV 测量的结果表明，湍流中的一个涡发生了扭曲，从而破坏了 OH 前锋。当湍流和火焰化学之间的耦合强度发生波动时，这些局部熄火事件就会间歇性发生。湍流火焰的特性可以随着这些事件的频率的增加而显著改变。

湍流射流火焰的若干实验和大涡模拟揭示了具有高应变率和高标量耗散率且倾向于流动的薄片状结构，如图 7.2.6 所示。利用 Frank 等描述的方法获得了引导射流火焰中标量耗散的二维 (2D) 成像测量 [14]。与类似引导射流火焰的两种不同 LES 模型的瞬时标量耗散场模拟结果进行了定性比较，发现在每一帧中都有明显的高标量耗散的倾斜结构。这些结构在整个燃烧过程中的重要性尚未完全理解，是正在进行的研究课题。然而，有证据表明，这种结构可能会导致局部熄火，并且这些结构中可能会出现与其所占体积相关但不相称的放热量。因此，燃烧模型可能不得不考虑这些结构的影响，才能准确预测某些燃烧现象。

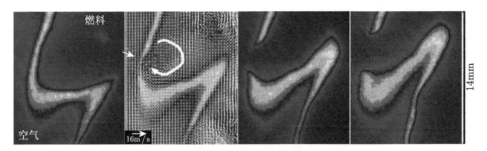

图 7.2.5 当涡扰动反应区时，OH-LIF 测量的时间序列捕获了湍流非预混 $CH_4/H_2/N_2$ 射流火焰 ($Re\sim20000$) 中的局部熄火事件。帧间时间为 125μs。PIV 测量的速度场叠加在第二帧上，并减去 9m/s 的平均垂直速度 (摘自 Hult, J. et al.，第 26-2 号论文，第 10 届激光技术在流体力学中的应用国际研讨会，里斯本，2000 年。经许可)

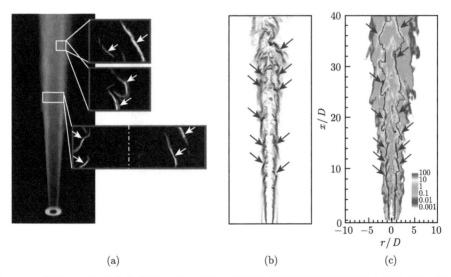

(a)       (b)       (c)

图 7.2.6 通过 (a) 混合分数成像，(b) LES 与稳定的火焰库揭示的带引导火焰的 $CH_4$/空气射流火焰中高标量耗散薄层倾斜结构的定性比较，以及 (c) 不稳定小火焰模型 ((a) 和 (b) 经许可改编自 Kempf, A. Flemming, F., and Janicka, J., Proc. Combust. Inst., 30, 557, 2005。(c) 经许可改编自 Pitsch, H. and Steiner, H., Proc. Combust. Inst., 28, 41, 2000)

### 7.2.4　湍流结构和长度尺度

　　湍流非预混火焰包含广泛的长度尺度。对于给定的火焰几何结构，湍流的最大尺度由自由射流火焰的总宽度或包覆流动的硬件尺寸决定。因此，湍流运动的最大尺度通常与雷诺数无关。随着雷诺数的增加，速度和混合分数中的湍流脉动级联成越来越小的涡，增加了长度尺度的动态范围。图 7.2.7 通过雷诺数在 30000 到 150000 之间的湍流 $H_2/Ar$ 射流火焰中的 OH-LIF 测量说明了湍流脉动尺度的这种向小尺度的扩展。在这三组图像中，OH 区域的最大长度尺度是可比的。然而，随着雷诺数的增加，这些大尺度结构的边界和内部有更多的精细尺度结构。

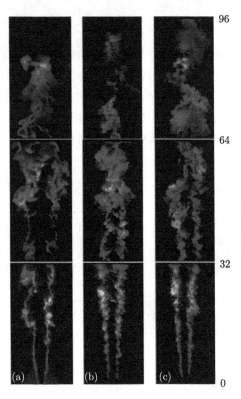

图 7.2.7　雷诺数为 (a) $Re_d = 30000$、(b) $Re_d = 75000$ 和 (c) $Re_d = 150000$ 的湍流非预混 $H_2/AR$ 射流火焰的合成 OH-LIF 图像，右边的数字表示喷嘴直径的流向距离 ($d = 5mm$) (改编自 Clemens, N. T., Paul, P. H., and Mungal, M. G., Combust. Sci. Technol., 129, 165, 1997。经许可)

　　只有在反应物通过扩散在分子水平上混合后，才能发生驱动燃烧的化学反应。当湍流输运或 "搅拌" 发生在一个很宽的长度尺度范围内时，这个最终的分子混合过程被保留在最小的湍流尺度上，后者称为耗散区。基于非反应湍流的认识，我们期望实验分辨率必须接近湍流的最小尺度，才能精确测量平均标量耗散率。用于确定局部分辨率要求的相关长度尺度为 Batchelor 尺度 ($\lambda_B$)。该尺度在平均意义上表示标量 (如混合分数或温度) 可发生湍流脉动的最小长度。在 Batchelor 尺度附近长度尺度上的标量脉动因扩散而迅速耗散，必须由较大尺度上湍流脉动的"能量"不断补充 (速度脉动的相应尺度为 Kolmogorov 尺度，$\eta$)。对于非反应流，Kolmogorov 尺度和 Batchelor 尺度的估算方法已经发展出来，但由于对反应流中的小尺度湍流结构知之甚少，这些估算方法对火焰的适用性尚不明确。

最近的研究大大提高了我们对湍流最小尺度下非预混射流火焰结构的定量理解。利用 CO 拉曼散射、瑞利散射和双光子 LIF 的同步线成像，我们研究了温度和混合分数湍流脉动的能量和耗散谱[17,18]。如图 7.2.8 所示，适当归一化后，不同火焰位置温度脉动的测量谱在耗散尺度内的形状与 Pope[19] 的关于非反应流中湍流动能耗散的模型谱形状相同。这种相似性使得能够确定一维耗散谱中的截止波数，即 $\kappa \lambda_B = \kappa_1^* = 1$。从这个截止点推断的局部长度尺度类似于非反应流中的 Batchelor 尺度。此外，在这些火焰中，当 Lewis 数接近于 1 时，温度和混合分数的一维耗散谱几乎遵循相同的衰减规律。这些结果代表了火焰中标量耗散测量的定量诊断技术的突破，因为它们表明，可以使用相对简单的瑞利散射技术来确定复杂火焰的局部分辨率要求。

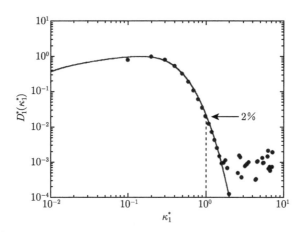

图 7.2.8　Pope[19] 的一维耗散谱模型 (曲线) 和测得的 $CH_4/H_2/N_2$ 射流火焰中脉动温度径向梯度平方的噪声校正谱 ($Re_d = 15200$) (符号)。每一个谱都以其最大值进行归一化。箭头表示 2% 水平，对应于根据模型频谱的归一化波数 $k_1^* = 1$ (摘自 Barlow, R. S., Proc. Combust. Inst., 31, 49, 2007。经许可)

湍流射流火焰中的高分辨率二维瑞利散射成像揭示了高热耗散的复杂分层结构，并在径向和轴向提供了耗散谱和长度尺度的测量结果[20,21]。解决薄层结构所需的空间分辨率大于测量平均耗散所需的分辨率，这些测量为耗散场的详细结构提供了新的见解。图 7.2.9 显示了 $CH_4/H_2/N_2$ 射流火焰 ($Re_d = 15200$) 近场中单次激发温度和热耗散测量结果。耗散结构的厚度和空间方向的变化反映了湍流射流与火焰释热的相互作用。在这些上游位置，靠近射流中心线的低温气体表现出相对各向同性的小湍流结构。相比之下，高温区域包含具有优选方向的大尺度结构。因此，轴向和径向温度梯度对射流中心线附近的耗散场的贡献是相似的，但是在射流火焰的高温区域有着显著差异。

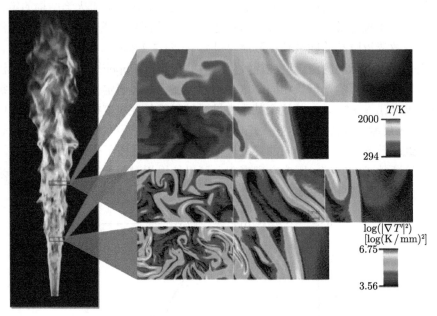

图 7.2.9　$x/d = 10$ 和 20 时 $CH_4/H_2/N_2$ 射流火焰中的瞬时温度和热耗散测量
($Re_d = 15200$)，热耗散以对数刻度显示，以显示宽动态范围

解析耗散结构的能力允许更详细地理解湍流和火焰化学之间的相互作用。有关火焰中的光谱、长度尺度和小尺度湍流结构的信息也与计算燃烧模型有关。例如，关于 Batchelor 尺度的局部测量值和耗散层厚度的信息可用于设计 LES 网格或评估 LES 结果的相对精度。也有可能使用高分辨率耗散测量来评估 LES 的子网格尺度模型。

### 7.2.4.1　复杂几何结构

通过研究简单、规范的燃烧器几何结构，我们对湍流非预混燃烧的基本认识有了进展，这对于开发和验证能够预测湍流与火焰化学相互作用影响的计算模型至关重要。然而，实际的燃烧装置通常使用复杂的燃烧器几何结构，产生旋流和回流以稳定高功率密度的高强度、高湍流火焰。因此，燃烧研究界已将大量的精力放在对火焰和燃烧器的详细研究上，这些火焰和燃烧器具有回流、旋流和通过在高温下与燃烧产物混合以使分离火焰稳定等特点。本节将描述其中两个示例，Barlow[9] 概述了一些其他的例子。

在高速气流中稳定火焰的一种方法是将燃烧产物困在钝体下游形成的回流区。回流延长了停留时间以允许燃烧反应继续进行，其中的高温产物作为火焰的稳定点火源。图 7.2.10 显示了 $CH_4/H_2$(容积等分) 钝体火焰的照片和三个计算生成的回流区结构视图。燃料通过钝体中心的 3.6mm 管子喷射，钝体直径为 50mm，周围空气流量高达 40m/s[22]。图 7.2.10(a) 中的白色矩形表示图 7.2.10(b)~(d) 中所示的区域，该区域由大涡模拟 [23] 获得。图 7.2.10(b) 中的流线表示具有两个环形涡的回流区的时间平均结构。图 7.2.10(d) 是通过将模拟得到的 OH 自由基浓度的瞬态视线视图积分而成的，通过连续放映这些图像可以加深对复杂湍流火焰动力学的理解。图 7.2.10(d) 显示了模拟的瞬时温度场，并给出了该火焰中分辨长度尺度范围的指示。

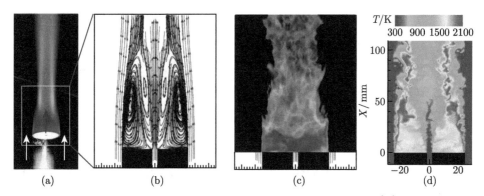

图 7.2.10　空气中 $CH_4/H_2$ 的钝体稳定火焰 (Dally 等将其指定为 HM1)[22])：(a) 火焰亮度的时间平均照片，(b) 从 LES 得到的时间平均流线，(c) 从 LES 得到的 OH"亮度" 的瞬时可视化，以及 (d) 从 LES 得到的瞬时温度场 ((b) 和 (d) 改编自 Raman, V. and Pitch, H., Combust. Flame, 142, 329, 2005。经许可)

钝体火焰也可以表现出局部熄火特性，而回流、大尺度动力学和局部熄火的结合是现代先进燃烧模型面临的一大挑战。然而，这些火焰仍然比燃气轮机燃烧室中的火焰简单得多。出于非常强烈的动机，我们需要对非预混和部分预混燃烧器进行详细的试验，因为这两种燃烧器中包含了实际燃烧器的特点。其中一个研究目标是模型燃气轮机燃烧室，如图 7.2.11 所示。该燃烧器设计用于在大气压力下使用气体燃料。然而，它是以小型燃气轮机发动机中使用的液体燃料燃烧室为模型的。在这个燃烧室中，两股环形的旋流围绕着一个燃料喷射环。湍流火焰呈锥形扩散，形成了内外两个回流区。对组分和温度的详细测量揭示了火焰从喷射器上的分离以及燃烧前燃料和空气之间的显著混合程度 [24]。此外，来自内外回流区的燃烧产物也被带入喷油器上方的混合区。

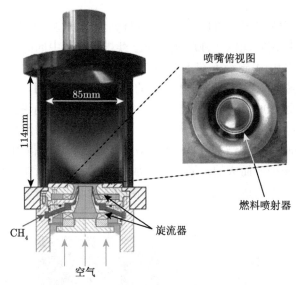

图 7.2.11　模型燃气轮机燃烧室在大气压力下以 CH$_4$/空气运行的示意图和照片。燃料从一个分离两股旋转气流的环形空间中喷射出来 (摘自 Meier, W., Duan, X. R., and Weigand, P., Combust. Flame, 144, 225, 2006。经许可)

　　图 7.2.12 显示了在 5mm 高度和几个径向位置处获得的温度和甲烷摩尔分数瞬时测量散点图，图中用不同颜色表示不同位置。最重要的可观察特征是，所有样品中的混合分数几乎都不大于 0.2 (1.0 是纯燃料)，并且许多样品即使在可燃性极限内也保持在室温。许多样品也显示出反应的中间过程，且温度远低于计算的平衡 (黑色) 或拉伸层流火焰 (橙色) 曲线对应的温度。这些未反应和部分反应的样品来自喷射器上方高度拉伸的混合区。对于靠近中心线 ($r = 0 \sim 2$mm) 或混合层外部 ($r = 16 \sim 30$mm) 的测量位置，许多样品完全反应并接近图中的平衡线。这些位置分别位于内回流区和外回流区，其混合速率要比燃烧器内高剪切区的慢。

　　在这种燃烧器配置中，燃料直接喷入燃烧室，因此，人们最初将其归类为非预混燃烧器。然而，整个燃烧过程相当复杂，涉及非预混、部分预混和分层燃烧的特点，燃料、空气和回流燃烧产物的热混合物的自燃可能会在稳定火焰方面发挥作用。因此，虽然人们可以从非预混湍流火焰的简单概念开始研究，但一旦其中包含了局部熄火或火焰抬举，那些最初以燃料和氧化剂非预混形态开始的火焰的物理和计算复杂性就会迅速增加。

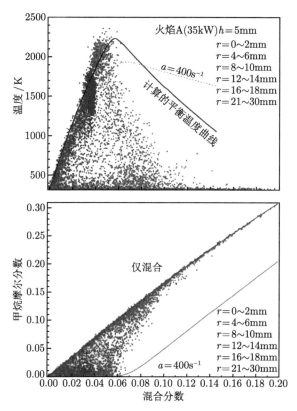

图 7.2.12 模型燃气轮机燃烧室中温度和甲烷摩尔分数与混合分数的散点图 (摘自 Meier, W., Duan, X. R., and Weigand, P., Combust. Flame, 144, 225, 2006。经许可)

### 7.2.5 总结

在本章中，我们描述了非预混火焰的一些基本特征，并提供了湍流非预混燃烧的一些简单和中等复杂火焰以及燃烧器几何结构的例子。非预混燃烧的中心研究主题是，给定火焰的结构和稳定性取决于湍流混合和化学反应之间的耦合。混合分数 (燃料和氧化剂之间的混合状态) 和标量耗散 (分子水平上的混合速率) 被确定为基本概念和基本量。作为流体力学与化学之间重要相互作用的例子，讨论了局部熄火、火焰抬举与稳定、湍流火焰的长度尺度以及薄耗散层的结构。引燃火焰、钝体火焰和旋转火焰被用于说明一系列稳定火焰的方法，其中湍流混合速率与燃烧反应的临界速率相互竞争。这些例子说明了实际系统中燃烧的复杂性。

非预混燃烧在发电、运输和工业加工的许多应用中将继续发挥重要作用。开发高效、低污染物排放的先进燃烧系统的需求对计算设计工具提出了越来越高的要求。湍流燃烧系统的模型只有在其基本假设以科学为基础，并根据有充分记录的测试案例进行验证的情况下，才具有预测性。目前关于湍流非预混火焰的许多知识都是基于使用非侵入式激光诊断技术的实验。然而，由于计算硬件和火焰详细模拟方法的快速发展，直接数值模拟 (DNS) 和高分辨率的 LES 在基础燃烧研究中的作用正在增加 [25-29]。紧密耦合的实验和模拟相结合，有望在未来几年大大加快复杂燃烧系统预测模型的发展。

## 参 考 文 献

[1] Bray, K. N. C., The challenge of turbulent combustion, Proc. Combust. Inst., 26, 1, 1996.

[2] Peters, N., Turbulent Combustion, Cambridge University Press, Cambridge, United Kingdom, 2000.

[3] Vervisch, L., Using numerics to help the understanding of non-premixed turbulent flames, Proc. Combust. Inst., 28, 11, 2000.

[4] Bilger, R. W., Pope, S. B., Bray, K. N. C., and Driscoll, J. F., Paradigms in turbulent combustion research, Proc. Combust. Inst., 30, 21, 2005.

[5] Poinsot, T. and Veynante, D., Theoretical and Numerical Combustion, 2nd ed., Edwards, Philadelphia, 2005.

[6] Burke, S. P. and Schumann, T. E. W., Diffusion flames, Proc. Combust. Inst., 1, 2, 1928.

[7] Pope, S. B., Computations of turbulent combustion: Progress and challenges, Proc. Combust. Inst., 23, 591, 1990.

[8] Bergmann, V., Meier, W., Wolff, D., and Stricker, W., Application of spontaneous Raman and Rayleigh scattering and 2D LIF for the characterization of a turbulent $CH_4/H_2/N_2$ jet diffusion flame, Appl. Phys. B, 66, 489, 1998.

[9] Barlow, R. S., Laser diagnostics and their interplay with computations to understand turbulent combustion, Proc. Combust. Inst., 31, 49, 2007.

[10] Su, L. K., Sun, O. S., and Mungal, M. G., Experimental investigation of stabilization mechanisms in turbulent, lifted jet diffusion flames, Combust. Flame, 144, 494, 2006.

[11] Muniz, L. and Mungal, M. G., Instantaneous flame-stabilization velocities in lifted-jet diffusion flames, Combust. Flame, 111, 16, 1997.

[12] Pitts, W. M., Assessment of theories for the behavior and blowout of lifted turbulent jet diffusion flames, Proc. Combust. Inst., 22, 809, 1988.

[13] Bilger, R. W., The structure of diffusion flames, Combust. Sci. Technol., 13, 155, 1976.

[14] Frank, J. H., Kaiser, S. A., and Long, M. B., Multiscalar imaging in partially premixed jet flames with argon dilution, Combust. Flame, 143, 507, 2005.

[15] Barlow, R. S., Editor: International workshop on measurement and computation of turbulent nonpremixed flames in http://www.ca.sandia.gov/TNF.

[16] Barlow, R. S. and Frank, J. H., Effects of turbulence on species mass fractions in methane/air jet flames, Proc. Combust. Inst., 27, 1087, 1998.

[17] Wang, G. H., Barlow, R. S., and Clemens, N. T., Quantifi cation of resolution and noise effects on thermal dissipation measurements in turbulent non-premixed jet flames, Proc. Combust. Inst., 31, 1525, 2007.

[18] Wang, G. H., Karpetis, A. N., and Barlow, R. S., Dissipation length scales in turbulent nonpremixed jet flames, Combust. Flame, 148, 62, 2007.

[19] Pope, S. B., Turbulent Flows, Cambridge University Press, New York, 2000.

[20] Frank, J. H. and Kaiser, S. A., High-resolution Rayleigh imaging of dissipative structures, Exp. Fluids, 44, 221, 2008.

[21] Kaiser, S. A. and Frank, J. H., Imaging of dissipative structures in the near field of a turbulent non-premixed jet flame, Proc. Combust. Inst., 31, 1515, 2007.

[22] Dally, B. B., Masri, A. R., Barlow, R. S., and Fiechtner, G. J., Instantaneous and mean compositional structure of bluff-body stabilized nonpremixed flames, Combust. Flame, 114, 119, 1998.

[23] Raman, V. and Pitsch, H., Large-eddy simulation of a bluff body-stabilized non-premixed flame using a recursive filter-refinement procedure, Combust. Flame, 142, 329, 2005.

[24] Meier, W., Duan, X. R., and Weigand, P., Investigations of swirl flames in a gas turbine model combustor—II. Turbulence-chemistry interactions, Combust. Flame, 144, 225, 2006.

[25] Kempf, A., Flemming, F., and Janicka, J., Investigation of lengthscales, scalar dissipation, and flame orientation in a piloted diffusion flame by LES, Proc. Combust. Inst., 30, 557, 2005.

[26] Oefelein, J. C., Schefer, R. W., and Barlow, R. S., Toward validation of large eddy simulation for turbulent combustion, AIAA J., 44, 418, 2006.

[27] Hult, J., Josefsson, G., Aldén, M., and Kaminski, C.F., Flame front tracking and simultaneous flow field visualisation in turbulent combustion, in 10th International Symposium and Applications of Laser Techniques to Fluid Mechanics, Paper No. 26-2, Lisbon, 2000.

[28] Pitsch, H. and Steiner, H., Scalar mixing and dissipation rate in large-eddy simulations of non-premixed turbulent combustion, Proc. Combust. Inst., 28, 41, 2000.

[29] Clemens, N. T., Paul, P.H., and Mungal, M.G ., The structure of OH fields in high Reynolds number turbulent jet diffusion flames, Combust. Sci, Technol., 129, 165, 1997.

# 7.3 湍流燃烧的精细分辨率模拟

Laurent Selle and Thierry Poinsot

## 7.3.1 本节范围

工程应用中的大多数燃烧装置都是在湍流状态下工作的。湍流火焰比层流火焰更致密、更强大，主要是由于湍流引起的混合增强和火焰表面起皱。湍流燃烧可以描述为研究湍流运动与化学反应之间的耦合作用。对湍流燃烧数值方法进行分类的一种方法是根据对湍流的描述程度对其进行排序，大致可以定义三类方法。最精确的技术是 DNS，它在空间和时间上解决了流动的所有结构。另一个极端是雷诺平均 Navier-Stokes(RANS) 方法，它求解所有流量变量的平均性质。其他每种方法提供了一个中间层次的描述，最著名的有大涡模拟 (LES)、超大涡模拟(VLES)、分离涡模拟 (DES) 和非定常 RANS(U-RANS)[1]。混合方法，即耦合两个或更多的这些模型的方法也有人探索 [2]。从本质上讲，所有这些方法的驱动思想都是显式地解决当稳态计算在何时或何处失败时的一些非平稳运动。由于本章的重点是 "精细分辨率" 技术，因此不会讨论稳态模拟 (即 "经典"RANS)。此外，尽管 RNAS 模型在工业计算中具有无可争议的实用价值，但它并不是定量预测湍流反应流的最先进技术。最后，静态方法不能解决湍流燃烧中的一些关键问题，如点火、熄火和燃烧不稳定性。

一旦设定了湍流的描述水平，就必须对化学反应进行相同的处理。这导致了数值方法的子类太多，以至于无法在这里讨论 [3]，但这些方法都依赖于两组主要假设。第一组是考虑到组分和反应的数量，只使用少量组分的简单化学模型——氧化剂和燃料是强制不可少的；与之相反的是详细化学模型，能考虑到数百个组分和数千个反应。因为人们相信更详细的化学模型将给出 "更好" 的结果。必须指出的是，在许多情况下，对火焰的简单描述虽然只能保留诸如火焰速度和最终温度这样的全局变量，但却可以得到较准确的预测。第二组假设是关于反应区相对于湍流的时间和长度尺度。不同的燃烧状态决定了需要开发的模型类型。如文献中的大量图表所示，预测湍流燃烧的状态也是一项困难的任务。

最后但并非最不重要的是，除了湍流燃烧模拟的基本考虑之外，还应指出一个技术方面：数值模拟的进展与计算能力的进展息息相关。即使单个 CPU 每秒可以执行的操作数呈指数级增长，也不可能完成本节介绍的大多数计算。正是并行计算的发明，使成千上万的计算机同时处理同一问题，才真正释放了用于反应流的计算流体动力学。

本节的组织方式如下：首先介绍了 DNS 技术及其适用范围，然后介绍了 U-RANS 和 LES 的一些成功经验和方法，最后展望了计算湍流燃烧的未来挑战。

### 7.3.2  DNS

#### 7.3.2.1  DNS 有何作用？

DNS 结果通常被认为是具有与实验数据相同精度的参考依据。然而，DNS 中可达到的最大雷诺数 (Re) 太低，无法复制大多数实际的湍流反应流，因此，DNS 的使用既不能取代实验，也不能进行直接比较，至少目前还不能。然而，DNS 结果可用于研究流体的三维 (3D) 特征 (相干结构、雷诺应力等)，这些特征非常难以测量，有时甚至不可能测量。非反应流的一个例子是描述均匀各向同性湍流 (HIT) 或边界层结构 [4-6]。DNS 的另一个有价值的用途是实现先验研究，其中包括根据 DNS 结果评估 LES 或 RAN 模型 [7-9]。将 DNS 结果与完全相同配置的 LES 进行比较可以进一步验证，这被称为后验研究 [10]。湍流研究中心 (NASA Ames 和斯坦福大学) 的 DNS 结果是这种非反应流策略的一个成功例子，它在 20 世纪 80 年代早期对湍流非反应流的理解和建模方面取得了突破性进展 [11]。这些成功后来在 20 世纪 90 年代研究火焰/涡流和火焰/湍流相互作用以及火焰/壁面相互作用等方面得以重现。在反应流中使用 DNS 的一个典型例子是通过三重火焰结构研究扩散火焰的稳定机理 [12]。DNS 还可用于推导 RANS[13] 和 LES 代码 [14] 中使用的湍流燃烧模型。

### 7.3.2.2　反应流的先进 DNS 示例

由于计算能力呈指数级增长，今天的 DNS 可以达到完全的湍流雷诺数，并且可以使用详细的化学机理，而曾经这只能用于一维层流火焰计算。

#### 7.3.2.2.1　HIT 中的预混火焰锋

HIT 又称格栅湍流，是研究湍流的标准配置，其特性从实验和理论上都是众所周知的，这使得它成为研究火焰/湍流相互作用的一个很好的选择。在这种结构中 (图 7.3.1)，从左侧喷射预混气体的湍流流动，V 形火焰稳定在 "数值导线" 上，即火焰尖端的热点 [9]。在这种情况下，湍流的注入是一个主要挑战，因为边界条件的不当处理可能导致虚假的压力振荡和不受控的湍流特性。在本例中，湍流

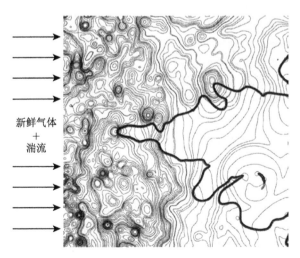

新鲜气体
＋
湍流

图 7.3.1　湍流中预混火焰的直接数值模拟 (摘自 Vervisch, L., Hauguel, R., Domingo, P., Rullaud, M., J. Turbulence, 5, 004, 2004)

场由一个单独的 Navier-Stokes 求解器生成,该求解器生成格栅湍流,边界条件使用 Navier-Stokes 特征边界条件 (NSBC) 技术进行处理 [15]。

### 7.3.2.2.2　时间混合层中的扩散火焰

时间混合层 (TML) 与 HIT 相结合,是湍流数值研究中的一种有效结构。TML结构可以被认为是在射流边缘以其对流速度发展的湍流结构。图 7.3.2 所示的计算对应于在 Sandia 进行的具有 $CO/H_2$ 动力学的非预混平面喷射火焰 [16]。内流是燃料和氮气的混合物,而外流含有空气。扩散火焰在气流之间的界面处形成,并与剪切产生的湍流相互作用。网格包含 5 亿个网格点,这使得它成为具有详细化学 (11 组分和 21 反应) 的最大 DNS 之一。在射流雷诺数为 9200 的情况下,该计算 (图 7.3.2) 显示了完全湍流的典型特征:非常小尺寸和高标量耗散率的复杂结构。该模拟用于研究有限速率的化学效应,如工程相关雷诺数下的熄火和重燃。这种模拟的规模使得结果的可视化和分析成为其自身的挑战:必须开发使用硬件加速并行可视化软件的新技术。对于该种结构,初始雷诺数的变化表明,随着 $Re$ 的增加,熄火程度增加,重燃时间延长。

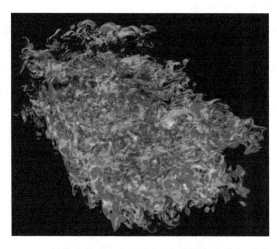

图 7.3.2　时间演化 $CO/H_2$ 射流火焰的 DNS 中标量耗散率的体积重建,$Re = 9200$[16]。标量耗散率的最高值 (以红色显示) 超过 $30000s^{-1}$

### 7.3.2.2.3　实验室尺度火焰的 DNS

与时间模拟 (如 HIT 和 TML) 相比,实验室级火焰的详细计算带来了一些额外的挑战。当然,火焰的总体尺寸与最精细的湍流和化学结构的总尺寸之比需要非常多的网格点。因此,整个火焰在统计上保持稳定的时间通常意味着要花费大量的计算时间来实现一个永久的状态。最后,必须非常小心地处理边界条件,以免火焰受到数值伪影的干扰。文献 [17] 中的计算是基于实验研究中使用的设置 [18]。

甲烷和空气的预热混合物 (800K 和当量比 0.7) 从狭缝燃烧器 (图 7.3.3 底部中心)
注入。在燃烧器的两侧，保持燃烧产物的低速辅助流以稳定火焰。为了模拟实验
条件，在反应物流中引入了在单独求解器中产生的湍流。图 7.3.3 给出了反应区
的三维视图。该快照提供了预混湍流火焰的典型特征，如强烈的火焰前缘褶皱和
火焰尖端的新鲜气穴。这项特别的研究是在一个称为 "薄反应区" 的状态下进行
的，小的湍流涡可以进入预热层，但不能进入发生化学反应的火焰内部。这类特
定的机理提出了几个可以用该种 DNS 解决的建模问题。

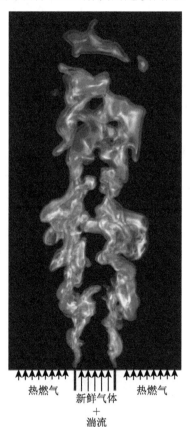

热燃气    新鲜气体    热燃气
              ＋
             湍流

图 7.3.3  狭缝燃烧器预混火焰的 DNS(摘自 Sankaran, R. et al., Thirty-First International
Symposium on Combustion, 2007)

### 7.3.3  非定常 RANS 方法

#### 7.3.3.1  U-RANS 的概念和使用

RANS 方法的基础是将统计平均算子应用于 DNS 方程。因此，任何边界条
件不随时间变化且不保持其初始条件记忆的流动都将变得统计稳定。这就是为什

么 RANS 结果通常由流场的单个快照组成。然而，对于因边界条件随时间变化或其他瞬态现象而非统计稳态的流动，RANS 解是与时间有关的。然后，每个解表示给定时间内所有可能实现的平均流场，因此，又称为 U-RANS。这类流动的两个直接例子是活塞发动机流动——由于边界移动引起的，或易燃气体的点火顺序——由于其瞬态性质造成的。

### 7.3.3.2　消防安全：池火

消防安全是一个范例，其中一些 (如果不是大多数) 控制燃烧的参数是未知的。例如，在建筑火灾中，燃料 (地毯、家具、混凝土等) 的确切成分的不确定性导致不能精确预测传热或火焰温度。另一个问题是所涉及的时间和长度尺度的多样性：辐射以光速传播，而浮力驱动的平流速度约为每秒几米。最后，除了湍流和燃烧之外，这些火灾通常还涉及许多现象的非线性耦合，如烟尘形成、辐射和固体传热。建模问题的累积是在 U-RANS 框架内进行真实尺寸火灾最先进计算的原因之一。

图 7.3.4 所示的例子模拟了横风中交通事故引起的大火，火灾中的物体被完全吞没，因此在图像中看不到。由于 U-RANS 方法在统计上具有随时间推移燃料消耗的瞬态特性，因此适用于这种流动。这项模拟是在红风暴超级计算机上的 5000 个处理器上进行的，当时红风暴超级计算机在世界最快计算机排行榜上名列第二。这项计算求解了 40 个变量，这个数字是非常大的，但考虑到在这项计算中所代表的各种现象，这个数字仍然比实际的自变量数目大为减少。这种减少是根据这场火灾所涉及的时间尺度之比进行谨慎估计的结果。

图 7.3.4　横风中交通事故引起火灾的模拟。火焰显示为黄色/红色，烟灰云显示为黑色 (摘自 Tieszen, S., private communication)

### 7.3.4 大涡模拟

#### 7.3.4.1 LES 原理

LES 方法论的基石是 Kolmogorov 的自相似理论，该理论指出，尽管湍流的大结构取决于边界和初始条件，但更细的尺度具有普遍性。因此，在 LES 中，当大涡的演化在网格上得到求解时，比网格小的涡则采用所谓的子网格尺度 (SGS) 模型来模拟其贡献。在数学正态性中，LES 方程是通过对 DNS 方程应用过滤器来获得的 [19-21]。由于过滤操作可以大大减小网格大小，因此 LES 比 DNS 便宜得多，并且整个实验装置的计算变得可行。

然而，当人们想要执行工业设备的 LES 时，还有一些额外的问题需要解决，如果 LES 方法是一个有用的工具。首先，大多数工业燃烧室的几何复杂性不能用笛卡儿网格来表示：必须发展非结构网格上的高阶方法。此外，还提出了许多关于边界条件的问题，如叶片或活塞的边界运动、湍流注入和声学特性。这些挑战不可低估，因为它们对气流结构的影响有时可能大于湍流模型对其的影响。

#### 7.3.4.2 LES 的实际应用示例

本节介绍了 LES 方法计算的各种反应流。之所以选择本研究中的案例，是因为每个案例都具有湍流燃烧的不同方面，并解决了特定的技术难题。

##### 7.3.4.2.1 航空涡轮机

航空涡轮机设计的主要目标是紧凑的火焰、宽工作范围内的稳定燃烧和低排放水平。涡轮机认证程序中的另一个关键点是点火和重燃程序。图 7.3.5 显示了由欧洲计算科学研究中心 (CERFAC) 团队采用非结构化 LES 解算器 AVBP[22] 执行的直升机发动机点火序列计算。整个燃烧室带有 18 个燃烧器，燃烧室壁上带有稀释孔和多孔 (2000 万个小孔) 结构。由于单个燃烧器的计算已经是一项烦琐的任务，因此需要大量的并行软件来处理整个发动机的点火问题 [29]。显然，对于这种计算，通过使用非结构化网格处理复杂几何图形的代码是必需的。除了由于结构的复杂性而引起的数值问题外，对于该发动机，燃油是以液相喷射的，在欧拉框架的求解器中进行了描述 [23,24]。在图 7.3.5 中，燃烧室壁的颜色与温度有关；热区为黄色，冷区为蓝色。点火顺序如下：顶部和底部燃烧器喷射热气体，而其他燃烧器喷射冷空气和燃料混合物。点火发生在热区和燃料区之间的交界处。然后火焰传播到邻近的燃烧器，直到所有的燃烧器都被点燃。

##### 7.3.4.2.2 活塞发动机

RANS 代码在活塞发动机的研究中并没有失败 [25-27]。然而，例如，只有在 LES 中，对循环与循环之间变化的研究才成为可能 [28-30]。对于此类研究，求解器必须具有活塞和阀门的移动网格功能，同时保留 LES 所需的所有特性，例如，高阶数值方法。从建模的角度来看，燃烧模型必须正确地处理点火 (通过火花或自燃)、

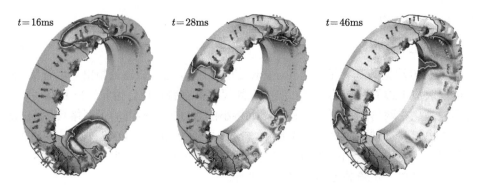

图 7.3.5   直升机发动机的点火顺序。热气体 (黄色) 通过两个燃烧器喷射，火焰传播，从而最终点燃所有 18 个燃烧器 (摘自 Boileau, M., Ignition of two-phase flow combustors. PhD, Institut National Polytechnique de Toulouse and CERFACS, 2007)

火焰/墙壁相互作用和熄火等问题。图 7.3.6 是活塞发动机中最新 LES 的一个示例：该俯视图显示了一个单活塞发动机燃烧室的切片，该切片根据反应速率着色。

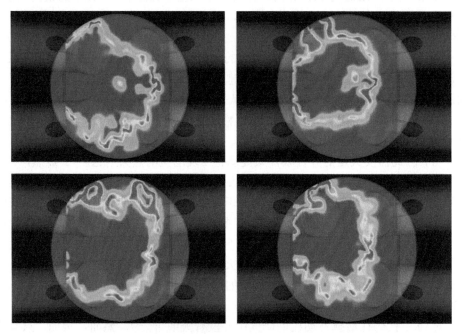

图 7.3.6   曲柄角为 $10°$ 的活塞发动机俯视图。横截面根据四个不同周期的反应速率着色 (摘自 Richard, S., Colin, O., Vermorel, O., Benkenida, A., Angelberger, C., and Veynante, D., Proc. Comb. Inst., 31, 3059, 2007)

四个图像对应于相同 $10°$ 曲柄角下的不同循环：火焰位置和起皱取决于导致发动机瞬时功率变化的循环。人们还可以指出燃烧几乎熄灭的区域，以及火焰/墙壁的相互作用。

### 7.3.5 展望

在过去的 $15\sim20$ 年中，湍流燃烧数值模拟的发展极大地受到计算能力的提高和大规模并行计算发展的推动，并且这种推动影响还将持续下去。

湍流燃烧中的 DNS 已经从简单化学的二维计算发展到具有详细化学方案的实验室规模。由于其成本以及在数据处理和可视化方面的挑战，DNS 仍然是湍流反应流基础研究和实验室实验的工具。显然，将获得更大的雷诺数，并且将实施非常复杂的化学方案，但是使用 DNS 的工程设备的计算应该在一段时间内保持遥不可及。此外，DNS 作为燃烧模型的验证工具仍然可以发挥关键作用。

LES 求解器曾经致力于学术结构，现在可以处理工业应用中的复杂几何形状和移动部件。因此，LES 必将取代许多工业领域中的 RANS 求解器。由于 LES 能够预测瞬态现象，同时其在预测平均值方面的全局性能更好，所以汽车和涡轮机行业都将转向 LES。大规模并行 LES 求解器很快就会对这些行业产生成本竞争力，理解和控制燃烧不稳定性的巨大挑战可能是 LES 未来的任务之一。

### 参 考 文 献

[1] Speziale, C. G., Turbulence modeling of time-dependent RANS and VLES—A review. AIAA Journal, 1998. 36(2): 173–184.

[2] Rouson, D., S. R. Tieszen, and G. Evans, Modeling convection heat transfer and turbulence with fire applications: A high temperature vertical plate and a methane fire, in Proceedings of the Summer Program. 2002, Center for Turbulence Research, Stanford University. pp. 53–70.

[3] Lindstedt, P., Modeling of the chemical complexities off lames. Proc. Combust. Inst., 1998. 27: 269–285.

[4] Moin, P. and J. Kim, Numerical investigation of turbulent channel flow. J. Fluid Mech., 1982. 118: 341–377.

[5] Moin, P. and J. Kim, The structure of the vorticity field in turbulent channel flow. Part 1. Analysis of instantaneous fields and statistical correlations. J. Fluid Mech., 1985. 155: 441–464.

[6] Kim, J. and P. Moin, The structure of the vorticity field in turbulent channel flow. Part 2. Study of ensemble averaged fields. J. Fluid Mech., 1986. 162: 339–363.

[7] Okong'o, N. and J. Bellan, Consistent large-eddy simulation of a temporal mixing layer laden with evaporating drops. Part 1. Direct numerical simulation, formulation and a priori analysis. J. Fluid Mech., 2004. 499: 1–47.

[8] Vermorel, O., et al., Numerical study and modelling of turbulence modulation in a particle laden slab flow. J. Turbulence, 2003. 4(25): 1–39.

[9] Vervisch, L., R. Hauguel, P. Domingo, and M. Rullaud, Three facets of turbulent combustion modelling: DNS of premixed V-flame, LES of lifted non premixed flame and RANS of jet flame. J. Turbulence, 2004. 5(4): 004.

[10] Leboissetier, A., N. Okong'o, and J. Bellan, Consistentlarge-eddy simulation of a temporal mixing layer laden with evaporating drops. Part 2. Aposteriori modelling. J. Fluid Mech., 2005. 523: 37–78.

[11] Moin, P. and K. Mahesh, DNS: A tool in turbulence research. Annu. Rev. Fluid Mech., 1998. 30: 539–578.

[12] Vervisch, L. and T. Poinsot, Direct numerical simulation of non-premixed turbulent flames. Annu. Rev. Fluid Mech., 1998. 30: 655–691.

[13] Meneveau, C. and T. Poinsot, Stretching and quenching of flamelets in premixed turbulent combustion. Combust. Flame, 1991. 86: 311–332.

[14] Colin, O., et al., A thickened flame model for large-eddy simulations of turbulent premixed combustion. Phys. Fluids, 2000. 12(7): 1843–1863.

[15] Poinsot, T. and S. K. Lele, Boundary conditions for direct simulations of compressible viscous flows. J. Comp. Phys.,1992. 101(1): 104–129.

[16] Hawkes, E. R., S. Sankaran, J. C. Sutherland, and J. H. Chen, Scalar mixing in direct numerical simulations of temporally-evolving plane jet flames with detailed $CO/H_2$ kinetics. Proc. Combust. Inst., 2007. 31: 1633–1640.

[17] Sankaran, R., E. R. Hawkes, J. H. Chen, T. Lu, C. K. Law, Structure of a spatially-developing lean methane-air turbulent bunsen flame. Proc. Combust. Inst., 2007. 31: 1291–1298.

[18] Filatyev, S. A., J. F. Driscoll, C. D. Carter, J. M. Donbar, Measured properties of turbulent premixed flames for model assessment, including burning velocities, stretch rates, and surface densities. Combust Flame, 2005. 141(1–2): 1–21.

[19] Peters, N., Turbulent Combustion. 2000, Cambridge University Press, Cambridge, USA.

[20] Pope, S. B., Turbulent Flows. 2000, Cambridge University Press, Cambridge, USA.

[21] Poinsot, T. and D. Veynante, Theoretical and Numerical Combustion. 2005, R. T. Edwards (Ed.), 2nd edn.

[22] AVBP, AVBP Code: www.cerfacs.fr/cfd/avbp_code.php and www.cerfacs.fr/cfd/CFDPublications.html.

[23] Moreau, M., B. Bedat, and O. Simonin, From Euler-Lagrange to Euler-Euler large eddy simulation approaches for gas-particle turbulent flows, in ASME Fluids Engineering Summer Conference, Houston. 2005, ASME FED.

[24] Riber, E., et al., Towards large eddy simulation of non-homogeneous particle laden turbulent gas flows using Euler-Euler approach, in Eleventh Workshop on Two-Phase Flow Predictions. 2005, Merseburg, Germany.

[25] Tahry, S. E., Application of a Reynolds stress model toengine-like flow calculations. J. of Fluids Engineering, 1985. 107(4): 444–450.

[26] Boudier, P., S. Henriot, T. Poinsot, T. Baritaud, A model for turbulent flame ignition and propagation in spark ignition engines. Proc. Combust. Inst., 1992. 24: 503–510.

[27] Payri, F., et al., CFD modeling of the in-cylinder flow in direct-injection diesel engines. Comput. Fluids, 2004. 33(8): 995–1021.

[28] Celik, I., I. Yavuz, and A. Smirnov, Large eddy simulations of in-cylinder turbulence for internal combustion engines: A review. Int. J. Eng Res., 2001. 2(2): 119–148.

[29] Boileau, M., G. Staffelbach, B. Cuenot, T. Poinsot, andC. Bérat, LES of an ignition sequence in a gas turbine engine. Combust. Flame, 2008. 154(1–2): 2–22.

[30] Richard, S., Colin, O., Vermorel, O., Benkenida, A., Angel berger, C., and Veynante, D., Towards large eddy simulation of combustion in spark ignition engines. Proc. Comb. Inst., 2007. 31, 3059–3066.

# 第 8 章　燃烧和火焰形成的其他有趣例子

## 8.1　蜡烛和射流扩散火焰：重力和微重力条件下的燃烧机理

Fumiaki Takahashi

### 8.1.1　引言

在大气中燃烧的液体或气体燃料形成的火焰中，燃烧过程由混合过程控制，而不是由化学反应速率控制。最常见的例子是蜡烛火焰，其中的流场是层流的，通过分子扩散发生混合。Burke 和 Schumann[1] 发展了一种最简单的层流扩散火焰理论，在这种理论中，气体燃料射流以相同的速度在较宽的管道中喷射到空气中，采用了一个非常薄的火焰片模型。然而，在扩散火焰中，火焰结构 (即速度、温度和组分浓度的空间变化) 决定了各种特性，如火焰稳定和污染物形成。对扩散火焰的结构，特别是化学方面的详细了解，直到最近才得以实现。如今，计算时变流体动力学、传热和传质以及整个火焰中许多基元反应的耦合是很常见的。然后将这些结果与基于非侵入式激光的速度、温度和组分浓度的详细测量结果进行比较，即使在有限厚度的反应区内也是如此。

尽管存在差异，但各种碳氢化合物的蜡烛状层流扩散火焰的物理化学结构有着惊人的相似性。通常，火焰内部的高温还原环境将原始燃料分解成相同的较小的不饱和碎片，从而扩散到火焰的氧化区。因此，对更简单燃料的扩散火焰的研究揭示了大分子燃料火焰中存在的许多重要现象。此外，在没有重力的情况下进行的实验发现了以前未知的现象，有助于验证分析模型和数值模型。

本节重点介绍了蜡烛状层流扩散火焰燃烧的物理和化学机理：蜡烛、气体射流和液体或气体燃料杯式燃烧器。首先概述了对蜡烛状火焰的认识，然后描述了蜡烛燃烧的一般特征，最后介绍了 (甲烷、乙烷和丙烷) 气体射流和 (正庚烷) 杯形燃烧器火焰的最新实验和计算结果。重点研究了燃料种类和重力对火焰稳定区 (基部) 和尾部扩散火焰结构的影响。

### 8.1.2　历史概述

几千年来，蜡烛状火焰一直是一种领先的照明技术。蜡烛除了提供照明的光，其火焰在几个世纪以来也一直是一个令人着迷的对象，吸引着人们不断地去探测火和自然世界的本质。在文献 [2] ～ [8] 中可以看到一些关于火焰、火或燃烧研究的历史记录。在 17 世纪的科学革命中，对火灾或火焰及其他自然现象的研究得到了加强。弗朗西斯·培根 [7] (Francis Bacon，1561—1626) 假设，对于蜡烛火焰的结构，火焰移动需要一定的空间，如果其运动被抑制，例如被蜡烛熄灭器抑制，它就会立即熄灭。奥托·冯·盖里克 (Ottovon Guericke，1602—1686) 和罗伯特·博伊尔 (Robert Boyle，1627—1691) 各自独立地证明了蜡烛或木炭不会在耗尽空气的容器中燃烧，尽管它在空气重新进入瞬间就会燃烧。到了 17 世纪 60 年代初，罗伯特·胡克 [8] (Robert Hooke，1635—1703) 提出了燃烧的概念，他认为空气由两种完全独立的成分组成：活性部分和惰性部分。通过将玻璃和云母薄片插入灯或蜡烛火焰中，他注意到：① 燃烧点似乎位于锥形火焰的底部，在那里向上升起的油被灯芯上方的热量激发，并且 ② 火焰内部不发光。他还利用强烈的阳光将蜡烛火焰的图像投射到粉刷过的墙壁上，这样他就可以分辨出阴影中的黑暗的内部和热区。John Mayow (1643—1679) 观察到，空气在燃烧过程中大量减少，而残余的空气则是不活跃的，这是通过在水上的一个密封钟形空气罐中燃烧蜡烛进行的实验。尽管这些早期的研究人员可能已经接近发现现在被称为氧气的气体，但他们未能做到这一点。不幸的是，燃素理论 [2,5,6] 假设火的本质是一种叫做燃素的物质，在 18 世纪的大部分时间里支配着化学。最后，在舍勒和普利斯特里独立地发现了氧气之后，拉瓦锡 (1743—1794) 推翻了燃素理论，建立了燃烧的氧气理论。

在 19 世纪，汉弗莱·戴维 (Humphry Davy，1778—1829) 推测，火焰的亮度是由一部分气体分解产生的固体碳颗粒及其着火引起的。约恩斯·雅各布·贝泽利乌斯 (Jöns Jakob Berzelius，1779—1848) 据说是第一个将普通蜡烛火焰描述为由四个不同区域组成的火焰的人。1848 年和 1860 年，戴维的门徒迈克尔法拉第 [9] (Michael Faraday，1791—1867) 在圣诞讲座上向青少年观众就 "蜡烛的化学历史" 作了演讲和演示。在 19 世纪末和 20 世纪初，在对化学、物理和热力学认识不断加深的基础是，建立了现代燃烧学。

1928 年，Burke 和 Schumann 提出了一个关于圆形和扁平气体燃料的经典理论 [1]，即风道中射流扩散火焰的无限薄火焰片模型。Jost[10] 指出，Burke 和 Schumann 的一些结果可以在不求解预测火焰高度的微分方程的情况下导出 [11]。第二次世界大战后，燃烧研究进入了一个新的时代；通过改进的测量技术，对射流扩散火焰进行了重要的研究 [12-16]。利用气相色谱法得到的 Hottel 和 Hawthorne 的气体组成数据 [12]，证实了 Burke-Schumann 火焰的图片是氢火焰。Wolfhard 和 Parker 对平面扩散火焰的详细结构进行了光谱研究，发现在明显有限厚度的火焰区域中可能存在局部化学平衡状态 [15]。Wolfhard 和 Parker 对蜡烛火焰进行了纹影观察 [16]。Gaydon 和 Wolfhard 使用热电偶来研究温度场，发现到灯芯的传热等于加热和蒸发石蜡所需的热量 [17]。Smith 和 Gordon 用小型石英探针和质谱仪分析了蜡烛中的气体产物。他们发现, 预燃反应的机理主要是在燃料组分与氧接触之前, 碳氢化合物裂解为不饱和化合物。最近, 蜡烛被用来研究燃烧现象的各个方面: 自发的近熄灭火焰振荡[18]、火焰闪烁[19]、电场效应[20]、升高的重力效应[21]、火灾安全[22]和烟点测量[23]。

最初的 Burke–Schumann 理论后来被完善[24-26]。Roper[26] 通过放宽单一恒速的要求, 提出了一种新的理论, 并估算了圆形和非圆形喷嘴的合理火焰长度。基于反应机理和计算机技术的进展, 层流扩散火焰的数值分析在过去三十年里取得了进展[27-30]。现在, 在简单的配置 (燃烧器几何结构、流量和燃料) 下, 以合理的精度模拟全化学的瞬态火焰现象是可行的。

在正常的地球重力 ($g$) 下, 浮力使热的气体产物上升, 在火焰底部夹带空气。这种空气夹带对火焰结构和稳定性特别重要[31-33]。在微重力 ($\mu g$) 下, 由于缺乏浮力, 热气体产物倾向于积聚, 火焰更容易扩大并产生烟尘[34-41]。通过在落塔内和在航天器上的实验, 微重力下蜡烛火焰的行为得到了研究[36,39,41]。

### 8.1.3　蜡烛燃烧过程

平衡良好的蜡烛在干净、稳定、自控的火焰中燃烧。图 8.1.1 显示了在正常重力加速度 $g$ 中燃烧的石蜡 (通常为 20 ～ 30 个碳原子) 蜡烛的照片, 由于气流上升, 呈现出细长的火焰形状。当灯芯暴露在火焰区时, (扁平的) 灯芯会向侧面卷曲并烧尽, 因此, 灯芯长度保持不变, 以控制燃油蒸发率, 进而控制火焰高度。Allan 等[23] 发现, 当灯芯尺寸低于临界值 (直径 < 1.8 mm 或长度 < 6 mm) 时, 13 种不同蜡的烟尘排放是不可能的, 因此火焰高度没有达到烟点[42]。

图 8.1.1　正常重力加速度 $g$ 下直径 21mm 的石蜡蜡烛火焰照片

蜡烛燃烧过程中复杂的物理和化学过程是众所周知的。图 8.1.2 显示了稳态燃烧蜡烛的概念示意图, 显示了不同的区域、主要的物理和化学过程 (右) 以及带有箭头的特定传输现象 (左)。底部区域的深蓝色来源于反应区激发的 CH 自由基的化学发光 [11]。通过传导和辐射，从火焰传来的热在蜡烛顶部形成一个熔蜡池。当火焰消耗蜡时，熔化的锋面沿着蜡烛平稳地移动。熔化的蜡通过毛细作用上升通过灯芯，并被由热传导传递而来的火焰热量蒸发。浮力引起加速上升的气流，从而将周围的空气带入火焰的下部。蒸发的燃料通过对流上升并向外扩散，而燃料裂解 (热解) 反应则在高温下发生。燃料碎片与周围空气中的氧气反应形成扩散火焰。从火焰区到周围环境的辐射 (主要来自二氧化碳和水蒸气以及烟尘) 会造成热量损失。对流立即将燃烧产物和热量从火焰区带走。

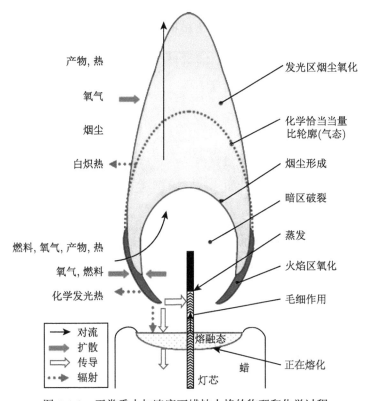

图 8.1.2　正常重力加速度下蜡烛火焰的物理和化学过程

　　烟尘是由于汽化燃料在高温下破裂和裂解而在火焰区的燃料侧形成的。烟尘颗粒向上对流并最终穿透火焰区，在那里它们与周围空气中扩散的氧气反应而燃烧殆尽。最近在层流扩散火焰中进行的激光诊断测量表明，烟尘是在火焰区燃料侧有限温度范围 (1300 ~ 1600 K) 内形成的，并且烟尘体积分数在火焰的中间高度处达到峰值 [42]。烟尘白炽度引起的火焰发光部分可能向下游延伸，超出 (即高于) 气态物质的局部化学恰当当量比轮廓。热量和主要燃烧产物 (水蒸气和二氧化碳) 主要通过在顶部的对流离开火焰。

在没有重力的情况下, 蜡烛火焰的性质会发生巨大的变化 [36,39,41]。图 8.1.3 显示了和平号空间站上的蜡烛火焰, 其中熔融层呈半球形, 比正常重力下厚得多, 火焰较小, 呈球形, 烟度较低, 露出蓝色火焰区。在液相中有明显的循环 (由于火焰附近的液体蜡和烛台上的蜡之间的温差引起的表面张力驱动的流动)。过了一段时间, 熔化的蜡球突然坍塌, 液体物质沿着烛台向后移动。与正常重力下相比, 蓝色火焰区离灯芯远得多。此外, 还观察到气溶胶 (冷凝石蜡) 从火焰底部流出并在液体流动产生的边界层中移动。在富氧大气 (摩尔分数为 0.22 ~ 0.25) 中燃烧的和平号蜡烛火焰的长寿命 (最长 45 分钟) 表明, 即使在静止环境中, 也可以获得稳定的微重力火焰。在低重力状态下模拟蜡烛火焰的工作仍在继续 [43]。

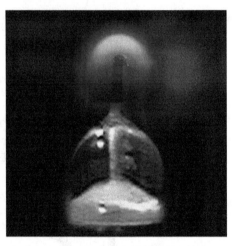

图 8.1.3　和平号空间站上直径 10mm 的微重力蜡烛火焰 (摘自 Ross, H.D., Microgravity Combustion: Fire in Free Fall, Ross, H.D., Ed., Academic Press, San Diego, 2001)

### 8.1.4　射流扩散火焰结构

通过简单气体燃料射流扩散火焰的实验和模拟, 可以深入了解蜡烛火焰在正常和低重力下的行为。美国航空航天局的格伦 2.2s 下降塔提供了气态碳氢化合物火焰的微重力数据 [44,45], 以便与正常重力条件进行比较。图 8.1.4 显示了甲烷 (顶排)、乙烷 (中间行) 和丙烷 (底部) 射流扩散火焰在正常重力 (左列) 和微重力 (中间和右列) 中的视频图像, 这些火焰形成于一个圆形燃料管 (2.87mm 直径) 上, 位于一个通风燃烧室 (255mm 直径 ×533 mm 长) 中的静止空气中。燃油管图像被叠加。显示了具有 "高" (左两列) 和 "低"(右) 燃料流率水平的火焰, 其中根据摩尔化学恰当当量比表达式, 保持不同燃料流率的比率不变, 以达到每个流率水平的恒定氧气需求。正常重力和 "高" 流率丙烷火焰中的烟尘发光区 (图 8.1.4(d)、

(g) 和 (h)) 延伸超过蓝色火焰区的顶端并将其覆盖。在正常重力下，火焰底部距离燃料管尖端小于 1 mm，而在微重力内，火焰底部距离燃料管尖端 3 ～ 4 mm。在不同燃料的总耗氧量保持不变的情况下，在正常重力和微重力内各燃料流率对应的蓝色火焰区大小 (高度和宽度) 基本相同。正常重力内的火焰比微重力内的火焰要薄得多 (≈5.5 mm 宽)，这是因为浮力诱导的对流使火焰区向内移动，导致单位火焰面积的氧气传输速率更高。在 "低" 流率水平的微重力火焰 (右) 中，即使是丙烷，最初在点火瞬间形成的烟尘似乎也消失了，其形状和大小与和平号空间站上火焰的形状和大小相当 (图 8.1.3)。

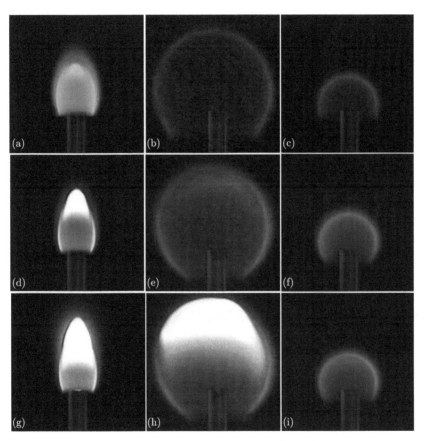

图 8.1.4　静止空气中甲烷 (顶部)、乙烷 (中间) 和丙烷 (底部) 射流扩散火焰 (直径 2.87 mm) 的视频图像，正常重力 (左侧) 和微重力 (中间和右侧)。平均燃油喷射速度：(a)，(b) 13.5cm/s，(c) 5.3cm/s，(d)，(e) 7.7cm/s，(f) 3.3 cm/s，(g)，(h) 5.6cm/s，(i) 2.2cm/s

利用 Katta 开发的数值程序 [30,46]，对处于正常重力和失重中的甲烷、乙烷和丙烷气体射流扩散火焰进行了瞬态计算，详细分析了这些燃料的反应机理 (33

组分和 112 个基元反应)[47,48]，并针对高燃料流率条件建立了简单的辐射热损失模型 [49]。甲烷和乙烷的结果可从早期研究中获得 [44,45]。对于丙烷，图 8.1.5 显示了以正常重力和失重计算的火焰结构。右半部分的变量包括速度矢量 $(v)$、等温线 $(T)$、总热释放速率 $(\dot{q})$ 和局部当量比 $(\phi_{local})$；而左半部分的变量为：氢原子的总摩尔通量矢量 $(M_H)$、氧摩尔分数 $(X_{O_2})$、耗氧速率 $(-\dot{\omega}_{O_2})$ 和混合分数 $(\xi)$，包括化学恰当当量比混合分数 $(\xi_{st} = 0.06)$。丙烷火焰的一般特征与甲烷火焰和乙烷火焰相似 [44,45]。虽然模型中排除了烟尘的形成，但模拟火焰的形状和尺寸与观测火焰的低无烟尘部分非常匹配 (图 8.1.4(g) 和 (h))。

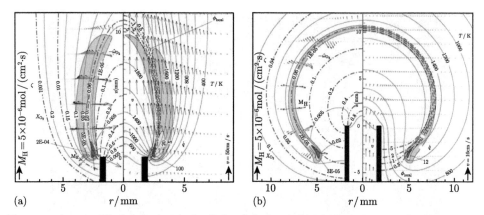

图 8.1.5　在 (a) 正常重力和 (b) 失重 "静止" 空气中丙烷射流扩散火焰 (直径 3 mm，燃料速度 4.8 cm/s) 的计算结构

在正常重力情况下 (图 8.1.5(a))，速度矢量表明，由于浮力作用，热 (高温) 区内产生了纵向加速度，周围空气被吸入火焰的下部。热释放速率和耗氧率曲线显示火焰底部有一个峰值反应点 (称为反应核)[44,45,50]。反应核处的值为

$$\dot{q}_k = 196J/(cm^3 \cdot s), \quad -\dot{\omega}_{O_2'k} = 0.000648mol/(cm^3 \cdot s), \quad |v_k| = 0.250m/s,$$

$$T_k = 1483K, \quad X_{O_2'k} = 0.031, \phi_{local,k} = 0.99, \xi_k = 0.0060$$

氢原子和其他链自由基扩散到火焰区的两侧以及火焰底部周围的每个向下方向，与氧浓度和梯度都较高的来流发生对冲。因此，链式分支反应 $H + O_2 \longrightarrow OH + O$，以及其他链式反应都得到了增强，以使反应核的反应性最大化。反应核在流动中可用的停留时间内保持稳定燃烧过程，从而保持尾部扩散火焰 (其反应性较低且速度较高)[44,45,50]。附着火焰底部附近的可燃 $(0.5 < \phi < 2.5^{51})$ 燃料/空气混合物层的厚度远小于丙烷/空气混合物的最小淬熄距离 (2 mm)[51]，且厚度不足以形成一个燃烧波，使人联想到抬举火焰的三重火焰结构。

在失重 (图 8.1.5(b)) 状态下，与正常重力情况不同，由于缺乏浮力，燃料射

流动量分散，中心速度迅速衰减。其结果就是，燃料分子向各个方向扩散，形成准球形火焰。缓慢扩散过程 ① 限制了燃料和氧气向火焰区的输运速率；② 由于浓度梯度较低，氢原子的摩尔通量降低了一个数量级，从而使反应核中的反应性降低了一个数量级。反应核的位置与局部流速和混合物反应性密切相关[44]。反应核处各变量的值分别为

$$\dot{q}_k = 14.8 \mathrm{J}/(\mathrm{cm}^3 \cdot \mathrm{s}), \quad -\hat{\omega}_{O_2'k} = 0.000042 \mathrm{mol}/(\mathrm{cm}^3 \cdot \mathrm{s}), \quad |v_k| = 0.0045 \mathrm{m/s}$$

$$T_k = 1299 \mathrm{K}, \quad X_{O_2'k} = 0.017, \quad \phi_{\mathrm{local},k} = 0.51, \quad \xi_k = 0.058$$

失重下的反应核温度比正常重力反应核温度低近 300K。

图 8.1.6 显示了在正常重力和失重情况下，丙烷火焰在距离射流出口 3mm 高度 (即在尾部扩散火焰) 处的组分摩尔分数 ($X_i$)、温度和总热释放速率的变化。根据总热释放速率正值轨迹确定的火焰区厚度，在正常重力中约为 2mm，在失重状态下约为 3mm。因此，该火焰区与 Burke 和 Schumann 提出的无限薄火焰片模型相去甚远[1]。在正常重力和失重中，组分摩尔分数的总体趋势都是典型的扩散火焰，即高温下在空气侧形成链自由基，扩散到燃料侧并使燃料分解成碎片状碳氢化合物，最后将一氧化碳和氢气氧化成产物。失重和正常重力火焰的一个显著特征是，空气中的氧气通过火焰底部和燃烧器边缘之间的淬熄空间渗透到火焰区的燃料侧，而扩散火焰形状的任何分析模型都没有考虑到这一点。此外，对于乙烷[45] 和丙烷，在反应区内燃烧的主要碳氢化合物碎片和氧化产物为 $C_2H_2$、$CH_4$、$C_2H_4$ 和 CHCO，因此，$C_2$ 组分氧化反应 $CHCO + O \longrightarrow CO + CO + H$ 和 $C_2H_2 + O \longrightarrow CH_2 + CO$ 是内区总热释放速率峰值的主要贡献者。对于甲烷[44,50]，$CH_3 + O \longrightarrow CH_2O + H$ 反应是热释放速率峰值的主要贡献者。放热的最终产物生成反应，$CO + OH \longrightarrow CO_2$ 和 $H_2 + OH \longrightarrow H_2O + H$，在火焰区发生了广泛的反应。在空气侧，$O_2 + H + M \longrightarrow HO_2 + M$ 和随后的 $HO_2 + OH \longrightarrow$

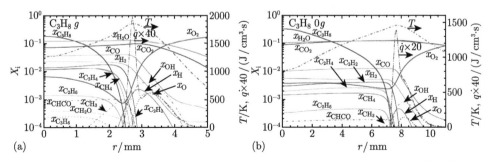

图 8.1.6　在 (a) 正常重力和 (b) 失重下，高度为 3 mm 的 "静止" 空气中丙烷射流扩散火焰的组分摩尔分数、温度和总热释放速率计算值

$H_2O + O_2$ 反应具有很强的放热性，从而导致了外部区域的二次热释放速率峰值。在失重情况，由于火焰温度和总热释放速率低于正常重力情况，这些具有零活化能的 $HO_2$ 反应的相对贡献变得更为显著。

### 8.1.5　杯形燃烧器火焰结构

通过对正常重力下正庚烷火焰的实验和计算结果的检验[52]，进一步尝试提取出高级脂肪烃火焰结构的总体趋势。图 8.1.7 显示了在杯形燃烧器装置 (直径约 30 mm) 中与空气同向流动的正庚烷扩散火焰的照片及其温度 (左半) 和烟尘质量分数 (右半) 计算结果。实验中使用的是液态正庚烷 (图 8.1.7(a))，其蓝色火焰底部锚定在燃烧器边缘，由于进入浮力诱导流而向内倾斜。由于大量烟尘的形成，火焰区的颜色在下游变为亮黄色。采用全化学模型[53](197 组分和 2757 个基元反应) 计算气态正庚烷火焰 (图 8.1.7(b))，包括整体烟尘的形成，很好地捕捉了瞬态火焰闪烁行为，以及在液体燃料火焰中观察到的烟尘场的总体趋势 (图 8.1.7(a))。

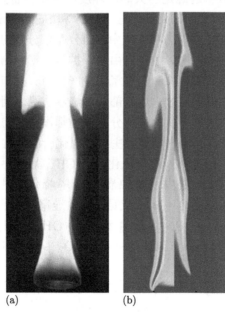

(a)　　　　　　　　(b)

图 8.1.7　(a) 正常重力状态下液体正庚烷杯形燃烧器火焰的照片。(b) 正常重力状态下气态正庚烷扩散火焰的温度 (左) 和烟灰质量分数 (右) 的计算结果。燃烧器直径约为 30 mm 内

图 8.1.8 显示了在正常重力状态下气态正庚烷火焰在 10.8 mm 高度 (在尾部扩散火焰中) 的计算结构。由于模拟液体池火焰的气体燃料速度很小 (0.1 cm/s)，因此在燃烧器出口附近形成了一个近滞止的回流区。由于高温 (>1000K) 和相对较长的停留时间，正庚烷在气流到达该高度的时间内热解并消失。与乙烷[45] 和丙烷 (图 8.1.6(a)) 火焰相比，在热释放速率开始上升之前，在核心区域形成的主

要不饱和烃碎片种类更多。然而，这些碳氢化合物火焰之间有着惊人的相似之处。火焰区常见的碳氢化合物碎片为 $C_2H_2$、$CH_4$ 和 $C_2H_4$。此外，计算得到的正庚烷火焰的组分及其浓度水平与 Smith 和 Gordon[17] 对石蜡蜡烛火焰的研究所得的实验组分数据是定性一致的。

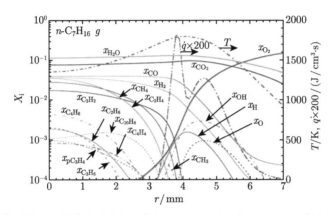

图 8.1.8　在正常重力下、同向流动空气 (速度：10.7 cm/s) 中、10.8mm 高度处，计算得到的气体正庚烷扩散火焰 (18 mm 外径，燃料速度：0.1 cm/s) 的组分摩尔分数、温度和热释放速率分布

### 8.1.6　结论

研究工具的进步增加了人们对蜡烛和气体射流扩散火焰的理解。从 Burke-Schumann 理论及其改进模型、第二次世界大战后实验工作的激增、非侵入式激光诊断、详细计算的进展和低重力实验中获得了显著的见解。各种碳氢化合物 (包括石蜡烛光) 扩散火焰之间的相似之处，主要是原始燃料在火焰区燃料侧裂解成不饱和化合物所致。对于碳原子数较高 ($\geqslant C_2$) 的碳氢化合物，除了主要中间产物 (CO 和 $H_2$) 外，燃烧的常见组分还有：火焰区内部的 $C_2H_2$、$CH_4$ 和 $C_2H_4$，以及外部的 $HO_2$。虽然在失重情况缺乏浮力诱导的流动加速会使火焰增大，使火焰的燃烧速率比正常重力下低一个数量级，但仍保持着扩散火焰典型的化学动力学结构的总体趋势。

**致谢**

这项工作得到了华盛顿特区国家航空航天局的支持。作者感谢 V.R.Katta 博士和 G.T.Linteris 博士在改进手稿方面提供的帮助以及他们长期的研究伙伴关系和贡献。

### 参 考 文 献

[1]　Burke, S.P. and Schumann, T.E.W., Diffusion flames, *Ind. Eng. Chem.*, 20, 998, 1928.

[2] Bone, W.A. and Townend, D.T.A., *Flame and Combustion in Gases*, Longmans, Green and Co. Ltd., London, 1927, Chapter 1.

[3] Fristrom, R.M., *Flame Structure and Processes*, Oxford University Press, New York, 1995, Chapter 1.

[4] Weinberg, F.J., The fi rst half-million years of combustion research and today's burning problems, *Proc. Combust. Inst.*, 15, 1 1975.

[5] Williams, F.A., The role of theory in combustion science, *Proc. Combust. Inst.*, 24, 1, 1992.

[6] Lyons, J.W., *Fire*, Scientifi c American Books, New York, 1985.

[7] Bacon, F., *The New Organon*, Jardine, L. and Silverthorne, M., Eds., Cambridge University Press, Cambridge, UK, 2000, p. 124.

[8] Chapman, A., England's Leonardo: Robert Hooke (1635–1703) and the art of experiment in restoration England, *Proc. R. Inst. Great Britain*, 67, 239, 1996.

[9] Faraday, M., *A Course of Six Lectures on the Chemical History of a Candle*, Crookes, W., Ed., Harper & Brothers, New York, 1861.

[10] Jost, W., *Explosion and Combustion Processes in Gases*, McGraw-Hill, New York, 1946.

[11] Gaydon, A.G. and Wolfhard, H.G., *Flames, Their Structure, Radiation and Temperature*, 4th ed., Chapman and Hall, London, 1979, Chapter 6.

[12] Hottel, H.C. and Hawthorne, W.R., Diffusion in laminar flame jets, *Proc. Combust. Inst.*, 3, 254, 1949.

[13] Wohl, K., Gazley, C., and Kapp, N., Diffusion flames, *Proc. Combust. Inst.*, 3, 288, 1949.

[14] Scholefield, D.A. and Garside, J.E., The structure and stability of diffusion flames, *Proc. Combust. Inst.*, 3, 102, 1949.

[15] Wolfhard, H.G. and Parker, W.G., A spectroscopic investigation into the structure of diffusion flames, *Proc. Phys. Soc.*, A65, 2, 1952.

[16] Parker, W.G. and Wolfhard, H.G., Carbon formation in flames, *J. Chem. Soc.*, 2038, 1950.

[17] Smith, S.R. and Gordon, A.S., Precombustion reactions in hydrocarbon diffusion flames: The paraffin candle flame, *J. Chem. Phys.*, 22, 1150, 1954.

[18] Chan, W.Y. and T'ien, J.S., An experiment on spontaneous oscillation prior to extinction, *Combust. Sci. Technol.*, 18, 139, 1978.

[19] Buckmaster, J. and Peters, N., The infinite candle and its stability—a paradigm for flickering diffusion flames, *Proc. Combust. Inst.*, 21, 1829, 1988.

[20] Carleton, F. and Weinberg, F., Electric field-induced flame convection in the absence of gravity, *Nature*, 330, 635, 1989.

[21] Villermaux, E. and Durox, D., On the physics of jet diffusion flames, *Combust. Sci. Technol.*, 84, 279, 1992.

[22] Hamins, A., Bundy, M., and Sillon, S.E., Characterization of candle flames, *J. Fire Prot. Eng.*, 15, 265, 2005.

[23] Allan, K.M., Kaminski, J.R., Bertrand, J.C., Head, J., and Sunderland, P.B., Laminar smoke points of candle flames, presented at 5th US Combustion Meeting of the Combustion Institute, Paper No. D32, San Diego, CA, March 25–28, 2007.

[24] Barr, J., Length of cylindrical laminar diffusion flames, *Fuel*, 33, 51, 1954.

[25] Fay, J.A., The distributions of concentration and temperature in a laminar jet diffusion flame, *J. Aeronaut. Sci.*, 21, 681, 1954.

[26] Roper, F.G., The prediction of laminar jet diffusion flame sizes: Part I. theoretical model, *Combust. Flame*, 29, 219, 1977.

[27] Miller, J.A. and Kee, R.J., Chemical nonequilibrium effects in hydrogen-air laminar jet diffusion flames, *J. Phys. Chem.*, 81, 2534, 1977.

[28] Mitchell, R.E., Sarofim, A.F., and Clomburg, L.A., Experimental and numerical investigation of confined laminar diffusion flames, *Combust. Flame*, 37, 227, 1980.

[29] Smooke, M.D., Lin, P., Lam, J.K., and Long, M.B., Computational and experimental study of a laminar axisymmetric methane-air diffusion flame, *Proc. Combust. Inst.*, 23, 575, 1990.

[30] Katta, V.R., Goss, L.P., and Roquemore, W.M., Numerical investigations of transitional $H_2/N_2$ jet diffusion flames, *AIAA J.*, 32, 84, 1994.

[31] Robson, K. and Wilson, M.J.G., The stability of laminar diffusion flames of methane, *Combust. Flame*, 13,626, 1969.

[32] Kawamura, T., Asato, K., and Mazaki, T., Structure of the stabilizing region of plane, laminar fuel-jet flames, *Combust. Sci. Technol.*, 22, 211, 1980.

[33] Takahashi, F., Mizomoto, M., and Ikai, S., Structure of the stabilizing region of a laminar jet diffusion flame, *J. Heat Transfer*, 110, 182, 1988.

[34] Edelman, R.B., Fortune, O.F., Weilerstein, G., Cochran, T.H., and Haggard, J.B., Jr., An analytical and experimental investigation of gravity effects upon laminar gas jet diffusion flames, *Proc. Combust. Inst.*, 14, 399, 1973.

[35] Bahadori, M.Y., Edelman, R.B., Stocker, D.P., and Olson, S.L., Ignition and behavior of laminar gas-jet diffusion flames in microgravity, *AIAA J.*, 28, 236, 1990.

[36] Ross, H.D., Sotos, R.G., and T'ien, J.S., Observations of candle flames under various atmospheres in microgravity, *Combust. Sci. Technol.*, 75, 155, 1991.

[37] Walsh, K.T., Fielding, J., Smooke, M.D., and Long, M.B., Experimental and computational study of temperature, species, and soot in buoyant and non-buoyant coflow laminar diffusion flames, *Proc. Combust. Inst.*, 28, 1973, 2000.

[38] Lin, K.-C., Faeth, G.M., Sunderland, P.B., Urban, D.L., and Yuan, Z.-G., Shapes of nonbuoyant round luminous hydrocarbon/air laminar jet diffusion flames, *Combust. Flame*, 116, 415, 1999.

[39] Dietrich, D.L., Ross, H.D., Shu, Y., Chang, P., and T'ien, J.S., Candle flames in nonbuoyant atmospheres, *Combust. Sci. Technol.*, 156, 1, 2000.

[40] Urban, D.L., Yuan, Z.-G., Sunderland, P.B., Lin, K.-C., Dai, Z., and Faeth, G.M., Smoke-point properties of non-buoyant round laminar jet diffusion flames, *Proc. Com-*

*bust. Inst.*, 28, 1965, 2000.

[41] Ross, H.D., Basics of microgravity combustion, *Microgravity Combustion: Fire in Free Fall*, Ross, H.D. Ed., Academic Press, San Diego, CA, 2001, Chapter 1.

[42] Glassman, I., *Combustion*, 3rd ed., Academic Press, San Diego, CA, 1996.

[43] Alsairafi, A., Lee, S.T., and T'ien, J.S., Modeling gravity effects on diffusion flames stabilized around a cylindrical wick saturated with liquid fuel, *Combust. Sci. Technol.*,176, 2165, 2004.

[44] Takahashi, F. and Katta, V.R., Reaction kernel structureand stabilizing mechanisms of jet diffusion flames in microgravity, *Proc. Combust. Inst.*, 29, 2509, 2002.

[45] Takahashi, F. and Katta, V.R., Further studies of the reaction kernel structure and stabilization of jet diffusion flames, *Proc. Combust. Inst.*, 30, 383, 2005.

[46] Roquemore, W.M. and Katta, V.R., Role of flow visualization in the development of UNICORN, *J. Vis.*, 2, 257, 2000.

[47] Peters, N., *Reduced Kinetic Mechanisms for Applications in Combustion Systems*, N. Peters and B. Rogg, Eds., Springer-Verlag, Berlin, Germany, 1993, p. 3.

[48] Warnatz, J., *Combustion Chemistry*, W.C. Gardiner, Ed., Springer-Verlag, New York, 1984, p. 197.

[49] Barlow, R.S., Karpetis, A.N., and Frank, J.H., Scalar profiles and NO formation in laminar opposed-flow partially premixed methane/air flames, *Combust. Flame*, 127,2102, 2001.

[50] Takahashi, F. and Katta, V.R., Chemical kinetic structure of the reaction kernel of methane jet diffusion flames, *Combust. Sci. Technol.*, 155, 243, 2000.

[51] Lewis, B. and von Elbe, G., *Combustion, Flames and Explosions of Gases*, 3rd ed., Academic Press, New York, 1987.

[52] Takahashi, F., Linteris, G., and Katta, V.R., Further studies of cup-burner flame extinguishment, 16th Annual Halon Options Technical Working Conference (HOTWC), Albuquerque, NM, May 2006.

[53] Tsang, W. Progress in the development of combustion kinetics databases for liquid fuels, *Data Sci. J.*, 3, 1,2004.

# 8.2 火花点火发动机中的燃烧

James D. Smith and Volker Sick

### 8.2.1 引言

火花点火式内燃机已经存在了 100 多年，第一个例子是由尼古拉斯·奥托 (Nikolaus Otto) 在 1876 年提出的。直至今日，重要的研究和开发工作仍在应用这一概念，以实现更多的动力、更好的效率和更低的排放。燃油充量准备和缸内运动是影响点火和燃烧的两个主要参数，因此对上述量有很大的影响。根据燃料/空气混合物的制备方法，燃烧状态从近乎完全预混到在多相、液体/蒸汽环境中高度非均匀扩散燃烧。缸内运动对发动机在不同转速下的运转也至关重要。随着发动机转速的提高，气缸内的湍流水平也会增加，从而产生更快的燃烧速度，如果没有燃烧速度，发动机将无法以每分钟数千个循环的正常速度运行。燃油充量准备和缸内流动总是交织在一起的，因为某些准备策略除了对运动本身有很大的影响外，还依赖于定向流动来实现可靠的点火。

本节将讨论火花点火式内燃机的三种燃烧方式：均质充量火花点火 (HCSI，预混湍流燃烧)、分层充量火花点火 (SCSI，部分预混湍流燃烧) 和具有火花辅助的均质充量压缩点火 (SACI，预混湍流燃烧)。这一系列的燃油准备和缸内运动策略涵盖了从单缸发动机的基本体现到未来发动机概念的时间跨度，后者这些概念可能在未来的地面运输中发挥重要作用。将讨论每种燃烧模式的突出特点和控制特性，并给出每种情况的可视化示例，这些示例来自一台运行的发动机，该发动机具有通过高速摄像机 (12000 帧/秒) 记录燃烧光度的光学通道。发动机内的观察区域如图 8.2.1 所示，其中显示了突出的特征，如喷油器、火花塞和进气/排气阀。关于发动机的更多细节，请参阅 Smith 和 Sick 的著作 [1]。这些可视的例子将有助于解释基于压力的测量结果，如点火延迟、燃烧持续时间和热释放速率。

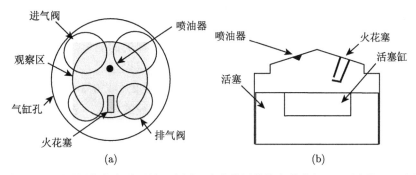

图 8.2.1　后续图像的查看区域示意图。本节使用燃烧室的底部 (a) 和侧视 (b) 图

## 8.2.2　均质充量火花点火发动机

均质充量火花点火 (homogeneous-charge spark-ignition，HCSI) 发动机是目前最常见的火花点火式发动机。虽然混合气的制备方法从化油器到燃油喷射系统都有所不同，但总体目标是相同的：在燃烧室的所有位置都要有混合良好的燃油/空气加注。根据这一概念，空燃比接近化学恰当当量比，以促进可靠的燃烧和处理后的排放。由于空燃比必须保持在几乎恒定的范围内，因此采用进气节流来控制发动机的功率输出。在低发动机负荷条件下，高节流是必要的，但对容积效率有负面影响。相反，在高负荷下，使用接近环境压力的进气歧管压力将尽可能多的空气/燃油混合物吸入燃烧室。

一旦混合良好的空气/燃油被注入燃烧室，上升活塞就会压缩并加热混合气。在接近活塞峰值行程的位置 (上止点，TDC)，通过火花塞启动点火。通常，这种情况出现在一个单一的点上；然而，在生产过程中也观察到每个气缸使用两个或多个火花塞的一些情况，通常是为了促进更快的燃烧[2,3]。虽然火花看起来是瞬时事件，但实际上包含了三个不同的阶段，每个阶段都有独特的时间尺度和能量沉积特性[4,5]。击穿阶段的标志是建立了一个等离子体通道桥接火花塞的电极。由于间隙的高阻抗，电压通常在$10^5$V 左右。这一阶段往往只持续约 100ns，当高导电性等离子体通道建立后，电压迅速下降，电流上升，标志着火花的电弧阶段开始。在电弧阶段之后 (通常为 $1\sim100\mu$s)，火花的特征表现为在中等电压（约为 500V）下有一个相对较长的能量放电阶段，该阶段称为辉光阶段。总地来说，整个事件往往持续约 1.5ms，在标准发动机转速下，曲轴旋转 (CAD) 的跨度为数十度。

火花的作用是提供必要的活化能以启动一系列自持的化学反应，共同组成燃烧过程。在 HCSI 发动机中，火花间隙区域的体积流量通常较低；但是，通常采取措施来增加湍流水平，如旋流和翻滚流。由于低流量，火花塞电极之间的初始反应区几乎是球形，并沿径向向外扩展。从反应区到电极的热损失非常大[6-8]，因此在设计火花塞时必须加以考虑。火焰发展的这一点非常关键，因为辐射和传导造成的热损失与化学反应释放的热之间正在取得微妙的平衡。要使火焰成功生长，反应速度必须足够快，不仅要能及时补充通过传热损失的能量，而且要能扩大火焰的尺寸。这一过程持续得相对缓慢，通常被称为点火延迟。这一阶段的标志是燃料消耗量为 2%或 10%，或燃烧质量分数在 0%～2%或 0%～10%。

点火延迟之后是一段快速增长期。随着火焰直径的增大，表面开始受到湍流拉伸和扭曲，成为通常所说的褶皱火焰锋。

如前所述，湍流在燃烧过程中起主要作用。虽然其雷诺数 (Re) 在流体力学看来通常较低 (Re 为 100 ～ 10000)[9]，但空气/燃料诱导事件遗留下来的大尺度涡的减少会产生相对较高的湍流水平。这种畸变有利于增加火焰的表面积，允许更多的反应同时发生，从而提高燃烧速度和热释放速率。此外，湍流水平往往随发动机转速而变化[10]，这一现象允许发动机以每分钟几千个循环的速度运转。由于大多数维持燃烧的反应发生在未燃烧的空气/燃料混合物和热燃烧产物之间的一个薄区域，因此使用"火焰锋"这个名称。火焰中部的热区主要负责热 $NO_x$ 的形成。图 8.2.2 显示了 HCSI 发动机中火焰生长的序列图像。从这幅图像中可以很容易地观察到火焰锋的高度畸变和火焰空间维度非常薄。这一阶段的燃烧有时被称为"快速燃烧相位"，消耗 80%的燃料质量 (10%～90%MFB (mass fraction burnt，已燃质量分数))。在这一阶段，活塞将到达上止点，因此，开始四冲程循环的动力冲程。相位燃烧是非常理想的，这样燃烧的峰值水平和气缸的峰值压力就发生在活塞开始动力冲程之后。这将最大限度地减少热损失，并允许热燃烧气体的最大膨胀。为了达到这个燃烧正时，火花应在活塞到达上止点 (BTDC) 之前被一定程度的触发，称为火花提前。最佳火花提前量通常由实验确定为在给定工作条件下产生最大扭矩 (MBT) 的最小火花提前量。

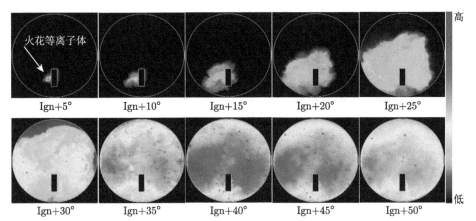

图 8.2.2   HCSI 发动机中火焰传播过程的图像。色阶定性地表示燃烧强度。火花在第一张图片中被突出显示

在发动机燃烧的快速燃烧阶段之后，反应速度趋于迅速减慢。这是因为活塞向下运动时局部温度降低，而且火焰前锋开始遇到燃烧室相对较冷的壁面和缝隙，因此被淬熄。由于这些影响而未消耗的任何燃料都会导致燃烧效率低下，并可能以未燃烧碳氢化合物 (HC) 的形式排放到废气中。幸运的是，现代发动机设计已经相对成功地解决了这些问题，燃烧效率通常在 95% 以上，碳氢化合物排放接近于零。

HCSI 燃烧模型的发展受到 HCSI 发动机火焰增长和预混湍流火焰相似性的制约。采用厚度仅为 300μm 的薄激光片测量了丙烷燃料发动机火焰中温度和 OH 自由基分布的高分辨率截面。图 8.2.3 说明了温度和 OH 浓度与靠近火焰前缘的 OH 自由基超平衡值紧密耦合的结构 [11]。

HCSI 发动机的燃料/空气比在空间上是恒定的，至少在一个相当接近的近似值内，这一事实使得燃烧模型得到了实质性的简化。燃烧速率或燃料消耗率为 $dm_b/dt$，表示火焰表面积 $A_{fl}$、未燃烧的燃料/空气混合物的密度 $\rho_u$、层流燃烧速度 $s_L$ 和速度波动即湍流测量值 $u'$ 的函数；

$$\frac{dm_b}{dt} = A_{fl}\rho_u\left(u' + s_L\right)$$

嵌入到这些模型中发展的变化模型将进一步地详细说明 [12]。层流燃烧速度表示燃料类型、燃料/空气比、废气再循环水平、压力、温度等的函数。此外，还开发了子模型来描述发动机转速、端口流量控制系统、缸内总流量运动 (即旋流、

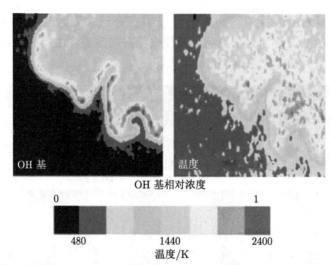

图 8.2.3　用激光成像技术在以丙烷为燃料的研究发动机中获得的平面图像显示了羟基 (OH) 浓度与温度的紧密耦合 (摘自 Orth, A., Sick, V., Wolfrum, J., Maly, R.R., and Zahn, M., Proc. Combust. Inst., 25, 143, 1994。经许可)

翻滚流、挤压) 以及湍流脉动 $u'$ 的影响。因此，有了更广泛的外部变量参数影响知识库，HCSI 燃烧的成功建模成为可能。然而，随着采用高燃料空气比分层或均质充量压缩点火 (HCCI) 燃烧的新型燃烧策略的发展，这些简单的关系不再适用，建模也更加复杂 [13,14]。

　　虽然 HCSI 发动机已经证明自己是一个有价值的动力装置，但在大多数情况下，仍存在一些问题，使总热效率低于 30%。自燃，俗称爆轰 (爆震)，限制了可以使用的压缩比。使用更高、更有效的压缩比会导致未燃烧的空气/燃料混合物在火焰前锋消耗燃料之前自动点火。这会产生破坏性的压力峰值和不必要的驱动特性，因此必须避免。进气节流也限制了发动机在低负荷和部分负荷条件下的效率，而大多数驾驶都是在这种情况下进行的。最后，不精确的燃油计量会导致壁面湿润程度增加，从而导致 HC 排放，特别是在冷起动过程中。如果火花点火发动机要保持与压燃式发动机 (柴油发动机) 和其他更现代的燃烧装置的竞争力，就必须解决这些关键问题。接下来的两种燃烧模式将试图解决这些问题。

### 8.2.3　分层充量火花点火发动机

　　分层充量火花点火 (SCSI) 发动机通常被称为直喷式火花点火 (DISI) 发动机。由于这些发动机也可以在均匀充量状态下工作，因此我们只关注直喷发动机的分层充量子集。直接喷射是指所使用的燃油制备策略，其中燃油和空气分别被喷射和导入燃烧室。与 HCSI 发动机不同，只要在可燃性极限内，空燃比就可以无限变化。在分层操作过程中,在关键区域 (如火花塞附近) 保持混合物可燃状态,同时保持整体的燃油贫燃状态。这样就可以拆卸节气门,因为这时的功率输出可以由进入燃烧室的燃油质量控制,过量空气对燃烧几乎没有影响。

SCSI 发动机运行的关键挑战是在燃烧室中成功地进行燃油分层。分层的三种方法通常被称为壁面导向、空气导向和喷雾导向 [15]。壁面导向系统利用针对特定特征 (如活塞) 的喷油器,在火花塞周围形成可靠的燃油云。这会产生高水平的壁面湿润 (从而产生 HC 排放),因此不太理想。空气导向系统采用缸内整体运动的复杂组合来实现分层。不幸的是,实现这一运动的方法有时会抵消效率上的任何提高。最有前途的候选方案是喷雾导向系统,它直接对准火花塞喷射燃油。火花在燃油喷射事件附近触发,并点燃高燃油浓度的流通区域。这一概念的关键挑战是实现可靠、稳定的运行。燃油浓度的周期变化可能很大,因此,对这些发动机的燃油制备进行了大量的研究 [16-22]。在某些情况下,会发生完全失火,从而妨碍生产的全面实施。即使在单火花放电过程中 (~15 CAD,曲轴旋转 15°),燃油浓度在空间分布上也会发生显著变化,如图 8.2.4 所示,这是在机动条件下燃油分布的一系列高速激光诱导荧光成像。

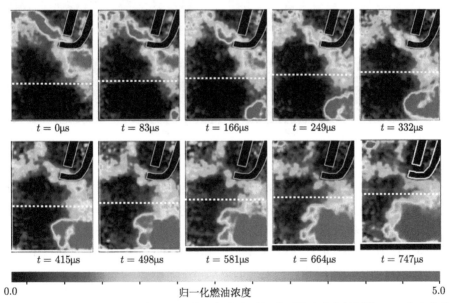

图 8.2.4 在机动条件下,分层充量直喷发动机点火时间附近燃油浓度的图像 (1.0 代表化学恰当当量比)。时间是相对于火花正常启动的时间 (摘自 Smith, J.D., Development and application of high-speed optical diagnostic techniques for conducting scalar measurements in internal combustion engines, Mechanical Engineering, University of Michigan, Ann Arbor, 2006)

　　与 HCSI 发动机的点火相比，燃油喷射事件引入了强体积流量。由于火花发生在这一事件的短时间跨度内，通过间隙的残余流是常见的，大约为每秒数十米 [23]。这有拉伸火花等离子体通道的效果，有时达到从电极上脱离的程度。这也使得点火过程对火花塞和喷油器的相对方位极其敏感，有些几何结构比其他几何结构产生的速度条件要高。图 8.2.5 显示了在 SCSI 条件下单个引擎循环的图像序列。可以看到火花在电极之间碰撞，并立即被喷油事件留下的残余流拉回。火花塞的几何形状在决定火花是否会在整个放电过程中保持附着、拉伸和重新碰撞方面起着重要作用 [24]。这对初始火焰核也有关键影响。在火花塞屏蔽气流的情况下，会产生更多的球形火焰核，而防护性较少的火花塞则会产生细长的火焰核。

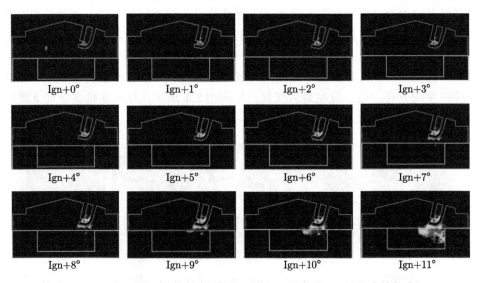

图 8.2.5　SCSI 发动机点火过程的侧视图，显示火花弧和早期火焰的发展

　　除了在高速环境中产生的火花外，蒸发燃油云中的液体和蒸汽也是高度多相的。目前还不清楚这对火花过程的物理性质有何影响。然而，与 HCSI 发动机相比，蒸发液体的冷却效应可能是导致点火延迟增加的原因。图 8.2.6 比较了 HCSI、SCSI 和火花辅助 HCCI 发动机的已燃质量分数时间。在 HCSI 发动机中，初始反应区对来自该区的传热和化学反应的放热都非常敏感。喷雾蒸发导致的较冷温度，以及高度可变的非最佳燃油分配导致的较低热释放率，可能解释了 SCSI 发动机点火延迟较长的原因。

　　SCSI 发动机燃烧的快速燃烧阶段是预混燃烧和扩散燃烧的结合。与 HCSI 发动机一样，典型的预混湍流火焰锋从火花塞处开始并穿过气缸传播。这一阶段往往比 HCSI 发动机内的过程 [25] 发生得更快，这可以从图 8.2.6 所示的 MFB 曲线中看出。随着火焰前锋的发展，燃油浓度变化的区域会导致某些区域的燃烧变得富燃、扩散受限，从而导致大量烟尘产生[26,27]。这在图 8.2.7 后面的图像中很明显，在燃烧室的不同区域都可以看到强烈的燃烧，而火焰锋则不太明显。不过，其他的成像实验再次聚焦于 OH 自由基，并证实了火焰锋的存在。然而，该信号比烟灰亮度低几个数量级，因此在这一系列图像中不可见。

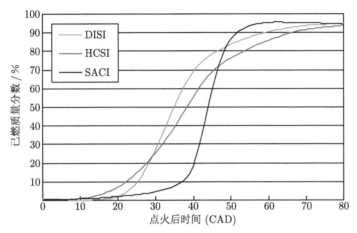

图 8.2.6 本节讨论的三种发动机概念的已燃质量分数曲线。点火启动后的时间以曲轴转角度数表示

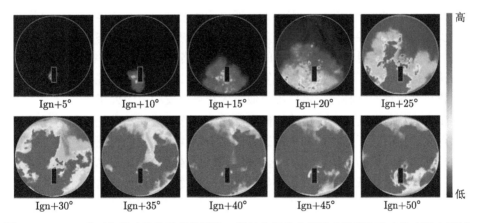

图 8.2.7 DISI 发动机快速燃烧阶段的图像。燃油分层分布导致富燃燃烧和产生高烟尘区域，强烈的火焰信号区域就是明证

分层燃烧时，燃烧通常局限于燃烧室的内部区域。这主要是因为后期的燃油喷射不允许大量燃油到达末端和缝隙。这有助于减少热量传递到室壁，但可能导致缝隙体积内的未燃烧碳氢化合物排放。然而，在这种概念下，燃烧效率往往较低，因为并非所有燃料都是易燃的，因此可能不会燃烧。

SCSI 发动机由于去掉了节流板，在容积效率上有了显著的提高。此外，壁面传热降低，对喷射事件的更好控制导致更好的冷启动和瞬态响应。在实现广泛使用之前，仍有一些问题需要解决。可靠的点火和稳定的运行通常需要高重复性和昂贵的喷油器。此外，高燃油压力是必要的，以产生适当的燃油雾化。这会导致为高性能燃油泵供电时产生更高的寄生损耗。也许最令人担忧的问题是无法使用传统的排气后处理装置 (即催化转化器)。当发动机在接近化学计量的空气/燃料条件下运行时，这些装置的工作效率最高。由于这一概念使用的是高度贫燃条件，传统的三效催化剂无法减少 $NO_x$ 排放，因此必须单独处理，从而增加了车辆的成本和复杂性。

### 8.2.4　火花辅助压缩点火发动机

火花辅助压缩点火 (SACI) 发动机，或火花辅助 HCCI 发动机，呈现出与前两种操作模式不同的独特的好处和挑战。使用这种模式，无须使用先进的排气后处理设备，即可实现与 SCSI 类似的许多性能和效率优势。另外，其燃烧过程的控制主要取决于燃烧室的热状态，因此，它又提出了独特的挑战。

在正常的 HCCI 工作条件下，燃油/空气混合物是压缩加热，在一个或多个位置自动点火，类似于正常的压燃式 (即柴油) 发动机。这就消除了在火花塞附近 (如在 SCSI 发动机中) 放置易燃混合物的严格要求。然而，与柴油发动机不同的是，其燃油和空气混合良好，因此无法通过定时喷油来控制燃烧相位。因此，由于缺少火花事件，控制燃烧的唯一方法就是操纵燃烧室的热状态。这通常是通过进气加热或引入大量热废气来实现的。这两种策略在稳态运行时都能很好地工作，但在瞬态运行时效果较差，因为与发动机循环相比，温度变化往往发生得相对缓慢。解决此缺点的一种方法是使用类似于火花点火发动机的火花。

HCCI 发动机倾向于在稀薄的低空燃比下工作；因此，火花过程不足以确保可靠点火。然而，压缩加热和火花过程的结合能保证成功的自燃，同时也保留了一种控制燃烧时机的方法。然而，这一概念不应与传统的 HCSI 发动机相混淆，因为二者的燃烧模式截然不同。最明显的是没有传播火焰或火焰前锋，而前面讨论的两种燃烧模式都有。相反，HCCI 发动机在相对较长的点火延迟之后，整个燃烧室几乎同时点火。这导致整个燃烧过程发生迅速，通常在 10 ~ 20CAD 的量级，比正常 SI 发动机 (40 ~ 50CAD) 快得多。通过比较本章讨论的三个燃烧概念的 MFB 曲线，可以明显看出这一点 (图 8.2.6)。最初的长而缓慢的上升代表了由火花引起的小火焰核逐渐增长的时间。当火焰释放的热量和压缩过程提高局部温度时，会发生自燃，并导致快速燃烧阶段曲线几乎直立变化。图 8.2.8 给出了该过程的可视化表示。最初，火花可以在火花塞电极附近看到，随后火焰核缓慢发展。与 HCSI 和 SCSI 概念不同，这种火焰在几个曲柄角度内不会显著增长或移动。相比之下，燃烧的体相发生得很快，在点火开始后的 40 CAD 和 45 CAD 的图像中最为明显。为了更好地说明这一快速燃烧阶段，图 8.2.9 显示了一系列图像，这些图像仅聚焦于逗一阶段。

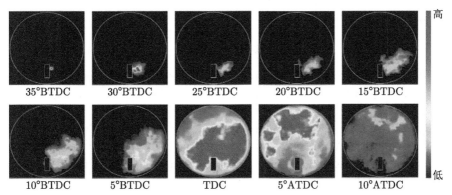

图 8.2.8　火花助燃 HCCI 发动机的燃烧图像。时间相对于点火开始时间 (由 Vinod Natarajan 博士和 Dave Reuss 博士提供)

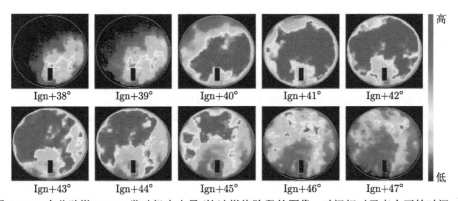

图 8.2.9　火花助燃 HCCI 发动机中大量/快速燃烧阶段的图像。时间相对于点火开始时间。请注意，大部分燃烧发生在 6 ～ 7 CAD 内 (由 Vinod Natarajan 博士和 Dave Reuss 博士提供)

### 8.2.5　结论

三种火花点火式发动机概念在性能、排放和效率方面各有其独特的优缺点。因此，合乎逻辑的是，下一代发动机将不会被归类为上述任何概念，而是作为一个多模式发动机，将这三者结合起来。在泵送损失通常最大、但 $NO_x$ 排放相对较低的轻负荷下，可以采用分层充量。HCCI/SACI 可在中等负载条件下使用 (即高速公路巡航条件)，在这种情况下，使用三效催化剂降低 $NO_x$ 的能力是理想的。最后，在高负荷条件下，通过在进气冲程早期喷射燃油，可以实现均质工况。这提供了通过蒸发充量冷却提高容积效率的附加好处。

多模发动机的发展离不开发动机技术的进步。需要更好的喷油器才能更好地可重复地分布燃油，尤其是在分层条件下。除了更好的燃烧控制之外，还需要新的进气阀和排气阀驱动方案来改善 HCCI/SACI 运行的热条件。假设这项技术在这种火花点火发动机上取得了进展，其效率可能会与压燃式发动机相媲美。

## 参 考 文 献

[1] Smith, J.D. and V. Sick, A Multi-Variable High-Speed Optical Study of Ignition Instabilities in a Spray-Guided Direct-Injected Spark-Ignition Engine. SAE Paper 2006-01-1264, 2006.

[2] Anderson, R.W., The Effect of Ignition System Power on Fast Burn Engine Combustion. SAE Paper 870549, 1987.

[3] Anderson, R. and J.R. Asik, Ignitability Experiments in a Fast Burn, Lean Burn Engine. SAE, 830477, 1983.

[4] Sher, E., J. Ben-Ya'Ish, and T. Kravchik, On the birth of spark channels. *Combustion and Flame*, 89: 186–194, 1992.

[5] Lee, M.J., M. Hall, O.A. Ezekoye, and R. Matthews, Voltage, and Energy Deposition Characteristics of Spark Ignition Systems. SAE, 2005-01-0231, 2005.

[6] Alger, T., B. Mangold, D. Mehta, and C. Roberts, The Effect of Sparkplug Design on Initial Flame Kernel Development and Sparkplug Performance. SAE, 2006-01-0224, 2006.

[7] Hori, T., M. Shibata, S. Okabe, and K. Hashizume, Super Ignition Spark Plug with Fine Center & Ground Electrodes. SAE, 2003-01-0404, 2003.

[8] Ko, Y. and R.W. Anderson, Electrode Heat Transfer During Spark Ignition. SAE, 892083, 1989.

[9] Abraham, J., F.A. Williams, and F.V. Bracco, A Discussion of Turbulent Flame Structures in Premixed Charges. SAE, 850345, 1985.

[10] Smith, J.R., The influence of turbulence on flame structure in and engine, in *Flows in Internal Combustion Engines*, T. Uzkan, Editor, ASME: New York, 1982, pp. 67–72.

[11] Orth, A., V. Sick, J. Wolfrum, R.R. Maly, and M. Zahn, Simultaneous 2D single-shot imaging of OH concentrations and temperature fields in an SI engine simulator. *Proceedings of the Combustion Institute*, 25: 143–150, 1994.

[12] Heywood, J.B., *Internal Combustion Engine Fundamentals*. 1st ed., 1988, New York: McGraw-Hill.

[13] Zhao, F., D.L. Harrington, and M.C. Lai, *Automotive Gasoline Direct-Injection Engines*, Warrendale, PA: Society of Automotive Engineers, 2002.

[14] Zhao, F., *Homogeneous Charge Compression Ignition (HCCI) Engines*, Warrendale, PA: Society of Automotive Engineers, 2003.

[15] Zhao, F., M.C. Lai, and D.L. Harrington, Automotive spark-ignited direct injection gasoline engines. *Progress in Energy and Combustion Science*, 25: 437–562, 1999.

[16] Fansler, T.D., M.C. Drake, B.D. Stojkovic, and M.E. Rosalik, Local fuel concentration, ignition and combustion in a stratifi ed charge spark ignited direct injection engine: Spectroscopic, imaging and pressure-based measurements. *International Journal of Engine Research*, 4(2): 61–87, 2002.

[17] Frieden, D. and V. Sick, Investigation of the Fuel Injection, Mixing and Combustion Processes in an SIDI Engine Using Quasi-3D LIF Imaging. SAE, 2003-01-0068, 2003.

[18] Fujikawa, T., Y. Nomura, Y. Hattori, T. Kobayashi, and M. Kanda, Analysis of cycle-by-cycle variation in a direct injection gasoline engine using a laser induced flourescence technique. *International Journal of Engine Research*,4(2): 143–154, 2003.

[19] Kakuho, A., K. Yamaguchi, Y. Hashizume, T. Urushihara, T. Itoh, and E. Tomita, A Study of Air-Fuel Mixture Formation in Direct-Injection SI Engines. SAE, 2004-01-1946, 2004.

[20] Smith, J.D., Development and application of high speed optical diagnostic techniques for conducting scalar measurements in internal combustion engines, PhD dissertation in *Mechanical Engineering*. 2006, University of Michigan: Ann Arbor.

[21] Smith, J.D. and V. Sick, Crank-Angle Resolved Imaging of Fuel Distribution, Ignition and Combustion in a Spark-Ignition Direct-Injection Engine. SAE Paper 2005-01-3753, 2005.

[22] Smith, J.D. and V. Sick, Real-time imaging of fuel injection, evaporation and ignition in a direct-injected spark ignition engine. In *ILASS-Americas*, Toronto, ON, 2006.

[23] Fajardo, C.M. and V. Sick, Flow field assessment in a fi red spray-guided spark-ignition direct-injection engine based on UV particle image velocimetry with sub crank angle resolution. *Proceedings of the Combustion Institute*, 31(2):3023–3031, 2007.

[24] Smith, J.D. and V. Sick, Factors Influencing Spark Behavior in a Spray-Guided Direct-Injection Engine. SAE, 2006-01-3376, 2006.

[25] Spicher, U., A. Kolmel, H. Kubach, and G. Topfer, Combustion in Spark Ignition Engines with Direct Injection. SAE, 2000-01-0649, 2000.

[26] Aleifres, P.G., Y. Hardalupas, A.M.K.P. Taylor, K. Ishii, and Y. Urata, Flame chemilu-minescence studies of cyclic combustion variations and air-to-fuel ratio of the reacting mixture in a lean-burn stratified-charge spark ignition engine. *Combustion and Flame*, 136: 72–90, 2004.

[27] Wyszynski, P., R. Aboagye, R. Stone, and G. Kalghatgi, Combustion imaging and analysis in a gasoline direct injection engine. SAE, 2004-01-0045, 2004.

# 8.3 压燃式发动机中的燃烧

Zoran Filipi and Volker Sick

## 8.3.1 引言

压燃式 (CI) 发动机通常以其发明者 Rudolf Diesel (1858—1913) 的名字命名

为柴油发动机。这一发明是 Diesel 认识到高压缩/膨胀比是提高发动机效率的关键的结果。当时奥托发动机已经推出，但其效率受到爆震燃烧 (即自发的、不可控的点火) 的严重限制。Diesel 的解决方案很简单：在压缩过程的后期，即在所需的点火时间之前注入燃油。一个非常高的压缩比 (CR)(通常在 14 到 22 之间) 和无节流操作 (通过简单地改变燃油喷射量来控制负载) 的结合，为技术发展打开了大门，这项技术提供了至今最有效的燃油转换装置之一。延迟喷射导致混合气制备时间非常短，因此，CI 发动机的基本特征是在非均匀混合气的情况下工作。这使得工作时的总燃空比 ($F/A$) 非常低，因为局部值可以很好地保持在可燃性极限范围内。然而，其后果是柴油发动机排放中两个长期存在的问题：$NO_x$ 和烟尘颗粒的形成。

混合气的制备和缸内运动对 CI 发动机的自燃、燃烧和污染物的形成有着至关重要的影响。由于燃烧室的体积、压力、温度、成分和流场在每个循环过程中都会迅速变化，因此短时间尺度和过程的瞬态特性都给燃烧研究带来了挑战。根据用于制备燃料/空气混合物的方法，燃烧状态可以是近乎完全预混，也可以是在多相液体/蒸汽环境中的高度非均匀扩散燃烧。燃料/空气混合物的制备和缸内流动总是相互交织在一起，某些制备策略依靠定向流动来增强混合和抑制排放形成。特别是在小型高速 CI 发动机中，气缸内运动起着重要的作用，在非常小的空间内，每分钟都会发生数千次循环。喷注压力的显著增加 (高达 2000 bar) 和多次喷注最近作为有组织充量运动的一种补充或替代方法而广受欢迎。在一段时间内，直接喷射的概念由于其显著的效率优势，在分离室 (预燃室或涡流室) 中取得了绝对优势。

本节将回顾 CI 发动机的三种主要燃烧模式：① 传统的柴油发动机过程；② 具有空间和时间限制的高速轻型发动机 (HSCI) 过程；③ 预混柴油发动机 (PCI) 的低温燃烧。传统的过程通常会为柴油喷雾的完全发展提供足够的空间，并且不依赖于气缸内的剧烈空气运动。它目前在重型卡车发动机中占主导地位，是大型固定式发动机和船用发动机的主要支柱。显式格式可用于降低燃烧温度和 $NO_x$，但气缸内的条件是不均匀的，烟尘-$NO_x$ 的权衡限制了降低发动机废气排放的潜力。典型 HSCI 发动机的气缸孔很小 ($< 90$ mm)，活塞缸表面不可避免地会受到喷雾冲击。由于高速，时间刻度非常小，发动机需要在非常广泛的工作条件下表现良好。因此，仔细优化活塞缸形状、喷油速率和有组织的充量运动 (涡流) 是实现高效运转和限制废气排放的前提。热效率不如传统大型柴油发动机高，但仍优于火花点火发动机。最后，PCI 发动机能够保留大部分高效潜能，同时避免了臭名昭著的烟尘-$NO_x$ 权衡，并提供 "清洁柴油" 选项。其思想是加强混合，以达到接近均匀的条件，从而避免烟尘形成区域。贫燃燃油/空气混合物和经过稀释的再循环残余物使火焰温度保持在较低水平，并允许同时降低 $NO_x$。这一概念在重型 CI

发动机和 HSCI 发动机中得到了成功的验证，但转速/负荷范围似乎受到混合现象的限制，并且无法避免在高负荷下发生爆震燃烧。这三种燃烧模式将在单独的章节中分别讨论，并且每种情况都将用可视化的例子加以说明。最后，对本节全文进行总结和展望。

### 8.3.2 传统压燃式发动机

传统 CI 发动机或柴油发动机是中重型卡车、重型建筑和农业机械、机车和船舶的首选原动机。其广泛应用的主要原因是燃料能量转化为机械功的效率很高，从小型发动机的约 45％到大型发动机的大于 50％不等。随着时间的推移，设计得到了显著的改进，但概念的本质仍然与最初的发明紧密相连。新鲜空气在进气过程中进入气缸，并与可能存在的任何排气残留物混合。由于涡轮增压，空气通常以高于环境压力的压力进入气缸。进气阀 (或油口) 关闭后，新充油被活塞压缩到非常高的压力和温度。活塞到达上止点 (TDC–最小间隙容积位置) 之前，燃油通过喷油嘴上的小孔高速喷射。活塞顶部的形状允许喷雾发展、燃油雾化及其与空气的良好混合。典型的静态活塞缸如图 8.3.1 所示 [1]。采用多个喷雾器以确保室内空气得到良好利用，如图 8.3.2 所示 [2]。喷雾的对称性取决于特定的喷嘴类型，在低针距下，可能的不对称穿透会被夸大 [3]。燃油蒸发并与空气混合，由于气体温度非常高，仅在几个曲柄角延迟后就自动点火。在点火延迟期间制备的燃料/空气混合物燃烧迅速，这被称为预混燃烧相位。点火后喷射继续，由混合速率控制的过程的后续阶段称为扩散相位。图 8.3.3(a) 中给出的热释放速率 (RHR) 说明了两个燃烧相位之间的差异。如图 8.3.3(b) 所示，燃油质量在两个相位之间的分布随发动机负荷的变化而变化，显示了在燃油的阶跃变化过程中获得的一系列 RHR 曲线 [4]。预混燃烧在低负荷 (相对较少的燃油喷射量) 下占主导地位，而扩散燃烧在高负荷 (较多的燃油喷射量) 下占主导地位。在整个过程中，混合物仍然是不均匀的；因此，即使在满负荷情况下，总的 $F/A$ 比也必须小于化学恰当当量比。局部 $F/A$ 比值变化很大，在液核附近有非常富燃的热空穴，在边缘附近和远离喷雾轴处有非常贫燃的空穴。图 8.3.4(a) 和 8.3.4(b) 说明了 CI 燃烧室内典型的不均匀性。图 8.3.4(a) 中的火焰图像是在生产型重型 CI 发动机中获得的，高速摄像机和内窥镜集成在视像仪中 [5]。所示区域表示两次喷雾之间燃烧室切片的俯视图。喷嘴位于图像顶部，所示条件对应于部分负荷运行。火焰明显地位于邻近喷雾的边缘，靠近侧面。使用双色测温技术分析火焰图像 [6-8] 得到如图 8.3.4(b) 所示的火焰温度图。热粒子辐射信号的处理是双色测温技术的基础；因此，火焰温度图的存在间接地证实了燃烧过程中烟尘的存在。黄色和橙色区域表示热区，它们很可能局部富含燃料。由于靠近富氧区的热区会刺激 $NO_x$ 的形成，因此这些气穴靠近火焰边缘的事实强调了 CI 发动机面临的排放挑战。总之，混合物的制备和燃烧过程极其复杂，直到最近才被完全理解。

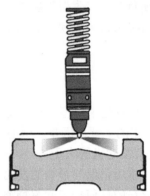

图 8.3.1　具有典型静态杯形和中央高压喷油器的 CI 发动机活塞的横截面

图 8.3.2　从底部往上看到的典型传统 CI 发动机喷雾。非汽化喷雾的图像是在一个带有透明活塞顶的发动机中获得的，使用快速照相机和脉冲激光从相机同一侧照射喷雾 (摘自 Cronhjort, A. and Wåhlin, F., Appl. Opt., 43(32), 5971, 2004。经许可)

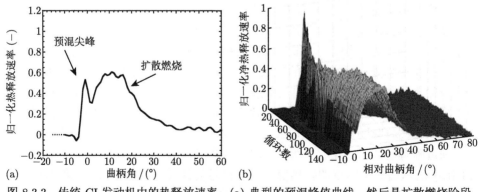

图 8.3.3　传统 CI 发动机中的热释放速率：(a) 典型的预混峰值曲线，然后是扩散燃烧阶段，(b) 从低到高的换料过程中的热释放速率曲线序列。较低的负荷显示出相对较多的预混燃烧 (后)，而在较高负荷时扩散部分占主导地位 (前)

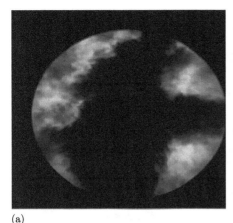 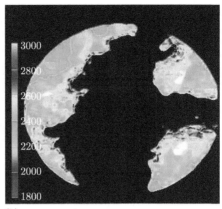

(a)                                              (b)

图 8.3.4　重型 CI 发动机燃烧室的部分图像，捕捉到相邻两个反应喷雾的边缘以及 (a) 原始火焰图像和 (b) 使用双色高温测量技术从原始图像中提取的火焰温度图之间的一个倾斜冷却区域。值得注意的是，CI 发动机气缸中的进程具有异构本质。图像是在转速 1200r/min、30%负荷下获得的

　　20 世纪 80 年代和 90 年代的发动机喷雾和燃烧成像技术的发展为柴油发动机过程的基本原理提供了一个定性新视角，并表明炉内和燃气轮机中稳定火焰的模拟不适用于 CI 发动机中的高度瞬变过程。Dec[9] 在 1997 年所做的分析是在理解柴油燃烧现象方面的一个重大突破。他将桑迪亚国家实验室和其他地方的燃烧可视化结果合成为柴油发动机燃烧的一致概念模型。关于燃料射流的时间演化和在完全发展的反应射流中发生的一系列事件的想法取代了早期的扩散火焰概念，该扩散火焰假定发生在蒸发液滴或纯燃料喷雾核心周围。现象学模型在改善柴油发动机燃烧和排放的实验与建模研究中得到了广泛的认可和应用，为更详细地讨论 CI 发动机燃烧提供了一个很好的起点。

　　详细的发动机可视化研究需要对燃烧室进行光学访问，图 8.3.5(a) 显示了专门为此目的设计的一个最先进的实验室单缸发动机。光学访问可以通过气缸盖和气缸套顶部周围的窗口以及通过石英玻璃活塞顶部实现。如图 8.3.5(b) 中操作装置的照片所示，位于延伸活塞下部 45° 处的镜子可用于采集底视图图像。高压容器和快速压缩机中的成像是一个有用的补充，只要试验参数能代表缸内条件。用于分析 CI 发动机的一系列可视化技术包括但不限于使用快速照相机的直接成像、纹影摄影、化学发光成像、激光诱导荧光 (LIF)、激光吸收散射 (LAS) 和激光诱导白炽光 (LII)。使用激光片在平面上成像对于理解正在反应的柴油射流中发生的现象特别有用，如图 8.3.6 所示。

　　图 8.3.6 中的示意图捕获了 Dec[9] 提出的预混阶段后由混合控制燃烧的过程。液核 (图 8.3.6 中的深棕色) 在整个喷油过程中一直存在。湍流空气夹带有助于

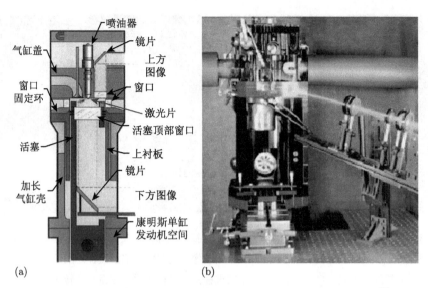

图 8.3.5   带光学通道的单缸发动机: (a) 横截面显示出石英窗和延伸活塞机构 [8] 和 (b) 测试
期间发动机的视图 (由 J. Dec. 提供)

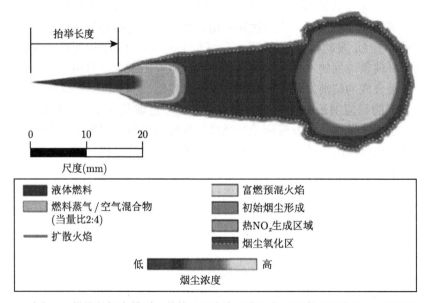

图 8.3.6   常规 CI 燃烧的概念模型, 其特征是在充分发展的反应射流中发生一系列过程 (摘自
《基于激光片光成像的直喷式柴油发动机燃烧概念模型》, 美国汽车工程师学会, 970873,
1997。经许可)

燃料液滴在液核下游蒸发。一个相对均匀、富燃混合、燃料空气当量比为 $2 \sim 4$
的区域, 延伸到液核的前方和周围。在气体燃料/空气区的边界处形成一个锚定

的预混火焰 (图 8.3.6 中的浅蓝色), 由于条件过于富燃, 预混火焰产生多环芳香烃 (PAH——一种已知的烟尘前体) 和固体颗粒。烟尘颗粒最初很小, 但尺寸和浓度都会进一步增大, 并向头部涡流方向移动。颗粒在头部涡流区内的积聚过程继续, 周围是一个薄的扩散火焰。因此, 扩散火焰不同于传统的燃料/空气燃烧模型, 在某种意义上, 它实际上代表了富燃预混火焰产物与周围富氧电荷之间的反应区。到达扩散火焰外缘的粒子被 OH 自由基氧化, 也可能被氧气氧化。扩散火焰的高温和周围新鲜电荷中氧分子的接近为 $NO_x$ 的产生创造了非常有利的条件。即使在喷油结束后, $NO_x$ 的生成也将继续, 因为在扩散燃烧的后期, 温度仍然足够高, 进一步的混合为反应提供更多的氧气。

通过有选择地利用高级可视化技术获得的缸内图像, 可支持前面段落总结的概念模型并对其进行进一步地说明。由于篇幅限制, 仅对反应射流充分发展之前发生的事件, 如初始喷雾发展、自燃和预混燃烧等, 进行简要讨论。图 8.3.7 显示了在高压容器中, 在 CI 发动机气缸中常见条件下, 形成的喷雾的图像。可见波长图像决定了液滴的光学厚度, 而紫外图像提供了蒸汽和液滴的联合光学厚度。LAS 分析使用这两幅图像来产生液体和蒸汽浓度, 如图 8.3.7(c) 所示, 燃料空气当量比等值线叠加在从 Gao 等 [10] 的工作中获得的彩色图像上。彩色图表明燃料空气当量比值达到可燃性范围, 因此自燃通常发生在液核边缘, 这将在本节的后续部分中讨论。光学发动机中的测量结果表明, 液核在点火发动机的整个喷射过

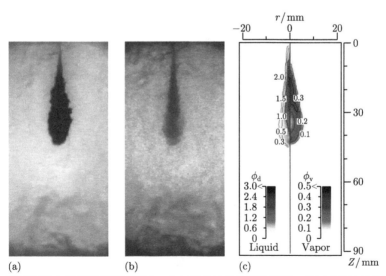

图 8.3.7 高压容器中的柴油喷雾可视化: (a) 紫外波长的原始图像, (b) 可见波长的原始图像, 以及 (c) 沿喷雾轴指示液体和蒸气浓度的 LAS 处理图像。环境气体为氮气, 压力为 4MPa, 温度为 760 K。喷嘴孔径为 0.125mm, 喷射压力为 90MPa。喷注开始后 0.6 ms 开始记录图像, 总持续时间为 0.85 ms(由日本东广岛大学西田教授提供)

程中始终存在, 对于典型的 CI 发动机条件, 液核长度为 15 ～ 20mm[9,11,12]。图
8.3.8 提供了液核下游混合良好但燃料过多区域的证据。Espey 等使用平面激光瑞
利散射 (PLRS), 确定当量比为 3 ～ 4 范围 [13]。Dec 及其同事 [9,14] 在光学发动机
中使用了 LII 技术, 如图 8.3.5(a) 所示, 并获得了液核下游区域内烟尘形成的证
据 (见图 8.3.9)。最后, 图 8.3.10 给出了头部涡流周围扩散火焰的图示。PLIF 成
像通过透明活塞顶从底部观察到高 OH 浓度的轮廓 [15]。OH 自由基是在碳氢化
合物火焰中形成的, 因此可以提供可靠的燃烧检测。里面的红色表示烟尘浓度很
高。图 8.3.11 提供了一种直观的图像方式, 说明了点火后的喷雾 (图 8.3.11(a)) 和
充分发展的头部涡流中具有高烟尘浓度的反应喷雾 (图 8.3.11(b))。图像由 Wang
等 [16] 在带有透明活塞顶的光学发动机中使用快速摄像机获得。

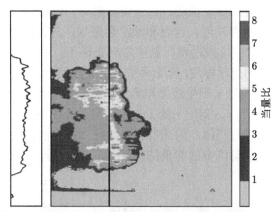

图 8.3.8    将气相燃料分布图像转换为最大液相燃料穿透下游的当量比场。利用锁相环在光学
发动机中获得了定量的平面图像 (摘自 Espey, C., Dec, J.E., Litzinger, T.A., and
Santavicca, D.A., Combust. Flame, 109, 65, 1997)

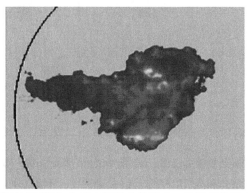

图 8.3.9    LII 烟灰图像显示了烟灰在反应射流中的形成, 其浓度从锚定预混反应区下游开始
增加 (摘自 Dec, J.E., SAE Trans., 106, 1319, 1997。经许可)

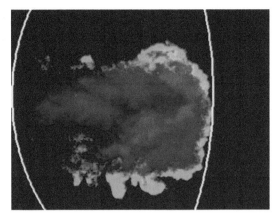

图 8.3.10 结合了 OH(绿色) 和烟尘 (红色) 的 PLIF 图像。OH 是烟尘富集区周围扩散火焰的指示。火焰正接近右侧燃烧室壁 (摘自 Dec, J.E. and Tree, D.R., SAE Trans., 110(3), 1599, 2001。经许可)

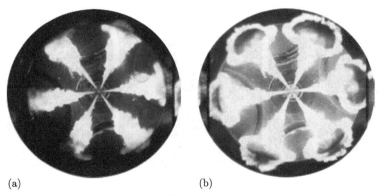

(a)                                        (b)

图 8.3.11 光学 CI 发动机中反应射流的图像：(a) 在点火后形成的射流；(b) 完全发展的反应射流，带有表明头部涡流中烟灰浓度高的暗区 (摘自 Wang, T.-C., Han, J.S., Xie, S., Lai, M.-C., Henein, N., Schwartz, E., and Bryzik, W., 高压柴油喷雾和发动机燃烧的直接可视化, SAE, 1999-01-3496, 1999。经许可)

通过以再循环排气的形式引入稀释剂，可以抵消头部涡流周围热区中的高 $NO_x$ 生成率。图 8.3.12 所示的火焰图表明，随着 EGR 含量的增加，峰值温度降低，这意味着发动机排气中的 $NO_x$ 明显减少。虽然使用 EGR 是一种非常有效的降低 $NO_x$ 的方法，但实际应用中，其降低 $NO_x$ 的百分比和幅度受到烟尘生产量增加的限制。

### 8.3.2.1 小结

传统的 CI 发动机以相对较高的压缩比和无节流方式工作。压缩过程中燃油直接喷射的延迟可防止爆震燃烧，并通过调整每个循环的燃油量实现负载控制，但会导致燃烧室中的非均匀条件。高压缩比、无节流运行和整体贫燃燃烧使得制动热效率非常高，汽车发动机的制动热效率高于 45%，大型固定和船用发动机的制动热效率高于 50%。由于发动机的往复式运行，混合气的形成和燃烧过程在本质上是极其复杂和瞬态的。发动机可视化技术的进步表明，对于柴油发动机来说，在熔炉和燃气轮机中燃烧的类比并不成立，这导致了对反应射流概念模型的理解。射流的主要特征是液核相对较短，前方有富燃蒸汽预混区和形成烟尘颗粒的锚定预混火焰，下游和头部涡流内以烟尘颗粒积聚和生长为特征的热区，以及涡流周围的扩散火焰。这些条件的必然结果是烟尘和 $NO_x$ 排放，因为只有一部分烟尘在扩散火焰的外缘氧化，同时高温和氧分子的接近有助于形成 $NO_x$。利用再循环残余气体提供充量稀释，可以减少 $NO_x$ 排放。CI 发动机，特别是重型发动机，由于其固有的将燃油能量有效转换为机械功的能力，以及其高功率密度，其前景是光明的。通过缸内措施可以部分缓解排放问题，但为了满足未来极其严格的法规要求，需要使用后处理装置。缸内措施包括高压喷射和多次喷射，以实现更好地混合、废气再循环和/或预混燃烧策略。后者将在本节中单独介绍。

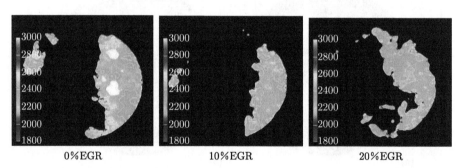

图 8.3.12   火焰温度随废气再循环的变化。采用双色测温法对某重型柴油发动机燃烧室的图像进行处理，得到火焰温度分布图。图像拍摄于 TDC 后 2° 处，转速为 1200r/min，低负荷条件下

### 8.3.3   高速压燃式发动机

高速直喷式 CI 发动机为乘用车的推进提供了一个高效的选择。为了达到目标规定的功率 (即良好的功率重量比)，需要高达 5000r/min 的高速。采用先进的涡轮增压系统，提高了新鲜充量的密度，进一步提高了输出功率。与传统汽油机相比，其燃油经济性的优势在于无节流运行、高压缩比和贫燃混合气。HSCI 发动机在部分负载下表现出最大的优势，这是典型的乘用车发动机在实际驾驶条件下花费大部分时间的地方。最大的挑战是排放量，因为大多数国家的乘用车法规规定了非常严格的限制。此外，与重型发动机相比，HSCI 发动机需要在更宽的转速范围内表现良好。与典型 SI 发动机相比，HSCI 发动机更坚固的结构，以及非常

复杂和昂贵的高压喷射系统，导致其成本更高。对于燃油价格较高的市场，燃油经济性的好处要大于挑战；因此，HSCI 发动机已经占据了欧洲乘用车市场 50% 以上的份额。

HSCI 发动机中的过程与 8.3.2 节中描述的过程有一个重要的不同。HSCI 发动机气缸的尺寸要小得多 (75~90mm)，因此，在燃烧室壁面上的喷雾冲击不可避免[17,18]。图 8.3.13 显示了使用快速摄像机在快速压缩机 (RCM) 中获得的喷雾和燃烧图像序列[18]。RCM 燃烧室和测试参数旨在提供代表发动机状况的条件。从左到右观察，第一幅图像显示初始喷雾穿透，第二幅图像显示发生在液核侧面的点火。在高旋流发动机中的实验表明，点火通常发生在喷雾背风侧的回流区[17,19]。在第三幅图像中，尽管释放的能量仍然很小，但火焰完全吞噬了喷雾，最后一幅图像说明了典型的碰撞反应喷雾，由于空气夹带有限，在靠近缸壁附近有较暗的烟尘区域。为了抵消这种不利影响，需要精心设计燃烧室和加强充量运动。活塞中的重入式滤杯 (见图 8 3.14) 的设计方式是将冲击喷雾引导回中心，以更好地利用可用空气[20]。此外，还会产生强烈的旋流，以加速混合并增强壁面燃油膜的蒸发。在上止点附近，挤压流与旋流相结合，形成了非常复杂的流场[17]。图 8.3.15 显示了旋流强度对 HSCI 燃烧过程的影响。每个水平截面由三组燃烧亮度图像组成，这些图像由 Miles[19] 在光学单缸发动机中获得，对应于不同的旋流比 (即 1.5、2.5 和 3.5)。活塞缸的轮廓显示在底部和侧视图图像上。对形状进行了调整以补偿空间扭曲。图 8.3.15(a) 显示了预混燃烧的早期部分，由于空气的旋转运动，火焰被从喷雾轴中扫走。高旋流增强了混合并缩短了点火延迟，如最右边的明亮图像所示。在混合控制阶段 (图 8.3.15(b))，三种情况之间的差异减小，不同之处在于热发光气体似乎更集中在高旋流情况的中心。在最终燃尽阶段，图 8.3.15(c) 最右侧的图像显示出斑驳性增加，这是烟尘完全燃尽的迹象，也是高旋流的有益效果。目前 HSCI 的发展趋势为改善燃烧和减少排放的工具库增加了三项措施，即超高压燃油喷射、多次喷射和废气再循环。

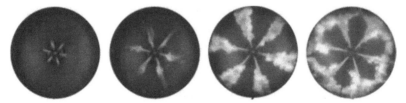

图 8.3.13 在快速压缩机中获得的喷雾和燃烧图像，用于典型 HSCI 发动机的运行条件。四幅图像的序列涵盖了喷注后一段时间 (最左边)，直到反应射流完全发展 (最右边)(摘自 Lu, P.-H., Han, J.-S., Lai, M.-C., Henein, N., and Bryzik, W., Combustion Visualization of DI Diesel Spray Combustion inside a Small-Bore Cylinder under Different EGR and Swirl Ratios, SAE, 2001-01-2005, 2001。经许可)

图 8.3.14   小型高速直喷式 CI 发动机的典型再入式活塞缸设计 (摘自 Kook, S., Bae, C.,
Miles, P.C., Choi, D., Bergin, M., and Reitz, R.D., The Effect of Swirl Ratio and Fuel
Injection Parameters on CO emission and Fuel Conversion Efficiency for HighDilution,
Low-Temperature Combustion in an Automotive Diesel Engine, SAE, 2006-01-0197, 2006。
经许可)

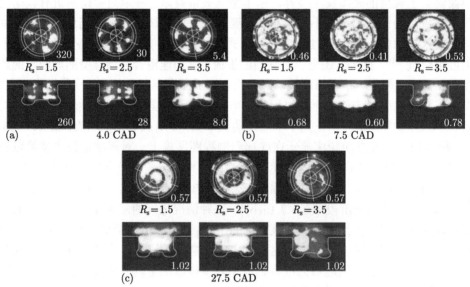

图 8.3.15   在带有石英活塞顶和进气道配置的光学 CI 发动机中获得的燃烧亮度 (发光烟灰)
图像，允许旋流强度的变化。每一组图像都包含三种情况，从左到右的旋流比分别为 1.5、2.5
和 3.5。图像显示 (a) TDC 后 4°CA，喷注开始后 8°CA 的早期预混燃烧，(b)TDC 后
7.5°CA 的早期混合控制燃烧，以及 (c)TDC 后 27.5°CA 的最终燃烧 (摘自 Miles, P., The
Infl uence of Swirl on HSDI Diesel Combustion at Moderate Speed and Load, SAE,
2000-01-1829, 2000。经许可)

### 8.3.4   预混 CI 发动机：超低排放概念

传统的 CI 燃烧模式在气缸内高度分层的条件下，会产生一种长期的烟尘-
$NO_x$ 平衡，严重限制了清除柴油废气的可能性。Kamimoto 和 Bae[21] 以燃料空
气当量比与火焰温度图的形式对潜在现象进行了基本的理解，如图 8.3.16 所示。

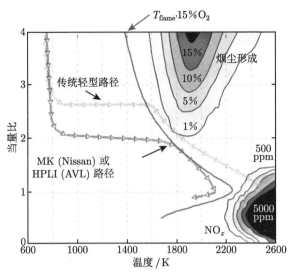

图 8.3.16 柴油发动机燃烧的等效温度图，显示烟尘和 $NO_x$ 的形成区域。蓝线表示传统发动机混合燃烧的典型进展，红线表示实现低排放预混燃烧的一种方法 (摘自 Miles, P.C., Proceedings of the THIESEL 2006 Conference: Thermo- and Fluid-Dynamic Processes in Diesel Engines, Valencia, Spain, 12-15 September, 2006)

局部较高的燃料空气比会导致烟尘形成，而在接近化学恰当当量比的条件下高温燃烧会增加 $NO_x$ 的生成。低温燃烧概念的实质是希望避开这些区域，利用柴油发动机硬件实现均质压燃 (HCCI) 发动机的概念。在点火前为混合提供足够的时间应将局部燃料空气比降低到烟灰形成的临界阈值以下。保持混合物贫燃并使用稀释气体来降低氧气的可用性，能够降低火焰温度，避免形成 $NO_x$。实际实现上述低温燃烧举措的发动机通常称为预混压燃式发动机 (PCI)，并且已经描述了一些最著名的例子 (文献 [22] 中的日产 MK；文献 [23] 中的丰田 UNIBUS；文献 [24] 中的 AVL HCLI)[25,26]。不管实际的实现如何，其思想是充分延长物理延迟，并允许化学动力学接管和启动气缸中的整体燃烧。喷射非常缓慢导致点火延迟延长 (MK 系统)，或使用具有非常早期的首次喷射的分流喷射 (UNIBUS 系统)，都可以增强混合。大量冷却的 EGR 对于实现 MK 系统所需的等效温度轨迹至关重要，如 Miles[27] 所述，以及如图 8.3.16 所示。图 8.3.17 中传统的 HSCI 发动机过程和 PCI–MK 过程的直接比较说明了要点 [28]。传统的发动机显示出典型的热释放速率曲线，带有预混尖峰和扩散相，燃烧图像显示了整个循环中的分层状态。相比之下，由于相对较低的气体温度和稀释度，MK 型发动机的喷射时间较迟，点火延迟延长。在自燃时，燃料混合良好，MK 燃烧图像非常清晰——没有结构化的火焰前缘，因为燃烧似乎完全由化学动力学驱动。$NO_x$ 和烟尘的排放量几乎可以忽略不计。但是，低温条件会导致不完全燃烧，并增加排气中未燃烧碳氢化合物

(HC) 和一氧化碳 (CO) 的含量。使用后处理比使用 $NO_x$ 和烟尘更容易去除 HC 和 CO，因此，PCI 概念很有吸引力。

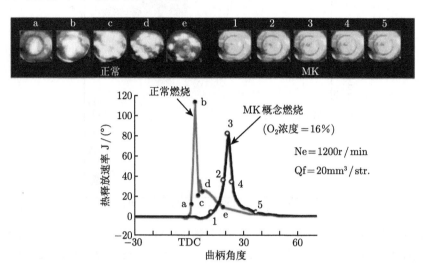

图 8.3.17　对 HSCI 发动机 (常规) 和预混 CI 发动机 (MK) 的热释放速率和燃烧照片进行比较 (摘自 Kimura, S., Aoki, O., Kitahara, Y., and Aiyoshizawa, E., Ultra-Clean Combustion Technology Combining a Low-Temperature and Premixed Combustion Concept for Meeting Future Emissions Standards, SAE, 2001-01-0200, 2001。经许可)

### 8.3.5　结论

　　CI 发动机能以非常高的效率将燃油能量转换为机械功，这得益于它能够以高压缩比和无节流的方式工作。功率密度很高，并且在大多数情况下通过使用涡轮增压而进一步增强。通过直接改变气缸中喷射的燃油量来调整负载。点火前的直接喷射和混合物形成的小时间尺度导致了非均匀条件和非常复杂的燃烧过程。局部成分/温度条件导致烟尘和 $NO_x$ 的形成，这是 CI 发动机的一个主要挑战，尤其是在汽车应用中。近年来，发动机可视化技术的发展，使人们对柴油发动机燃烧过程中的关键现象有了更深入的认识，推动了柴油发动机燃烧概念模型的发展。研究的速度比以往任何时候都要快，导致减排技术取得了令人印象深刻的成就。

　　CI 发动机的未来将受到清洁柴油概念发展的显著影响。在重型柴油发动机的背景下，增加燃油喷射压力以获得更好的混合，并且添加 EGR 已经显示出显著的好处。气缸中有组织的空气运动，如涡流，也可以添加。由于空间和时间尺度的限制，涡流对小型高速发动机 (HSCI) 来说非常关键。然而，一种新的燃烧方式带来了真正的根本性突破，并为 CI 和 HSCI 发动机提供了超低排放的选择。PCI 发动机是低温燃烧理念的实现：通过增强混合和延迟点火，可将气缸中的燃料均匀化，达到能避免形成 $NO_x$ 和烟尘的成分/温度区域的水平。通过仔细优化可以在多种条件下维持 LTC 的运行，但通常存在振铃燃烧引起的负载上限。

空气、废气再循环和燃油喷射系统的进步将支持清洁高效概念的持续改进和发展。未来的 CI 发动机将很有可能在多种模式下运行，在大部分范围内都是干净的 PCI，在极端条件下是先进的常规模式。后处理装置将是实现污染物近零排放所必需的，但其规模和成本将随着燃烧策略的进一步发展而降低。总之，高效率和低二氧化碳排放潜力，加上减少污染物排放的先进措施，将继续使 CI 发动机成为许多汽车、工业和船舶应用的首选燃料转换器。

## 参 考 文 献

[1] Merrion, D. F., Diesel Engine Design for the 1990s, SAE special publication SP-1011, SAE, Warrendale, 1994.

[2] Cronhjort, A., Wahlin, F., Segmentation Algorithm for Diesel Spray Image Analysis, *Applied Optics*, 43(32), 5971–5980, 2004.

[3] Han, J. -S., Wang, T. C., Xie, X. B., Lai, M. -C., Henein, N., Harrington, D. L., Pinson, J., and Miles, P., Dynamics of Multiple-Injection Fuel Sprays in a Small-bore HSDI Diesel Engine, SAE, 2000-01-1256, 2000.

[4] Assanis, D. N., Filipi, Z. S., Fiveland, S. B., and Syrimis, M., A methodology for cycle-by-cycle transient heat release analysis in a turbocharged direct injection diesel engine, SAE, 2000, 2000-01-1185—*SAE Transactions, Journal of Engines*, 109(3), 1327–1339.

[5] Jacobs, T., Filipi. Z., and Assanis, D., The Impact of Exhaust Gas Recirculation on Performance and Emissions of a Heavy-Duty Diesel Engine, SAE, 2003-01-1068, 2003.

[6] Schmidradler D. and Werlberger P., Engine videoscope thermo vision: Vision based temperature measurement for diesel engines, Unigraphics solutions: Integrated solutions for complex processes in automotive product development, 32nd ISATA Conference, ISATA, Vienna, Austria, 1999-25-0212, 1999.

[7] Matsui, Y., Kamimoto, T., and Matsuoka, S., A Study on the Time and Space Resolved Measurement of Flame Temperature and Soot Concentration in a D.I. Diesel Engine by the Two-Color Method, SAE, 790491, 1974.

[8] Ladommatos, N. and Zhao, H., A Guide to Measurement of Flame Temperature and Soot Concentration in Diesel Engines Using Two-Color Method—Part 1: Principles, SAE, 941956, 1994.

[9] Dec, J. E., A Conceptual Model of DI Diesel Combustion Based on Laser-Sheet Imaging, *SAE Transactions*, 106, Sec. 3, 1319–1348, 970873, 1997.

[10] Gao, J., Matsumoto, Y., and Nishida, K., Effect of Injection Pressure and Nozzle Hole Diameter on Mixture Properties of D.I. Diesel Spray, JSAE, 20065442, 2000.

[11] Espey, C. and Dec, J. E., The Effect of TDC Temperature and Density on the Liquid Phase Fuel Penetration in a DI Diesel Engine, *SAE Transactions*, 104(4), 1400–1414, 1994, SAE, 952456.

[12] Siebers, D. and Higgins, B., Flame Lift-Off on Direct Injection Diesel Sprays under Quiescent Conditions, SAE, 2001-01-0530, 2001.

[13] Espey, C., Dec, J. E., Litzinger, T. A., and Santavicca, D. A., Planar Laser Rayleigh Scattering for Quantitative Vapor-Fuel Imaging in a Diesel Jet, *Combustion and Flame*, 109: 65–86, 1997.

[14] Dec, J. and Kelly-Zion, P., The Effect if Injection Timing and Diluent Addition on Late-Combustion Soot Burnout in a DI Diesel Engine Based on Simultaneous 2-D Imaging of OH and Soot, SAE, 2000-01-0238, 2000.

[15] Dec, J. E., and Tree, D. R., Diffusion-Flame/Wall Interactions in a Heavy-Duty DI Diesel Engine, *SAE Transactions*, 110, Sec. 3, 1599–1617, 2001-01-1295, 2001.

[16] Wang, T. -C., Han, J. S., Xie, S., Lai, M. -C., Henein, N., Schwartz, E., and Bryzik, W., Direct Visualization of High-Pressure Diesel Spray and Engine Combustion, SAE, 1999-01-3496, 1999.

[17] Hentschel, W., Schindler, K. -P., and Haahtele, O., European Diesel Research Idea— Experimental Results from DI Diesel Investigations, SAE, 941954, 1994.

[18] Lu, P. -H., Han, J. -S., Lai, M. -C., Henein, N., and Bryzik, W., Combustion Visualization of DI Diesel Spray Combustion inside a Small-Bore Cylinder under Different EGR and Swirl Ratios, SAE, 2001-01-2005, 2001.

[19] Miles, P., The Infl uence of Swirl on HSDI Diesel Combustion at Moderate Speed and Load, SAE, 2000-01-1829, 2000.

[20] Kook, S., Bae, C., Miles, P. C., Choi, D., Bergin, M, and Reitz, R. D., The Effect of Swirl Ratio and Fuel Injection Parameters on CO emission and Fuel Conversion Efficiency for High-Dilution, Low-Temperature Combustion in an Automotive Diesel Engine, SAE, 2006-01-0197, 2006.

[21] Kamimoto, T. and Bae, M., High Combustion Temperature for the Reduction of Particulate in Diesel Engines, SAE, 880423, 1988.

[22] Kimura, S., Aoki, O., Ogawa, H., Muranaka, S., and Enomoto, Y., New Combustion Concept for Ultra-Clean High-Efficiency Small DI Diesel Engines, SAE, 1999-01-3681, 1999.

[23] Hasegawa, R. and Yanagihara, H., HCCI Combustion in a DI Diesel Engine, SAE, 2003-01-0745, 2003.

[24] Weisback, M., Csato, J., Glensvig, M., Sams, T., and Herzog, P., Alternative brennverfahren—ein ansatzfur den zukunftigen pkw-dieselmotor, Motortechnische Zeitschrift, 64: 718–727, 2003.

[25] Gatellier, B., Ranini, A., and Castagne, M., New developments of the nadi concept to improve operating range, exhaust emissions and noise, Oil & Gas Science Technology— Revuede IFP, 61(1), 7–23, 2006.

[26] Jacobs, T. J., Bohac, S. V., Assanis, D. N., and Szymkowicz, Lean and Rich Premixed Compression Ignition Combustion in a Light-Duty Diesel Engine, SAE, 2005-01-0166, 2005.

[27] Miles, P. C., In-cylinder Flow and Mixing Processes in Low-Temperature Diesel Combustion Systems, Proceedings of the THIESEL 2006 Conference: Thermo- and Fluid-Dynamic Processes in Diesel Engines, Valencia, Spain, September 12–15, 2006.

[28] Kimura, S., Aoki, O., Kitahara, Y., and Aiyoshizawa, E.,Ultra-Clean Combustion Technology Combining a Low-Temperature and Premixed Combustion Concept forMeeting Future Emissions Standards, SAE, 2001-01-0200,2001.

# 8.4　爆燃转爆轰

## Andrzej Teodorczyk

### 8.4.1　引言

如果在小体积空间中释放足够的能量，气体可燃混合物中的爆轰波可以直接起爆。必须产生一个持续一定时间的强冲击波来引发化学反应，化学反应迅速与冲击波耦合形成爆轰波阵面。如果点火能量低于临界值，冲击波将逐渐与化学反应前锋分离。爆燃波在某些有利条件下可能加速并转变为爆轰波。这种在管道或通道中起爆的方式称为爆燃转爆轰 (deflagration to detonation transition，DDT)。

DDT 可以在多种情况下观察到，包括火焰在光滑的管道或通道中传播、反复障碍物引起的火焰加速和射流点火。导致爆轰形成的过程可分为两类。

(1) 冲击波反射或聚焦引起的起爆。

(2) 火焰前缘附近的不稳定性，火焰与冲击波、壁面或另一股火焰之间的相互作用，先前淬熄的可燃气体囊袋的爆燃，这些都可引发向爆轰的过渡。

第一类本质上是一个直接起爆过程，其中冲击波强度足以使气体自燃，反应前锋与冲击波前沿快速耦合形成爆轰波。对于意外爆炸，加速中的火焰产生冲击波，当冲击波与能够产生聚焦冲击波的角或凹壁面相互作用时，更加可能发展成爆轰过程。冲击起爆是维持准爆轰在有障碍物的通道或管内传播的重要机理。人们还观察到，相对缓慢的火焰向喷孔、拐角或凹壁的传播也可以促进爆轰。

第二类 DDT 过程发生在光滑管中，过程要复杂得多，因为它涉及湍流与化学反应的气动耦合以及各种不稳定过程。

Zel'dovich 等 [1,2] 首先在理论上提出，然后 Lee 等 [3] 在实验上观察到，反应性梯度 (化学诱导时间梯度) 与可燃混合物中的温度和浓度不均匀性有关，可能导致火焰加速和 DDT。诱导时间梯度的形成可以产生能量释放的空间时间序列。然后这个序列可以产生一个压缩波，压缩波逐渐放大成一个强激波，可以自动点燃混合物并产生 DDT。这一机理被 Lee 等 [3] 命名为 "SWACER(相干能量释放的冲击波放大)" 机理。在火焰射流中，火焰与涡之间的相互作用能促进适当的温度和浓度梯度，因此 SWACER 机理也可能导致 DDT。

　　过去很少有总结评论性文章就 DDT 过程的不同基础问题 [4-7] 进行详细讨论。

### 8.4.2　光滑管中的 DDT

#### 8.4.2.1　介绍

　　光滑管中 DDT 现象的发生，取决于燃料浓度、初始条件和几何条件，火焰将历经一系列区域进行传播，如图 8.4.1 和图 8.4.2 所示。

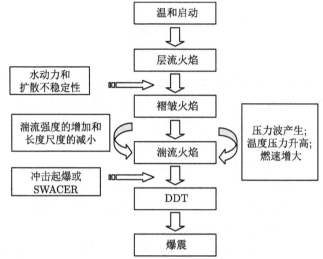

图 8.4.1　导致 DDT 的火焰传播方式

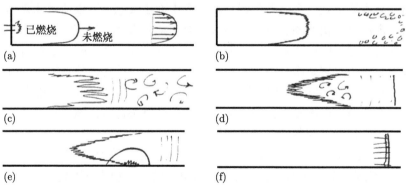

图 8.4.2　点火端封闭的光滑管中 DDT 事件的发展：(a) 初始结构显示了光滑的层流火焰前锋和层流前沿；(b) 上游流动产生的边界层火焰的首次起皱和涡流；(c) 分解为湍流和波纹火焰；(d) 湍流郁金香火焰前产生压力波；(e) 火焰内局部爆炸；(f) 过渡为爆轰 (摘自 Shepherd, J.E. and Lee, J.H., Major Research Topics in Combustion, Springer, New York, p. 439, 1992。经许可)

DDT 过程可分为四个阶段。

(1) 爆燃启动。一个相对较弱的能量源 (如电火花) 点燃混合物，首先形成层流火焰。层流火焰传播的机理是通过分子输运，将能量和自由基从反应区传递到反应区前面的未燃烧混合物。

(2) 火焰加速。层流火焰膨胀并在上游产生不稳定流动。这种流动由于与壁面的相互作用而变成湍流，并引起火焰褶皱和加速。在初始阶段，热燃烧产物的热膨胀引起流动和火焰加速。加速火焰产生声波，后者在压力波和冲击波中聚合。这些波与火焰前方气流中的湍流涡相互作用，使湍流强度进一步增加。同时混合物的温度和压力增加，从而也提高了化学反应速率。压力波还通过来自壁面及其相互之间的多次反射进一步使涡强度增强。因为燃烧速度取决于未燃烧混合物的温度、压力和湍流强度，因此这些压力波对火焰锋形成反馈。随后，各种过程，如火焰-涡相互作用、激波-火焰相互作用、旋涡内的微爆，以及流体动力不稳定机理如 Rayleigh–Taylor(RT)、Richtmyer–Meshkov(RM) 和 Kelvin–Helmholtz(KH)等，都会增加火焰表面积、能量释放率和火焰速度，并最终导致冲击波强度的增加。最后，建立了化学反应速率增加使火焰有效传播速度和火焰前方未燃烧混合物速度增大的反馈机制。上游气体流速越大，湍流强度和涡强度越大，反应速度越快。此反馈过程将火焰加速到很高的速度，高达约 1000 m/s。图 8.4.3 显示了初始压力为 0.075MPa 时、光滑通道中恰当化学当量比的氢气/氧气混合物火焰传播初始阶段的阴影照片 [8]，通道矩形截面为 50mm×50mm。

(3) 爆炸中心形成。一个局部爆炸中心在前导激波后、火焰刷内部或其前方形成一个可燃混合物袋。这个袋子达到临界点火条件并爆炸 (爆炸中发生的爆炸由Oppenheim 首次命名 [9])。Urtiew 和 Oppenheim[10] 的激光纹影照片揭示了由激波和火焰之间随机位置处的体积爆炸引起的 DDT 的细节，这取决于当地的温度和浓度。

(4) 爆轰波形成。局部团块爆炸产生强烈的冲击波，它迅速地与反应锋融合成一个自持的超声速爆轰锋。图 8.4.4 所示为，初始 0.073MPa 下化学恰当当量比的氢气/氧气混合物中获得的一系列照片，显示了在上壁火焰前锋附近发生爆炸的转变。它的核心与 55μs 时所对应的图像是不同的。爆炸形成了一个球面波，它横穿通道传播，燃烧了高度湍流火焰锋和前体激波之间的所有混合物。随后，"爆炸中的爆炸" 的球面波锋穿透冲击波，产生自持爆轰波。

图 8.4.5 显示了在弱点火和火焰加速阶段之后向爆轰过渡的条纹直接照片。可识别出四个主要区域。

(1) 初始的激波-火焰杂合体。前导激波和湍流火焰 (4 和 5) 一起传播。能量释放导致前导激波和火焰加速。

(2) 局部爆炸导致向爆轰过渡 (8)。

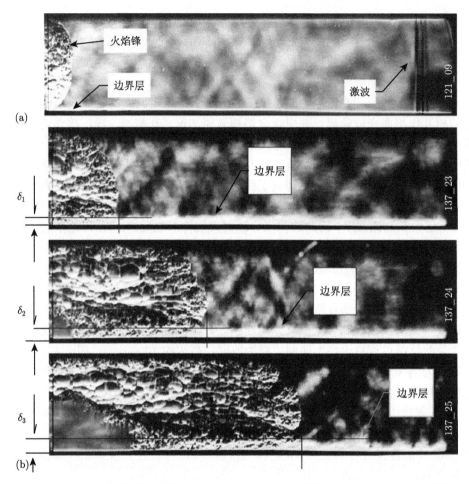

图 8.4.3　(a) 火焰传播早期的阴影照片 ($P_a = 0.075\text{MPa}$，距燃点 $210 \sim 440\text{mm}$ 处的窗口)。
混合物通过一个能量为 20MJ 的弱电火花点燃。(b) 从 (a) 开始的湍流火焰传播后期的阴影照
片 (摘自 Kuznetsov, M., Maksukov, I., Alekseev, V., Breitung, W., and Dorofeev, S.,
Proceedings of the 20th International Colloquium on the Dynamics of Explosions and
Reactive Systems, Montreal, 2005)

(3) 转变后的过驱爆轰 (6) 和再氧化波 (9)。

(4) 过驱爆轰波衰减后的稳态爆轰波 (7)。

图 8.4.5 的下图显示了无障碍通道中爆轰过渡过程的压力时间曲线：

(a) 缓慢爆燃——与压力波有关的压力先快速增加后缓慢增加。

(b) 快速爆燃——火焰位置更接近前驱激波。

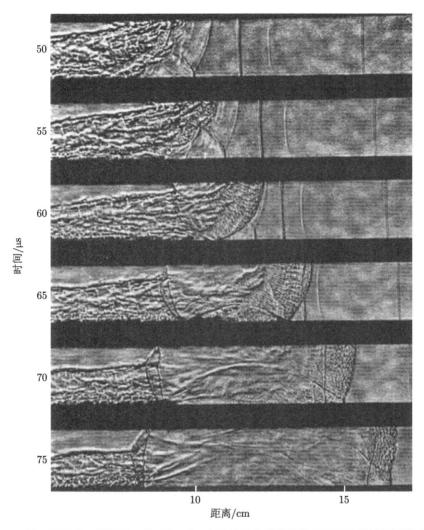

图 8.4.4 在 0.073MPa 压强下，在 $2H_2+O_2$ 中开始于火焰前沿的 DDT 过程的频闪纹影记录
(摘自 Urtiew, P.A. and Oppenheim, A.K., Proc. R. Soc. A, 295, 13, 1966。经许可)

(c) 过驱爆轰——爆轰转化过程刚刚发生，起爆峰值压力明显过驱，比通常与稳定查普曼-焦耳 (Chapman-Jouget，CJ) 爆轰相关的数值要大 $2 \sim 3$ 倍。这种在转变过程中产生的峰值压力是业内特别关注的问题。

(d) 稳定爆轰——速度和压力接近 CJ 值的稳定爆轰波。

最近成功地对无障碍通道中的爆轰转变过程进行了数值模拟[11,12]。模拟结果表明，激波压缩形成了未反应混合物的热点，这是激波-激波、激波-壁面和激波-涡相互作用所致。热点包含的温度梯度可产生自发反应波和爆轰。

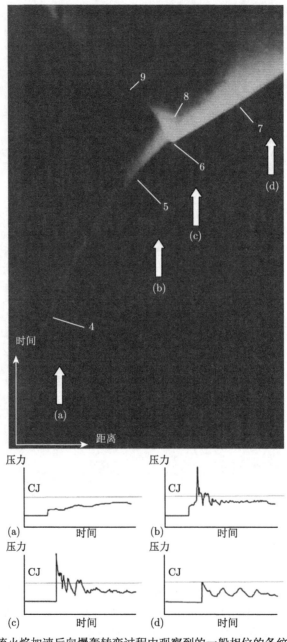

图 8.4.5　显示湍流火焰加速后向爆轰转变过程中观察到的一般相位的条纹直接图像；4-慢速火焰，5-快速加速火焰，6-过驱爆轰，7-稳定爆轰波，8-火焰前方爆炸，9-再氧化波 (摘自 Lee, J.H., Advances in Chemical Reaction Dynamics, Rentzepis, P.M. and Capellos, C., Eds., 246, 1986.); Below the image: the sketch showing the typical pressure histories expected at locations (a)–(d)(由 G.Thomas 提供)

### 8.4.2.2 光滑管中 DDT 的研究历史回顾

自 19 世纪 80 年代爆轰波的发现以来 [13,14]，DDT 过程一直备受关注。

在 20 世纪 30 年代，Bone 等 [15] 利用旋转镜相机观察到了激波在加速火焰前方传播到未燃混合物中的行为，并假设爆轰波是由激波压缩混合物的预点火引起的。

在 20 世纪 50 年代，获得了更具描述性的关于压力波和爆燃前锋之间相互作用的纹影记录 [16-18]。Oppenheim[9] 提出了在加速火焰状态下发生 "爆炸中爆炸"(在正发生爆轰的混合物中) 的假设，以解释实验中观察到的燃烧波速度的突然变化。

在 20 世纪 60 年代，Oppenheim 等 [10,19,20] 利用纹影技术，用微秒级闪光和非常短的激光脉冲 (小于 $10^{-8}$s)，成功地获得了分辨率更高的照片。这有助于获得一组基本静态的频闪照片，揭示了 DDT 的许多细节。同时，Soloukhin[21] 发表了一系列用纹影系统拍摄的条纹照片，Denisov 和 Troshin[22] 发现，爆轰会在涂有薄层烟灰的壁面上留下印记。

### 8.4.2.3 DDT 距离的试验研究

对于光滑管，关于管直径、初始压力和温度对起爆距离的影响，已有一些实验数据 [23-26]。这些数据显示，在表达式 $x_{DDT} = f(p^{-m})$ 中的初始压力下，起爆距离减小。其中 $m$ 取决于混合物性质，且在 0.01 至 0.65 MPa 的压强范围内，其值在 $0.4 \sim 0.8$ 范围内。

在一些研究中，随着管直径的增加，起爆距离增加，但这可能是由于管道粗糙度等因素的潜在影响。试验发现，起爆距离与管子直径的比值 $x_{DDT}/D$ 在 $15 \sim 40$。

由于混合物预压缩和火焰与远端反射的压力波的相互作用，短管中的 DDT 过程可能发生在比长管短的距离处。这种影响，加上表面粗糙度，在火焰加速过程中起着关键作用。

## 8.4.3 阻塞通道中的 DDT

### 8.4.3.1 介绍

大量的实验研究和事故表明，如果可燃气体混合物不太接近可燃性极限，那么在障碍物场中传播的火焰可以非常快速地加速到超声速。这样的高速火焰能以巨大的超压驱动激波。如果混合物足够敏感，高度加速的火焰可能会转变为爆轰。对障碍管道内的加速火焰现象已进行了大量的研究 [27-34]。产生如此兴趣的原因与安全问题直接相关。根据燃料浓度、初始条件和几何条件，障碍管道中的稳定火焰传播以以下状态中的一种进行。

(1) 火焰淬熄——火焰传播失败。

(2) 亚声速低速火焰——火焰传播速度远低于燃烧产物中的声速。

(3) 壅塞火焰 (CJ 爆燃)——高速火焰以接近燃烧产物中声速的速度传播 (600 ~ 1200 m/s)。

(4) 准爆轰——火焰以燃烧产物中声速与 CJ 值之间的速度传播。

(5) 爆轰——火焰速度接近 CJ 值。

从实际角度来看，加速火焰现象最重要的方面是超高速火焰的稳态传播、向爆轰的转变以及亚 CJ 级爆轰 (准爆轰) 的传播。

图 8.4.6 显示了氢气/空气混合物的最终火焰速度与燃料浓度的关系图 [7]。点火后，火焰迅速加速，在大约半米到一米远的距离内经过许多障碍物后，接近稳态速度。由于堵塞率不够高，实验中没有观察到火焰的自熄状态。在约 12.5% 的氢气浓度下观察到低速爆燃并明显过渡到壅塞的状态。随后，在混合物 20%~50%

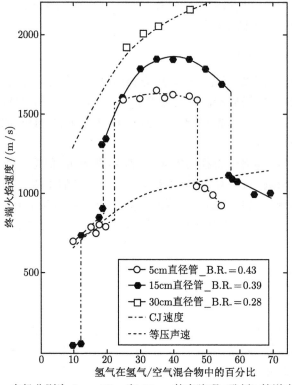

图 8.4.6　长 10m，内径分别为 5m、15m 和 30cm 的有障碍 (孔板) 管道中氢气/空气混合物的火焰速度与燃料浓度之间的关系；BR = 1 − $d^2/D^2$ 为堵塞率，其中 $d$ 为孔直径，$D$ 为管道直径 (摘自 Lee, J.H., Advances in Chemical Reaction Dynamics, Rentzepis, P.M. and Capellos, C., Eds., 246, 1986)

氢气下观察到准爆轰状态。对于 30cm 长的管道和低障碍物堵塞率情形，也观察到了正常的 CJ 爆轰。

### 8.4.3.2 快速爆燃

高速火焰在带有可重复障碍物的管道中以稳定的速度传播，并在越过障碍物的剩余通道中保持该速度。在某些情况下，燃烧产物的稳态火焰传播速度可能接近声速。这种水平的火焰速度似乎是湍流火焰在非引爆燃烧模式下所能达到的最大值。有人认为，这样的最大火焰速度可以预先设定，它通过摩擦和热壅塞限制了气体的动力学过程 [33]。

图 8.4.7 显示了有障碍物通道中快速爆燃状态的两个时间序列纹影照片。图片清楚地显示了前导激波与其后反应锋的分离结构，两者均以大约 700 m/s 的平均稳定速度传播。前导激波是由强湍流火焰刷中连续产生的压力波合并而成的。

前导激波后未观察到点火现象，因为对于这种激波速度来说，激波后的温度只有 500 K 左右。前导激波从底壁反射时，最初表现为规则反射，后来又转变为马赫反射。无论是在规则反射波之后还是在马赫杆内，都没有发生点火 (与准爆轰情况相反，如后文所示)。当前导激波到达障碍物并部分反射出去时，在靠近障碍物的区域未观察到再次点火。入射激波在障碍物处的反射产生了一个柱状反射激波，该反射激波横向传播 (向上往顶壁、向后往火焰锋传播并与之相互作用)。

当底壁反射的激波通过火焰时，激波相互作用后湍流火焰结构变得更加平滑。这归因于 Markstein 不稳定效应，在这种情况下，它是处于稳定方向 (即激波从高密度流体向低密度流体移动)，因此火焰扰动被平滑。火焰稳定的过程通过火焰与障碍物反射的弯曲圆柱激波的相互作用而进一步延续，如图 8.4.7 所示。与激波-火焰相互作用相关的能量释放率的突然变化也会导致压力波的产生，这一点已由 Markstein 首先证明 [35]。

上壁反射的压力波再次与火焰相互作用，对火焰前锋产生失稳效应。火焰被加速到一个更密集的介质中，扰动的增长通过 Rayleigh-Markstein 不稳定性机制使火焰锋湍动化。

图 8.4.7(b) 的最后五帧显示了火焰在障碍物上的传播。当火焰沿着加速的汇聚流通过障碍物时，火焰的快速加速及其湍动化再次清晰可见。Wolański 和 Wójcicki [36] 以及 Tsuruda 和 Hirano[37] 在单个障碍物装置的实验中观察到了火焰在障碍物上传播的类似特征。

通道内化学恰当当量比氢气/氧气混合物中的湍流高速爆燃结构如图 8.4.8 所示。顶部和底部壁面的大粗糙度由直径 2.5 mm 的小圆柱形障碍物模拟。该结构在前锋处由一系列压缩波组成，随后是一个高强度湍流反应区。前导压缩波的强度不足以引起自燃。因此随后的反应区以 V 形特征传播，该反应区的前缘在壁面处，该处由于壁面粗糙度和障碍物上的激波反射产生了强烈的湍流。激波–火焰杂合体以 1000m/s 的速度传播，与弱电火花点火器 (∼ 1mJ) 相距仅 40cm。

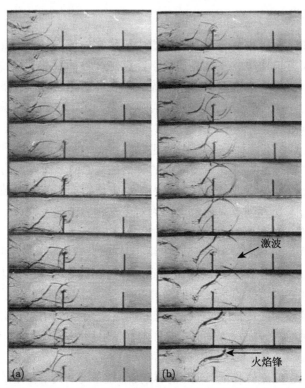

图 8.4.7　高速爆燃在充满障碍物的通道中的传播，说明了反射激波与火焰锋 (a) 的相互作用的稳定效应，以及火焰通过障碍物 (b) 时的加速效应和湍流 (摘自 Teodorczyk, A., Lee, J.H.S.,and Knystautas, R., Prog. Astr. Aeron., l38, 223, 1990。经许可)

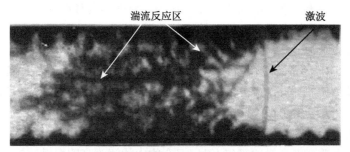

图 8.4.8　压力 150Torr① 时，化学恰当当量比氢气和氧气混合物在非常粗糙通道中的湍流高速爆燃传播结构

---

　① 1Torr = 1mmHg = $1.33322 \times 10^2$Pa。

### 8.4.3.3 爆燃到爆轰的转变

由于壁面粗糙度在爆燃和爆轰的传播中起着非常重要的作用，因此应区分光滑管和粗糙管中的 DDT。在光滑管中，起爆的标志是传播速度的突然变化。通常情况下，预爆轰火焰速度小于 1000 m/s，CJ 爆轰速度大于 2000 m/s。在起爆时总是会发生非常强烈的局部爆炸，因此形成的爆轰波最初是高度过驱的，随后衰减到 CJ 值。实验中经常观察到这种局部爆炸产生的激波传播回燃烧产物气体中。

对于非常粗糙的管道，如 8.4.3.2 节所述，火焰加速要快得多。向爆轰的转变也明显地表现为局部爆炸和波速的突然变化。壁面粗糙度通过以下途径控制波的传播：

(1) 产生强烈大尺度湍流的方式，因此更大比例的平均流动能可以随机化。

(2) 产生强激波反射和衍射的方式，因此是通过这些复杂的波相互作用过程使平均流能量随机化的一种附加机理。

(3) 通过激波反射 (正反射和马赫反射) 产生局部高温自燃的方式。否则靠激波本身 (无反射) 是不可能的。

Shepherd 和 Lee[5] 从他们的实验观察得出结论，在完全没有边界以产生剪切和波的情况下，如在一个纯球面几何中，火焰通过其自身的自湍动不稳定机理不能提供足够的平均流动动能随机化以引起 DDT，除非极为敏感的混合物。对于管壁非常粗糙的管道，通过大尺度湍流和波反射，障碍物提供了一个有效的流动随机化模式使得 DDT 比在光滑管更快。

图 8.4.9 显示了非常粗糙管道中 DDT 的纹影照片的时间序列。可以清楚地看到，在光滑管中，向爆轰的转变与传播速度的突变有关。DDT 发生前的快速爆燃以 1400 m/s 的速度传播，转变后的爆轰速度变为 3000 m/s。与光滑管相比，在这种情况下，在过渡到爆轰的那一瞬间，湍流火焰完全超越了前导激波。爆轰发生在厚焰刷处，未观察到反向回波。这表明爆轰是由压力扰动的逐渐放大引起的，而不是通过局部热点触发的。Yatsufusa 等 [38] 也得出了类似的结论。

### 8.4.3.4 准爆轰

在关于爆轰在非常粗糙的管道中传播的早期研究 [22,24,39] 中，观察到稳定的传播速度低至正常 CJ 值的 50%。这种低速起爆被称为准爆轰 [4]。

Teodorczyk 等 [40-42] 和 Chan 等 [30] 的研究最终证明，准爆轰区的起爆机理是通过激波反射自燃。研究表明，障碍物的正激波反射、底壁衍射激波的马赫反射和顶壁反射激波的马赫反射均可导致自燃。障碍物的作用是促使产生强烈的激波反射，导致局部高温达成自燃。爆轰的起爆是从这些局部 "热点" 开始的，但随后会被障碍物周围的衍射淬熄破坏。因此，对于准爆轰，障碍物周围的衍射破坏了起爆，而由分离激波与障碍物和管道的相互作用而产生的激波反射又将引起局部热点并重新起爆。

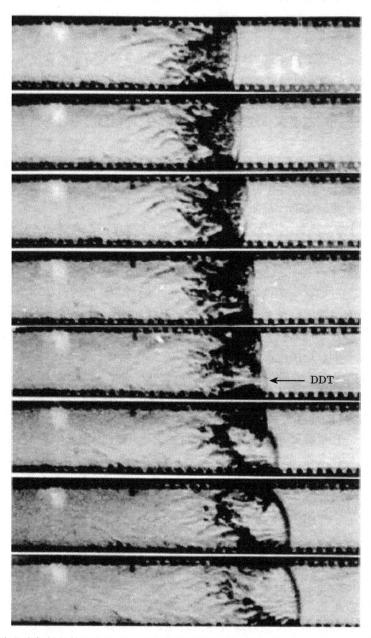

图 8.4.9　在非常粗糙的管道中显示 DDT 的纹影照片的时间序列。在 100Torr 时的化学恰当
当量比的氢气和氧气混合物。帧时间间隔为 2μs

在准爆轰状态下，障碍物绕射引起的连续周期性爆轰失效和激波反射引起的再起爆是传播的主要机理。

图 8.4.10 显示了准爆轰纹影照片的两个时间序列。在图 8.4.10(a) 中，爆轰

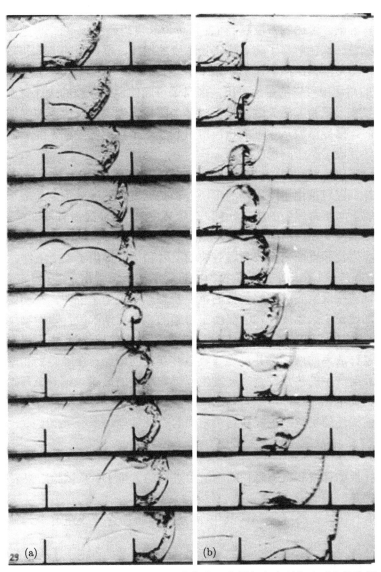

图 8.4.10 在化学恰当当量比的氢气–氧气混合物中，准爆轰在障碍物阵列中的传播；(a) 初始压力 140Torr，通过底壁的马赫反射重新起爆；(b) 初始压力 120Torr，通过障碍物的正马赫杆反射重新起爆，随后通过顶壁的反射增强。帧时间间隔 6μs (摘自 Teodorczyk, A., Lee, J.H.S., and Knystautas, R., Prog.Astr. Aeron., l38, 223, 1990。经许可)

重新起爆发生在底壁上的马赫杆处。然而，在向上增长的爆轰完全重新激发分离波之前，由于遇到另一个障碍物，爆轰波的反射和随后的衍射会再次发生。在图 8.4.10(a) 的第六帧中，弯曲、衍射和反射激波 (反应区紧随其后) 清晰可见。然而，随着圆柱形爆燃的扩展，反应区发生逐步解耦。在最后一帧中，激波和反应区的整个杂合体解耦。障碍物密度越高 (即每单位长度障碍物越多)，再起爆衍射造成的衰减越频繁。这就解释了随着障碍物密度的增加，准爆轰的 "平均" 速度降低。

图 8.4.10(b) 显示了由于障碍物的马赫杆反射引起的再起爆过程。从第 2 帧和第 3 帧的对比中可以清楚地看出，因自爆引起的反射激波的快速膨胀。在本例中，衍射导致了重新起爆失败，它变成一个圆柱形爆燃，反应区与激波前沿逐渐分离。然而，前导激波从顶壁的正反射引起了一个再起爆过程。随后，胞格爆轰向下席卷并吞没了整个解耦的锋面。

根据障碍物高度和间距以及通道的垂直高度，可以出现上述一种或多种机理。然而，传播机理包括由于障碍物周围绕射影响而发生的连续重新起爆和衰减。这一机理本质上与正常爆轰的机理相同，在爆轰中，当横波碰撞时发生重新起爆，并且重新起爆的波又在碰撞之间失效。在准起爆中，重新起爆是由障碍物控制的。一般来说，障碍物和壁面为激波和爆轰波的反射和衍射提供了表面条件。

Gamezo 等 [43] 在最近的数值模拟中再现了在有障碍物管道、壅塞火焰、准爆轰和爆轰试验中观察到的火焰传播的主要状态。模拟结果表明，在初始阶段，火焰和气流加速是由热燃烧产物的热膨胀引起的。在后期阶段，障碍物尾流中的激波–火焰相互作用，RT、RH 和 KH 不稳定性以及火焰–涡相互作用将导致火焰表面积、能量释放率的增加，并最终导致激波强度的增加。在障碍物和壁之间拐角处由激波反射产生的热点位置，会发生爆燃向爆轰的过渡。第一个开始准爆轰状态的 DDT 发生在马赫杆与障碍物碰撞时，马赫杆是由底壁的前导激波反射产生的。在先前描述的实验中也观察到了相同的重燃机理。

### 8.4.4　DDT 判据

在有孔板的管道和有障碍物的管道中进行的大量 DDT 试验结果表明，DDT 的必要判据是。

(1) 最小管道直径 $d \geqslant \lambda$，其中 $d$ 是有障碍物管道或通道中无障碍流道的尺寸。

(2) 最小尺度 $L \geqslant 7\lambda$，$L$ 是一般特征尺度，其定义为 $L = \dfrac{(H+S)/2}{1-d/H}$，其中 $H$ 是通道高度，$S$ 是障碍物之间的距离。

(3) 光滑管的最小管直径 $D \geqslant \lambda/\pi$，其中 $D$ 为内管直径。

# 参 考 文 献

[1] Zel'dovich, Ya.B. et al., On the development of detonation in a non-uniformly preheated gas, *Astronaut. Acta*, 15, 313, 1970.

[2] Zel'dovich Ya.B., Regime classifi cation of an exothermic reaction with non-uniform initial conditions, *Combust. Flame*, 39, 211, 1990.

[3] Lee, J.H.S., Knystautas, R., and Yoshikawa, N., Photochemical initiation and gaseous detonations, *Acta Astronaut.*, 5, 971, 1978.

[4] Lee, J.H. and Moen, I., The mechanism of transition from deflagration to detonation in vapour cloud explosion, *Prog. Energy Combust. Sci.*, 6, 359, 1980.

[5] Shepherd, J.E. and Lee, J.H., On the transition from deflagration to detonation, in *Major Research Topics in Combustion*, Hussaini, M.Y., Kumar, A., and Voigt R.G., Eds., Springer, New York, p. 439, 1992.

[6] Lee, J.H., Fast fl ames and detonations, in *The Chemistry of Combustion Processes*, American Chemical Society, Sloane, T.M., Ed., *ACS Symposium Series*, No. 249, 1984.

[7] Lee, J.H., The propagation of turbulent flames and detonations in tubes, in *Advances in Chemical Reaction Dynamics*, Rentzepis, P.M. and Capellos, C., Eds., D. Keidex Publ. Co. London, p. 246, 1986.

[8] Kuznetsov, M. et al., Effect of boundary layer on flame acceleration and DDT, *Proceedings of the 20th International Colloquium on the Dynamics of Explosions and Reactive Systems* on CD,Montreal, 2005.

[9] Oppenheim, A.K. and Stern, R.A., On the development of gaseous detonation - analysis of wave phenomena. *Proc. Combust. Inst.*, 7, 837, 1959.

[10] Urtiew, P.A. and Oppenheim, A.K., Experimental observations of the transition to detonation in an explosive gas, *Proc. R. Soc.*, A295, 13, 1966.

[11] Khokhlov, A.M. and Oran, E.S., Numerical simulation of detonation initiation in a flame brush: The role of hot spots, *Combust. Flame*, 119, 400, 1999.

[12] Gamezo, V.N., Khokhlov, A.M., and Oran, E.S., The influence of shock bifurcations on shock-flame interactions and DDT, *Combust. Flame*, 126, 1810, 2001.

[13] Berthelot, M. and Vieille, P., Sur la vitesse de propagation 分离涡模拟 phenomenes explosifs dans les gaz. *C.R. Acad. Sci.*, Paris 94, 101, seance du 16 Janvier; 822, seance du 27 Mars; 95, 151, seance de 24 Juillet, 1822.

[14] Mallard, E. and Le Chatelier, H., Recherches experimentales et theoriques sur la combustion des melanges gaseux explosifs, *Ann. Mines*, 8, 4, 274, 1883.

[15] Bone, W.A., Fraser, R.P., and Wheeler, W.H., A photographic investigation of flame movements in gaseous explosions. Ⅶ. The phenomenon of spin in detonation. *Philos. Trans.*, *R. Soc.*, London, A 29, 1935.

[16] Schmidt, E., Steinicke, H., and Neubert, U., Flame and schlieren photographs of the combustion of gas-air mixtures in tubes. *TDI-Forschungsheft,* 431, Ausgabe B., Band 17, Deutscher Ingenieur-Yerlag, Dusseldorf, 1951.

[17] Greifer, B. et al., Combustion and detonation in gases, *J. Appl. Phys.*, 28, 3, 289, 1957.

[18] Salamandra, G.D., Bazhenova, T.Y., and Naboko, I.M., Formation of detonation ware during combustion of gas in combustion tube. *Proc. Combust. Inst.*, 7, 851, 1959.

[19] Oppenheim, A.K., Laderman, A.J., and Urtiew, P.A., Onset of retonation, *Combust. Flame*, 6, 3, 193, 1962.

[20] Oppenheim, A.K., Urtiew, P.A., and Weinberg, P.J., On the use of laser sources in schlieren-interferometer systems, *Proc. R. Soc.*, A291, 279, 1966.

[21] Soloukhin, R.I., Perekhod goreniya v detonatsiru v gazakh (Transition from combustion to detonation in gases), *P.M.T.F.*, 4, 128, 1961.

[22] Denisov, Yu. and Troshin, Ya.K., Struktura gazovoi detonatsii v trubakh (Structure of gaseous detonation in tubes), *Zim. Tekhn., Fiz.*, 30, 4, 450, 1960.

[23] Egerton, A. and Gates, S.F., On detonation in gaseous mixtures at high initial pressures and temperatures, *Proc. R. Soc., Lond. A*, 114, 152, 1927.

[24] Schelkin, K.I. and Sokolik, A.S., Detonation in gaseous mixtures, *Soviet. Zhurn. Phys. Chem.*, 10, 479, 1937.

[25] Bollinger, L.E., Fong, M.C., and Edse, R., Experimental measurements and theoretical analysis of detonation induction distances, *J. Am. Rocket Soc.*, 31, 5, 588, 1961.

[26] Kuznetsov, M. et al., DDT in a smooth tube filled with a hydrogen–oxygen mixture, *Shock Waves*, 14, 3, 2005.

[27] Dorge, K.J., Pangritz, D., and Wagner, H.G., On the influence of several orifices on the propagation of flames: Continuation of the experiments of Wheeler. *Z. Fur Phys. Chemie*, 127, 61, 1981.

[28] Moen, I.O. et al., Flame acceleration due to turbulence produced by obstacles. *Combust. Flame*, 39, 21, 1980.

[29] Moen, I.O. et al., Pressure development due to turbulent flame propagation in large-scale methane-air explosions. *Combust. Flame*, 47, 31, 1982.

[30] Chan, C., Moen, I.O., and Lee, J.H., Influence of confinement on flame acceleration due to repeated obstacles. *Combust. Flame.*, 49, 27, 1983.

[31] Hjertager, B.H. et al., Flame acceleration of propane-air in a large-scale obstructed tube, *Prog. Astr. Aeron.*, 94, 504, 1984.

[32] Lee, J.H., Knystautas, R., and Freiman, A., High speed turbulent deflagrations and transition to detonation in H2-air mixtures, *Combust. Flame*, 56, 227, 1984.

[33] Lee, J.H., Knystautas, R., and Chan, C., Turbulent flame propagation in obstacle-filled tubes, *Proc. Combust. Inst.*, 20, 1663, 1984.

[34] Peraldi, O., Knystautas, R., and Lee, J.H., Criteria for transition to detonation in tubes, *Proc. Combust. Inst.*, 21,1629, 1986.

[35] Markstein, G.H., *Non-Steady Flame Propagation*, McMillan, New York, 1964.

[36] Wolański, P. and Wójcicki, S., On the mechanism of the influence of obstacles on the flame propagation, *Arch. Combust.*, 1, 69, 1981.

[37] Tsuruda, T. and Hirano, T., Growth of flame front turbulence during flame propagation across and obstacle, *Combust. Sci. Technol.*, 51, 323, 1983.

[38] Yatsufusa,T., Chao, J.C., and Lee, J.H.S., The effect of perturbation on the onset of detonation, *Proceedings of the 21st International Colloquium on the Dynamics of Explosions and Reactive Systems* on CD, Poitiers, 2007.

[39] Guenoche, H. and Manson, N., Influence des conditionsaux limits transversales sur la propagation des ondes de shock at de combustion, *Revie de l'Institut Francais du Petrole*, 2, 53, 1949.

[40] Teodorczyk, A., Lee, J.H.S., and Knystautas, R., Propagation mechanism of quasi-detonations, *Proc. Combust. Inst.*, 22, 1723, 1988.

[41] Teodorczyk, A., Lee, J.H.S., and Knystautas, R., The structure of fast turbulent fl ames in very rough, obstacle-filled channels. *Proc. Combust. Inst.*, 23, 735, 1990.

[42] Teodorczyk, A., Lee, J.H.S., and Knystautas, R., Photographic study of the structure and propagation mechanisms of quasi-detonations in rough tubes, *Prog. Astr. Aeron.*, l38, 223, 1990.

[43] Gamezo, V.N., Ogawa, T. and Oran, E.S., Numerical simulations of flame propagation and DDT in obstructed channels filled with hydrogen-air mixture, *Proc. Combust. Inst.*, 31, 2463, 2007.

# 8.5　爆　　轰

Bernard Veyssiere

## 8.5.1　引言

气体混合物中的爆轰现象乍一看就呈现出惊人的特征。根据经典的 Chapman-Jouguet 理论，可以非常准确地预测爆轰波前的平均特性。这个众所周知的模型是对爆轰的一种过于简化的描述，它认为超声速燃烧状态是一个稳定的一维平面波，其中气体成分对燃烧产物的反应是瞬间发生的，因此爆轰波的厚度为零。事实上，人们已经确定爆轰波有一个有限的厚度：前导激波与弱横向冲击波相互作用的复杂系统后面存在一个延展区，化学反应能量在该区释放，从而产生三波点，并向垂直于爆轰波传播的方向连续移动。因此，爆轰波具有多维结构，本质上是不稳定的。为了调和这两个显然对立的观点，有必要更好地了解激波锋面和放热反应区之间实现耦合的机理，并了解如何维持这种耦合，以使爆轰能够继续传播。

对爆轰波阵面精细结构的研究是一个难题。由于爆轰产生的高压效应，实验室实验必须在耐压范围内进行，这不利于现场诊断方法的应用。然而，在低初始压力下进行实验可以部分避免这一困难。首先，需要具有快速特征响应时间 ($10^{-6}$s 或更短) 的实时高分辨率方法来探测反应区。在过去，纹影技术被广泛应用。目前，研究人员掌握着两种性质迥异的主要工具。其中一个其原理似乎非常简单：它涉及在烟灰板上跟踪记录三波点的轨迹。与此相反，另一个方法是基于数值模拟，使用复杂的数值格式进行高性能计算。虽然，已使用瑞利散射或激光诱导荧光 (LIF)

进行了有限数量的研究，但到目前为止，它们还不能提供与湍流火焰所获得的质量相当的结果。在本节简短的调查中，我们试图说明目前为更好地了解爆轰波结构所做的努力中的一些问题。

### 8.5.2　胞格结构

Manson[1] 和 Fay[2] 首先在某些特定的爆轰传播案例中展示了爆轰波阵面的不稳定性和非平面特性，例如 "旋转爆轰"。Voitsekhovskii[3], Denisov 和 Troshin[4]，White[5] 以及许多其他研究者都确认了爆轰波阵面的多维性质。研究表明，主激波阵面后存在横向激波。这个复杂的激波系统相互作用产生的三波点周期性地垂直于前沿传播方向振荡。

现在文献中常用的 "胞格结构" 这个名称，是通过一种特殊的跟踪技术对这些三波点轨迹进行观察而得来的。它通过在板或箔纸上事先沉积一层薄薄的烟灰，并沿着爆轰传播方向记录其轨迹。由于三波点处存在高温高压条件，它们在烟灰涂层上绘制了其轨迹历史的二维图像。该图的基本单元称为 "胞格" (图 8.5.1)。图 8.5.2 显示了从 Strehlow[6,7] 的著名实验中获得的一个例子。基本胞格的典型形状类似于鱼鳞。随后进行了许多参数化研究，以研究这种胞格结构的尺寸和规律 [8,9](另见数据库 [10])。Schchelkin 和 Troshin[11] 以及其他研究人员 [9,12] 首先表明，测得的胞格宽度 $\lambda$ 是化学反应诱导长度 $L_i$ 的函数：

$$\lambda = BL_i \tag{8.5.1}$$

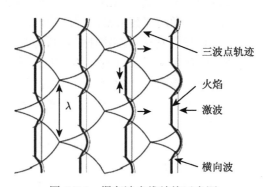

图 8.5.1　爆轰波多维结构示意图

因此，在给定的初始组分、温度和压力下，基本的胞格结构可被视为混合气爆轰的固有特征。对于含氧的气体混合物，$\lambda$ 的大小为毫米级或更小，但对于不太敏感的混合物则为几厘米 (对于大气压力下的甲烷/空气，$\lambda$ 甚至更大)。当初始压力增加时，胞格宽度值降低。其随初始温度的变化更为复杂，取决于化学反应活化能的大小。$\lambda$ 的值也随着爆轰强度的增加呈指数递减 (在过驱爆轰的情况下)。胞格网络的规则性与化学反应的活化能有关[9]：低活化能的混合物具有同样大小的规则结构，而高活化能导致更不规则的结构，胞格尺寸值的分散度很大。此外，胞格结构是三维的，这已由爆轰波阵面的有限观察结果所证明 (例如可参见由 Takai 等获得的图 $8.5.3^{[13]}$)。但是，三维单元宽度与二维单元宽度相同。

图 8.5.2　矩形管内初始压力为 90Torr 时 $2H_2+O_2+7Ar$ 混合物中爆轰的典型烟迹图 (转载自 Strehlow, R.A., Astronaut. Acta, 14, 539, 1969。经许可)

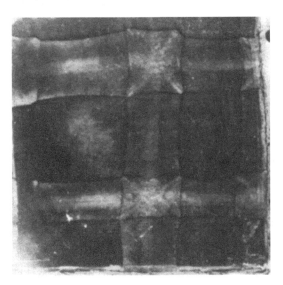

图 8.5.3　在 27mm×27mm 方管的底端板上记录了 400Torr 压力下 25%$(2H_2+O_2)$+70%Ar 的爆炸烟迹 (转载自 Takai, R., Yoneda, K., and Hikita, T., Proceedings 15th Symposium (International) on Combustion, The Combustion Institute, Pittsburg, 1974, 69–78。经许可)

### 8.5.3　爆轰波结构

许多纹影技术所拍摄的流场照片都显示了爆轰波的高度复杂性。但是它们提供的密度变化被积分到一个测试段中，提取的三波点后面的局部结构的局部信息并不明显。Dabora 等[14] 使用瑞利散射发现，波前的高密度区域在空间上对应于波前后的反向横波刚刚相交且尚未发生燃烧的点，如纹影观测所示 (图 8.5.4)。

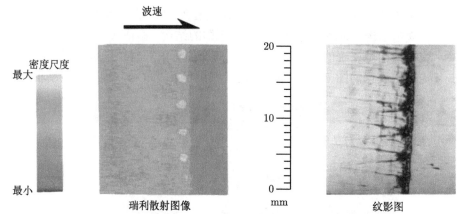

图 8.5.4　从同一波前同时获得的瑞利和纹影图像的例子。在 0.374 atm[①] 初始压力下的化学恰当当量比 $H_2/O_2/Ar$ 混合物 (转载自 Anderson, T.J. and Dabora, E.K., Proceedings 24th Symposium (International) on Combustion, The Combustion Institute, Pittsburg, 1992, 1853–1860。经许可)

自 Taki 和 Fujiwara [15]、Oran 等 [16] 和 Markov [17] 的早期工作以来，几个研究小组已经进行了数值模拟，以研究爆轰波前锋的精细结构。它们基于反应流的 Euler 方程或 Navier-Stokes 方程的解。爆轰模型是经典的 Zel'dovich-von Neumann-Döring(ZND) 模型，它假定爆轰是一个有限厚度的波，其中化学反应是由前导激波的热引发的。在化学反应中考虑了 Arrhenius 全局 (或简化格式) 动力学机理。在数值模拟中，导致平面爆轰波转型为胞状爆轰波锋面的不稳定性，可能源于控制方程的非线性，也可能是由数值噪声所触发的 [18]。由于流体动力学和化学动力学 (对温度高度敏感) 之间的非线性耦合，以及需要以足够高的精度对反应区进行离散，因此问题的刚度要求在数值离散中使用大数量的网格，这些很快导致计算时间难以满足。这些计算大多是在二维情况下进行的，但也进行了一些三维数值模拟 [19]。这些二维模拟显示，在前导波锋后方的燃烧气体中存在未燃烧的混合气囊，并且通过横波相互作用产生涡流证明了湍流的作用。Gamezo[20] 和海军研究实验室的研究人员 [21] 的一些数值模拟工作特别关注这些特征。图 8.5.5 所示为乙炔/氧气混合物中发生边缘爆轰的例子。在这种情况下，诱导时间相当长，人们可以在温度场上清楚地观察到横波后形成的横向爆轰波如何与诱导区相互作用并引燃气体混合物。

---

① 1atm $= 1.01325 \times 10^5$ Pa。

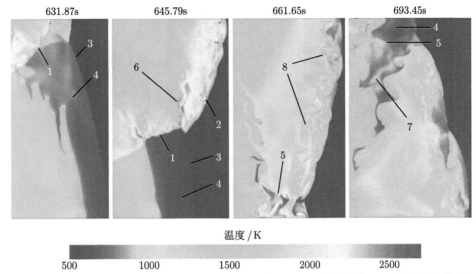

图 8.5.5　数值模拟得到了不同时刻前导激波后的温度场。1：横向爆轰；2：前导激波的强部分 (过驱爆轰)；3：前导激波的弱部分 (惰性)；4：感应区；5：横向激波；6：未反应的尾翼；7：初级未反应囊；8：次级未反应囊 (由 V.Gamezo 提供)

Shepherd 等 [22] 将纹影技术与 PLIF 技术相结合，跟踪化学反应中间产物 OH 自由基的演化，对反应区结构进行了实验研究。在氢气/氧气/氩气混合物中，图 8.5.6 中已经清楚地表明，OH 浓度前沿位置的变化可以与纹影图像上观察到的密度变化相关联，从而与激波强度的局部变化相关联。然而，从这些实验中，没有明确的证据表明爆轰波阵面后存在未反应的气囊。Gamezo 等 [23] 进行了非常高精度的数值模拟 (网格尺寸为 5μm)，显示了在大气压力下氢气/空气混合物中形成爆轰后前端结构的极端复杂性 (图 8.5.7)，即使在已充分建立的爆轰情况下也是如此。因此，全面了解爆轰波的详细结构仍然是爆轰研究中的一个悬而未决的问题。

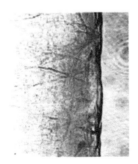

镜头 1432

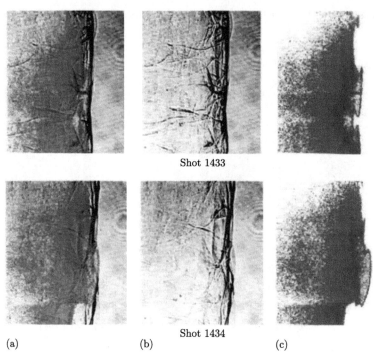

Shot 1433

Shot 1434

(a)                                        (b)                                        (c)

图 8.5.6  在初始压强为 20kPa 的 85%氩气 (第 1432 帧和 1433 帧) 和 87%氩气 (第 1434
帧) 稀释的化学恰当当量比氢气/氧气混合物中, 同时在爆轰波阵面后的纹影和 OH 荧光图像,
(a) PLIF 和纹影图像的叠加, (b) 纹影, (c) PLIF (转载自 Pintgen, F., Eckett, C.A.,
Austin, J.M., and Shepherd, J.E., Combust. Flame, 133, 211, 2003。经许可)

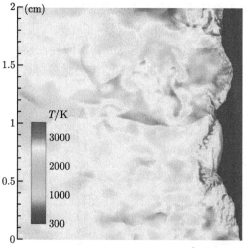

图 8.5.7  在 1 个大气压下的氢气/空气混合物中, 充分发展的爆轰波波阵面后的温度场数值
模拟结果 (起爆后 0.3 ms)。最小计算单元尺寸为 5μm(由 V. Gamezo 提供)

### 8.5.4 横波的作用

横波在爆轰波传播机理中起着基础性的作用。当爆轰波在管内传播时,由于三波点与管壁的相互作用,可以推测,管壁的存在是形成横波的原因。这一问题主要由 Lee 和他的同事[24]进行了研究。他们的实验是在管道内某些管段处安装多孔壁以抑制横波。图 8.5.8 所示例子为在乙炔/氧气混合物中传播的爆轰波,当三波点与多孔壁相互作用时,在多孔截面入口处可以清楚地观察到横波的减弱,并导致整个波结构的失效。同时,燃烧前锋的传播速度下降到 CJ 爆速的 40%。这种行为证明了横波在爆轰波传播过程中的重要性。这种解释已被证实对未稀释的碳氢化合物/氧气爆轰有效。相反,对于被氩气稀释的混合物,实验尚未证实横波在爆轰波传播机理中起着重要作用。此外,重要的是要记住,对于无侧限发散型爆轰的情况,也显示存在胞格结构。因为在这种情况下,胞格数量随着爆轰波波锋向前推进而增加,这时如何理解额外产生的胞格是一个问题。因此,如何通过横波的相互作用来再生新的胞元,以及发散型爆轰中如何产生额外的胞元,这些问题的确切机理目前还远未认识清楚。

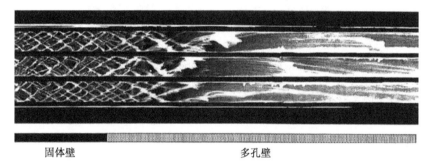

固体壁　　　　　　　　　　　　　　多孔壁

图 8.5.8　在 2.6kPa 初始压力下,$C_2H_2+2.5O_2$ 混合物的爆炸中,从固体壁到多孔壁的通道处的胞格结构失效的例子 (转载自 Radulescu, M.I. and Lee, J.H.S., Combust. Flame, 131, 29, 2002。经许可)

### 8.5.5 胞格结构与起爆

由于胞格宽度 λ 与化学反应的诱导长度有关,因此该参数对于每个反应混合物都是固有的,这对于评估其可爆性非常有用。由高功率点源的瞬时能量释放直接起爆无侧限爆轰是实现爆轰起爆的最恶劣条件。已经证实[25],在直接起爆的临界条件下,爆轰是在前导球形激波之后突然形成的。如图 8.5.9 所示,可以在烟灰轨迹上清楚地观察到这一点:首先,沉积在板上的烟灰层不受来自点源的球形激波传播的影响。但是,突然间,胞格结构出现在一个特征半径 $R_c$ 的圆的外围,它勾勒出了预爆区和充分发展爆轰区之间的边界。临界半径的值可以通过以下关

系式与胞格宽度建立联系:

$$R_c = K\lambda_{cj} \tag{8.5.2}$$

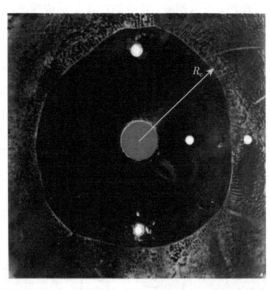

图 8.5.9　在 30torr 初始压力下, 碳烟图显示了 $C_2H_2 + 2.5O_2$ 混合物在半球形临界爆轰中的预爆轰半径 (由 D. Desbordes 提供)

对于典型碳氢化合物, 根据 Desbordes[25], $K$ 的值约为 20。同样, 不同的研究者也提出了直接起爆临界能量与胞格宽度尺寸 $\lambda_{cj}$ 之间的关系 [25-27]。

### 8.5.6　传爆

与爆轰形成有关的另一个重要问题是, 爆轰从等截面管中向更大体积 (半无限或更大尺寸的限制) 空间中的传爆。传爆的临界条件问题类似于直接起爆问题。此外, 从实际的角度来看, 这是非常有意义的: 在工业装置的安全性方面, 防止事故后爆轰向周围介质扩散, 以及在推进应用方面, 减少燃烧室起爆所需的预爆距离。当爆轰波前锋离开管道时, 由于气流的突然侧向膨胀, 可能会发生爆轰失效, 或者相反, 爆轰可以在前缘激波与反应区分离的中间阶段后直接传播或在更大的体积内重新起爆。对于要传输的爆轰, 存在一个最小尺寸的管道直径 $d_c$ 来平衡横截面突变引起的侧向膨胀效应, 从而防止爆轰淬火。Mitrofanov 和 Soloukhin[28] 提出的著名相关性公式为

$$d_c = 13\lambda \tag{8.5.3}$$

该式适用于多种混合物在传输到半无限空间的情况下。然而, 管特征横截面的临界值与胞元尺寸之间的这种相关性应表示为

$$d_c = k_c \lambda \tag{8.5.4}$$

$k_c$ 的值不是通用的，它取决于反应混合物的性质 (例如，对于高度稀释的单原子气体混合物 [29]，$k_c$ 值可能在 26 左右；对于氢/空气混合物 [30]，$k_c$ 值可能在 20 左右)，以及管出口处的衍射过程。这一衍射过程似乎起着重要的作用，并说明了爆轰波与周围约束之间的复杂相互作用。例如，已经显示，对于横截面不同于圆形的管道 (如方形、多边形等)，$k_c$ 的值可能小于 13[31]。此外，对于在两个不同尺寸的矩形截面间传爆的情形，其中一个截面比另一个大得多，通过这种孔口传爆的临界高度仅为 $3\lambda$[31]。当衍射通过分流锥发生时，对于锥角小于 40° 的情形，$k_c$ 值可能显著下降 [32]。从图 8.5.10 的例子 [33] 中可以观察到，爆轰的重新起爆是前导波与壁面的相互作用造成的。所谓的超级爆轰在再次产生自持爆轰之前沿着锋面传播。已经研究了更复杂的情况，例如，在管道出口处有障碍物的传爆 [34]，如图 8.5.11 所示。在本例中，障碍物呈圆锥形，爆轰在环形空间出口处熄灭。然而，传输的环形激波与障碍物后壁之间的复杂相互作用，会导致重新起爆。采用与实验相同的条件进行数值模拟，所得结果与实验结果非常吻合：传爆机理、流动特征形状、爆轰重新形成的距离、不同胞格结构的尺寸等。在管道出口处使用这种装置，可以将传递系数 $k_c$ 的值除以系数 2。

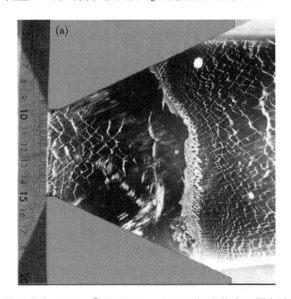

图 8.5.10　在初始压力为 30mbar[①] 的 $C_2H_2 + 2.5O_2$ 混合物中，爆轰波通过管道中锥形
($\alpha = 25°$) 传爆的烟尘模式 (由 V. Guilly 提供)

---

① 1mbar = $10^2$Pa。

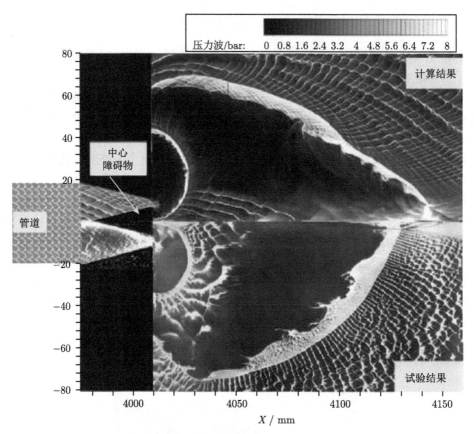

图 8.5.11   在初始压力为 33mbar 的 $C_2H_2 + 2.5O_2$ 混合物中，爆轰波通过带中心锥形障碍物
($\alpha = 15°$) 的环形孔口从管 ($\phi = 52$mm) 到半空间的衍射。实验烟尘模式与数值模拟的比较
(由 B.A. Khasainov 提供)

### 8.5.7   热释放过程

直到最近，大多数用于描述爆轰波 (并进行数值模拟) 的经典模型都假设爆轰
波中的热释放发生在 "一个阶段"(无论是考虑整体还是详细的化学动力学机理)。
由于所谓的胞格结构与化学反应的诱导长度有关，如前所述，这就导致该结构的
特征尺寸 $\lambda$ 对于每种混合物都是典型的。然而，在某些具有特定化学反应中间步
骤的混合物中，放热过程在 "两个阶段"(甚至几个阶段) 中非单调地发生，并在时
间上清楚地隔开。在这种特殊类型的混合物中，对爆轰过程中烟灰板上的胞格结
构进行记录，可以发现两种不同胞格网络的存在 [35,36]，每个胞格都有其特征尺
寸，如图 8.5.12 所示。第一个网络由 "大" 单元组成，在其中同时存在第二个 "小"
单元网络。每个胞格结构的尺寸与热释放不同阶段所对应的化学反应的诱导延迟

有关，最小的胞格对应于第一阶段。从这些观察中可以明显地看出，爆轰传递的问题比以前所认为的要复杂得多，而且还必须考虑到胞元尺寸和受限区域特征尺寸之间更为复杂的关系。

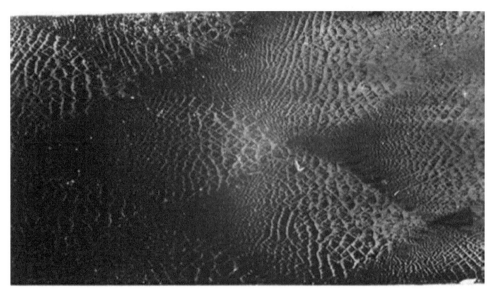

图 8.5.12　0.5bar 时，当量比为 1.1 的 $H_2$-$NO_2$/$N_2O_4$ 混合物中爆轰双胞结构的烟灰模式 (由 F.Joubert 提供)

### 8.5.8　旋转爆轰

旋转爆轰是一种有趣的情况，它对应于爆轰传播的极限情况，具有独特的三波点。当传播发生在圆截面管道中时，该三波点贴近壁面沿着螺旋轨迹运动，前缘沿纵向绕管轴旋转。自 20 世纪 20 年代末发现旋转爆轰现象以来 [37,38]，旋转爆轰现象一直是在各种条件下进行广泛实验研究的主题，目的是确定这种传播方式的特征参数，如旋转螺距、轨迹角、一个周期内爆轰速度的变化等。Manson[1] 和 Fay[2] 提出了声学模型，解释了管内气体横向振动模式的周期性振荡。然而声学模型无法描述旋转爆轰的详细结构。爆轰波结构的研究是一项非常困难的工作，因为前导激波波阵面后有大块的非稳态反应区。近年来，对旋转爆轰进行了高精度三维数值模拟 [39] (图 8.5.13)，使人们能够理解如何实现前导激波阵面和与燃烧区之间的耦合。即使是这种具有独特三波点的结构也很难理解，这表明我们离给出爆轰波传播机理的综合模型还很遥远。

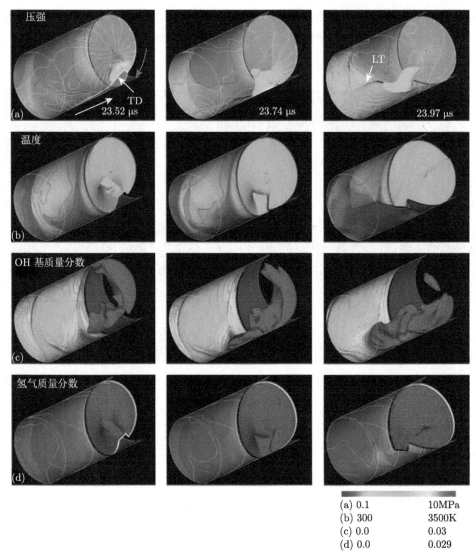

| | |
|---|---|
| (a) 0.1 | 10MPa |
| (b) 300 | 3500K |
| (c) 0.0 | 0.03 |
| (d) 0.0 | 0.029 |

图 8.5.13　圆管内氢气/空气混合物中旋转爆轰的数值模拟。灰色和绿色空间等压面为爆轰波阵面，压力为 6MPa。白色箭头：爆轰波阵面的传播方向，粉红色箭头：横向爆轰的旋转方向。TD-横向爆轰，LT-长压力轨迹 (转载自 Tsuboi, N., Eto, K., and Hayashi, A.K., Combust. Flame, 149, 144, 2007。经许可)

## 参 考 文 献

[1]　N. Manson, Sur la structure de l'onde helicoidale dansles melanges gazeux, *Comptes Rendus Acad. Sci. Paris*, 222, 46–51, 1946.

[2]　J.A. Fay, Mechanical theory of spinning detonations, *J. Chem. Phy.*, 20, 942–950, 1952.

[3] B.V. Voitsekhovskii, *Doklady Akad. Nauk. SSSR*, 114(4), 717–720, 1957.

[4] Yu.N. Denisov and Ya.K. Troshin, Pulsating and spinning detonation of gaseous mixtures in tubes. *Doklady Akad. Nauk. SSSR*, 125, 110–113, 1959.

[5] D.R. White, Turbulent structure of gaseous detonation, *Phys. Fluids*, 4(4), 465–480, 1961.

[6] R.A. Strehlow, The nature of transverse waves in detonations, *Astronautica Acta*, 14, 539–548, 1969.

[7] R.A. Strehlow, Multi-dimensional detonation wave structure, *Astronautica Acta*, 15, 345–357, 1970.

[8] R. Knystautas, C. Guirao, J.H.S. Lee, and A. Sulmistras, Measurements of cell size in hydrocarbon-air mixtures and prediction of critical tube diameter, critical initiation energy and detonability limits, *AIAA Prog. Astronautics Aeronautics*, 94, 23–37, 1984.

[9] J.C. Libouton, A. Jacques, and P. Van Tiggelen, Cinetique, structure et entretien des ondes de detonation, *Actes du Colloque international Berthelot-Vieille-Mallard-Le Chatelier*, 2, 437–442, 1981.

[10] J.E. Shepherd, http://www.galcit.caltech.edu/detn_db/ html/db.html, 2005.

[11] K.I. Schchelkin and Ya.K. Troshin, Non stationary phenomena in the gaseous detonation front, *Combust. Flame*,7, 143–151, 1963.

[12] I.O. Moen, J.W. Funk, S.A. Ward, G.M. Rude, and P.A. Thibault. Detonation length scales for fuel-air explosives. *Prog. Astron. Aeron.*, 94, 55–79, 1984.

[13] R. Takai, K. Yoneda, and T. Hikita, Study of detonation wave structure. *Proceedings 15th Symposium (International) on Combustion*, The Combustion Institute, Pittsburg, pp. 69–78, 1974.

[14] T.J. Anderson and E.K. Dabora, Measurements of normal detonation wave structure using Rayleigh imaging, *Proceedings 24th Symposium (International) on Combustion*, The Combustion Institute, Pittsburg, pp. 1853–1860, 1992.

[15] S. Taki and T. Fujiwara, Numerical analysis of two dimensional nonsteady detonations, *AIAA J.*, 16, 73–77, 1978.

[16] E.S. Oran, J.P. Boris, T. Young, M. Flanigan, T. Burks, and M. Picone, Numerical simulations of detonations in hydrogen-air and methane-air mixtures. *Proceedings 18th Symposium (Int.) on Combustion*, The Combustion Institute, Pittsburgh, PA, pp. 1641–1649, 1981.

[17] V.V. Markov, Numerical simulations of the formation of multifront structure of detonation wave. *Doklady Akademii Nauk SSSR*, 258, 314–317, 1981.

[18] S.U. Schoffel and F. Ebert, Numerical analyses concerning the spatial dynamics of an initially plane gaseous ZND detonation. *AIAA Progr. Astron. Aeron.*, 114, 3–31, 1988.

[19] D.N. Williams, L. Bauwens, and E.S. Oran, Detailed structure and propagation of three-dimensional detonations, *Proceedings 26th Symposium (International) on Combustion*, The Combustion Institute, Pittsburg, PA, pp. 2991–2998, 1996.

[20] V.N. Gamezo, D. Desbordes, and E.S. Oran, Formation and evolution of two-dimensional

cellular detonations, *Combust. Flame*, 116, 154–165, 1999.

[21]  V.N. Gamezo, A.A. Vasil'ev, A.M. Khokhlov, and E.S. Oran, Fine cellular structures produced by marginal detonations. *Proceedings 28th Symposium (International) on Combustion*, The Combustion Institute, Pittsburg, PA, 28, pp. 611–617, 2000.

[22]  F. Pintgen, C.A. Eckett, J.M. Austin, and J.E. Shepherd, Direct observations of reaction zone structure in propagating detonations, *Combust. Flame*, 133, 211–229, 2003.

[23]  V.N. Gamezo, T. Ogawa, and E.S. Oran, Flame acceleration and ddt in channels with obstacles: Effect of obstacle spacing. *Combust. Flame*, published online July 2008.

[24]  M.I. Radulescu and J.H.S. Lee, The failure mechanism of gaseous detonations: Experiments in porous wall tubes, *Combust. Flame*, 131, 29–46, 2002.

[25]  D. Desbordes, Correlation between shock wave predetonation zone size and cell spacing in critically initiated spherical detonations, *Prog. Astron. Aeron.*, 106, 166–180, 1986.

[26]  A.A. Vasiliev and V.V. Grigoriev, Critical conditions for gas detonations in sharply expanding channels, *Fizika Gorenyia i Vzryva*, 16, 117–125, 1980.

[27]  J.H.S. Lee, Dynamic parameters of gaseous detonations, *Ann. Rev. Fluid Mech.*, 16, 311–336, 1984.

[28]  V.V. Mitrofanov and R.I. Soloukhin, Diffraction of multifront detonation waves, *Doklady Akad. Nauk. SSSR*, 159(5), 1003–1006, 1964.

[29]  I.O. Moen, A. Sulmistras, G.O. Thomas, D.J. Bjerketvedt, and P.A. Thibault. Infl uence of regularity on the behavior of gaseous detonations. *Prog. Astron. Aeron.*, 106, 220–243, 1986.

[30]  G. Cicarelli, Critical tube measurements at elevated initial mixture temperatures, *Combust. Sci. Tech.*, 174, 173–183, 2002.

[31]  Y.K. Liu, J.H.S. Lee, and R. Knystautas, Effect of geometry on the transmission of detonation through an orifice, *Combust. Flame*, 56(2), 215–225, 1984.

[32]  B.A. Khasainov, H.-N. Presles, D. Desbordes, P. Demontis, and P. Vidal, Detonation diffraction from circular tubes to cones, *Shock Waves*, 14(3), 187–192, 2005.

[33]  V. Guilly, Etude de la diffraction de la detonation desmelanges C2H2-O2 stoechimetriques dilues par l'argon. These de l'Universite de Poitiers, 2007.

[34]  M.-O. Sturtzer, N. Lamoureux, C. Matignon, D. Desbordes et H.-N. Presles, On the origin of the double cellular structure of the detonation in gaseous nitromethane and its mixtures with oxygen, *Shock Waves*, 14(1–2), 45–51, 2005.

[35]  F. Joubert, D. Desbordes, and H.N. Presles, Structure cellulaire de la detonation des melanges H2 - NO2/ N2O4, *Comptes Rendus Acad. Sci. Mécanique*, 331, 365–372, 2003.

[36]  C. Campbell and D.W. Woodhead, *J. Chem. Soc.*, 3010–3021, 1926.

[37]  W.A. Bone and R.P. Fraser, *Philos. Trans. R. Soc. Sect.*, A 228, 197–234, 1929.

[38]  N. Tsuboi, K. Eto, and A.K. Hayashi, Detailed structure of spinning detonation in a circular tube, *Combust. Flame*, 149, 144–161, 2007.

# 索　引